AF231550

FÉLIX LE DANTEC

TRAITÉ
DE
BIOLOGIE

1903

FÉLIX ALCAN ÉDITEUR, PARIS

TRAITÉ
DE
BIOLOGIE

Félix Le Dantec

TRAITÉ
DE
BIOLOGIE

1903

FÉLIX ALCAN ÉDITEUR PARIS

A MON AMI JVLES BONNIER

TRAITÉ DE BIOLOGIE

INTRODUCTION

LA MÉTHODE
ET LE LANGAGE BIOLOGIQUES

> En me livrant aux observations qui ont fait naître
> les considérations exposées dans cet ouvrage, j'ai
> obtenu les jouissances que leur ressemblance à des
> vérités m'a fait éprouver ; et en publiant ces obser-
> vations, avec les résultats que j'en ai déduits, j'ai
> pour but d'inviter les hommes éclairés, qui aiment
> l'étude de la nature, à les suivre et à les vérifier et
> à en tirer de leur côté les conséquences qu'ils juge-
> ront convenables.
>
> LAMARCK, *Philosophie zoologique.*
> (Avertissement, p. XXIII.)

Il y avait, dans un petit port de Bretagne, un chien qui
s'intéressait aux choses de la mer. Passant toutes ses
journées sur le quai, il regardait les bateaux ; il les voyait
partir avec le jusant et les suivait de l'œil jusqu'à ce qu'ils
disparussent derrière l'horizon ; il attendait leur retour
qu'il savait devoir se produire avec le flot, et il s'émerveil-
lait de les voir rentrer souvent pleins de sardines. Ce

phénomène l'intriguait au plus haut point; il rêva souvent de pluies de poissons emplissant les bateaux dans des régions de la mer que l'on ne voit point du quai, mais comme il n'était pas métaphysicien, cela le satisfit peu et il résolut d'aller observer par lui-même. Il entra donc un jour en cachette dans une barque dont le patron lui témoignait de l'amitié, mais le temps était gros, il eut le mal de mer, s'endormit derrière un baril de rogue et revint sans s'être éveillé, convaincu qu'il se passe au delà de l'horizon des choses mystérieuses que les chiens ne doivent point voir.

Comme il avait du bon sens, il résuma ainsi ce qu'il savait : « les bateaux partent avec le jusant et reviennent avec le flot, souvent pleins de poissons », et il s'estima plus heureux que beaucoup de chiens des villes qui croient peut-être que les boîtes de sardines se produisent naturellement dans les épiceries. Mais cependant il était triste, à cause du mystère de derrière l'horizon.

Il remarqua que les enfants sur le quai, avec des lignes, pêchaient des plies, des vieilles et des anguilles, mais il pensa (avec raison d'ailleurs, car jamais sardine ne mordit à l'hameçon) que le temps aurait manqué aux pêcheurs pour prendre par ce procédé les milliers de poissons qu'ils rapportaient. Et il résolut de ne pas faire d'hypothèse et de s'en tenir jusqu'à nouvel ordre à sa formule synthétique : « les bateaux partent avec le jusant et reviennent avec le flot, souvent pleins de poissons ».

Un pêcheur acheta une senne et, s'en servant un jour sur la grève voisine, captura d'un seul coup des centaines de muges et de limandes ; cela attira l'attention du chien sur les filets qu'il voyait sécher aux mâts des bateaux après le retour de la pêche ; il les observa donc attentivement et remarqua enfin une sardine oubliée qui pendait par les ouïes à l'un de ces filets. Alors il ne douta plus de la manière dont se passaient les choses au delà de l'horizon, et il dormit tranquille.

Quand nous étudierons les faits de la biologie, nous serons quelquefois obligés de nous contenter de formules synthétiques ; notre rôle se bornera à constater, comme le faisait ce chien philosophe, que tel phénomène commencé de telle manière nous conduit à tel résultat, car, entre le commencement et la fin d'une manifestation vitale, prennent souvent place des mouvements de la matière que nous ne sommes pas en mesure d'analyser aujourd'hui ; ils sont au delà de l'horizon de l'homme de science, comme la capture des sardines se passait au delà de l'horizon du chien. Nous nous efforcerons donc de raconter le phénomène *total* sans faire d'hypothèses sur les détails intermédiaires, et cela suffira à nous fournir un langage clair dont le bénéfice sera bientôt évident. Les chimistes nous ont donné l'exemple ; dans les formules qu'ils emploient, le premier membre de l'équation représente l'état des choses au commencement de la réaction (ce sont les bateaux qui partent avec le jusant) ; le second membre représente l'état nouveau obtenu à la fin de la réaction (ce sont les bateaux qui reviennent pleins de poissons) ; entre le commencement et la fin de la réaction, se produisent des phénomènes intermédiaires dont les chimistes ne se soucient pas, et pour cause ; cela n'empêche pas qu'ils arrivent, en accumulant les résultats *globaux* des réactions connues, à en prévoir de nouvelles et à préparer des composés utiles sans connaître l'*essence* des réactions chimiques.

Que les chimistes ignorent l'*essence* des phénomènes chimiques, de même que les physiciens ignorent l'*essence* des phénomènes physiques, cela a conduit des esprits chagrins à nier l'opportunité des interprétations biologiques : « C'est un leurre, disent-ils, de vouloir expliquer la vie par la physique et la chimie qui elles-mêmes sont inexpliquées ! » Mais notre chien philosophe de tout à l'heure ignorait, lui aussi, bien des choses dans le phénomène qu'il observait ; il ignorait la nature du mouvement des marées ; il ignorait la nature du vent qui gonfle les voiles et le jeu du gouvernail qui permet de marcher contre le vent ; il ignorait surtout les migrations des sardines que nous ignorons nous mêmes encore et, néanmoins, il finit par être complètement satisfait parce qu'il avait résolu le problème qu'il s'était posé et était arrivé à une certitude. S'il s'était endormi sur son hypothèse de la pluie miraculeuse de poissons, il n'aurait pas eu la joie de découvrir ensuite, par induction, que les hommes prennent les sardines avec des filets. Mais il n'eut pas pour cela la prétention de savoir le fond des choses ; nous ne l'aurons pas davantage, et si nous démontrons que tel phénomène vital est de la nature des phénomènes chimiques, nous ne croirons pas néanmoins avoir pénétré dans l'intimité des phénomènes chimiques ; il nous suffira d'avoir caractérisé ces phénomènes de manière à savoir les reconnaître partout et toujours...

Introduisons *une* cellule de Levure de bière dans du moût oxygéné, en vase clos ; un peu plus tard, nous trouverons dans le même vase *trente-deux* cellules de Levure, et l'analyse chimique nous prouvera que certains éléments ont disparu du moût tandis que, outre les trente et une cellules additionnelles de Levure, des substances étrangères y ont apparu. Puisque le vase est clos, un chimiste affirmera, sans craindre de se tromper, que les substances nouvelles, *quelles qu'elles soient*, ont été formées des éléments des substances disparues. L'activité d'*une* cellule de Levure de bière en présence de certaines substances (les substances disparues) a fabriqué *trente et une* cellules de

Levure et en outre certains produits nouveaux. On dira que la Levure a *assimilé*, transformé en substance semblable à la sienne des substances *différentes* contenues dans le moût.

Et si l'on jette un coup d'œil sur l'ensemble des cellules vivantes, on remarquera qu'on les appelle précisément vivantes quand elles se montrent capables, dans certaines conditions, d'*assimiler*, de transformer en substance semblable à la leur, des substances *différentes* contenues dans le milieu ; et l'on définira la vie cellulaire par l'*assimilation*.

Saura-t-on pour cela quelle est l'essence du phénomène d'assimilation? Évidemment non ; ce sera là une formule *globale*[1], comme celle dont se servait le chien observateur du port breton : « les bateaux partent avec le jusant et reviennent pleins de poissons » ; mais quand nous disons que l'hydrogène brûle dans l'oxygène en donnant de l'eau, connaissons-nous davantage l'*essence* du phénomène de la combustion? Et cependant personne ne niera que Lavoisier ait fait la plus admirable découverte en comprenant le rôle de l'oxygène dans ce phénomène familier.

Nous savons *raconter*, sans l'analyser, l'histoire de l'assimilation ; c'est un point de départ pour la langue biologique ; nous serons sûrs, quand nous nous exprimerons dans le langage basé sur cette constatation, de ne pas introduire inconsciemment dans nos phrases des hypothèses déguisées, et c'est déjà là un avantage inappréciable si l'on veut bien penser à la manière dont on s'exprime aujourd'hui au sujet des phénomènes vitaux.

---

1. J'emploie cette expression « globale » à défaut d'une meilleure, pour indiquer que les phénomènes sont racontés dans leur totalité, sans aucun essai d'analyse ou d'interprétation des activités intermédiaires qui prennent place entre le début et la fin du phénomène.

A mesure que nous avancerons dans l'étude des cellules vivantes, nous observerons d'autres phénomènes *globaux* que nous pourrons raconter sans les analyser, celui de la destruction, celui de la variation, par exemple, et nous nous astreindrons à décrire, avec ces manifestations d'ensemble de la vie cellulaire comme éléments, tous les phénomènes plus complexes qui se passent dans les agglomérations de cellules. Si ce langage ne nous apprend rien par lui-même, il nous permettra du moins de poser les problèmes sans admettre implicitement dans notre énoncé des hypothèses saugrenues qui suffisent à les rendre insolubles ; bien plus, certains problèmes, qui se posent fatalement à nous dans le langage vulgaire, ne se poseront plus et seront par là même éliminés du champ des recherches.

Parmi les phénomènes d'ensemble que nous observerons chez les êtres complexes formés d'une agglomération de nombreuses cellules, chez les animaux supérieurs et l'homme par exemple, il y en aura naturellement beaucoup que nous ne pourrons pas, immédiatement et sans une étude approfondie, arriver à raconter en ne tenant compte que des activités cellulaires ; il faudrait en effet pour cela avoir analysé complètement ces phénomènes d'ensemble, et savoir comment telle fonction de l'homme résulte de l'activité de tels et tels éléments de son corps. Cette analyse sera le but que nous nous proposerons, mais avant d'y arriver il faudra nous ingénier à raconter ces phénomènes sans hypothèse, dans un langage *global* analogue à celui que nous aurons précédemment créé pour raconter l'activité cellulaire. DARWIN nous a appris à nous servir de ce langage pour tous les êtres vivants.

Tous les êtres vivants, qu'ils soient unicellulaires ou complexes, *vivent* et *meurent ;* ceci est certain et nous pouvons l'affirmer sans faire d'hypothèse et sans savoir, au fond, ce que c'est que *vivre*. Parmi ceux qui vivent, quelques-uns se *reproduisent*, c'est-à-dire donnent naissance à d'autres êtres qui leur ressemblent ; mais il y a des *variations* dans les types de ces êtres. Tout cela est d'observation courante et nous pouvons le raconter avec certitude, quitte à nous proposer d'étudier plus tard en langage plus précis, par l'analyse des activités cellulaires élémentaires, les phénomènes d'ensemble qui se passent chez les êtres les plus élevés en organisation.

Parmi les êtres vivants qui sont rassemblés à un moment donné en un lieu donné, les uns meurent, les autres survivent et se reproduisent ; parmi ceux qui ont survécu ou sont nés en ce lieu, quelques-uns meurent encore pendant que d'autres survivent et se reproduisent, et ainsi de suite, et cela n'a rien d'étonnant à cause des *différences* qui existent entre ces divers êtres ; ils se comportent différemment parce qu'ils sont différents, et les conditions, qui font que les uns vivent et que les autres meurent, sont tellement complexes que nul ne pourrait se proposer de les analyser dans leur ensemble. DARWIN a tranché la difficulté en imaginant un langage *global* duquel toute hypothèse est bannie.

Voici, dans des conditions données, un certain nombre d'êtres vivants : au bout de quelque temps, quelques-uns sont morts, d'autres ont survécu. Ceux qui ont survécu étaient, dirons-nous avec DARWIN, *plus aptes* à survivre dans les conditions considérées. Mais comment définirez-vous leur aptitude ? Par l'observation du résultat ; après coup ; comme cela nous serons sûrs de ne pas nous trom-

per. — Mais alors vous n'aurez rien démontré du tout !
— Précisément ; nous n'aurons rien démontré, nous n'aurons fait aucune hypothèse, mais nous aurons raconté les faits sans les dénaturer. Nous nous serons bornés à affirmer que ceux qui sont morts sont morts et que ceux qui ont survécu ont survécu ; mais nous pouvons appeler les derniers *les plus aptes* dans les conditions considérées, et définir « *sélection naturelle* » l'ensemble des causes qui ont fait disparaître les premiers ; nous aurons ainsi créé un langage synthétique commode, un langage global ; au fond, nous dirons seulement dans ce langage que « les choses sont comme elles sont et non autrement », mais j'espère montrer dans le cours de cet ouvrage quels merveilleux résultats on peut tirer de la langue darwinienne quand on étudie l'*origine des espèces*. Le *principe* (?) de la sélection naturelle n'est que l'expression d'une vérité évidente ; ce n'est qu'un langage particulier, mais les mathématiques aussi ne sont qu'une langue spéciale, et je ne crois pas que personne mette en doute les immenses services qu'elles ont rendus...

Ainsi donc, la narration *globale* des phénomènes peut rendre de grands services ; elle a montré entre les mains de Darwin ce qu'on est en droit d'attendre d'elle. Lamarck au contraire n'a pas songé à employer cette forme particulière de langage, et c'est pour cela que ses merveilleux principes n'ont pas paru, au premier abord, donner une explication complète de l'évolution progressive des animaux.

J'observe un animal ; je remarque qu'il s'adapte aux conditions ambiantes et qu'il agit comme il faut pour ne pas dépérir dans ces conditions particulières. Si *moi*, observateur, je ne me savais pas construit à peu près comme cet animal que j'observe, je ne penserais pas à lui appliquer ce que je sais de moi-même et je raconterais d'une manière globale le fait de son adaptation aux circonstances qui l'entourent ; je dirais que le mécanisme de l'animal *a réagi dans son ensemble*, et de telle ou telle façon, aux stimulus provenant de l'extérieur. Ce serait toujours la narration à la manière du chien, avec la suppression des phénomènes intermédiaires. Le langage darwinien appliqué aux tissus nous permettra, je l'espère, de raconter de cette manière globale l'adaptation au milieu des animaux les plus complexes.

Malheureusement, moi observateur, je reconnais en moi-même l'analogue de l'animal observé, et j'ai une tendance invincible à considérer comme simples les phénomènes familiers qui se passent en moi ; or je divise toujours mon activité particulière en trois parties distinctes : d'abord la *perception*, par le moyen de mes organes des sens, des stimulus provenant de l'extérieur, ensuite la *réflexion* dans mon for intérieur, et enfin la *détermination* qui me pousse à agir de telle ou telle manière[1]. Je prête donc à l'animal la même division des phénomènes en trois parties, la partie centripète, la partie centrale et la partie centrifuge et, à un certain point de vue, je n'ai pas tort d'agir ainsi, car l'analogie me permet de penser que l'animal est conscient comme moi-même ; mais j'ai tort en revanche de croire que je simplifie la question en racontant l'activité de l'animal comme je raconterais la mienne propre. Cela serait bon si j'avais le droit de considérer *a priori*, comme des entités distinctes, les divers facteurs de mon fonctionnement, si je pouvais admettre que la *volonté*, par exemple, a la valeur d'un agent *producteur* de mouvement. C'est là ce que font beaucoup de psychologues et, si on les imite, il devient évidemment illusoire d'expliquer ensuite la volonté de l'homme en partant de l'étude des animaux ; le but de la biologie, qui est d'expli-

---

1. Voyez, § 111, l'analyse plus complète d'une réaction humaine.

quer l'homme, n'est pas atteint ; je reviendrai un peu plus loin sur cette question à propos de l'erreur *anthropomorphique*.

LAMARCK a employé, pour raconter l'adaptation des animaux au milieu, le langage psychologique auquel je viens de faire allusion ; il a dit que, des conditions nouvelles déterminant chez eux des *besoins* nouveaux, *ils conforment* leur activité à ces besoins. Ce langage fait intervenir dans l'adaptation une divinité intérieure à l'animal, divinité qui connaît, compare et agit. Toute l'œuvre de LAMARCK proteste contre une telle interprétation qu'il n'a sûrement pas considérée comme valable ; il a seulement employé le langage courant, mais en cela il a commis une imprudence, car quelques-uns de ses élèves, prenant ce langage au pied de la lettre, en ont tiré les conclusions les plus invraisemblables. E.-D. COPE, le chef des néo-lamarckiens d'Amérique, voyant dans le *besoin ressenti* l'origine de la formation des organes, est arrivé à se demander, entre autres absurdités du même ordre, si l'être vivant n'avait pas préexisté à son corps !

Au lieu de raconter les actes des animaux en supposant un homme placé à leur intérieur, employons le langage global qui consiste à dire : « le mécanisme animal réagit sous l'influence du milieu » ; tenons compte seulement du point de départ, savoir l'ensemble de l'animal et du milieu au commencement de la réaction, et du point d'arrivée, savoir l'ensemble de l'animal et du milieu à la fin de la réaction, *sans nous préoccuper des phénomènes intermédiaires*. J'espère montrer dans cet ouvrage que la sélection naturelle appliquée aux tissus permet de prévoir sans hypothèse *l'auto-adaptation* de l'animal aux conditions extérieures, et qu'il y a avantage à définir *fonction* de l'animal l'ensemble global que nous venons de considérer, au lieu de limiter la définition de la fonction au seul acte centrifuge ou moteur qui la termine.

Le fait seul que l'emploi du langage darwinien dans de telles conditions nous explique l'auto-adaptation constatée par LAMARCK, nous enseignera en même temps le *déterminisme biologique* que le langage psychologique *ne permet même pas de concevoir !* Beaucoup de gens croient encore, en effet, à cause de l'emploi courant de ce langage, que l'animal est susceptible de *créer* du mouvement, tandis qu'il est seulement capable de le transformer. Et cette observation nous met en garde contre ce qu'a de factice et de conventionnel la division de la fonction en trois phénomènes, le phénomène centripète, le phénomène central et le phénomène centrifuge ; si le phénomène central est accompagné chez nous d'un éveil plus important de la conscience, cela ne prouve pas qu'il puisse logiquement être séparé de l'ensemble, ni surtout qu'il soit *d'essence différente.*

Or, dans ce phénomène central, les vitalistes localisent *a priori* une divinité hypothétique qui dirige l'activité individuelle. Supposons que le chien observateur de tout à l'heure ait conservé sa première idée de la pluie de poissons au large ; il aurait peut-être été amené à dire : « la pluie de sardines *attire* les bateaux vides avec le jusant et *repousse* les bateaux pleins avec le flot », et le mouvement des bateaux aurait fini par devenir pour lui la preuve de la pluie de poissons, de même que le langage psychologique nous contraint de croire à la liberté humaine. Il fut sage de ne pas parler ainsi et de résumer l'histoire de la pêche dans une formule qui ne préjugeait en rien des phénomènes intermédiaires inconnus.

Devons-nous donc renoncer à les connaître jamais, ces phénomènes intermédiaires ? Sont-ils au delà de l'horizon de l'homme ? Beaucoup d'entre eux sont au contraire accessibles à notre investigation, soit directement, soit indirectement, mais, quand on commence à étudier les choses, il faut employer un langage qui ne préjuge en rien ce qu'on découvrira ensuite, le langage global dont je viens de montrer les avantages; si le langage contient des hypothèses *a priori* sur ce qu'on étudie, toute recherche est d'avance stérilisée. Croyant à la pluie de poissons, notre chien philosophe eût considéré comme tombée du ciel la sardine oubliée qui, pendant par les ouïes à un filet, lui révéla le mystère de derrière l'horizon !

Nous commencerons en conséquence par employer un langage large et qui ne nous engage à rien; mais à mesure que nous connaîtrons des faits nouveaux, nous deviendrons de plus en plus précis; il arrivera souvent, alors, que nous serons renseignés à l'improviste sur des phénomènes intermédiaires primitivement négligés comme directement inabordables; et ces renseignements inattendus nous seront quelquefois fournis par l'observation de particularités qui ne nous auront pas paru d'abord avoir un rapport quelconque avec le fait sur la nature duquel elles nous éclaireront. Tout se tient en biologie, et il ne faut rien négliger, sous peine de passer à côté d'une source précieuse de lumière et d'interprétations. Tout fait bien observé peut servir à en expliquer d'autres.

Ainsi l'étude de l'hérédité, chez les êtres complexes comme l'homme et les animaux supérieurs, nous apprendra l'unité de composition de la cellule; l'étude de la sexualité nous fera faire un premier pas dans la compréhension des phénomènes intermédiaires, négligés d'abord comme impénétrables et qui préparent ce résultat global et facilement constaté : *l'assimilation* cellulaire.

L'existence du sexe est une des choses les plus imprévues que l'on rencontre lorsque l'on passe de l'étude des corps bruts à celle des corps vivants, et, à mesure que l'on pénètre plus avant dans la connaissance des êtres, on s'aperçoit que le sexe existe chez presque toutes les espèces ; c'est donc certainement une chose fondamentale et qui doit avoir un rapport étroit avec la nature intime des phénomènes vitaux, de l'assimilation, caractéristique de la vie. Mais comment établir ce rapport ? Bien des chercheurs ont tourné la difficulté en admettant, sans aucune raison scientifique d'ailleurs, que la sexualité est une complication surajoutée à la vie.

Nous négligerons, *pour commencer*, cette complication gênante, parce que nous ne constatons d'abord aucun lien entre le sexe et l'assimilation ; au contraire même ! une cellule vivante de Levure ou de Bactérie se multiplie *par elle-même* dans un moût ou un bouillon de culture, et le fait caractéristique de la sexualité, c'est qu'il faut deux cellules différentes pour former, par fusion, un œuf capable d'assimilation. La maturation sexuelle d'un élément cellulaire a pour effet de rendre cet élément cellulaire *incapable d'assimilation*, de vie par conséquent, et nous sommes conduits à ce paradoxe que les seules cellules capables de reproduire un être supérieur sont précisément incapables de vivre ! Il est rare qu'une vérité d'apparence paradoxale ne cache pas quelque chose de nouveau ; c'est le cas pour la maturation sexuelle ; elle sera pour nous ce qu'a été pour le chien, curieux des choses de la mer, la sardine oubliée, pendue au filet après la pêche...

Des observateurs, soucieux de pénétrer la nature intime du phénomène d'assimilation, ont essayé de reculer les bornes de leur horizon par des investigations microscopiques à de forts grossissements ; ils n'ont pu pénétrer ainsi jusque dans l'intimité du phénomène chimique lui-même, mais ils ont trouvé quelque chose d'imprévu et qui les a bien déconcertés, car ce quelque chose d'imprévu, le mouvement *karyokinétique*, au lieu d'expliquer les phénomènes précédemment connus, était lui-même un phénomène incompréhensible, plus incompréhensible en apparence que l'assimilation elle-même ! C'est comme si notre chien, monté sur une haute colline, avait pu suivre jusqu'au bout les bateaux partis du port, mais au moyen d'une lunette trop peu puissante pour lui laisser voir de si loin les filets et les sardines.

La maturation sexuelle suspend le mouvement karyokinétique et l'empêche de se terminer ; autrement dit, elle arrête, à un stade intermédiaire, un phénomène qui en dehors d'elle se serait terminé par une division cellulaire ; cela est très important puisque cela nous permet d'étudier, *à l'état statique*, l'une des phases d'un mouvement complexe ; voilà une excellente condition d'observation. Bien plus, il y a *deux types* d'éléments sexuels, tous deux arrêtés à un stade intermédiaire, et ces deux types sont complémentaires ; fondus l'un avec l'autre, ils continuent et *terminent* le phénomène suspendu. Cette remarque nous conduira à une *hypothèse* permettant de concevoir quelque chose du mécanisme de l'assimilation, savoir : l'existence de deux éléments antagonistes dans la substance vivante ; toute molécule de substance vivante est en réalité un système complexe ayant deux pôles, comme une pile électrique, le pôle mâle et le pôle femelle. Tant que les deux pôles coexistent dans la même cellule, il y a assimilation ; quand, par suite de la maturation, tous les pôles mâles sont localisés dans un élément, tous les pôles femelles dans un autre élément, l'assimilation est suspendue dans les deux éléments ; leur fusion donne de nouveau un élément complet.

Ainsi donc, il y aurait deux sexes dans la substance

d'une Bactérie, d'un grain de Levure, quoique, chez ces deux espèces, nous ne constatons jamais la formation de ce que nous sommes habitués à considérer comme des éléments mâles et femelles ! Ainsi l'assimilation, dont nous ne connaissions que le résultat global, serait un phénomène bipolaire ! Évidemment ce n'est là qu'une hypothèse, mais c'est une hypothèse à laquelle nous serons conduits par des déductions logiques et qui nous permettra de raconter les phénomènes d'une manière féconde. Elle nous permettra surtout d'instituer des expériences qui, directement ou indirectement, nous démontreront qu'elle est fondée et nous conduiront, si elle ne l'est pas, à une autre hypothèse meilleure...

Le but de ce livre, où j'ai accumulé surtout des raisonnements, et où je me suis efforcé de raconter dans un langage clair les plus généraux des faits accumulés par les observateurs, le but de ce livre, dis-je, est d'amener à concevoir des expériences auxquelles on saura ce qu'on demande et dont on comprendra le résultat une fois qu'elles seront exécutées.

Telles ne sont pas, malheureusement, les très nombreuses expériences que publient depuis quelques années les recueils biologiques.

Que, dans un but exclusivement pratique, un horticulteur ou un éleveur fasse varier empiriquement telle ou telle des conditions dans lesquelles se développe une plante ou un animal et obtienne ainsi, par hasard, et après beaucoup de tâtonnements, un résultat avantageux, c'est là évidemment une chose utile ; personne ne peut le nier. Et si cette recherche empirique a été faite avec assez de soin, si toutes ses circonstances ont été consciencieusement notées, il sera quelquefois possible d'obtenir de nouveau un résultat semblable en appliquant une seconde fois le même procédé à des individus analogues. Ce serait même toujours possible, si l'expérience avait été réellement une expérience scientifique dans des conditions entièrement définies ; mais, quand il s'agit d'êtres vivants un peu élevés en organisation, les conditions sont trop complexes pour qu'on puisse espérer les avoir toutes connues. De là l'incertitude qui subsiste toujours dans l'application des meilleurs procédés empiriques.

Quoi qu'il en soit de l'utilité incontestable de ces recherches au point de vue pratique, leur portée scientifique peut se discuter ; non pas qu'il ne soit commode d'avoir sous les yeux, par l'application de procédés empiriques, de nombreuses variations d'un même type vivant, mais c'est là seulement une commodité pour l'étude ; réduites à ces genres d'expériences, les sciences naturelles resteraient des sciences d'observation et ne seraient pas élevées à la dignité de sciences expérimentales.

Dans la variété infinie des conditions réalisées à chaque instant en chaque point de la surface de la terre, variété telle que deux êtres vivants ne sauraient être identiques, il s'effectue sans cesse, en tout lieu, des expériences analogues à celles que réalisent les éleveurs, et il n'y a aucune raison, au point de vue purement scientifique, pour que la fantaisie des horticulteurs ait produit, par hasard, des variations plus intéressantes que les variations naturelles. La sagacité des observateurs peut tirer aussi bien des unes que des autres des conclusions biologiques plus ou moins importantes ; l'expérimentation empirique n'a fait qu'élargir de quelques coudées le champ infiniment vaste de l'observation.

Aujourd'hui, le nombre des observations enregistrées en sciences naturelles est immense; pendant que tant de chercheurs s'occupent activement de le grossir encore, il est peut-être utile de se demander si, d'ores et déjà, l'on ne saurait pas tirer, de la considération d'ensemble des résultats acquis, certains principes généraux, certaines lois qui, mettant un peu d'ordre dans tout ce chaos, autoriseraient ensuite, grâce à la connaissance réelle des faits élémentaires, l'organisation d'expériences vraiment scientifiques, d'expériences dont le résultat précis ne donnerait pas lieu à autant d'interprétations qu'il y aurait de gens à les interpréter!

Tel est le but que je me suis proposé en écrivant cet ouvrage; plusieurs de mes maîtres ont trouvé que j'aurais employé mon temps plus utilement à faire des expériences de laboratoire, et je crois avec eux qu'une bonne expérience vaut mieux que tous les raisonnements: mais précisément, il me paraît difficile d'instituer de bonnes expériences biologiques au milieu du dédale actuel des faits acquis et non coordonnés; je crois indispensable de déblayer le terrain avant d'y commencer une construction et je serai heureux si le peu d'ordre, que j'ai essayé d'introduire dans la narration des phénomènes connus, amène quelques chercheurs à des expériences ou des observations méthodiques.

Pour exposer les faits aujourd'hui connus, il faut procéder par approximations successives; l'observation d'un résultat global commun à tous les êtres vivants, de l'assimilation par exemple, qui est le plus général de ces phénomènes globaux, permettra de faire certaines déductions, sans hypothèse, relativement aux êtres composés d'une agglomération de cellules. C'est ainsi qu'avec la seule constatation de l'assimilation et de la variation chez les êtres unicellulaires, nous serons conduits d'abord à la notion de l'auto-adaptation des êtres complexes à leur milieu, puis à celle de la transmission héréditaire des caractères congénitaux et même des caractères acquis dans la génération agame ; ensuite, l'étude du mélange des caractères des parents dans la génération croisée nous fortifiera dans notre hypothèse sur la nature des phénomènes sexuels et nous conduira à une conception plus nette de la vie intracellulaire ; ainsi de suite, en *faisant la navette* entre les êtres supérieurs et les êtres unicellulaires, nous progresserons, lentement, mais sûrement, par la considération de phénomènes globaux ayant trait à des parts de moins en moins étendues des activités individuelles.

Toutes les fois qu'en route nous serons amenés à faire une hypothèse, nous la mettrons bien en évidence au lieu de la dissimuler habilement, et, à partir de ce moment, nous saurons que nos raisonnements déductifs ont un double but : d'abord serrer les faits de plus près, ensuite, vérifier *a posteriori* l'hypothèse à laquelle nous avons été conduits par de précédentes déductions. Et j'espère que nous arriverons ainsi en fin de compte à ce qui est le bagage le plus précieux du chercheur : un certain nombre de questions nettement posées.

Une des nécessités les plus importantes de cette série d'études biologiques sera de *séparer les questions*. Toute

la biologie tient dans l'étude complète d'un Puceron, et
si l'on veut tout étudier à la fois, on court le risque de
ne rien éclairer du tout. C'est surtout pour l'hérédité que
cela est remarquable; on confond, en général, à propos
de l'hérédité, *tous* les phénomènes qui se manifestent
lorsqu'un œuf d'homme reproduit un homme, c'est-à-dire
tous les phénomènes de la vie, toute la biologie! Et c'est
pour cela que l'hérédité a toujours paru quelque chose
de si mystérieux.

En réalité, dans cette merveille que l'œuf d'homme
reproduit un homme, il y a un grand nombre de faits
différents :

1° Le fait que l'œuf d'homme produit, en se nourris-
sant, de la substance d'homme, phénomène global caractéristique de la vie; c'est l'*assimilation*.

2° Le fait que de la substance d'homme, se produisant
dans les conditions de l'assimilation, prend progressivement la forme d'un homme; c'est la question du rapport
de la forme spécifique à la composition chimique; c'est
le problème de l'*évolution individuelle*.

3° Le fait que, à chaque instant de son développement,
l'homme est adapté aux conditions ambiantes, que son
mécanisme est coordonné et exécute précisément ce qui
est nécessaire à la conservation de la vie; que, d'autre
part, chez un être différent, le mécanisme est *autre*,
mais est encore coordonné de manière à entretenir
l'existence; c'est là la chose admirable que l'on jessaie
d'expliquer en étudiant l'*origine des espèces*. L'origine des
espèces nous fait comprendre qu'*il y a* des hommes,
ou si l'on veut, de la substance d'homme qui, par évolution individuelle, produit des hommes, ce qui est une
conséquence du phénomène d'assimilation.

4° Le fait que l'œuf a une structure si admirablement
précise que, dans des conditions données, il reproduit

avec tant d'exactitude le mécanisme très compliqué de l'homme, et la question de savoir *quelle est cette structure*. Ceci est une question qui, dans l'état actuel de la science, reste en dehors de l'horizon humain; nous arriverons peut-être à la résoudre un jour, mais pour le moment nous devons nous contenter d'arriver à comprendre, en langage global, que cette structure si admirable *doive exister* pour des raisons parfaitement claires; soyons reconnaissants à LAMARCK qui nous a permis de le comprendre.

5° Le fait que l'œuf, issu de deux parents, transmette à l'enfant des caractères empruntés aux deux parents ou lui fournisse au contraire des caractères nouveaux. Ceci est le problème de l'*amphimixie* ou mélange des sexes; c'est la question de la sexualité...

J'en passe, et des plus importants; c'est toute la biologie, et il est bien évident que ceux qui ont voulu tirer de toutes pièces de leur cerveau un système, qui répondît *à la fois* à toutes ces questions si différentes, se sont proposé un but qui est au delà des routes humaines. Or, en séparant ces questions, on arrive à les résoudre isolément; encore, par *résoudre*, faut-il bien entendre qu'on ne veut pas dire connaître le fond des choses, — l'homme ne connaîtra jamais le fond des choses, — mais seulement ramener un grand nombre de *faits* très complexes à une synthèse d'un petit nombre de phénomènes plus simples, qui ressemblent à des manifestations familières de l'activité physico-chimique.

Expliquer, c'est comparer. Mais précisément, disent les vitalistes, à quoi comparer la vie si ce n'est à la vie elle-même? C'est encore une des questions auxquelles je voudrais répondre dans ce traité de biologie. Évidemment nous ne connaissons pas l'essence des phénomènes physiques et des phénomènes chimiques, et si nous ramenons à des phénomènes de cet ordre toutes les manifestations vitales, nous n'aurons pas pour cela une connaissance définitive de la nature des choses; mais ce sera déjà un résultat très important d'avoir montré que la vie n'est pas essentiellement différente des autres phénomènes naturels, pas plus que les propriétés de l'alcool ne sont essentiellement différentes des propriétés de la benzine. Ce sera surtout un résultat très important que d'avoir su raconter la partie connue des phénomènes vitaux en langage physico-chimique, au lieu d'employer un langage rempli d'idées préconçues sur les parties non encore approfondies de ces phénomènes, langage dont le moindre inconvénient est de vouloir expliquer précisément ce qu'on connaît par l'intervention de ce qu'on ne connaît pas!

Bien des penseurs trouvent au contraire, avec AUGUSTE COMTE, que « les êtres vivants nous sont d'autant mieux connus qu'ils sont plus complexes. L'idée d'animal est plus claire pour nous que celle du végétal. L'idée des animaux supérieurs est plus claire que celle des animaux inférieurs ». Le tout est de s'entendre sur ce qu'on appelle *clair*. Évidemment, pour nous hommes, habitués à voir des hommes autour de nous, rien n'est plus familier que les actions humaines, et nous n'éprouvons jamais d'étonnement à constater que notre semblable se comporte dans telle circonstance exactement comme nous nous serions comportés à sa place; nous admirons, au contraire, les êtres différents de nous, et nous les admirons d'autant plus qu'ils s'éloignent davantage de notre structure et de notre habitus. Bien des gens ont refusé de croire à la parthénogénèse des Pucerons tant qu'elle n'a pas été absolument démontrée; quant aux Bactéries qui se multiplient en se coupant en deux, quel sujet d'étonnement pour les hommes! Ainsi donc, le fonctionnement humain est ce qui étonne le moins l'observateur humain, et si l'on enseigne la zoologie aux enfants en partant des animaux supérieurs qui nous ressemblent, leur étonnement, d'abord tout à fait nul, s'accroîtra à mesure qu'on abordera l'étude des groupes de plus en plus simples en organisation. Je me souviens avoir été violemment frappé quand j'entendis pour la première fois parler des expériences de TREMBLAY sur les Hydres coupées en morceaux; mon étonnement fut tel que je me refusai à y croire, quoique je connusse déjà les faits de bouturage, tout à fait analogues, observés chaque jour sur les plantes de notre jardin. C'est que les plantes m'étaient familières, et que je ne connaissais d'autre Hydre que celle de Lerne dont je me faisais une image fantastique. Et puis l'Hydre est un animal, et dans chaque animal nous voyons un homme, tant que nous n'avons pas fait un effort pour éviter cette erreur, tandis que les plantes sont trop éloignées de nous et que nous sommes trop habitués à les considérer comme entièrement différentes de nous. J'insisterai tout à l'heure sur cette erreur *anthropomorphique*, si répandue et si naturelle à l'homme.

L'idée de l'homme nous est familière, mais avons-nous le droit de dire pour cela qu'elle est claire pour nous? Jusqu'à quel point de l'étude de l'homme s'étend cette clarté? Est-ce que nous savons seulement pourquoi nos cheveux blanchissent quand nous vieillissons? Encore est-ce là une chose qui ne nous étonne pas parce qu'elle nous est familière, mais notre développement depuis l'œuf nous est moins familier parce que nous ne le voyons pas. Le développement ne fait-il pas partie de l'histoire de l'homme? Et cependant l'idée que nous nous en faisons est loin d'être claire à moins d'une étude approfondie; elle n'est en tout cas aucunement plus claire que celle que nous nous faisons d'autres phénomènes également peu familiers, comme le développement d'un Oursin ou d'une Limace. Considéré à cette phase de son existence, la phase du développement fœtal, l'homme est pour nous un objet d'observation extérieure exactement au même titre que l'Éponge ou la Lamproie; il ne commence à nous devenir familier qu'à partir de l'âge où nous avons nous mêmes commencé notre existence subjective, à l'âge où remontent nos souvenirs; le nourrisson à la mamelle est souvent pour nous un objet d'étonnement; il cesse de nous intéresser quand le développement de toutes ses facultés en a fait un *petit homme*. L'observation d'AUGUSTE COMTE n'est vraie que pour une certaine période de l'histoire de l'homme, et encore à condition que nous considérions comme claires les notions qui nous sont familières. Si les hommes naissaient adultes, comme la Bible raconte qu'est né le premier homme, et si les hommes avaient apparu tout d'un coup sur la terre, comme le raconte le même ouvrage, les hommes seraient sûrement quelque chose d'*essentiellement différent* des corps de la nature brute, et alors la manière de voir d'AUGUSTE COMTE serait admissible; il n'y en aurait même pas d'autre!

Mais *cela n'est pas vrai*. Dans les périodes géologiques, l'espèce humaine a franchi peu à peu les étapes de l'animalité la plus inférieure jusqu'à l'état actuel, de même que, dans sa vie propre, depuis l'œuf, chaque homme franchit encore les mêmes étapes, par une série de formes, toutes plus ou moins modifiées, grâce au parasitisme utérin, mais dans lesquelles on reconnaît suffisamment des types analogues à celui de l'Hydre, à celui du Squale, etc.

Quelqu'un osera-t-il nier que l'homme adulte soit le *résultat* de cette complication progressive, et que l'étude des diverses phases de son évolution nous fasse comprendre sa structure actuelle? Et cette étude de l'embryologie humaine, pouvons-nous la faire par la méthode d'observation interne que préconisent les psychologues? Il y aurait donc deux méthodes successives à employer pour l'étude de l'homme, la méthode d'observation externe, la seule applicable pendant la période embryonnaire, puis la méthode d'observation interne à partir du moment où l'homme se connaît lui-même? Un esprit scientifique admettra-t-il jamais cette scission? Y a-t-il discontinuité entre ces deux périodes successives de la vie humaine, et pouvons-nous nous empêcher de nous poser cette question de savoir comment la période embryonnaire a *produit* l'homme doué de toutes ses facultés, comment, par conséquent, ce mécanisme humain, que COMTE trouve si clair, résulte d'une évolution beaucoup moins claire, et dont l'étude rappelle de si près celle de la zoologie des animaux inférieurs, puis celle des animaux de plus en plus élevés en organisation? A ceux qui prétendent que la psychologie se suffit à elle-même et nous donne des renseignements bien plus certains que ceux de l'observation externe, je demanderai quelle est la psychologie de l'œuf, quelle est la psychologie du fœtus à fentes branchiales? Avec ce que nous connaissons aujourd'hui du développement progressif de l'homme, l'affirmation d'AUGUSTE COMTE est une simple absurdité. La vie de la Levure de bière, que je puis raconter de cette manière simple : « une cellule de Levure de bière, dans du moût oxygéné, donne deux cellules de Levure de bière » est certainement plus claire pour nous que la vie de l'homme qui contient, dans le premier acte de la segmentation de l'œuf, *toute* l'obscurité persistant encore dans la vie de la Levure de bière ; nous pouvons en effet raconter ce premier acte de la vie humaine exactement comme nous racontions la vie totale de la levure : « la cellule œuf, dans l'utérus maternel, se divise en deux cellules ». Or ces deux cellules se divisent à leur tour un très grand nombre de fois par des phénomènes toujours comparables à celui de la vie de la Levure, et finissent par donner une agglomération de plus de 60 trillions de cellules, agglomération infiniment complexe, au cours de l'évolution de laquelle nous sommes bien aises de trouver des stades qui rappellent l'Hydre ou le Squale, ou tout autre type plus simple et plus *clair* que l'homme, quoi qu'en dise Auguste Comte !

Mais le langage humain a été créé par les hommes pour raconter les actes des hommes ; il est donc tout naturel qu'il soit précisément adéquat au but en vue duquel il a été créé, et qu'il permette de raconter *simplement* les actes des hommes comme si ces actes étaient les choses les plus simples que nous connaissions. Quand nous disons *je mange* ou *je dors*, nous savons très bien quelle opération représentent ces simples mots et nous nous comprenons suffisamment. S'ensuit-il que le mécanisme représenté par le mot *manger* ne soit pas réductible à des phénomènes *plus simples?* Nous sommes tellement dupes de notre langage que nous le croirions volontiers !

« Vous êtes illogique, me dira-t-on ; tout à l'heure vous préconisiez le langage synthétique, celui dans lequel on raconte les faits dans leur ensemble, tels qu'ils nous apparaissent d'abord, et sans faire d'hypothèse. Quand nous disons *je mange*, nous nous conformons précisément à cette règle, et vous nous dites que cela n'est pas suffisamment clair ! » Mais précisément, ce langage synthétique est un langage provisoire dont nous devons nous contenter tant que nous ne pouvons pas pénétrer dans le détail des phénomènes ; ainsi, pour la Levure de bière, nous nous arrêtions à cette formule : « la Levure *assimile* le moût et se multiplie », parce que nous ne savions pas quels sont les phénomènes intermédiaires qui expliquent l'assimilation. Nous employions une formule analogue pour une cellule vivante quelconque, après avoir constaté que cette formule est adéquate à l'activité de toutes les cellules vivantes ; nous la considérions comme un bon point de départ pour la narration des phénomènes *plus complexes* qui se manifestent chez des êtres formés d'un grand nombre de cellules agglomérées ; de même quand, dans une première approximation, nous nous arrêtons à une formule synthétique relative aux actes de l'homme, nous pouvons nous servir avantageusement de cette formule synthétique pour raconter l'activité d'une chose plus complexe que l'homme, d'une société par exemple ; le langage synthétique qui raconte en bloc les actions de l'homme sera un langage analytique pour raconter les phénomènes qui se passent dans une société formée d'hommes, de même que le langage synthétique qui raconte en bloc l'activité d'une cellule devient langage analytique, quand il sert à raconter l'activité d'un homme formé de soixante trillions de cellules.

En revanche, il est tout à fait antiscientifique de suivre la marche inverse et d'appliquer aux éléments d'un phénomène le langage synthétique créé pour la narration du phénomène total. Si l'on déclare que la société est dissoute, il ne s'ensuivra pas que les hommes soient dissous ; si l'on dit que l'homme mange, marche, avale, rit, pleure, il faudra se garder d'employer ces expressions pour raconter l'activité d'une cellule de l'homme, ou d'un grain de Levure de bière qui lui ressemble.

Certaines expressions du langage humain ne sont évidemment pas applicables à la narration de la vie cellulaire, parce que la cellule ne présente rien d'analogue à ce que désignent ces expressions chez l'homme : il n'y a, par exemple, aucun cas dans lequel nous songions à dire qu'une cellule rit; mais, dans beaucoup d'autres cas, nous trouvons au contraire commode d'employer une expression qui raconte un acte complexe de l'homme pour raconter un acte analogue *plus simple* qui se produit dans une cellule. Par exemple nous disons que l'homme se nourrit et que la cellule se nourrit; il est plus facile de raconter la vie d'une cellule avec le langage créé pour l'homme que de raconter la vie d'un homme avec le langage créé pour une cellule; mais si cela est plus facile, cela est moins scientifique, car cela conduit à donner aux mots des acceptions très différentes de leur acception primitive. Il est évident, en effet, que lorsque nous disons que l'homme se nourrit, nous songeons aux divers actes de la préhension, de la mastication, de la déglutition, de la digestion stomacale et intestinale, de l'absorption, de la circulation et de l'assimilation, sans compter la respiration pulmonaire, etc... Quand nous employons cette même expression pour la levure de bière, nous savons que nous commettons un abus de mot, et cet abus de mot a suffi pour qu'au début du dix-neuvième siècle l'illustre micrographe EHRENBERG ait cru découvrir dans les organismes unicellulaires toute la complexité du corps humain !

Si, au contraire, nous avions créé le mot nutrition pour les êtres unicellulaires, nous en trouverions l'équivalent véritable dans les cellules de l'homme, mais il faudrait créer d'autres mots (préhension, mastication, déglutition, etc...) pour raconter ce que nous appelons aujourd'hui la nutrition de l'homme; le langage créé pour les cellules sera *analytique* pour l'homme.

L'erreur anthropomorphique, la plus importante de toutes en biologie, et même, on peut le dire hardiment, la source de toutes les erreurs, tient presque exclusivement au langage; le langage, créé par les hommes pour raconter les actes des hommes, a servi ensuite pour raconter l'activité des autres animaux et est devenu par suite de moins en moins précis, à mesure qu'on s'en est servi pour des êtres de plus en plus éloignés de nous. Le mot *vie*, par exemple, employé primitivement pour l'homme et les animaux supérieurs, a été successivement appliqué aux êtres les plus simples et a ainsi conservé tout son mystère. De ce que la vie de l'homme paraissait irréductible à des phénomènes physico-chimiques, on a induit sans réflexion qu'il en était de même pour l'ensemble des actes que l'on désignait par le même mot chez les êtres les plus simples. Beaucoup de philosophes sont incorrigiblement vitalistes parce qu'ils ne peuvent s'empêcher, quand ils parlent de vie, de penser à la vie de l'homme et d'en parler en langage synthétique, tandis que l'étude des phénomènes plus simples de la vie des êtres inférieurs leur aurait permis de raconter la vie de l'homme en langage analytique. Rien n'est plus stérilisant que l'erreur anthropomorphique; elle supprime tous les problèmes relatifs à l'homme, parce qu'elle suppose *a priori* que ces problèmes sont insolubles.

Dans l'erreur anthropomorphique on peut distinguer

plusieurs erreurs différentes également capables d'arrêter les recherches, soit en supprimant les problèmes, soit en les rendant d'avance inextricables par un énoncé vicieux. L'erreur *individualiste* est une de celles qui ont joué le rôle le plus néfaste dans les sciences naturelles.

Nous donnons des noms aux hommes et nous les représentons ensuite par le même nom à travers toutes les modifications qu'ils subissent depuis leur enfance jusqu'à leur mort. Le nom que nous leur avons donné représente leur *individualité*, leur *personnalité*, et comme ce nom reste fixe, nous ne pouvons nous empêcher de raisonner sur leur individualité comme si elle était fixe, alors que nous savons pertinemment qu'elle change à chaque instant. Et nous nous étonnons que le *même individu*, dans des conditions identiques, agisse deux fois de suite de deux manières différentes ; nous nous en étonnons parce que nous ne voulons pas nous souvenir que dans l'intervalle l'individu a changé, que ce n'est plus le même mécanisme ; nous le savons et cependant nous disons le contraire ; nous faisons un mensonge volontaire en affirmant que le *même individu* a réagi deux fois de suite différemment à des excitations identiques et que par conséquent il est *libre*, et que par conséquent il n'est pas soumis aux lois naturelles et peut créer du mouvement, faire des commencements absolus ! Et cela serait, en effet, si le même mécanisme pouvait répondre différemment à des excitations identiques ; mais ce n'est plus le même mécanisme !

Ce n'est plus le même mécanisme, mais sa forme extérieure a si peu varié que nous la reconnaissons et que nous lui continuons la même appellation à travers toutes les modifications insensibles, mais certaines, qui de l'enfant font peu à peu un vieillard ! Cette conservation de la forme, ou plutôt cette variation continue et insensible de la forme, est l'origine d'une erreur très répandue en biologie et qui n'est qu'un cas particulier de l'erreur individualiste : c'est l'erreur *morphologique.*

Que dans une cellule, par exemple, apparaisse une masse spéciale à contours limités et susceptible d'être vue au microscope, nous lui donnerons tout de suite un nom et par conséquent une individualité; nous en parlerons comme d'une chose fixe, ayant des propriétés constantes, alors que nous savons très bien que tout change sans cesse dans une cellule vivante et que la forme de cette masse particulière, au sein des liquides ambiants, nous renseigne seulement sur le mouvement tourbillonnaire, sur le dynamisme spécial de ces liquides ambiants. Nous le savons, mais nous donnons cependant à cette masse un nom, un état civil, des propriétés intangibles! Bien mieux, le dynamisme intracellulaire changeant à un certain moment, cette masse disparaît, mais quelque temps après le même dynamisme se reproduisant, une masse de même forme redevient visible; nous disons que la première a réapparu; nous lui continuons son nom et ses propriétés; nous supposons implicitement, sans avoir d'ailleurs aucune raison pour cela, que les mêmes particules qui composaient la première masse se sont retrouvées pour reformer la seconde, alors qu'il y a bien des chances pour que les particules de tout à l'heure n'existent plus, aient été remaniées et transformées par les réactions intracellulaires. C'est WEISMANN qui a donné le plus complètement dans l'erreur morphologique; son œuvre est d'ailleurs le rendez-vous de toutes les erreurs de méthode possibles en biologie, et l'enthousiasme qu'elle a provoqué dans le monde des naturalistes suffirait à prouver qu'il est temps d'introduire dans l'étude de la vie un langage vraiment scientifique, dépourvu de mots à double sens.

(30)

Le point de départ de WEISMANN, et ce point de départ lui est d'ailleurs commun avec DARWIN et CLAUDE BERNARD (voir plus bas, § 48 et § 49), est que la matière vivante n'a pas de forme par elle-même, mais doit sa forme à des particules invisibles qu'elle contient. Si je ne craignais de manquer de respect aux plus grands maîtres de la science, je dirais volontiers que cette erreur, qui n'a pas de nom spécial, est une erreur logomachique. Elle provient, me semble-t-il, de la croyance *a priori* à l'identité de tous les protoplasmes; c'est du moins l'opinion que CLAUDE BERNARD exprime clairement, sans en donner d'ailleurs une seule raison, et pour cause. Si donc tous les protoplasmes sont identiques, puisqu'ils ont des formes différentes, c'est que leur forme tient à quelque chose que nous ne voyons pas et qui est en eux; c'est ce quelque chose que DARWIN a appelé *gemmule*. WEISMANN a compliqué les gemmules de DARWIN et les a supposées agglomérées en constructions complexes, tellement considérables qu'elles deviennent visibles; ce sont précisément ces masses qui apparaissent de temps en temps et disparaissent périodiquement dans l'intérieur des cellules. WEISMANN a fait sur ces particules hypothétiques une série de suppositions extrêmement embrouillées au moyen desquelles il a expliqué (!) tout à la fois l'hérédité, la sexualité, l'origine des espèces, etc... Mais il suffit d'y regarder d'un peu près pour voir qu'il a raisonné comme le médecin de MOLIÈRE au sujet de la vertu dormitive de l'opium, et qu'il n'a rien expliqué du tout.

Il s'agissait de faire comprendre que l'homme est reproduit par un œuf qui est un milliard de fois plus petit que lui. Transportant, par une erreur anthropomorphique bien inutile, la même propriété à la cellule, WEISMANN a supposé que la cellule est représentée par une particule qui est un milliard de fois plus petite qu'elle, c'est-à-dire qu'il a imaginé pour la cellule un problème *aussi complexe* que celui qui se posait pour l'homme, mais en même temps il a *admis* que, pour la cellule, ce problème était très facile à résoudre, ne se posait même pas; il a supposé ensuite que l'œuf contenait une particule représentative de chacune des cellules du corps de l'homme, et que chacune de ces particules connaissait la mission qu'elle avait à remplir au cours du développement; il a attribué à ces différentes particules des vertus représentatives, déterminatives, etc., analogues à celles que l'on rencontre dans le cerveau d'un homme très intelligent. Je développerai dans le cours de l'ouvrage les invraisemblances du système de WEISMANN; je le signale seulement ici pour donner une idée du peu de méthode scientifique de ceux, et ils sont légion, qui ont considéré ce système comme ayant une grande valeur explicative, et pour montrer une fois de plus la nécessité d'introduire de la précision dans le langage des sciences naturelles.

Une des erreurs les plus répandues dans le système de WEISMANN est l'erreur *téléologique*. Pourquoi ceci est-il ainsi fait? Parce *qu'il faut* que telle chose en découle! La plupart des biologistes actuels et des meilleurs, HERTWIG, WILSON, etc., exposent toute l'histologie en langage finaliste.

On a beaucoup discuté, récemment encore, la valeur scientifique de la théorie des causes finales[1]. A mon avis, l'erreur *téléologique* est, elle aussi, une conséquence des raisonnements anthropomorphiques. De même que l'homme se croit libre et capable de commencements absolus, de même il a l'illusion que tous ses actes sont

---

1. SULLY PRUDHOMME et CH. RICHET, *Le problème des causes finales*, 2e édition. Paris, F. Alcan, 1903.

dirigés par le but qu'il poursuit et non par les événements précédant son activité. Souvent, en effet, par suite
de l'expérience ancestrale, transmise et accumulée dans
notre hérédité sous forme de ce que nous appelons notre
logique, notre bon sens, par suite aussi de l'expérience
individuelle dont nous savons tirer parti, parce que nous
sommes intelligents, nous pouvons prévoir, dans une
certaine mesure, mais sous réserve de contingences, ce
qui résultera de nos actes dans un avenir très rapproché,
et cette prévision partielle des faits, qui découleront de
notre activité, entre comme un facteur important dans les
associations d'idées dont notre cerveau est le siège.
Voilà à quoi se réduit le finalisme humain; c'est pour
n'avoir pas réfléchi à son origine que nous avons été
amenés à prêter, à un être plus parfait que nous, un finalisme plus parfait; cet être plus parfait, ayant pour faculté
de *tout* prévoir, nous l'avons appelé la *Providence,* et
comme nous lui avons attribué la création du monde et
des lois naturelles, nous avons été fatalement amenés
à croire que ces lois sont calculées en prévision d'un
but que s'est proposé la souveraine intelligence. Le langage humain est finaliste; quand un fait se passe sous
nos yeux, nous lui donnons le plus souvent comme raison d'être la conséquence qui en découle.

Il serait superflu d'insister sur la stérilité qu'engendre,
pour la science, le raisonnement finaliste, mais il n'est
pas inutile de rappeler cette chose très curieuse que,
pour beaucoup de penseurs, le darwinisme a paru conduire au finalisme. DARWIN, nous l'avons vu tout à l'heure,
s'est borné à exprimer dans un langage synthétique que
« les choses sont comme elles sont et non autrement »,
mais, par la dénomination de *plus apte* accordée à l'individu qui a persisté dans la lutte, il a pu laisser croire à
ceux qui le comprenaient mal (à FLOURENS, par exemple)

que sa *sélection naturelle* était une sorte de Providence choisissant dans les combattants celui qui devait être le plus apte à survivre. J'ai montré précédemment que le plus apte n'était défini qu'après coup, par le résultat même de la bataille et que, par conséquent, il n'y a là aucun finalisme; mais voici encore autre chose.

Darwin a conclu de ses raisonnements qu'un caractère quelconque, existant aujourd'hui chez un être quelconque, avait eu son heure d'utilité dans l'histoire de l'espèce; c'est toujours une conséquence de la forme de langage résumée dans la formule : « la persistance du plus apte ». Et les darwiniens se sont par suite ingéniés à rechercher, à propos de tous les caractères connus de tous les êtres connus, qu'elle en pouvait être l'utilité présente ou passée; cela n'a pas toujours été facile et a conduit à des découvertes bien intéressantes, mais ce n'était pas suffisant. Qu'un caractère ait été utile, c'est une raison pour qu'il se soit *fixé* dans l'espèce, mais ce n'en est pas une pour qu'il se soit produit une première fois, ou bien il faut donner au hasard une bien grande ingéniosité. Dans beaucoup de cas la forme du raisonnement darwinien a donc été identique, à peu de chose près, au langage finaliste. Pourquoi avons-nous des yeux? pour voir, disent les finalistes; parce que la faculté de voir a été avantageuse pour les êtres qu'un hasard en a doués une première fois, disent les darwiniens.

Lamarck ne s'est pas contenté du rôle du hasard dans l'explication de l'apparition des organes nouveaux, mais il n'a pas été non plus à l'abri des pièges du langage finaliste, parce qu'il a décomposé le fonctionnement des animaux en trois parties conventionnelles, parallèles à celles dans lesquelles, nous hommes, décomposons notre fonctionnement dans le langage psychologique; il a dit : les conditions nouvelles créent de nouveaux *besoins* chez les êtres vivants, d'où la nécessité pour eux d'agir *en vue de la satisfaction de ces besoins*. Ce n'est là qu'une faute de langage, mais nous avons vu tout à l'heure à quelles conclusions absurdes ce langage téléologique a conduit Cope, disciple de Lamarck. J'espère montrer dans le cours de cet ouvrage que l'on peut raconter *l'adaptation au milieu* dans tous ses détails, sans aucun raisonnement téléologique, en se servant du langage synthétique dont notre chien philosophe nous donnait tout à l'heure l'exemple en disant : « les bateaux partent avec le jusant et reviennent pleins de poissons ».

A ceux qui douteraient de la stérilité des interprétations par les causes finales, je conseillerai seulement de lire un passage de Bernardin de Saint-Pierre et de le comparer à un passage de Darwin; le premier, observateur excellent, a fait beaucoup de remarques aussi précises que celles du second, mais il a admiré dans tout l'ordre merveilleux de la Providence et n'a tiré aucun profit d'observations qui ont fourni une ample moisson d'idées au naturaliste anglais.

Voilà déjà bien des erreurs inhérentes, pour la plupart, au langage biologique actuel. Il y en a encore d'autres à signaler, indépendantes du langage celles-là, et tenant à des comparaisons illégitimes. Expliquer c'est comparer, mais toute comparaison n'est pas bonne.

Nos ancêtres ignorants ont comparé le mouvement en apparence spontané des êtres vivants au mouvement des feuilles agitées par un vent invisible; d'où l'expression *anima*, âme, venant de ἄνεμος, vent. Cette comparaison pouvait se soutenir à la rigueur tant que l'on ignorait la nature du vent; lorsqu'on connût sa consistance matérielle on aurait dû abandonner la comparaison; on la garda et l'on imagina pour remplacer le vent des *principes immatériels* causes du mouvement, c'est-à-dire que l'on compara la cause du mouvement des êtres vivants à quelque chose qui n'était comparable à rien. C'est l'origine de la théorie animiste qui a dominé et domine encore aujourd'hui presque toute la philosophie humaine.

Autre exemple de comparaison fallacieuse. L'homme est un mécanisme et on l'a comparé à des mécanismes connus et plus simples, à des machines à vapeur par exemple; ceci était admissible pourvu qu'on n'allât pas trop loin dans la comparaison et qu'on ne considérât pas comme s'appliquant à l'homme *toutes les propriétés* des machines avec lesquelles on l'avait comparé. Malheureusement, on n'y a pas pris garde; les machines s'usent en fonctionnant; l'enfant, au contraire, se construit en fonctionnant et devient un homme; mais on s'est laissé entraîner par la comparaison et on a admis comme évident que le fonctionnement *use* la machine humaine, alors que, certainement, c'est le contraire qui a lieu! Et c'est ainsi que Claude Bernard a été amené à exprimer ce paradoxe qui cache une erreur dangereuse : « la vie, c'est la mort! » Récemment encore, la comparaison entre l'homme et une machine thermique a conduit des savants à confondre l'alimentation de l'homme avec l'alimentation d'une automobile et à mesurer, à son coefficient thermogène, la valeur alimentaire d'une substance donnée.

Un dernier exemple : il y a deux sexes dans la plupart des espèces animales et il n'y a que deux sexes chez les animaux supérieurs et chez l'homme. Chez ces derniers êtres, c'est toujours la femelle qui fournit le *gros* élément génital appelé *ovule*, tandis que le mâle fournit un élément extrêmement *petit*, le *spermatozoïde*. Dans des espèces plus éloignées de nous, comme les Puces d'eau et les Pucerons, il y a, outre ces deux sexes, un troisième type d'individus appelés parthénogénétiques et qui ont la propriété de se multiplier, de se reproduire par eux-mêmes, sans le secours d'un conjoint. *Ils n'ont donc pas de sexe* et se multiplient par génération agame, comme les champignons ; mais, par suite de je ne sais quelle idée préconçue, insoutenable, à mon avis, dans l'état actuel de la biologie, on considère les mâles dans la génération sexuelle normale comme apportant dans l'acte de la génération un élément moins important que la femelle, de sorte que l'on donne le nom de femelle aux individus qui se reproduisent seuls ; on compare ces êtres à des vierges qui enfantent sans fécondation, (parthénogénèse, de παρθένος, vierge). C'est là une erreur volontaire et qui se trouve partout ; j'essaierai de montrer combien cette erreur a été funeste et combien elle s'oppose à la compréhension de la question de la détermination du sexe chez les jeunes individus ; mais je n'espère pas pour cela amener les auteurs à abandonner une manière de parler à laquelle ils sont habitués.

Débarrassée de toutes ces causes d'erreur, la biologie est une science difficile ; aussi beaucoup de gens qui veulent avoir le droit de discuter, sans se donner trop de mal, la valeur des théories sur la vie, ne se résoudront-ils pas facilement à abandonner les vieilles manières de parler ; cela leur permettra d'ailleurs un facile triomphe sur l' « abject matérialisme » qui nécessite un effort constant et une tension incessante et qui, pour ces raisons mêmes, ne sera pas facilement adopté par la majorité. Le grand succès du système fantastique de WEISMANN, l'édifice verbal le plus considérable qui ait été construit dans la science, est venu probablement de ce que son étude n'exigeait ni beaucoup de raisonnement ni beaucoup de connaissances acquises dans les sciences exactes.

Au contraire, pour faire de la biologie scientifique, il faut s'entourer de grandes précautions, malgré lesquelles il n'est d'ailleurs pas toujours facile d'éviter les pièges d'un langage courant, résumé de toutes les erreurs ancestrales. En outre, il faut être familiarisé avec la méthode des sciences physico-chimiques; il ne suffit pas d'une certaine curiosité ni d'un tempérament de collectionneur; et beaucoup de naturalistes, admirablement renseignés sur les espèces d'insectes ou de mollusques, sont moins bien outillés pour entreprendre cette étude que ceux qui ont acquis une connaissance approfondie des phénomènes de la matière brute. J'expliquais un jour à une très jeune fillette les avantages que présentaient les montres à répétition pour connaître l'heure dans l'obscurité, à une époque où il n'y avait pas d'allumettes; elle écoutait mes explications avec soin et admirait les sons argentins du timbre que je faisais vibrer devant elle, mais ces sons ne la renseignaient guère sur l'heure : « Oui, dit-elle enfin, cela devait être bien commode, mais il fallait savoir compter ! ». Ce livre est écrit pour ceux qui savent compter.

J'ai publié depuis dix ans plusieurs ouvrages de biologie, dans lesquels j'ai exposé une série d'approximations successives. Dans la « Théorie nouvelle de la vie », je me suis contenté d'exposer les résultats généraux auxquels on peut arriver en partant de la simple notion globale d'assimilation dans la cellule, et j'ai étudié surtout les conclusions que l'on devait en tirer pour la compréhension du mécanisme vital de l'homme adulte ; le fait principal de cette recherche a été d'établir, en face de la vieille théorie de la destruction fonctionnelle, celle de l'assimilation fonctionnelle qui me paraît bien plus logique.

Dans un autre ouvrage, « Évolution individuelle et Hérédité », je ne suis parti également que de cette même notion globale d'assimilation et de destruction cellulaires, et en séparant les diverses questions qui doivent être séparées, je suis arrivé, sans faire aucune hypothèse, à donner une interprétation de la transmission héréditaire des caractères acquis dans la génération agame. C'est plus récemment que les mêmes déductions m'ont amené à établir la communauté du patrimoine héréditaire dans toutes les parties des individus les plus complexes (« L'Unité dans l'Être vivant »).

Dans « La Sexualité », j'ai exposé une hypothèse *symétrique* sur la nature des phénomènes sexuels ; cette hypothèse n'a pas été faite *a priori ;* j'y ai été conduit par une série de déductions, et je l'ai adoptée comme la plus logique ; mais ce n'est qu'une hypothèse, et je suis par conséquent tout prêt à l'abandonner dès qu'elle se trouvera en contradiction avec un fait nouveau. Jusqu'à présent, elle m'a paru adéquate à toutes les particularités connues, et m'a même permis d'en prévoir de nouvelles ; mais je n'oublie pas cependant que ce n'est qu'une hypothèse, et je considère comme provisoires les résultats des déductions dans lesquelles je l'ai utilisée.

Dans « Le Déterminisme biologique », j'ai essayé d'établir un parallélisme entre la physiologie et la psychologie, et je l'ai fait encore au moyen d'une hypothèse qui me paraît la seule vraisemblable pour ceux qui ne croient pas à la liberté absolue.

Enfin, dans d'autres ouvrages, (« L'Individualité », « Lamarkiens et Darwiniens », etc.), j'ai étudié diverses questions relatives à la formation des espèces et j'ai essayé de mettre d'accord les deux grandes écoles évolutionnistes.

Le « Traité de Biologie » que je présente aujourd'hui au public est la condensation et la mise au point de toutes ces approximations successives.

Dans le *Livre premier*, j'ai cherché à pénétrer plus avant dans l'intimité des phénomènes cellulaires, en associant les faits globaux et l'hypothèse symétrique sur la nature du sexe. Je crois être arrivé ainsi à donner de la karyokinèse une interprétation satisfaisante et dépourvue de tout finalisme.

Dans le *Livre II*, j'ai étudié en détail l'hérédité dans la génération agame et l'hérédité dans la génération sexuée. Là encore, tout ce qui ne contient pas d'allusion aux phénomènes sexuels est entièrement déduit *sans hypothèse*, tandis qu'il faut faire certaines réserves sur les explications relatives à l'amphimixie. Comme conclusion je suis arrivé à poser d'une manière très nette le problème de la détermination du sexe somatique, problème qui a fait couler des flots d'encre à cause d'un énoncé vicieux.

Dans le *Livre III*, j'ai repris les grandes questions de la vie et de la formation des espèces, mais je l'ai fait sans m'étendre trop longuement, me contentant d'indiquer les grandes lignes de la méthode à suivre et j'ai renvoyé pour plus amples détails à mes ouvrages précédents.

Enfin, dans l'*Appendice*, j'ai posé le problème de la

conscience et essayé de montrer comment la sociologie peut utiliser les conquêtes de la biologie.

Je ne doute pas que dans cet ensemble si vaste il ne reste bien des points obscurs et je m'attends à y voir relever un certain nombre d'erreurs, mais je demeure convaincu que c'est par cette méthode qu'il faut attaquer l'étude de la biologie et que tout autre système, faisant des concessions aux erreurs anciennement admises et perpétuées dans le langage, sera par là-même et d'avance frappé de stérilité.

J'ai supposé connus les principaux faits de la vie cellulaire ; j'aurais été conduit à de trop grands développements si j'avais voulu les exposer dans le détail ; j'aime mieux renvoyer le lecteur aux traités récents d'histologie descriptive et surtout à l'excellent livre de Wilson : « The cell in development and inheritance ».

Félix Le Dantec.

Paris, le 6 mars 1903.

LIVRE PREMIER

ACTIVITÉ CHIMIQUE ET ÉLÉMENTS FIGURÉS

CHAPITRE PREMIER

PROLÉGOMÈNES. CONSÉQUENCES DE L'ACTIVITÉ CHIMIQUE DANS UN LIQUIDE PLASMIQUE.

1. MOLAIRE ET MOLÉCULAIRE. — 2. FORME. — 3. CHARPENTE OU SQUE-
LETTE. — 4. MOUVEMENT. — 5. EXPÉRIENCES DE CHIMIOTAXIE. —
6. DIVERSES FORMES DE MOUVEMENTS.

1. — MOLAIRE ET MOLÉCULAIRE.

La *vie est un phénomène chimique,* c'est-à-dire que les seuls caractères essentiels par lesquels une action *vitale* diffère d'une manifestation de l'activité de la matière *brute* sont relatifs à des destructions et des constructions d'édifices moléculaires. Cette vérité, toute la biologie nous la prouvera de mille manières; il vaut donc mieux l'énoncer en commençant, de manière à ce qu'elle prenne la première place dans l'esprit de ceux qui se livreront à l'étude des êtres vivants.

LA VIE
PHÉNOMÈNE
CHIMIQUE.

Mais une réaction chimique n'est pas quelque chose *d'isolé* et ne se produit que dans certaines *conditions* dont la réalisation peut être liée à des particularités d'ordre *physique* (chaleur, électricité, lumière, etc.) ; de plus, elle s'accompagne toujours de phénomènes accessoires qui sortent également du domaine de la chimie (chaleur, mouvement, etc.). Ceci est vrai surtout pour les réactions des matières vivantes, à cause de l'état très spécial de ce qui représente la *solution* de ces matières dans l'eau. La vie est *aquatique*, mais les matières vivantes ne se dissolvent pas comme du sel marin.

Lorsqu'on étudie l'action de l'acide chlorhydrique sur l'azotate d'argent, par exemple, on met en contact intime deux solutions homogènes de ces deux substances ; il y a mélange parfait et, *en chaque point* de ce mélange, les deux réactifs se trouvent juxtaposés de manière à pouvoir s'influencer l'un l'autre. Les conditions sont entièrement différentes quand il s'agit de corps vivants. On ne peut dire en effet que ces corps soient solubles dans l'eau, leur matière active prend au contraire, à l'état d'activité chimique dans un milieu convenable, un aspect que l'on peut comparer à celui des liquides visqueux. C'est ce fait que l'on exprime en disant que tous les êtres doués de vie se composent essentiellement d'une substance visqueuse[1], appelée *protoplasma*. En réalité, il y a autant de protoplasmas que d'espèces vivantes, mais l'état de *plasma colloïde* est commun à toutes les matières vivantes en activité vitale[2].

---

1. Le mot *visqueux*, le mot *colloïde* ayant des significations assez précises aujourd'hui, il serait plus scientifique, pour ne rien préjuger des découvertes ultérieures, de dire simplement que les substances vivantes sont des liquides *plasmiques* ou *protoplasmiques*.

2. Cela n'empêche pas d'ailleurs que ces matières ne soient parfaitement solubles dans certains réactifs, l'ammoniaque, par exemple, mais alors elles ne sont plus en activité vitale ; l'activité vitale est liée à la viscosité.

Ce plasma colloïde n'est pas homogène; sa structure a été étudiée au microscope par de nombreux savants, et Bütschli, en particulier, s'est ingénié à reproduire cette structure au moyen de matières non vivantes; de telles recherches ne présentent qu'un intérêt secondaire, car elles nous renseignent seulement sur l'*état* protoplasmique et non sur la nature même des substances actives qui se présentent à nous sous cet état.

Une conséquence fort importante de la viscosité des matières vivantes est qu'une masse quelconque de ces matières a *une forme* dans l'eau, tandis qu'une substance franchement soluble remplit toujours, petit à petit, par diffusion, le vase de dimensions moyennes dans lequel elle est dissoute. Donc, quand nous étudierons un corps vivant quelconque, comme nous avons l'habitude de nous servir surtout de l'observation visuelle, nous serons toujours frappés d'abord par la forme, par le contour apparent de ce corps, et nous attacherons naturellement à cette forme une importance capitale; nous aurons une tendance fort compréhensible à rapprocher les uns des autres les êtres doués de formes analogues.

Toute autre serait la tendance d'un observateur dépourvu d'yeux et qui ne connaîtrait les objets que par leur goût ou leur odeur. Il serait prévenu directement de particularités inhérentes à la nature chimique des objets étudiés et il les classerait sans se préoccuper de leur forme.

Ces deux tendances existent, plus ou moins développées chez tous les naturalistes : mais elles ne les conduisent pas le plus souvent à des résultats contradictoires, parce qu'il existe (nous allons le prévoir immédiatement et nous en donnerons ensuite une démonstration expérimentale) un parallélisme fort intéressant entre la forme et la nature chimique des corps vivants.

Considérons, dans l'eau, une substance visqueuse inerte, au repos. Elle a une forme; elle est en équilibre dans les conditions ambiantes. Déterminons une agitation de l'eau, un tourbillon; la matière visqueuse se déformera, *obéira* au mouvement du liquide qui l'entoure et, si ce mouvement tourbillonnaire reste longtemps semblable à lui-même, le corps visqueux pourra adopter une forme nouvelle, adéquate aux conditions nouvelles; il perdra d'ailleurs cette forme quand le mouvement cessera. En résumé, la forme d'un liquide visqueux résulte des conditions mécaniques réalisées autour de lui.

Un morceau de protoplasma vivant que nous observons dans une goutte d'eau tranquille *nous paraît au repos dans un liquide au repos*, et c'est là une illusion des plus dangereuses pour l'appréciation réelle des faits. Cette masse de substance *vivante* est en effet, par cela même qu'elle est vivante, le siège de réactions chimiques incessantes, mais ces réactions sont incapables de frapper directement nos yeux : elles sont invisibles; c'est pourquoi nous ne pensons pas qu'elles existent; or elles dominent toutes les manifestations vitales.

Si une masse de substance visqueuse, chimiquement inattaquable par les matières dissoutes dans un liquide aqueux, était plongée dans ce liquide aqueux, il s'établirait entre la masse visqueuse et le milieu ambiant un régime d'échanges osmotiques qui aurait *une durée limitée*. La *chimie physique* étudie la nature et les conditions de ces échanges.

Au bout de quelque temps, un certain état d'équilibre serait réalisé et tout échange cesserait; nous trouvons un exemple grossier de ce cas dans la fabrication des cerises à l'eau-de-vie : on plonge dans un mélange d'eau, d'alcool et de sucre, des cerises qui contiennent elles-mêmes divers principes diffusibles; pendant un certain temps

(46)

il se fait des échanges osmotiques entre l'intérieur et l'extérieur de ces fruits et chacun a pu remarquer en particulier que la teneur en alcool des cerises immergées varie avec la durée de l'immersion. Cet exemple familier n'est d'ailleurs pas parfait, car il n'y a pas repos chimique à l'intérieur de la cerise ; on peut cependant considérer pratiquement, que, au bout d'un certain temps, l'équilibre osmotique est obtenu et que les mouvements cessent. Le repos a lieu quand il existe un certain rapport entre les teneurs de l'eau et de la cerise, quant aux substances diffusibles.

Il n'en est pas de même dans le cas d'un morceau de protoplasma vivant. Entre sa substance et l'eau ambiante s'établissent, comme pour les cerises à l'eau-de-vie, des échanges osmotiques. Telle matière passe de l'eau dans le protoplasma, telle autre du protoplasma dans l'eau, mais, contrairement à ce qui se produisait dans le cas précédent, *l'équilibre ne peut pas résulter de ces échanges tant que le protoplasma vit, à cause des réactions chimiques qui se produisent sans cesse dans son sein.* Ces réactions chimiques ont précisément pour aliment les matières solubles ayant pénétré par osmose dans la masse visqueuse considérée, et elles produisent en outre certaines matières solubles capables de diffuser à l'extérieur vers le liquide ambiant. Donc, pas d'équilibre possible, les réactions chimiques détruisant cet équilibre au fur et à mesure que l'osmose tend à le réaliser ; et l'on peut dire, par conséquent, que les réactions chimiques incessantes entretiennent constamment un mouvement d'échanges osmotiques entre le protoplasma et le milieu.

L'observation directe ne nous permet pas de constater ce mouvement d'échanges : il n'est pas visible ; mais nous en remarquons les conséquences (savoir, les manifestations extérieures de l'activité des êtres vivants), et précisément ces conséquences nous paraissent mystérieuses parce que nous oublions trop souvent l'existence du mouvement caché qui se produit sans cesse dans des corps en repos apparent.

Arrêtons-nous un instant à l'étude de ce double courant (fig. 1) qui ne peut manquer d'exister entre un corps vivant et le milieu qui le baigne. Quoique les masses isolées de protoplasma soient de dimensions fort restreintes, elles sont cependant très volumineuses par rapport aux molécules chimiques; le double courant dont nous nous occupons met donc en mouvement des masses liquides beaucoup plus considérables que des molécules, ou, si l'on veut, un grand nombre de molécules à la fois; nous dirons que ce mouvement est un *mouvement molaire* (de *moles*, masse).

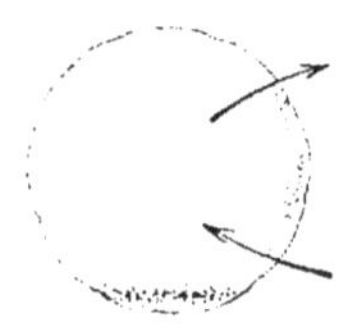

Fig. 1.

Et ce mouvement *molaire* qui cesserait bien vite, nous l'avons vu, dans un corps au repos chimique, par suite de la réalisation de l'équilibre osmotique, continue indéfiniment dans le protoplasma vivant, à cause de l'activité chimique ininterrompue qui a son siège dans son sein. Or l'activité chimique c'est, par définition, une destruction ou une construction d'édifices moléculaires; il y a bien là mouvement aussi, mais nous pouvons appeler ce mouvement *mouvement moléculaire* ou chimique, par opposition avec le mouvement *molaire* qui entraîne un grand nombre de molécules à la fois.

Ces définitions admises, nous pouvons traduire comme il suit les remarques précédemment exposées : le *mouvement moléculaire* qui se produit incessamment dans un protoplasma vivant entretient un *mouvement molaire* d'échanges entre le protoplasma et le milieu; et, réciproquement, le mouvement molaire d'échanges, qui existe

(48)

entre le protoplasma et le milieu, entretient le mouvement moléculaire intraprotoplasmique en fournissant des aliments à son activité, car il est évident que des réactions chimiques ne peuvent continuer indéfiniment sans un apport de substance nouvelle.

Ainsi donc nous nous trouvons immédiatement en présence de deux mouvements d'ordre essentiellement différent et tels que chacun d'eux est indispensable à l'entretien de l'autre. Presque toutes les difficultés de la biologie tiendront dans l'existence de ces deux sortes de mouvements indissolublement liés, et quand j'affirmais, en commençant, que la vie est un phénomène chimique, je devais insister comme je viens de le faire, sur l'impossibilité, dans l'économie, d'une manifestation chimique débarrassée de phénomènes accessoires et étrangers.

Il ne manque pas, dans la nature brute, d'exemples d'une telle transformation d'une activité moléculaire en activité molaire. Ces exemples sont au contraire tellement nombreux qu'on ne sait lequel choisir. La combustion de la poudre, mouvement moléculaire, détermine le déplacement du projectile, mouvement molaire. Le morceau de sodium qui brûle sur l'eau, mouvement moléculaire, exécute par suite de sa combustion même, des voyages imprévus à la surface du liquide, mouvement molaire, etc.

Un exemple spécial d'une telle transformation mérite cependant d'être étudié à part, d'abord parce qu'il nous montre un mouvement d'apparence spontanée dans la matière brute, mouvement qui a naturellement été comparé d'abord à celui des êtres vivants, ensuite, parce qu'il nous permet de généraliser la notion de l'illusion du repos, illusion si dangereuse déjà pour l'étude des phénomènes vitaux. Je veux parler du *mouvement brownien*.

MOUVEMENT SPONTANÉ DE LA MATIÈRE BRUTE.

« Le repos apparent n'existe que pour les portions de corps que nous pouvons distinguer à l'œil nu ; le microscope nous montre que, lorsque nous arrivons aux millièmes de millimètre, il y a, dans les liquides, une agitation permanente et non le repos absolu que l'on supposait y exister.

« La théorie cinétique [1]... nous explique ce phénomène dans ses traits essentiels. Imaginons pour un moment qu'une particule solide en suspension dans l'eau ait des dimensions comparables à celles d'une molécule d'eau. Cette particule se trouvera ainsi en relation avec un petit nombre de molécules animées de vitesses de plusieurs centaines de mètres par seconde; sans cesse heurtée par celles-ci, elle doit nécessairement se mouvoir en tous sens, d'une manière irrégulière, suivant le hasard de ses rencontres avec les molécules qui l'entourent, et la rapidité de ses mouvements sera comparable à celle des mouvements moléculaires. C'est bien là le mouvement *brownien*, mais, dans le cas idéal que nous avons considéré (en supposant que la particule ait des dimensions comparables à celles d'une molécule d'eau), sa vitesse et son intensité seraient incomparablement plus grandes que dans le phénomène réel. Si maintenant la particule est très grande vis-à-vis des dimensions moléculaires, elle sera en relation à chaque instant avec un grand nombre de molécules; les effets de celle-ci n'étant pas en général de même sens, se contrarient et se neutralisent en partie; de plus, la masse à mouvoir étant bien plus grande, le mouvement doit se produire de même que tout à l'heure, mais sur une échelle très réduite... Les vitesses que nous observons dans le mouvement brownien sont de quelques millièmes de millimètre par seconde... On doit en conclure que les plus petites particules que nous

---

1. Théorie qui suppose que les molécules des fluides sont en mouvement incessant.

pouvons observer au microscope sont encore bien grandes vis-à-vis des dimensions des molécules[1]. »

Voilà donc un cas dans lequel, en dehors même de toute réaction chimique, des mouvements moléculaires déterminent un mouvement molaire, savoir, celui de particules solides visibles au microscope et plongées dans un liquide en repos apparent.

Dans le protoplasma vivant, le mouvement molaire qui résulte des réactions moléculaires internes et qui, en même temps, entretient ces relations, est un mouvement d'échanges osmotiques avec le milieu, savoir : entrée de substances utilisées dans les réactions, sortie de substances solubles résultant des réactions. Ce mouvement nous échappe, du moins quand nous ne nous servons que de l'observation directe, mais il a des conséquences de deux natures, et toutes deux fort importantes au point de vue de l'aspect des phénomènes vitaux : 1° il donne une *forme* à la masse protoplasmique : 2° il peut se traduire par un déplacement d'ensemble de cette masse dans le milieu. Étudions successivement ces deux conséquences des mouvements molaires d'échange.

2. — FORME.

Nous avons vu tout à l'heure que la forme d'un liquide plasmique résulte des conditions mécaniques réalisées autour de lui; or les mouvements molaires d'échanges, quoique n'étant pas justiciables de l'observation directe, réalisent tout autour de la masse protoplamisque vivante un état tourbillonnaire spécial, de telle sorte que la masse protoplasmique n'est pas comparable à une goutte d'huile

---

1. Gouy, *Le mouvement brownien*, pp. 21-22. Lyon, Storck, 1895.

en équilibre dans un liquide au repos, mais bien plutôt à une goutte d'huile dans un liquide agité.

Supposons que l'on verse avec soin une certaine quantité d'une huile lourde dans une solution saline de même densité. Cette huile prendra la forme d'une sphère et restera en équilibre; si le milieu est tout à fait paisible, on pourra même réaliser une sphère de grandes dimensions. Si au contraire on agite violemment le liquide, on verra se résoudre la masse en une grande quantité de sphérules d'autant plus petites que l'agitation sera plus violente. C'est donc le dégré d'agitation qui limite les dimensions possibles pour une goutte d'huile continue.

Au niveau de la surface de séparation du protoplasma vivant et du milieu, il existe sans cesse un mouvement d'échanges qui réalise précisément en cet endroit une agitation fort considérable. Nous ne devons donc pas nous étonner de la limitation des dimensions normales des masses continues de protoplasma vivant; cette limitation ne peut étonner que ceux qui croient le protoplasma au repos dans un liquide au repos.

Bien plus, non seulement la dimension maxima des masses protoplasmiques est limitée, mais la *forme* de ces masses résulte précisément des conditions mécaniques réalisées autour d'elles par le mouvement molaire d'échanges. Or ce mouvement molaire est la conséquence, d'une part, de la nature de la surface de séparation du protoplasma et du milieu, nature qui est liée indiscutablement à la composition chimique du protoplasma, d'autre part, des réactions chimiques intra-protoplasmiques qui entretiennent le mouvement molaire et qui dépendent, elles aussi, de la composition chimique du protoplasma ainsi que de la nature des éléments chimiques empruntés au milieu.

Nous sommes donc conduits à prévoir que, à chaque

instant, la forme de la masse vivante sera en relation avec sa composition chimique au moment considéré, ce que des expériences nous démontreront d'ailleurs surabondamment.

Mais les masses de protoplasma vivant ne sont pas homogènes; elles contiennent une ou plusieurs masses visqueuses intérieures qui semblent être séparées du protoplasma ambiant comme le protoplasma est lui-même séparé de l'eau. Des échanges osmotiques se font incessamment entre ces masses internes et le protoplasma, entretenant, au niveau de la surface de chacune d'elles, un mouvement molaire tout à fait comparable à celui qui existe autour du protoplasma lui-même (fig. 2); d'où il résulte que les conséquences établies précédemment pour la forme et la limitation des dimensions de la masse protoplasmique doivent s'étendre aux masses visqueuses incluses dans le protoplasma; la forme de ces masses doit être à chaque instant liée à la composition chimique de

Fig. 2.

leur contenu et à celle du protoplasma ambiant. Tout ceci sera vérifié par l'expérience. Mais nous devons remarquer que tous les raisonnements précédents portent sur des corps supposés visqueux et n'ayant pas de forme stable indépendante des conditions mécaniques réalisées à leur périphérie. Ces raisonnements cessent donc d'être applicables au cas où les réactions chimiques qui se passent à l'intérieur des protoplasmas déterminent la production de substances solides, rigides, ayant une forme stable personnelle. Étudions maintenant ce qui se passe dans ce cas nouveau.

3. — CHARPENTE ET SQUELETTE.

Dans la plupart des espèces vivantes, les réactions intraprotoplasmiques déterminent la formation de substances solides, ou tout au moins de substances plus résistantes et qui ont en outre la propriété de ne plus être attaquées par les réactions vitales ultérieures.

Ces substances nouvelles ont une origine chimique et par conséquent se produisent petit à petit, molécules à molécules si l'on veut, de même que se produit le dépôt du métal précieux dans une expérience de galvanoplastie. L'apparition de ces substances solides a lieu dans un liquide qui n'est pas au repos, et par suite, leur distribution doit dépendre du mode de mouvement réalisé au moment de leur production; elles ne restent pas là où elles ont chimiquement apparu; elles se répartissent suivant le régime tourbillonnaire qui donnait déjà leur forme aux masses visqueuses du protoplasma. Rien d'étonnant donc à ce qu'elles se distribuent à la périphérie de ces masses visqueuses comme se déposent, sur le moule conducteur, les molécules d'argent galvanoplastique.

Accumulées en certaines régions par le régime tourbillonnaire établi, elles s'unissent par la cohésion qui leur est propre et forment ainsi des parois résistantes aux masses plasmiques qui les ont produites; elles encroûtent ces masses plasmiques. Et à partir de ce moment, un nouveau facteur intervient dans la détermination de la forme de ces masses, savoir la croûte solide qui les enserre.

LE SQUELETTE FIXE LA FORME. Une fois cela réalisé, la forme des masses plasmiques est fixée; la vie peut cesser; les réactions intraprotoplasmiques peuvent ne plus entretenir le mouvement molaire d'échanges avec le milieu, ou bien même ces réactions peuvent changer, devenir tout autres, elles ne modifient plus la forme de la masse qui en est le siège; cette masse est fixée par son squelette.

Le fait donc, que nous avons prévu tout à l'heure, de l'existence d'un lien entre la forme des masses protoplasmiques vivantes et leur composition chimique, n'est vrai qu'en dehors de l'intervention d'une charpente solide invariable. Quand cette charpente existe, elle indique la forme qu'avait la masse protoplasmique sous l'influence des mouvements molaires d'échange, *au moment* où s'est effectué le dépôt de substance solide, mais une fois la charpente constituée elle conserve sa forme malgré tous les mouvements molaires ultérieurs. Elle la conserve même souvent après la disparition totale des substances vivantes

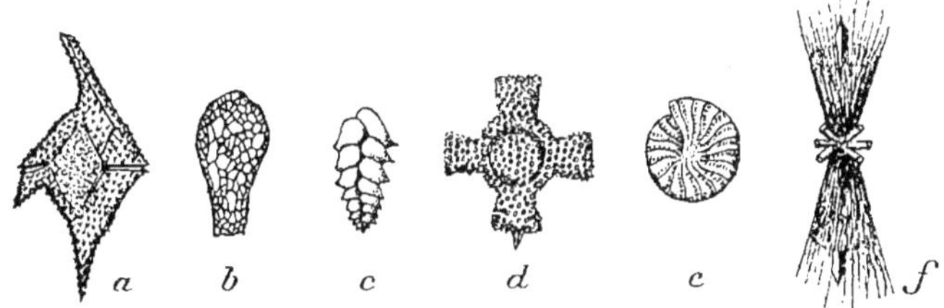

Fig. 3. — Quelques exemples de croûtes solides chez les êtres unicellulaires : *a, Ceratium; b, Difflugia; c, Textularia; d, Astromma; e, Nummulites; f, Diploconus.*

qui l'ont produite, et c'est ainsi que nous retrouvons, dans les couches géologiques, des squelettes d'animaux ayant vécu il y a des millions d'années, ou tout au moins des moulages de ces squelettes (fig. 3).

En dehors, aussi, de l'apparition d'une croûte squelettique, l'action de certaines substances chimiques dites *fixatives* peut rendre invariable la forme d'une masse de protoplasma en la transformant toute entière en une substance inerte, plus ou moins rigide. Ce n'est plus alors du protoplasma que l'on observe, mais une substance nouvelle qui a seulement la forme dont était doué ce protoplasma au moment de la fixation, sous l'influence des mouvements molaires d'échanges résultant de ses réactions intérieures.

Ces simples remarques suffisent à prouver combien sont contingentes les conclusions tirées de l'observation de la forme seule des masses vivantes. Cette forme n'est vraiment intéressante qu'en ce qu'elle nous renseigne sur l'état d'équilibre des substances vivantes qui en sont douées, et nous venons de voir que, fixée par le squelette ou par un réactif chimique approprié, elle ne nous apprend plus que *ce qu'a été*, à un certain moment, passé pour toujours, l'état d'équilibre d'une masse protoplasmique.

4. — MOUVEMENT.

Toutes les considérations précédentes nous ont amenés à considérer comme de première importance, quant à l'aspect extérieur des phénomènes vitaux, les mouvements molaires d'échanges que les réactions intraprotoplasmiques entretiennent pendant toute la vie au niveau de la surface extérieure des protoplasmas. En tant que ces mouvements molaires intéressent l'eau ambiante, ils ne nous sont pas directement connaissables; les petits tourbillons aqueux qui en résultent ne sont pas observables au microscope.

Mais si l'activité du protoplasma met en mouvement l'eau ambiante, il doit se produire des cas où les masses vivantes elles-mêmes sont, par réaction, déplacées elles-mêmes. Un bateau à vapeur, dont l'hélice tourne pendant qu'il a le nez contre le quai, met en mouvement l'eau de la mer; supprimons tout obstacle et il se produira à la fois un mouvement de l'eau en arrière, un mouvement du bateau en avant.

De même, pour beaucoup de corps protoplasmiques vivants dont la masse n'est pas trop considérable par rapport à celle de l'eau déplacée dans les échanges molaires, un déplacement d'ensemble peut résulter de ces échanges molaires. Et c'est ce qui surprend si fortement les gens non prévenus qui font pour la première fois l'observation microscopique d'une goutte d'eau; un très grand nombre de masses protoplasmiques se déplacent sous leurs yeux avec une vitesse très remarquable.

Or, les réactions chimiques intraprotoplasmiques sont invisibles; les mouvements molaires d'échanges qui en résultent le sont aussi, de sorte que le déplacement des masses vivantes paraît spontané. Mais on a l'habitude de ne pas voir bouger sans cause apparente les corps bruts ordinaires, (quoique cependant le mouvement brownien réalise ce cas exceptionnel; seulement, peu de gens connaissent le mouvement brownien), de sorte que l'on est tenté de considérer ce mouvement spontané comme caractéristique de la vie; on admet que la vie est une puissance mystérieuse produisant du mouvement en dehors des conditions mécaniques normales.

En réalité, il s'agit simplement d'une transformation du mouvement moléculaire en mouvement molaire, et il n'y a là rien de plus mystérieux que dans la déflagration de la poudre; mais la déflagration de la poudre est *visible*, tandis que les réactions intraprotoplasmiques ne le sont pas.

Nous allons étudier les différentes formes que peut affecter ce mouvement d'ensemble des corps protoplasmiques, mais, auparavant, nous devons parler de quelques expériences qui ont permis de démontrer que ce mouvement d'ensemble est bien la conséquence des échanges molaires entre le corps protoplasmique et le milieu.

5. — EXPÉRIENCES DE CHIMIOTAXIE.

Considérons un plastide[1] P vivant dans un liquide aqueux. Toute la surface de ce plastide est le siège de mouvements molaires d'échange entre sa substance et celle du milieu. Si le milieu est homogène, tous ces mouvements partiels ayant, aux divers points de la surface, des intensités comparables, pourront arriver à se contrebalancer et ne pas donner à la masse un déplacement appréciable.

Mais supposons que, précisément, au moment où nous observons le plastide P, le milieu liquide dans lequel il baigne soit divisé par un plan de trace xy en deux régions (fig. 4) qui diffèrent quant à la teneur en une substance soluble donnée A. Cela sera réalisé, par exemple, si cette substance A (représentée en pointillé dans la figure 4) est en train de se répandre dans le milieu: le plan de trace xy indiquera le front du mouvement de diffusion commencé.

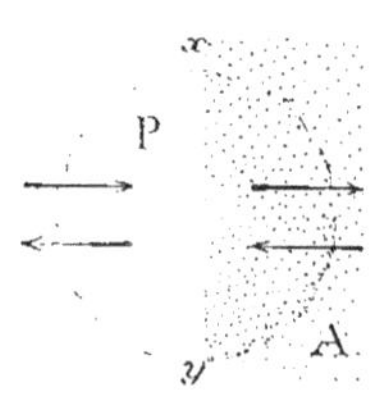

Fig. 4.

Les mouvements d'échange entre P et le milieu sont de deux natures; il y a des mouvements d'entrée et des mouvements de sortie, et ces mouvements ont des vitesses différentes en chaque point suivant les différences existant en chaque point entre les deux liquides séparés par la surface du plastide. Supposons, pour simplifier les choses, que P soit en équilibre au moment où arrive le front du mouvement de diffusion de la substance A et que cette substance soit précisément de celles dont la concentration influence les mouvements d'échange. Que va-t-il arriver?

---

1. Nous donnerons désormais le nom de *plastide* à une masse de substance vivant isolément dans l'eau ; ce mot sera ultérieurement défini avec précision.

Dans toute la région située à droite de xy le régime d'échanges va être modifié, tandis qu'il restera intact dans la région située à gauche de ce plan. Le mouvement endosmotique deviendra, par exemple, plus fort que le mouvement exosmotique dans la région droite, tandis que rien ne sera changé à gauche. Donc, s'il y avait équilibre, cet équilibre sera rompu : il y aura déplacement d'ensemble du plastide P vers la droite[1]; il tendra à passer de la région de moindre teneur dans la région de teneur plus forte.

L'admirable expérience de PFEFFER (fig. 5) réalise d'une manière parfaite la disposition hétérogène du milieu que nous avons supposé exister dans la figure 4. A partir d'un centre O (orifice d'un tube capillaire fermé à l'autre extrémité et contenant une solution d'acide malique) une substance A diffuse dans le milieu (dans l'espèce, A est de l'acide malique).

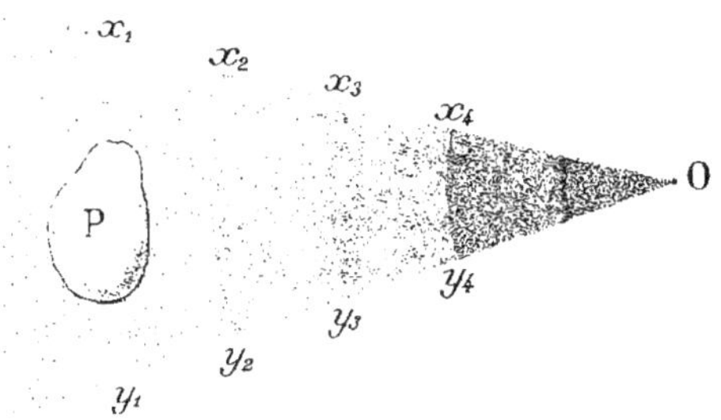

FIG. 5. — Schéma de l'expérience de PFEFFER.

De telle sorte que les surfaces x_1y_1, x_2y_2, x_3y_3, x_4y_4, sphères concentriques de centre O, limitent des régions de teneur croissante en substance A. Un plastide P (dans l'espèce, un anthérozoïde de fougère), baignant dans ce milieu hétérogène, tend à chaque instant, comme nous venons de le voir, à passer d'une région de moindre teneur dans une région de teneur plus forte, c'est-à-dire qu'il se dirige sûrement vers le centre O.

---

1. Parce que le mouvement du liquide ambiant sera plus fort vers la gauche et que le déplacement du plastide est analogue à ce que l'on appelle en physique un effet de réaction; l'exemple du bateau à hélice, cité précédemment, le fait aisément comprendre.

C'est ce qu'a vérifié PFEFFER. En choisissant convenablement la concentration de sa solution d'acide malique, il a pu, avec son tube capillaire, réaliser un véritable piège à anthérozoïdes ; tous les anthérozoïdes répandus dans la goutte d'eau, se sont, à la fin de l'expérience, rassemblés dans le tube capillaire.

On comprend donc facilement l'*attraction* que semblent exercer sur de nombreux plastides certaines substances chimiques ; on a donné à cette attraction le nom de *chimiotaxie*.

AGENTS PHYSIQUES DE MOUVEMENT.

Il n'y a pas que les substances chimiques qui puissent, par leur distribution hétérogène dans le milieu, modifier le régime des échanges molaires en un point donné de la surface des plastides ; le même effet peut être obtenu par l'action de certains agents physiques (lumière, électricité, pesanteur même), et cela se comprend aisément si l'on songe que la lumière et l'électricité, par exemple[1], peuvent influencer des réactions chimiques et modifier l'état de la surface à travers laquelle se font les échanges osmotiques.

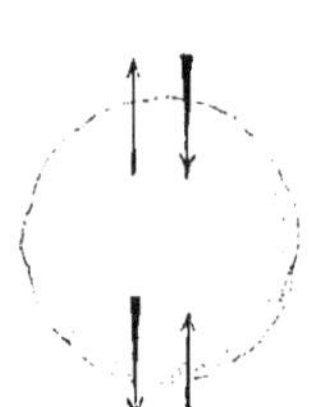

Fig. 6. — Schéma de l'action de la pesanteur.

Quant à la pesanteur, son rôle n'a, non plus, rien de mystérieux si l'on veut bien remarquer que, dans la région supérieure du plastide, elle facilite l'endosmose et nuit à l'exosmose et que son effet est précisément inverse dans la région inférieure, de sorte que ces deux effets s'ajoutent, l'endosmose dans la région supérieure étant justement dirigée de la même manière que l'exosmose dans la région inférieure. (Fig. 6[1]). Il n'est donc pas incompréhensible que, dans certains cas, le résultat de la réaction[2]

---

1. Dans la fig. 6, les flèches à pointe en bas indiquent par leur épaisseur cette addition des effets de la pesanteur sur le plastide.

2. N'oublions pas en effet que le mouvement des plastides est un mouvement de *réaction* (voyez la note de la page précédente).

à ces deux mouvements qui s'ajoutent puisse aller jusqu'à contrebalancer l'effet direct de la pesanteur sur la substance du plastide et lui donner un déplacement *ascendant* (géotropisme négatif des tiges des plantes, par exemple).

Ceci posé, nous comprenons que beaucoup de plastides soient constamment en mouvement dans les liquides où nous les observons; ces liquides ont en effet (par suite de la vie qui se poursuit à leur intérieur et des emplois locaux de substances chimiques, des productions locales de substances chimiques qui résultent de cette vie même), ces liquides ont en effet, dis-je, une hétérogénéité, de composition évidente, d'où action chimiotactique tendant à faire passer, suivant les substances actives considérées, le plastide étudié d'un milieu de moindre teneur dans un milieu de teneur plus considérable ou réciproquement; de plus l'action de la lumière, de la chaleur, de l'électricité, de tous les agents physiques, peut intervenir dans la production des mouvements. Et tout cela change constamment à cause des réactions chimiques incessantes résultant de la vie de tous les êtres placés dans le milieu.

6. — DIVERSES FORMES DE MOUVEMENTS.

Si tous les mouvements que nous constatons chez les plastides vivants résultent des échanges molaires qu'entretiennent au niveau de leur surface les réactions moléculaires internes, il ne s'ensuit pas que ces mouvements aient tous le même aspect. Suivant la nature chimique des substances protoplasmiques, leur surface de séparation avec l'eau jouit en effet de propriétés différentes.

Dans un très grand nombre de cas, soit qu'il y ait un squelette, (comme dans les bactéries et les cellules végétales par exemple), soit que la masse visqueuse du protoplasma ait une élasticité, une rigidité assez grandes par rapport à l'intensité des actions motrices, il y a mouvement d'ensemble sans déformation : on peut même considérer ce cas comme se produisant toujours lorsque rien ne s'oppose au déplacement d'ensemble des plastides, lorsque ces plastides *n'adhèrent pas* à un corps immobile. Il n'en est plus de même lorsque la masse protoplasmique considérée est d'une viscosité qui lui permet de se coller à la surface de certains objets solides se trouvant dans le liquide où elle vit ; il y a alors ce qu'on appelle *mouvement amiboïde*.

Observons au microscope un de ces plastides P adhérant au porte-objet sous-jacent et supposons qu'au point *a* par exemple (fig. 7), il soit sollicité par une traction dans le sens de la flèche *f*. Cette traction résulte naturellement des mouvements molaires d'échange.

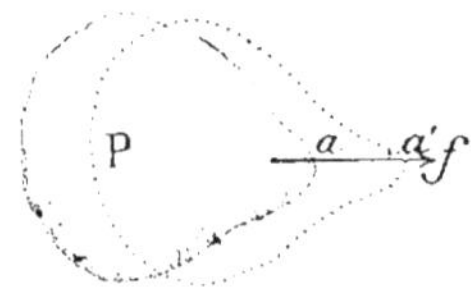

Fig. 7. — Schéma du mouvement amiboïde.

Si le corps P était libre, il céderait à cette traction en se déplaçant tout d'une pièce, mais il faut compter avec l'adhérence au porte-objet, adhérence qui retarde ce déplacement d'ensemble. Le corps P n'étant pas rigide se déformera donc ainsi que le représente le pointillé de la figure 7 et, comme la substance visqueuse de P contient de petits granules, on *verra* couler, au microscope, cette substance visqueuse vers *a'* par exemple. Ceux qui ne réfléchissent pas à l'existence des mouvements molaires d'échange et qui croient, par suite, à la spontanéité du mouvement des plastides, disent que P a *poussé un pseudopode* vers *a'*. On voit combien cette expression est défectueuse.

Ce mouvement est dit *amiboïde*, du grec αμοιβός, changement, parce qu'il détermine un changement incessant de la forme du corps vivant ; on donne le nom d'*Amibes* aux petits corps doués de ce mouvement particulier. Aucun exemple ne prouve mieux ce que nous disions en commençant, que la forme d'un liquide visqueux est à chaque instant le résultat des conditions mécaniques réalisées autour de lui.

Un mouvement amiboïde est célèbre; c'est celui des corpuscules du sang appelés *phagocytes;* les substances solubles sécrétées par certaines bactéries ont le pouvoir de les attirer (chimiotaxie positive) de telle manière que, si de telles bactéries se trouvent par accident introduites en un point O dans notre organisme, leurs substances solubles, diffusant autour de ce point (comme l'acide malique dans l'expérience de PFEFFER, voir plus haut § 5), déterminent au bout de quelque temps en O une agglomération de phagocytes (collection purulente). Ceux de ces phagocytes qui sont, au moment de l'appel vers O, contenus dans un capillaire ne peuvent être *tirés* qu'en suivant un chemin qui passe entre deux des cellules formant la paroi du capillaire, soit par exemple entre les cellules *a, b* et *c* du capillaire *abc def*, fig. 8. Le corps P subit donc une déformation que représente,

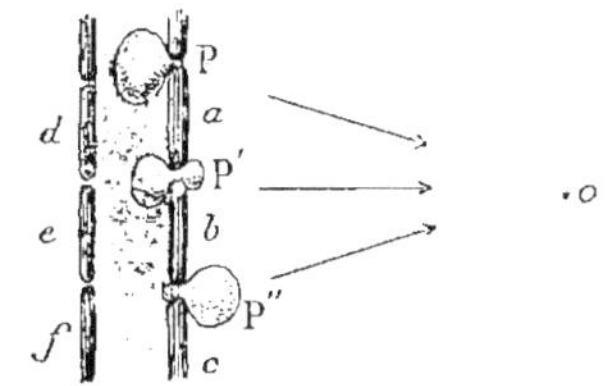

FIG. 8. — Diapédèse des trois phagocytes P, P', P'' vers le point O à travers la paroi cellulaire *a, b, c* du capillaire *abc def.*

dans la fig. 8, le plastide P', et finit par traverser complètement P'' la paroi *abc* (diapédèse) pour suivre ensuite librement son chemin vers O.

On s'est souvent extasié sur l'admirable instinct qui pousse le phagocyte à choisir un intervalle de deux cellules et à se déformer de manière à pouvoir franchir cet étroit espace; au fond, c'est tout à fait la même chose que fait une goutte d'eau quand, sollicitée par la pesanteur (qui joue dans l'espèce le rôle de la traction vers O dans la diapédèse), elle traverse une lame de bois par une fente en épousant la forme de la fente.

CIRCULATION PROTOPLASMIQUE.

Du même ordre que le mouvement amiboïde est le mouvement du protoplasma dans une cellule végétale. Une telle cellule (fig. 9) est entourée de parois rigides et le protoplasma (en pointillé dans la figure) ne remplit pas complètement cette prison trop vaste; il est creusé de vastes lacunes (*a, b, c*, fig. 9) contenant un suc cellulaire aqueux avec lequel il entretient sans cesse un mouvement molaire d'échanges. Le résultat de ce mouvement est ici différent de ce qu'il est dans le cas de l'Amibe; le protoplasma semble *couler* dans les tractus qui séparent les lacunes, ainsi que l'indique la flèche; de plus, la forme des lacunes change si la forme totale de la prison reste inaltérable. C'est là un mouvement interne, une sorte de circulation protoplasmique. Nous verrons plus tard, chez les êtres formés d'une agglomération d'un grand nombre de cellules, que la circulation interne du milieu intérieur a une origine analogue.

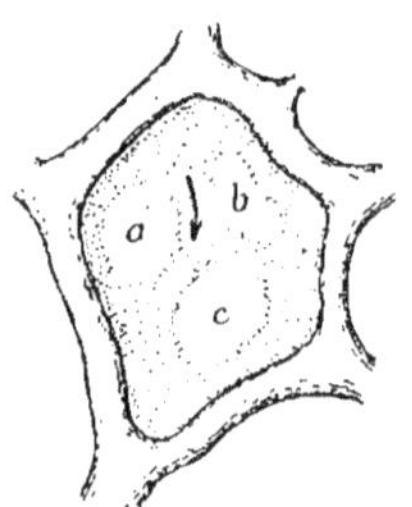

Fig. 9. — Cellule végétale avec protoplasma lacunaire.

Parmi les plastides qui sont l'objet d'un mouvement d'ensemble sans déformation amiboïde, il en est quelques-uns qui présentent certains phénomènes superficiels particuliers. Dans ces plastides le protoplasma se montre formé de deux substances inégalement visqueuses, l'une plus résistante, formant des mailles à l'intérieur desquelles est contenue la seconde plus fluide. La paroi externe du plastide se présente donc comme une sorte de treillage formé par la partie résistante du protoplasma et à travers les orifices duquel sort la substance plus fluide qui, venant au contact de l'eau, prend la forme de petits cônes hyalins dits cils vibratiles (fig. 10). Les courants molaires d'échanges entre le protoplasma et le milieu passent tant par la surface du treillage que par celle des cils vibratiles

MOUVEMENT CILIAIRE.

et ces cils prennent sous l'influence de ces courants un mouvement très particulier, très régulier quand les conditions ne changent pas, et qu'on appelle mouvement vibratile. Ici encore, ceux qui ne pensent pas aux courants d'échanges disent que le plastide *agite ses cils* pour se mouvoir ou pour remuer l'eau autour de lui dans un but alimentaire.

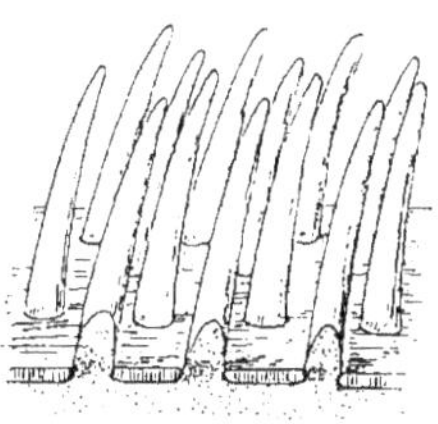

Fig. 10. — Schéma des cils vibratiles.

Un mouvement analogue à celui des cils vibratiles est celui des prolongements protoplasmiques appelés du nom de *flagellum*. Le flagellum diffère seulement du cil vibratile en ce qu'il est long et cylindrique au lieu d'être conique et court; de plus un plastide ne peut porter qu'un nombre restreint de flagellums (un ou deux, quelquefois six), tandis que les cils vibratiles sont toujours extrêmement nombreux.

Je crois devoir faire dès maintenant la remarque suivante, sur laquelle je reviendrai plus tard. Il serait tout à fait déraisonnable de penser que les mouvements de déplacement des êtres supérieurs, tels que l'homme, résultent *directement*, comme ceux des plastides isolés, de courants d'échanges établis entre leur corps et le milieu. La locomotion des Vertébrés est un phénomène *tout différent*.

Nous pouvons d'ailleurs faire à ce sujet une réflexion analogue à celle de Gouy pour le mouvement brownien (V. plus haut, § 1); plus la masse à mouvoir sera grande, plus le mouvement se produira sur une échelle petite; en admettant qu'il pût exister une masse continue de protoplasma aussi grande qu'un bœuf, les courants molaires d'échanges qui se passeraient entre son corps et le milieu ne sauraient mettre son corps en mouvement; ce corps resterait immobile, de même que restent immobiles, dans les expériences sur le mouvement brownien, les corpuscules qui sont trop volumineux par rapport à une molécule d'eau.

Tous les résultats qui précèdent, nous les avons obtenus en supposant seulement qu'il y avait activité chimique dans un corps visqueux. Il est donc bien certain que de tous les phénomènes de *mouvement* nous ne pouvons tirer aucune caractéristique de la vie ; il ne suffit pas d'être visqueux pour être vivant. Et ceci étonnera peut-être bien des gens qui, à l'exemple du sauvage possesseur d'une montre et qui crût la bête morte quand le tic tac s'arrêta, considèrent la vie comme caractérisée par la production de mouvement. Il n'y a pas production de mouvement dans les corps vivants, mais seulement transformation de mouvements moléculaires en mouvements molaires.

LA VIE NE CRÉE PAS DE MOUVEMENT.

Seulement, ces mouvements molaires qui résultent de réactions chimiques, peuvent durer aussi longtemps qu'on veut, ce qui semble amener à croire que la provision chimique du protoplasma est inépuisable ; *elle l'est en effet*, dans certaines conditions, et c'est précisément là ce qui caractérise la vie ainsi que nous allons le voir dans le chapitre suivant.

CHAPITRE II

L'ASSIMILATION

7. — ÉQUATION CHIMIQUE DE LA VIE ÉLÉMENTAIRE MANIFESTÉE.

Tous les protoplasmas vivants sont capables d'*assimilation* et c'est pour cela même qu'on les dit *vivants* ; aucun corps brut ne présente la même particularité. La possibilité de l'assimilation caractérise donc les corps vivants par rapport aux corps bruts.

L'assimilation est une réaction chimique telle que l'un des corps qui y participe effectivement est l'objet d'une augmentation quantitative tout en conservant ses qualités ; autrement dit ce corps, chimiquement défini, conserve la même composition chimique après cette réaction à laquelle il a participé et de laquelle il est sorti augmenté.

Soit a ce corps vivant : Q l'ensemble des substances qui ont agi sur lui dans la réaction de l'assimilation ; cette réaction pourra se représenter par l'équation chimique :

$$(\text{I}) \qquad a + Q = \lambda a + R$$

λ étant un coefficient plus grand que l'unité ; R représente toutes les substances chimiques, autres que la substance a, et qui sont le produit de la réaction au même titre que la quantité λa de substance vivante. On donne le nom d'*aliments* aux produits qui sont compris dans le terme Q, le nom de substances *accessoires à l'assimilation* ou de substances excrémentitielles aux produits que représente le terme R.

L'équation (I) s'appelle *équation de la vie élémentaire manifestée*, ce qui s'explique par le fait que l'on donne le nom de *vie élémentaire* à la propriété *spéciale* aux substances a et qui se *manifeste* par la possiblité de l'*assimilation*.

Aucun corps brut n'est doué de *vie élémentaire ;* tous les corps autres que les corps vivants, lorsqu'ils réagissent chimiquement, sont *fatalement* détruits par la réaction même. La réaction d'un corps brut A se représente toujours par une équation chimique de la forme

$$(\text{II}) \qquad A + B = C$$

B étant l'ensemble des substances qui ont réagi avec A, et C l'ensemble des produits résultant de la réaction ; C ne contient plus aucune molécule de la substance A, pourvu que l'on ait porté uniquement, dans le terme A, le nombre de molécules de ce corps qui ont effectivement réagi.

En d'autres termes, dans les réactions représentées tant par l'équation (I) et que par l'équation (II), il y a des destructions et des constructions de molécules, mais dans la première il y a construction de molécules *identiques* à celles de l'un des corps qui ont effectivement réagi ; dans la seconde il y a uniquement construction de molécules différentes. Seuls les corps vivants sont capables d'assimilation ; les corps bruts ne sont pas doués de *vie élémentaire*.

Une remarque s'impose immédiatement, remarque d'une importance capitale et que nous dicte la simple logique.

J'ai dit plus haut que les corps vivants sont caractérisés par la *possibilité* de l'assimilation. Évidemment il ne s'ensuit pas qu'un corps vivant soit incapable de réagir *autrement* que suivant l'équation (I). Pour un corps quelconque, en effet, qu'il soit vivant ou non vivant, il y a naturellement une infinité de manières de réagir : la réaction dépend de l'autre ou des autres substances qui interviennent dans le phénomène, c'est-à-dire que, pour un corps donné A, nous pouvons avoir les réactions :

$$A + B = C,$$
$$A + B' = C',$$
$$A + B'' = C'', \ldots\ldots\ldots, \text{etc.}$$

et ainsi de suite, indéfiniment ; il y aura autant de réactions qu'il existe de substances différentes B, B', B'', ...etc., capables d'agir sur A. Et ceci est vrai pour un corps vivant aussi bien que pour un corps brut, mais si le corps est vivant, c'est qu'il y a *au moins une* des équations, énumérées précédemment, qui peut se mettre sous la forme :

$$(I) \qquad a + Q = \lambda a + R.$$

Un corps a est donc doué de vie élémentaire quand il existe au moins un ensemble de substances Q qui, mises en présence de ce corps a dans des conditions convenables, déterminent une réaction assimilatrice, c'est-à-dire une augmentation de la quantité de cette substance. Mais je ne saurais trop le répéter, ce n'est là qu'une *possibilité* et cela n'empêche pas que, dans mille autres cas, le corps a, quoique doué de vie élémentaire, soit l'objet d'une réaction destructive se caractérisant par la formule :

$$(III) \qquad\qquad a + B = C$$

C représentant un ensemble de substances qui ne comprend plus une seule molécule de substance a, pourvu que, dans le premier membre de cette équation, on n'ait fait entrer que précisément la quantité de substance a qui a effectivement réagi. Et il y aura autant de possibilités de ces réactions destructives qu'il y a de substances B capables de réagir sur les substances a (exception faite, naturellement, de celles qui peuvent se comporter comme substances Q).

Que la réaction dont la substance a est l'objet soit du type (I) ou du type (III), il y a *activité* pour cette substance a, mais cette activité a des résultats fort différents dans les deux cas.

J'ai donné le nom de *condition n° 1* à l'activité de la substance vivante dans tous les cas où cette activité peut se traduire par une équation de la forme (I), et le nom de *condition n° 2* à tous ceux où cette activité se traduit par une équation destructive ordinaire. Il suffit de réfléchir un instant, pour remarquer que la condition n° 1, exigeant la réunion de certaines circonstances très précises, devra être considérée comme l'exception, tandis que la condition n° 2 se réalisera d'une infinité de manières.

Cependant, c'est seulement à la condition n° 1 que les substances a manifestent leur propriété de *vie élémentaire*, ainsi que l'indique le nom d'*équation de la vie élémentaire manifestée*, donnée à l'équation (I). A la condition n° 2, les substances *a* ne se distinguent en rien des corps bruts.

Enfin, en dehors de l'activité chimique, il y a, pour les corps bruts, le *repos chimique*. J'ai donné le nom de *con-* CONDITION N° 3. *dition n° 3* au repos chimique des substances vivantes ; il s'agira de savoir si ce repos chimique peut être réalisé d'une manière absolue. On donne souvent le nom de *vie élémentaire latente* au repos chimique ; en réalité la *vie élémentaire* est également *latente* à la condition n° 2, puisqu'elle ne se manifeste pas dans une réaction destructive.

Toutes ces définitions sont purement chimiques, elles ne se préoccupent aucunement de la *forme* des protoplasmas, et cependant elles ont trait à ce qui est vraiment *essentiel* dans l'activité de ces protoplasmas ; la forme, nous le verrons à chaque instant, n'est qu'une *résultante* dans les corps vivants.

8. — ACCROISSEMENT.

Rappelons-nous, maintenant, que les substances *a* dont nous venons de caractériser chimiquement la *vie élémentaire*, ne sont pas solubles dans l'eau, mais prennent toujours, dans ce liquide, à l'état d'activité normale, l'aspect protoplasmique ou visqueux. Nous avons déjà vu, au chapitre premier, quelles seraient, même en dehors de l'existence de la propriété de vie élémentaire, quelques-unes des conséquences de l'activité chimique dans un corpuscule ayant cet aspect visqueux. Étudions, dans ce paragraphe, ce qui se passe dans un corpuscule visqueux doué de vie élémentaire.

D'abord, dans un tel corpuscule visqueux, nous ne trouverons jamais les substances *a* à l'état de pureté. Par suite des échanges osmotiques incessants qui ont lieu entre le plastide et le milieu : 1° il entre sans cesse, dans le plastide, des substances dissoutes dans le milieu extérieur ; 2° il y a sans cesse des réactions chimiques entre les substances *a* et le liquide qui les imbibe ; 3° certaines substances résultant de ces réactions restent à l'intérieur du plastide, d'autres sortent vers le milieu extérieur. La substance du plastide peut, par conséquent, être en ses divers points l'objet de réactions fort différentes. Il est possible en particulier que les molécules de substance *a* qui se trouvent au point A (fig. 11) ne baignent pas dans un liquide absolument identique à celui dans lequel baignent les molécules du point B.

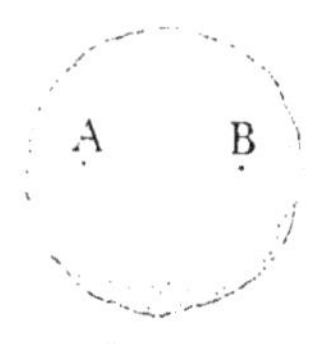

Fig. 11.

En tout cas, nous ne pouvons analyser ce qui se passe en chacun de ces points ; nous ne pouvons constater que des résultats d'ensemble.

Supposons d'abord que la condition n° 1 soit réalisée pour les substances vivantes du plastide considéré, au moment où nous l'étudions (et nous devons remarquer immédiatement combien il est difficile que cette condition n° 1 soit réalisée longtemps et constamment en tous les points de la substance du plastide) ; le plastide sera alors à l'état de vie élémentaire manifestée, et l'assimilation résultera de l'activité chimique de ses substances *a*.

Comme conséquence, la quantité de substance du plastide *croîtra* ; le plastide *grandira*.

Et ces réactions chimiques très spéciales, détruisant sans cesse les substances alimentaires Q entrées par osmose dans la masse du plastide, empêcheront l'équilibre osmotique de s'établir ; le mouvement molaire d'échanges sera donc entretenu par les réactions considérées, et, comme ces réactions déterminent la production de nouvelles substances *a*, la provision chimique du protoplasma est inépuisable, ainsi que nous le disions à la fin du chapitre premier.

En même temps que ces réactions détruisent des substances Q, elles produisent des substances accessoires ou excrémentitielles R, et, comme quelques-unes de ces substances R sont solubles, il y a là une nouvelle raison pour que l'équilibre osmotique soit sans cesse rompu, ces substances ne pouvant s'accumuler dans le plastide sans tendre à se répandre dans le milieu ambiant. L'assimilation entretient donc un mouvement molaire incessant, mouvement d'échanges qui entretient lui-même l'assimilation en fournissant au plastide les substances alimentaires Q et le débarrassant des substances excrémentitielles R.

Le plastide à la condition n° 1 est ainsi le siège d'un mouvement molaire incessant, mouvement que rien ne nous révèle lorsque nous avons affaire à une espèce immobile, de sorte qu'une observation hâtive nous ferait croire à l'existence du repos absolu là où il y a au contraire un champ formidable d'activité.

Cependant le plastide grandit ; il grandit plus ou moins vite suivant la valeur du coefficient λ, par unité de temps, dans les conditions considérées ; mais, sauf de rares exceptions, cet accroissement n'est pas assez rapide pour être directement remarqué de l'observateur. C'est pour cela qu'on croit au repos absolu du plastide, à moins qu'on ne prolonge l'observation.

9. — MULTIPLICATION A LA CONDITION N° 1.

Ainsi que nous l'avons vu précédemment, c'est le mouvement molaire d'échanges, réalisé autour du plastide, qui détermine la forme de ce plastide, du moins quand cette forme n'est pas fixée par une croûte ou squelette. Ce mouvement molaire étant le résultat, d'une part, des réactions chimiques intérieures, d'autre part de l'état de la surface même du plastide, surface à travers laquelle s'effectuent les échanges en question, il devient vraisemblable que, à la condition n° 1, la forme du plastide d'une espèce donnée soit constante dans des conditions constantes, puisque, à la condition n° 1, les réactions chimiques intérieures construisent sans cesse des substances identiques aux substances *a* préexistantes et que, par suite, la surface de séparation de ces substances *a* et du milieu aqueux reste de même nature.

Cependant il est à prévoir que, dans certains cas, le volume du plastide ne sera pas indifférent à la détermination de la forme, autrement dit que le plastide changera de forme en grossissant. Il n'y a aucune raison en effet pour que les mouvements molaires considérés, quoique comparables dans leur origine et dans leur intensité, donnent des formes géométriquement semblables à deux masses de volume différent. Il y a au contraire des raisons pour qu'il en soit autrement, et l'on s'en rend compte immédiatement en supposant la masse de substance devenue brusquement très grande ; dans ces conditions les mouvements molaires d'échanges superficiels n'arriveraient plus à lutter avec la pesanteur, par exemple,

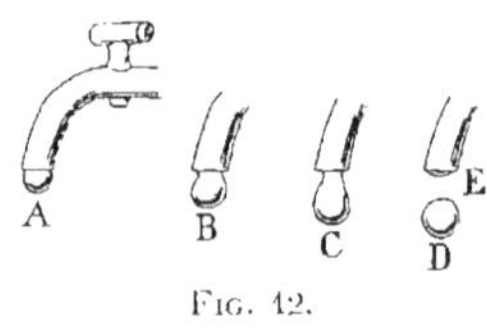

et ne seraient pas seuls à intervenir dans la détermination de la forme. Un phénomène très familier nous montre un cas de déformation d'une masse d'eau grossissant dans des conditions constantes. Observons par exemple (fig. 12) un robinet d'où l'eau coule lentement goutte à goutte.

Fig. 12.

La goutte qui commence à se former a la forme d'un

ménisque surbaissé (A, fig. 12) ; petit à petit elle prend la
forme d'une demi-sphère (B) puis d'une larme (C) puis
enfin d'une sphère complète (D) qui se détache du robinet,
où reste adhérent un ménisque E qui sera le point de
départ d'une nouvelle goutte.

De même, il est possible qu'un plastide grossissant
prenne, sous l'influence de mouvements molaires constants, une succession de formes variables ; ce n'est que
pour une masse de substance a de volume donné que l'on
peut considérer la forme comme déterminée avec précision
par des mouvements de nature donnée ; pour une autre
masse de substance, les mêmes mouvements molaires
pourront déterminer une autre forme.

ÉVOLUTION
MORPHOLOGIQUE.

A cause du phénomène de division auquel nous allons
arriver maintenant, les masses plastidaires ne dépassent
jamais un certain volume, et il n'y a pas grand écart entre
la masse initiale et la masse finale, de sorte que, le plus
souvent, les déformations résultant du grossissement sont
insensibles.

Toujours, en effet, sous l'influence des mêmes mouvements molaires, le volume possible pour un plastide continu est limité, ainsi que nous l'avons vu plus haut ; il en va
du plastide comme de la goutte d'eau du robinet de la
figure 12. L'accroissement constant de la masse d'eau
suspendue détermine une série de gouttes semblables et
non une goutte unique indéfiniment croissante. De même,
l'assimilation au lieu de produire un plastide démesuré-
ment gros, produit un nombre croissant de plastides de
dimensions limitées et tous semblables ; c'est là le phénomène de division. Nous verrons plus tard que certaines
modifications intraplastidaires préparent cette division
indépendamment des mouvements superficiels d'échanges
qui ne font que l'achever.

Quoi qu'il en soit, la seule manière dont l'assimilation

se manifeste ordinairement à nous, c'est la *multiplication*
des plastides ; il est en effet souvent impossible de distinguer par ses dimensions, à la seule inspection microscopique, un plastide qui vient de résulter d'une division,
d'un plastide qui va se diviser à son tour. En revanche,
la multiplication est extrêmement frappante pour un observateur assez patient.

Exemple. La Bactéridie charbonneuse est un petit
bâtonnet de 5 à 6 millièmes de millimètre de long sur
un peu plus d'un millième de millimètre de large. Introduisons quelques Bactéridies dans le sang d'un Mouton
vivant ; au bout de quelques heures le sang de ce Mouton
contiendra des milliers de Bactéridies semblables à celles
que nous y avons introduites et n'importe lesquelles de
ces Bactéridies nouvelles, introduites dans le sang d'un
nouveau Mouton, donneront naissance à une nouvelle
myriade de bâtonnets identiques, et ainsi de suite, en
passant sur autant de Moutons que nous le voudrons.

Pasteur a déterminé des conditions expérimentales
dans lesquelles, en dehors de l'organisme des Moutons,
on peut obtenir une multiplication aussi abondante qu'on
le veut des Bactéridies charbonneuses ; il a déterminé en
particulier à quelle température, en présence de l'oxygène,
on peut reproduire indéfiniment des Bactéridies charbonneuses qui, par toutes leurs propriétés, morphologiques,
physiologiques et pathogéniques, se montrent *identiques*
aux Bactéridies introduites primitivement dans la culture.
C'est donc là la condition n° 1 réalisée d'une manière
parfaite ; il y a eu assimilation sans aucun phénomène
accessoire ; nous allons voir que cela sera très rarement
réalisé dans la nature en dehors des expériences de laboratoire.

10. — VIEILLISSEMENT DES CULTURES.

Et d'abord, demandons-nous ce qui se passera si nous conservons longtemps, sans en renouveler le bouillon, une culture de dimensions limitées.

Au début, il y avait réaction à la condition n° 1 suivant la formule :

$$(1) \qquad a + Q = \lambda a + R.$$

D'où, augmentation croissante des substances a, qui sont toutes successivement l'objet d'une nouvelle réaction assimilatrice.

Si, par exemple, pendant la première unité de temps on a observé la réaction :

$$a + Q = 2a + R,$$

pendant la deuxième unité de temps on constatera :

$$2a + 2Q = 4a + 2R,$$

pendant la troisième,

$$4a + 4Q = 8a + 4R,$$

et ainsi de suite; au bout de $(n+1)$ unités de temps on aura :

$$2^n a + 2^n Q = 2^{n+1} a + 2^n R,$$

c'est-à-dire que la quantité de substance a produite augmentera en progression géométrique avec le temps. Quant aux quantités de substances Q employées et de substances R produites, elles seront respectivement :

$$Q\,(1 + 2 + 4 + \ldots + 2^n).$$

et

$$R\,(1 + 2 + 4 + \ldots + 2^n),$$

c'est-à-dire que ces quantités croîtront encore plus vite que la quantité de substance a.

Or, le milieu de culture est limité, la quantité des substances Q qu'il contient est limitée et, au contraire, les substances R s'y accumulent rapidement, de sorte qu'au bout de quelque temps, les conditions réalisées dans ce milieu *auront changé* par suite même de l'assimilation qui s'y poursuit sans relâche; au bout de quelque temps, par conséquent, l'assimilation sera devenue impossible.

Alors, de deux choses l'une : ou bien il y aura repos chimique, et nous verrons que, dans certains cas, cela arrive en effet (sporulation), ou bien il y aura encore activité chimique, mais cette activité chimique sera de l'ordre de celles que nous réunissons sous la dénomination commune d'activité à la condition n° 2; il y aura destruction des substances a.

Cette simple remarque suffit à nous prouver que, dans la nature, même si la condition n° 1 est réalisée à un certain moment pour une espèce vivante donnée, *cela ne peut pas durer indéfiniment*. Forcément, au bout de quelque temps, et sous l'influence de l'assimilation elle-même, il y a, soit arrêt de l'activité chimique, soit réaction destructive à la condition n° 2. Nous ne devons donc pas nous étonner que, normalement, il y ait toujours dans les phénomènes naturels, une alternance ou même une superposition de réactions de la condition n° 1 et de réactions de la condition n° 2.

Avant de passer aux conséquences très importantes de cette remarque, arrêtons-nous un instant à un phénomène analogue à celui du vieillissement des cultures et qui nous intéresse particulièrement, puisqu'il se produit sur nous-mêmes hommes. Remarquons, à ce propos, que l'Homme et les animaux ou végétaux supérieurs sont des agglomérations de plastides vivants réunis par leurs squelettes ou croûtes ; nous aurons plus tard à étudier les *mécanismes* très spéciaux qui résultent de ces agglomérations, mais, indépendamment de la question mécanisme et uniquement au point de vue chimique, il nous est, dès à présent, loisible de parler de ces agglomérations, en tant que s'y passent des phénomènes analogues à ceux dont nous sommes témoins chez les plastides isolés.

L'Homme, ou un animal supérieur quelconque, est comparable à un sac traversé, comme un manchon, par un tube qui est le tube digestif (fig. 13). Ce sac comprend environ soixante trillions de cellules ou plastides, dont chacun est, à certains points de vue, comparable à ceux que nous étudions isolément. Ces plastides unis par leur squelette

MILIEU
INTÉRIEUR
DE L'HOMME.

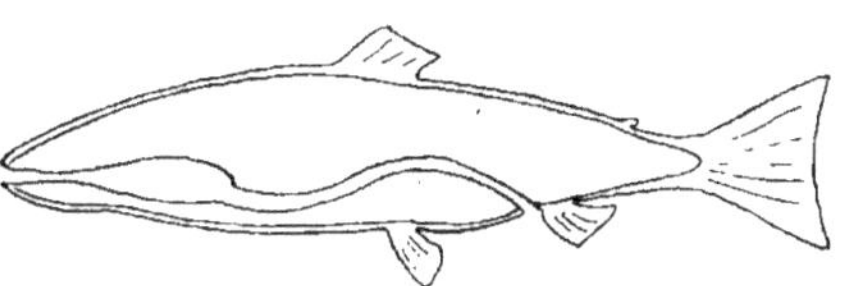

Fig. 13. — Coupe schématique d'un animal supérieur.

ou libres suivant les cas, baignent tous dans un liquide qui est appelé le *milieu intérieur* de l'animal. Ce milieu intérieur remplit tout le sac ; c'est la région ombrée de la figure 13 ; dans cette figure, tout ce qui n'est pas ombré, que ce soit le tube digestif ou autre chose, représente le milieu *extérieur* à l'individu.

On voit immédiatement que ce sac est comparable au vase dans lequel on fait une culture de plastides ; il contient environ 60 trillions de cellules qui doivent trouver leurs substances Q dans le milieu intérieur et y déverser leurs substances R, d'où la nécessité d'un régime constant d'échanges entre le milieu intérieur et le milieu extérieur ; sans cela, au bout de très peu de temps, l'assimilation deviendrait impossible.

Et nous voyons que l'assimilation a ici un effet analogue à celui qu'elle avait dans une cellule isolée : elle nécessite encore un mouvement molaire entre l'homme et le milieu extérieur. Ce mouvement se traduit par plusieurs fonctions : 1° nutrition, c'est-à-dire introduction de substances Q (oxygène, aliments); 2° circulation, c'est-à-dire brassage de tous ces éléments dans le milieu intérieur; 3° excrétion, c'est-à-dire expulsion des substances R qui s'accumulent dans l'organisme.

À ce point de vue, mais à ce point de vue seulement, l'Homme est donc comparable à un plastide.

Nous devons prévoir aussi qu'il se produira dans l'homme, comme dans une culture, des alternatives de condition n° 1 et de condition n° 2, et nous aurons en effet plus tard à étudier ces alternatives. Bornons-nous pour le moment à nous rendre compte de ce qui, dans l'homme ainsi schématiquement défini, correspond au vieillissement des cultures de plastides.

Considérons par exemple un membre quelconque du type schématique de la fig. 13 et supposons que l'assimilation s'y soit longtemps poursuivie (dans l'espèce nous verrons que cette période d'assimilation correspond à ce que nous appellerons plus tard le fonctionnement du membre considéré). Il y aura, dans cette partie du corps, accumulation de substances R et pénurie de substances Q, jusqu'à ce que la circulation ait renouvelé le milieu dans cette région. C'est surtout l'accumulation de substances R en un point qui se traduit pour nous par la sensation de *fatigue locale* en ce point.

Si l'ensemble des périodes d'assimilation réalisées aux divers points de notre corps (et dans la nature cela se produit pendant que nous sommes à l'état de veille), produisent plus de substances R que n'en peuvent éliminer nos organes d'excrétion, il y a accumulation progressive de ces substances R dans tout l'organisme, ce qui se traduit pour nous par la sensation de *fatigue générale*. Nous verrons plus tard comment cette fatigue générale détermine l'état de *sommeil*, état dans lequel l'excrétion continue pendant que les substances R se produisent en minime quantité; le sommeil nous *défatigue* donc.

J'ai tenu à donner cet exemple dès maintenant pour rendre plus frappant le phénomène si important du vieillissement des cultures.

11. — MORT ÉLÉMENTAIRE.

Supposons que, dans une culture vieillie et dépourvue de substances Q, les conditions soient telles que l'activité chimique des plastides continue; cette activité chimique sera forcément *destructive* (condition n° 2), et petit à petit les substances *a* se transformeront toutes en des substances *différentes*, qui ne seront plus douées de *vie élémentaire;* on dira qu'un plastide est atteint de *mort élémentaire* quand les réactions destructives auront fait disparaître toutes ses substances *a*. La mort élémentaire peut évidemment survenir autrement que dans une culture vieillie; dans tous les cas où la condition n° 2 sera réalisée et durera assez longtemps, la destruction des substances plastiques *a* sera en effet complète.

La mort élémentaire peut donc survenir d'une infinité de manières, puisqu'il y a une infinité de manières de réaliser la condition n° 2. Et suivant la manière dont elle se manifestera, l'apparence extérieure du phénomène sera différente.

Si, par exemple, les réactions destructives transforment les substances plastiques en substances rigides insolubles, la *forme* du plastide sera conservée; ce ne sera plus un plastide vivant et la forme conservée n'indiquera plus le régime d'échanges molaires duquel résultait la forme du plastide vivant; le *cadavre* ainsi obtenu sera, pour employer une expression minéralogique, la *pseudomorphose* du plastide. C'est le résultat qu'on obtient en traitant un plastide par ce qu'on appelle un réactif *fixateur*.

Si, au contraire, les réactions destructives transforment les substances plastiques en substances *solubles*, tout disparaîtra ; il n'y aura plus de forme, à moins que n'existe un squelette rigide qui se conserve ; c'est ce qui arrive quand on traite un plastide par de l'ammoniaque.

POISONS

D'une manière générale, on donne le nom de *poisons* aux substances chimiques qui, introduites dans un milieu où se trouvent des plastides, déterminent fatalement la destruction de ces plastides, transforment en condition n° 2 un état quelconque préexistant. Il suffit de réfléchir un instant aux conditions de la vie élémentaire manifestée pour constater que ces poisons peuvent agir de deux manières différentes.

En effet, les réactions intraprotoplasmiques entretiennent des échanges molaires qui, à leur tour, entretiennent les réactions intraprotoplasmiques. Le poison pourra donc agir, soit dans les réactions moléculaires intraprotoplasmiques, comme agent chimique de réactions destructives, soit au contraire comme substance modifiant les conditions osmotiques au niveau de la surface du plastide. Dans les deux cas, le résultat terminal sera le même, la destruction du plastide ; mais il était bon de remarquer que ce résultat peut s'obtenir soit directement, par une action chimique, soit indirectement, par une action portant sur les mouvements molaires. Et cette alternative se rencontrera à chaque instant dans l'histoire des plastides, à cause de la relation de cause à effet qui lie les mouvements molaires aux mouvements moléculaires et réciproquement.

ANESTHÉSIQUES.

Parmi les substances qui agissent sur les conditions osmotiques à la surface du plastide, quelques-unes ont une action momentanée et suspendent seulement pendant quelque temps la vie élémentaire manifestée. Cette suspension ne dure que tant que la concentration de la substance en question est assez forte. Si l'on débarrasse le milieu de cette substance, avant qu'une réaction destructive ait fait son œuvre dans le plastide, le régime d'échanges se rétablit et la vie élémentaire manifestée recommence. On donne le nom d'*anesthésiques* aux substances qui jouissent de cette propriété particulière.

Dans les cultures vieillies, il arrive souvent que l'accumulation des substances R et la pénurie de substances Q entraînent la mort élémentaire des plastides de la culture, mais, pour certaines espèces, un autre phénomène se produit. Sous l'influence des conditions très spéciales ainsi réalisées, le régime d'échanges molaires se modifie au point de déterminer une déshydratation fort profonde du protoplasma; les substances plastiques se trouvent ainsi insuffisamment imbibées pour être l'objet de réactions chimiques et tombent à la condition n° 3 ou repos chimique plus ou moins absolu. On dit alors qu'il y a *sporulation* ou *enkystement*, suivant les cas; le plastide qui a été l'objet de ce phénomène prend le nom de *spore* ou de *kyste*; il échappe à la mort élémentaire et reste capable d'assimilation, si on le transporte dans un nouveau milieu convenablement choisi. La Bactéridie charbonneuse a la propriété de donner ainsi des spores dans les cultures vieillies; c'est même pour cela qu'il est si difficile de débarrasser de la maladie charbonneuse les milieux qui en sont infectés; l'histoire des *champs maudits* est fort intéressante à cet égard. Voici cette histoire :

SPORULATION OU ENKYSTEMENT.

Dans l'intérieur d'un Mouton vivant, les Bactéridies ne donnent pas de spores parce que, tant que le Mouton est vivant, ses organes excréteurs débarrassent constamment son milieu intérieur des substances R produites par la bactéridie en même temps que des substances R produites par les tissus du Mouton; mais quand le Mouton est mort, il devient un vase clos dont le contenu est susceptible de devenir une culture vieillie, chargée de substances excrémentitielles. Les Bactéridies, au lieu d'y mourir, y donnent des spores. Si, ensuite, on enterre le cadavre du Mouton, ces spores peuvent s'y conserver longtemps; les Vers de terre, qui remanient l'humus, apportent, par leurs déjections, ces spores à la surface du sol, et tous les autres Moutons qui mangeront de l'herbe à cet endroit auront, par suite, des chances d'être contaminés; c'est ce qui arrivait dans les champs maudits de la Beauce. PASTEUR en a donné l'explication.

Une maladie, dont le microbe pathogène ne donne pas de spores, meurt dans les cultures vieillies, & disparaît bien plus vite d'un pays.

12. — VIE.

Tant qu'un plastide n'a pas été atteint par la mort élémentaire, on a l'habitude de dire qu'il est vivant, qu'il est *doué de vie;* cette manière de parler vient d'une ancienne croyance à un principe actif qui aurait dirigé les opérations d'un corps vivant et aurait disparu lors de sa mort; nous serons obligés de conserver ce mot quand il s'agira des êtres pluricellulaires; pour les plastides isolés, il est d'un emploi dangereux en ce sens qu'il enlève toute précision au langage.

Ceux qui croient, en effet, que le principe vital dirige toutes les actions du corps vivant, doivent attribuer à sa direction, tant que la mort élémentaire n'est pas survenue, *tout ce qui se passe dans le plastide,* c'est-à-dire aussi bien l'activité à la condition n° 1 que l'activité à la condition n° 2; et cela est illogique puisque, dans l'activité au cours de la condition n° 2, le protoplasma vivant se comporte *exactement* comme un corps brut.

La *vie* d'un plastide comprendrait donc la *vie élémentaire manifestée* de ce plastide, mais aussi toute autre forme de l'activité de ce corps, tant qu'il n'est pas mort. De plus, la vie élémentaire manifestée a, nous l'avons vu, une définition purement chimique; la vie comprend au contraire toutes les manifestations, tant morphologiques que motrices, du plastide vivant et il suffit de lire le chapitre premier de ce livre pour se rendre compte que beaucoup de ces manifestations peuvent résulter d'activités à la condition n° 2. Nous conserverons le mot *vie* pour nous conformer au langage courant, mais il était bon de faire remarquer que, si l'expression *vie élémentaire manifestée* a une définition précise, le mot *vie* est au contraire un terme très vague dans lequel on résume toute l'activité d'un plastide, *quelle qu'elle soit.* tant qu'il n'est pas atteint par la mort élémentaire.

13 — RÉSERVES.

Nous avons vu précédemment que la condition n° 1 ne se réalise que d'une manière exceptionnelle, parce qu'elle exige un concours de circonstances fort complexes et fort précises; au contraire, la condition n° 2 doit se rencontrer à chaque pas dans la nature, puisqu'elle est synonyme d'activité chimique quelconque *autre que l'assimilation.* Nous avons vu en outre combien il doit être difficile d'obtenir que, dans l'étendue même d'un plastide unique, les substances actives soient réparties d'une manière assez homogène pour que la condition n° 1 soit réalisée partout à la fois. Il est donc vraisemblable que nous devons rencontrer normalement dans la nature, non seulement une alternance, pour un plastide, de la condition n° 1 et de la condition n° 2, mais même une *superposition* de ces deux conditions.

Avant d'étudier les conséquences profondes de ce phénomène de superposition, arrêtons-nous à la simple observation d'un cas très familier où elle se manifeste d'une manière extrêmement remarquable; cela nous conduira d'ailleurs à la notion importante de l'existence des substances dites de *réserve*.

ACTION CHLO-ROPHYLLIENNE. Considérons une plante qui germe à l'obscurité dans de bonnes conditions. L'assimilation s'y produit très activement suivant la formule :

$$(I) \qquad a + Q = \lambda a + R,$$

et la conséquence de cette assimilation active est une croissance très rapide.

Transportons cette plante à la lumière; l'assimilation continue, mais dans des conditions un peu différentes, et une nouvelle substance R apparaît, la *chlorophylle*, qui jouit de la propriété très spéciale de réagir, en présence de l'acide carbonique et des diverses substances contenues dans la cellule, pour produire des matières hydrocarbonées en dégageant de l'oxygène.

Cette action chlorophyllienne peut se traduire par une formule de la forme.

$$\varepsilon a + p\,\mathrm{Chl} + n\,CO^2 = l\,\mathrm{Hc} + m\,O,$$

équation dans laquelle a représente comme toujours les substances vivantes (ε étant un coefficient qui indique que la réaction n'emploie qu'une petite quantité de ces substances) Chl représente la chlorophylle, Hc les substances hydrocarbonées produites. Il suffit de jeter un coup d'œil sur cette équation pour constater qu'elle est du type :

$$(\text{III}) \qquad\qquad a + \text{B} = \text{C},$$

caractéristique de la condition n° 2.

En d'autres termes, pendant que se poursuit l'*assimilation* dans la plante, une des substances R résultant de l'assimilation réagit en détruisant une petite quantité des substances plastiques et en produisant des substances hydrocarbonées qui restent mélangées au protoplasma.

C'est donc à tort que l'on a donné à ce phénomène secondaire le nom d'*assimilation chlorophyllienne ;* il y a là, tout au contraire, une destruction de substances plastiques et le nom d'*action chlorophyllienne* qui, d'ailleurs, n'engage à rien, est bien préférable. Ce qui fait que le terme *assimilation chlorophyllienne* a prévalu, c'est que l'on considère ordinairement, non pas les substances vivantes de la plante, mais la quantité totale de sa substance ; or l'action chlorophyllienne, fixant dans les tissus le carbone de l'air, ajoute à cette quantité totale de substance. De plus, les matières hydrocarbonées résultant de l'action chlorophyllienne servent ensuite de substances Q dans les réactions ultérieures de l'assimilation. L'action chlorophyllienne a donc pour effet d'introduire dans les tissus de la plante des matières ultérieurement utilisables, des aliments. On donne le nom de substances de réserve à ces aliments résultant au sein même des protoplasmas vivants, d'une réaction destructive de ces protoplasmas.

Plus tard, quand nous étudierons les animaux, nous verrons de la même manière que certaines conditions n° 2, réalisées au sein des tissus, produisent d'autres substances de réserve, les graisses, qui servent ensuite de substances Q.

Chose assurément fort digne de remarque, les subs-

tances R, ou substances accessoires à l'assimilation'
et résultant des réactions à la condition n° 1, sont,
non seulement inutiles, mais souvent nuisibles aux phénomènes ultérieurs d'assimilation ; l'alcool, par exemple,
produit de la vie élémentaire manifestée de la Levure de
bière, arrive à suspendre cette vie élémentaire manifestée,
même dans un milieu où il ne manque aucune substance Q ; il est d'ailleurs fort possible que le rôle de
ces substances, lorsqu'elles sont concentrées dans le
milieu, soit seulement de s'opposer à la sortie osmotique
des substances similaires qui se produisent dans l'intérieur du plastide, d'arrêter par conséquent le mouvement molaire d'échanges.

Au contraire, dans beaucoup de cas au moins, certaines substances C, résultant de certaines conditions
n° 2, les matières hydrocarbonées et les graisses, par
exemple, peuvent servir de substances Q dans les réactions ultérieures de la condition n° 1.

Et ceci a beaucoup d'importance pour l'ensemble des
phénomènes vitaux, à cause de l'alternance, si généralement réalisée dans la nature, de la condition n° 1 avec
des conditions n° 2. Ces conditions n° 2 ne sont pas
aussi nuisibles qu'on pourrait le croire à l'entretien des
substances plastiques puisque, tout en détruisant une
certaine quantité de ces substances, elles accumulent des
matières qui seront ensuite employées dans la synthèse
d'une nouvelle quantité de ces substances plastiques. Les
conditions n° 2, interposées aux périodes d'assimilation,
ont donc comme résultat, dans beaucoup de cas, de préparer des éléments pour une nouvelle période d'assimilation.

Voilà un premier résultat intéressant de l'étude des
phénomènes de destruction ; nous allons en constater un
bien plus intéressant encore, quand nous allons être

amenés à remarquer que les conditions n° 2 peuvent entraîner *la variation* des plastides vivants qui y sont soumis.

14. — VARIATION.

Nous avons constaté précédemment que les Bactéridies charbonneuses, cultivées soit dans un Mouton, soit dans des ballons de culture soumis par PASTEUR à des conditions précises, se multipliaient en restant *identiques* à elles-mêmes; il y avait multiplication à la condition n° 1, sans variation. Mais nous avons spécifié qu'il fallait pour cela des *conditions très précises*, de manière que la condition n° 1 fût constamment réalisée; or, nous avons vu que, dans la nature, cela a rarement lieu; il y a alternance des conditions n° 2 avec les conditions n° 1 et souvent même superposition de ces deux conditions.

Plaçons-nous, pour étudier ce qui se passe alors, dans le cas le plus simple, celui où il y a condition n° 2 sans assimilation concomittante.

Expérience. — Roux et CHAMBERLAND ont placé des Bactéridies charbonneuses dans de l'eau distillée additionnée d'acide phénique ou de bichromate de potasse en proportions minimes. Dans ces conditions, les substances Q n'existant pas, il ne saurait y avoir assimilation, mais en revanche il y a destruction plus ou moins rapide suivant la concentration des solutions et, au bout de quelques jours, la mort élémentaire arrive. Si l'on arrête l'expérience avant d'avoir obtenu ce résultat sur lequel il n'y a plus à revenir, et si l'on transporte les Bactéridies ayant subi une destruction partielle dans un milieu réalisant pour elles la condition n° 1, elles s'y multiplient comme des Bactéridies ordinaires, mais on conslale néanmoins une différence entre les qualilés de ces Bactéridies nouvelles el les qualilés des Bactéridies qui n'avaient pas élé plongées dans le liquide antiseplique.

Leur *virulence* a diminué.

ATTÉNUATION DE VIRULENCE.

Il est inutile que nous nous arrêtions à définir la virulence ; sachons seulement que c'est une qualité des Bactéridies charbonneuses el que nous avons, dans les animaux vivants, comme le Mouton, un réactif très sensible qui nous permet de la mesurer.

Si nous surveillons les cultures de ces nouvelles Bactéridies, de manière à les maintenir sans cesse à la condition n° 1, elles se reproduisent sans cesse en restant identiques à elles-mèmes ; elles conservent leur virulence atlénuée ; c'est l'histoire du vaccin charbonneux.

Si, au contraire, de nouvelles conditions n° 2 surviennent, de nouvelles *variations* en résultent et la virulence peut être atténuée ou augmentée par ces nouvelles variations.

Au lieu d'agir sur des Bactéridies ordinaires, les mêmes expérimentateurs ont eu l'idée de faire agir un liquide destructeur (de l'eau additionnée de 2 p. 100 d'acide sulfurique à la température de 35°) sur des *spores* de Bactéridie. Ces spores étaient au repos chimique avant l'expérience, mais elles ont passé directement à la condition n° 2 (sans avoir été d'abord à la condition n° 1) et elles ont subi, comme les Bactéridies normales, une destruction progressive capable de les conduire au bout d'un certain temps à la mort élémentaire. Si, comme dans le cas précédent, on arrête l'expérience avant que ce résultat définitif soit obtenu, les spores, partiellement détruites et transportées à la condition n° 1, donnent naissance à des Bactéridies dont la virulence est également atténuée.

Enfin, il est possible d'obtenir ce même résultat de

l'atténuation de virulence (et c'est même ainsi qu'il a été obtenu pour la première fois par PASTEUR) dans des cas où la condition n° 2 est superposée à la condition n° 1. Il suffit pour cela de maintenir au contact de l'air pur, *entre 42° et 43°*, une culture de Bactéridies dans un bouillon convenable; dans ces conditions, il y a toujours assimilation, du moins pendant quelque temps (au bout d'un mois la culture est morte[1]), mais à cette assimilation se superposent des destructions qui déterminent une variation progressive de virulence. En arrêtant le phénomène au bout de huit jours, les Bactéridies sont encore vivantes, mais leur virulence est atténuée.

Donc, quel que soit le procédé employé, condition n° 2 seule (agissant sur une Bactéridie ou sur une spore), ou condition n° 2 superposée à la condition n° 1, la conséquence est la même : la destruction partielle progressive détermine une *variation*.

L'exemple de la Bactéridie charbonneuse est excellent à cause de cette qualité spéciale, la *virulence*, dont nous possédons un réactif très sensible ; pour beaucoup d'autres espèces, nous ne sommes pas en mesure de constater aussi directement la variation, mais il n'y a aucune raison pour que nous croyions que cette variation chimique n'existe pas dans ces espèces, puisqu'elle se manifeste, au contraire, chez toutes les espèces dans lesquelles nous sommes à même de la suivre au moyen d'un réactif précis; et d'ailleurs, quand même elle n'existerait que chez certaines espèces, nous avons le droit de raisonner sur celles-là.

Le résultat de toutes les expériences précédemment relatées est que : la destruction partielle des substances

---

1. Il est à remarquer que, à cette température, aucune spore n'apparaît dans les cultures vieillies.

plastiques entraîne une variation dans les qualités du
plastide et de tous ceux qui en dérivent ensuite à la condition n° 1. Ceci nous amène à penser qu'un plastide
donné n'est pas composé d'une substance *a* unique, mais
d'un mélange de substances différentes.

*LA SUBSTANCE
D'UN PLASTIDE
EST UN
MÉLANGE.*

Supposons en effet que cette substance active *a* soit
unique; une destruction partielle, résultant d'une condition n° 2 entretenue un certain temps, n'aura d'autre effet
que de diminuer la quantité de cette substance *a*. Et,
naturellement, si l'on soumet cette Bactéridie nouvelle à la
condition n° 1, elle réparera rapidement les pertes causées
et engendrera une génération de Bactéridies identiques à
ce qu'était la première avant la destruction partielle.

Remarquons tout de suite, que la variation obtenue *se
transmet* ensuite, à la condition n° 1, et que l'on ne peut par
conséquent supposer que cette variation provient d'une
juxtaposition, aux substances *a*, de substances C provenant de la destruction partielle ; car ces substances C
disparaîtraient peu à peu au cours des conditions n° 1
ultérieures, ou du moins ne se multiplieraient pas et se
distribueraient dans un nombre croissant de Bactéridies,
ce qui fait qu'elles diminueraient dans chacune d'elles.
Donc, si la substance plastique *a* était unique, la destruction partielle considérée ne déterminerait pas de
variation transmissible ensuite à la condition n° 1.

Il n'en est plus de même si le protoplasma contient
un mélange de plusieurs substances plastiques *a* ; en
effet, si ces substances mélangées sont différentes les
unes des autres, elles ne subissent pas toutes une destruction aussi rapide sous l'influence d'une condition
n° 2 déterminée, de sorte que, si cette condition n° 2 a
été réalisée pendant un certain temps, la *proportion*
des substances *a* non détruites dans le plastide *a changé*.
Or, on sait que les qualités d'un mélange de substances

*LA VARIATION
QUANTITATIVE.*

dépendent de la proportion des substances mélangées : il est donc naturel que les qualités du plastide varient à la condition n° 2, si les plastides contiennent plusieurs substances *a* différentes.

De plus, les qualités des plastides obtenus devront être différentes suivant le temps pendant lequel se sera exercée la destruction partielle, et c'est précisément ce qu'ont remarqué Pasteur, Chamberland et Roux, pour la Bactéridie charbonneuse: suivant le nombre de jours pendant lequel on soumettait une culture à la condition n° 2, on obtenait des atténuations différentes de la virulence, des *races* différentes de Bactéridies atténuées.

Tout concorde donc à nous faire penser que les substances *a* sont un mélange de substances différentes et non une substance unique. De plus, les qualités du plastide dépendant des proportions de ces substances, le fait, que la condition n° 1 donne naissance à des plastides *identiques* au premier, nous prouve que l'assimilation *conserve ces proportions,* ou, si l'on préfère, multiplie toutes ces substances mélangées *par le même coefficient.* C'est là un résultat très important et qui nous fait pénétrer plus avant dans la connaissance de la structure intime des plastides : *un plastide vivant contient un mélange de substances plastiques différentes, distribuées de telle manière que l'assimilation à la condition n° 1 multiplie toutes ces substances en leur conservant leurs proportions primitives. La destruction au contraire, ou du moins certaines destructions, agissent séparément sur chacune de ces substances et modifient les proportions du mélange et par suite les qualités du plastide.*

Et ceci nous prouve une fois de plus que la condition n° 1 est quelque chose d'exceptionnel et d'extrêmement précis, tandis que que n'importe quelle activité chimique peut se produire à la condition n° 2. La pénurie des

LA CONDITION N° 1 CONSERVE LES VARIATIONS.

renseignements chimiques directs sur les substances plastiques a nous amène à attacher beaucoup d'importance à ceux que nous fourniront ainsi les raisonnements indirects. Le phénomène de l'assimilation reste, quant à sa forme moléculaire, entièrement mystérieux, parce que nous ne connaissons pas la structure atomique des substances plastiques.

En particulier, nous pouvons nous poser, au sujet de la complexité du mélange de substances a constituant les plastides, certaines questions que la suite de nos études nous amènera peut-être à résoudre : comment sont distribués les éléments de ce mélange? Existent-ils tous dans les mêmes proportions, en n'importe quel point de la masse plastidaire? Ou bien, lorsque l'observation microscopique nous fait découvrir une hétérogénéité de la substance du plastide, lorsque cette substance se manifeste à nous comme formée de plusieurs masses visqueuses, incluses les unes dans les autres et séparées les unes des autres, chacune des substances plastiques a se trouve-t-elle localisée dans chacune des masses visibles au microscope ? En d'autres termes, y a-t-il un rapprochement à établir entre la complexité chimique du mélange des substances plastiques et la complexité de la structure histologique? Nous étudierons cette question dans le prochain chapitre, mais auparavant, avant de clore ce chapitre relatif à l'assimilation, il faut dire quelques mots de ce que l'on sait aujourd'hui des conditions dans lesquelles se produit ce phénomène.

Pour chaque espèce plastidaire les conditions sont différentes, et l'on trouvera dans les traités de chimie biologique les documents rassemblés jusqu'à ce jour au sujet des éléments nécessaires à l'assimilation des plastides les mieux connus. Contentons-nous ici d'étudier les résultats les plus généraux.

(94)

15. — CONDITIONS DE LA VIE ÉLÉMENTAIRE MANIFESTÉE.

Il faut considérer les conditions d'ordre physique et les conditions d'ordre chimique. Parmi les premières, l'humidité et la température sont de la plus grande importance ; il n'y a pas d'assimilation sans eau ; la vie élémentaire manifestée est un phénomène aquatique. *LA VIE EST AQUATIQUE.*

Quant à la température, on peut dire que dans toutes les espèces bien connues, il y a une température *optima* pour l'assimilation. Nous avons vu que, pour la Bactéridie charbonneuse par exemple, cet optimum se trouvait vers 35°. Il n'y a plus développement au-dessous de 12° ; entre 42° et 43° le développement s'accompagne de destruction (variation de virulence) ; à une température plus élevée, tout meurt. *OPTIMUM DE TEMPÉRATURE.*

Parmi les conditions chimiques, il y en a une qui paraît aussi générale que la notion même de la vie élémentaire, c'est la nécessité de l'oxygène. Il n'y a pas d'assimilation sans oxygène, autrement dit, c'est un élément indispensable du terme Q de l'équation (I). Quant à la forme sous laquelle cet oxygène doit exister dans le milieu, elle varie suivant les cas ; certaines espèces ont besoin d'oxygène libre ; d'autres peuvent emprunter l'oxygène à des composés chimiques oxygénés ; nous verrons tout à l'heure le mode d'activité vitale de ces espèces dites anaérobies. *OXYGÈNE.*

Les autres éléments du terme Q sont moins bien connus et varient avec les espèces ; on a pu les déterminer d'une manière précise pour quelques espèces bien étudiées (liquide RAULIN, liquide PASTEUR) et même composer de toutes pièces, avec des éléments chimiques, un

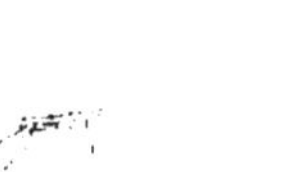

liquide réalisant admirablement la condition n° 1 d'une espèce donnée dans des conditions physiques données.

Parmi ces éléments du terme Q, ou *aliments*, nous avons déjà vu que quelques-uns pouvaient être le résultat de réactions destructives antérieures (*réserves*) et se trouver localisés sous une forme solide dans le protoplasma. Pour pouvoir entrer dans une réaction chimique, ces aliments solides doivent être dissous; ils le sont sous l'influence de substances particulières émanant du protoplasma ambiant, (digestion intracellulaire), et un phénomène analogue peut se produire à l'*extérieur* des cellules vivantes, dans les conditions que voici : telle combinaison chimique contient, à l'état non libre, des éléments utilisables par un plastide donné et, parmi les substances solubles qui, résultant de l'activité chimique de ce plastide, diffusent vers l'extérieur, il s'en trouve qui sont précisément capables de mettre en liberté, par une action chimique propre, ces éléments utilisables. Tel est le cas des espèces anaérobies, qui peuvent utiliser l'oxygène combiné à des substances chimiques du milieu (fermentation); la Levure de bière laisse diffuser, dans le liquide où elle est cultivée, une substance capable de transformer, pour son usage, certaines matières sucrées, etc...

Ceci suffit à montrer que, dans l'étude des phénomènes vitaux, il faut se garder de négliger, de parti pris, des substances que leur origine pouvait amener à considérer comme inutiles; nous avons déjà vu que certaines conditions n° 2 accumulent des réserves utilisées ensuite; de même, parmi les substances R dont quelques-unes se sont montrées capables, par leur accumulation, d'entraver l'assimilation, d'autres, au contraire, jouent un rôle indispensable en digérant ou décomposant certaines matières utiles.

(96)

DIGESTION EXTRA-CELLULAIRE.

16. — DIGESTION INTRACELLULAIRE.

Parmi ces phénomènes de digestion de matières solides, il y en a quelques-uns qui sont particulièrement intéressants à cause de la possibilité de les suivre au microscope ; je veux parler de ceux qui se produisent lorsqu'un corps solide étranger est mécaniquement introduit au sein du protoplasma vivant.

Le processus est différent suivant les espèces ; il y a deux types de digestion intracellulaire, celui de la Gromie et celui de l'Amibe.

La Gromie (petit Protozoaire d'eau douce muni d'une coque ovoïde par l'orifice de laquelle sort le protoplasma, fig. 14) présente une substance visqueuse *peu* séparée de l'eau, c'est-à-dire que la tension superficielle au contact de son protoplasma et de l'eau ambiante est très faible. Dans ces conditions, des corps solides existant dans l'eau ambiante peuvent venir au contact direct de son protoplasma, être englobés dans ce protoplasma *en baignant dans sa substance même.* Le cas de ces corps solides revient donc à celui des matières de réserve existant au sein des masses vivantes ;

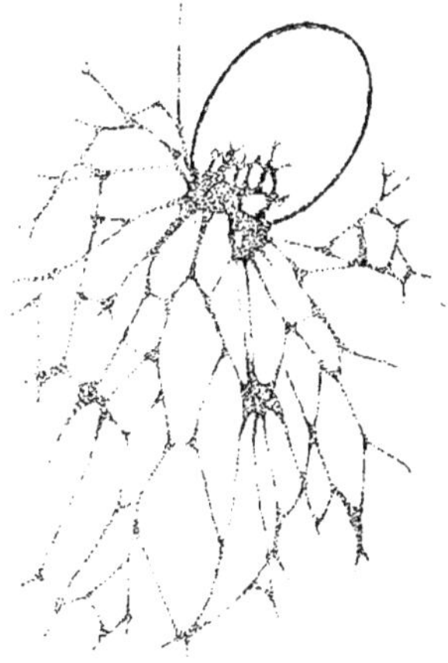

Fig. 14. — *Gromia fluviatilis.*

quand il y a, dans ces masses vivantes, des substances actives capables de dissoudre les corps englobés, ces corps sont dissous (digestion) et le résultat de cette dissolution intervient ensuite, suivant sa nature (substances Q

ou substances *a*) dans les réactions chimiques ultérieures.

Le cas de l'Amibe est un peu plus compliqué à cause de la tension superficielle plus forte qui sépare son protoplasma de l'eau ambiante. Grâce en effet à cette tension superficielle forte, qui réalise comme une membrane de baudruche autour du plastide, un corps mouillé par l'eau ne peut venir au contact direct du protoplasma de l'Amibe ; si un tel corps se trouve englobé par l'Amibe, au cours de son mouvement amiboïde (et nous savons que ce mouvement ne se produit que quand l'Amibe adhère à un substratum), il se trouve englobé en même temps qu'une goutte d'eau adhérant à son pourtour, de même qu'un grain de poussière mouillé d'air, conserve une bulle d'air autour de lui quand il pénètre dans l'eau.

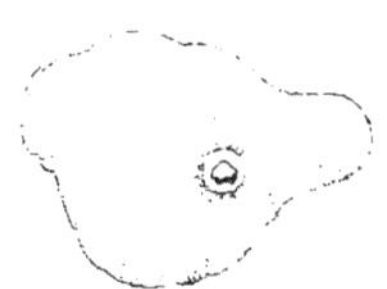
Fig. 15. — Amibe avec une vacuole alimentaire.

Le corps *ingéré* par l'Amibe (fig. 15) se trouve donc contenu dans une vacuole pleine d'eau et limitée par une paroi élastique dont la tension est précisément la tension superficielle qui sépare l'eau du protoplasma d'Amibe. En réalité, pour parler avec précision, il faudrait dire que ce corps, placé dans une vacuole pleine d'eau, est extérieur à la substance de l'Amibe ; la digestion de ce corps rentrera donc dans le cas, signalé précédemment, où un corps étranger, extérieur à un plastide, se trouve transformé sous l'influence de produits solubles émanés de ce plastide ; mais quand une vacuole de très petites dimensions (ainsi que cela a toujours lieu dans le cas considéré) est creusée dans une masse visqueuse, les conditions osmotiques réalisées au niveau de la surface de cette vacuole sont très particulières ; de plus, son contenu étant peu volumineux, la concentration des produits qui y entrent par diffusion deviendra vite très considérable.

J'ai observé, au moyen de réactifs colorés sensibles, que, très peu de temps après la formation de la vacuole, son contenu devient nettement acide. Cela se comprend sans peine étant donné ce que l'on sait du passage des sels à travers des parois dialysantes. L'acide passe toujours plus vite que la base, et il est par conséquent tout naturel que le contenu, primitivement alcalin de la vacuole, change rapidement de réaction.

D'autres substances diffusibles accompagnent l'acide dont nous venons de constater l'apparition, et le résultat de tout ce mouvement molaire d'échanges est que le contenu vacuolaire devient bientôt capable de dissoudre certaines matières ingérées, des albuminoïdes par exemple. A mesure que cette dissolution s'effectue, il devient nécessaire que quelques-uns de ses produits diffusent vers le protoplasma ambiant, c'est-à-dire qu'il y a des mouvements molaires dans les deux sens, du protoplasma vers la vacuole et de la vacuole vers le protoplasma. Parmi les produits introduits ainsi dans le protoplasma, quelques-uns pourront ensuite jouer le rôle de substances Q ou de substances B, dans des réactions à la condition n° 1 ou à la condition n° 2.

En dehors de ces cas particuliers, c'est ordinairement avec le milieu extérieur que s'effectuent directement les mouvements molaires d'échanges; le cas de l'Amibe se réduit à l'emprisonnement, dans le protoplasma, d'une petite portion de ce milieu extérieur.

17 — NOTION CHIMIQUE D'ESPÈCE.

Il nous a été impossible d'établir les quelques principes très généraux qui précèdent, sans prononcer maintes fois le mot *espèce;* il n'est donc pas inutile de donner, dès maintenant, au moins une définition provisoire de ce terme si indispensable ; nous verrons d'ailleurs dans la suite, que cette définition provisoire, adoptée pour les plastides isolés, se généralisera à l'ensemble des êtres vivants.

Étant donné le langage exclusivement chimique que nous avons employé jusqu'à présent pour étudier les phénomènes de biologie cellulaire, il est évident que nous devons être conduits à une définition chimique de l'espèce.

L'assimilation reproduit, avons-nous dit, les substances plastiques d'un plastide en conservant leurs proportions respectives ; si donc il y avait toujours condition n° 1, tous les descendants d'un plastide donné seraient composés des mêmes substances que ce plastide ancêtre, et dans les mêmes proportions.

Mais nous avons été amenés à comprendre que la condition n° 1, réalisée d'une manière parfaite, ne doit se trouver que très exceptionnellement dans la nature. Il y a toujours alternance ou même superposition de conditions n° 2 avec les conditions n° 1, et, par conséquent, ce qui reste constant au cours de la *vie* des plastides, c'est la *nature* des substances plastiques actives et non les proportions dans lesquelles sont mélangées ces substances.

IDENTITÉ QUALITATIVE MAIS NON QUANTITATIVE. Il est donc logique de considérer comme de même espèce tous les plastides qui sont composés des mêmes substances plastiques en quelque proportion que ce soit. Ainsi définis, les plastides de même espèce auront les mêmes propriétés chimiques, c'est-à-dire que, placés dans les mêmes circonstances, ils emploieront les mêmes substances Q et produiront les mêmes substances R à la condition n° 1 ; ils emploieront les mêmes substances B et produiront les mêmes substances C à la condition n° 2. Seules différeront, avec les divers plastides observés, les proportions dans lesquelles seront détruites les substances Q ou B, et seront produites les substances R ou C.

Cette définition est purement chimique et laisse intactes toutes les questions de forme. Mais, par suite des observations faites précédemment au sujet des relations de cause à effet établies entre les mouvements molaires et les mouvements moléculaires, nous pouvons penser que cette définition purement chimique pourra présenter un certain parallélisme avec une définition qui eût été basée uniquement sur la forme.

Remarquons cependant que nous n'avons pour le moment aucune indication relative au retentissement que peut avoir, sur la forme d'un plastide, la proportion du mélange de ses substances plastiques. L'exemple de variation que nous avons étudié, la variation de virulence, ne semblait avoir sur la morphologie qu'un bien faible retentissement : le vaccin charbonneux ressemble beaucoup au charbon. Mais il peut se faire que, dans tel autre cas, telle autre destruction partielle donne naissance à des plastides dont la forme soit plus ou moins modifiée ; nous aurons à étudier cette question en détail à propos de l'hérédité.

FORME SPÉCIFIQUE.

Enfin, il est à prévoir, étant donnée l'élasticité du mot *vie*, tel que nous l'avons défini au paragraphe 12 du présent chapitre, que les manifestations observables de l'*activité vitale* des plastides d'une espèce donnée seront variables à l'infini ; nous avons vu en effet que cette activité vitale comprend *tous* les phénomènes dont le plastide est le siège, tant que la mort élémentaire n'est pas survenue ; or, si les conditions n° 1 sont précises et ne peuvent sortir d'un certain cadre, les conditions n° 2 sont au contraire aussi nombreuses et aussi quelconques qu'on le veut. Deux plastides d'une même espèce se comporteront d'une manière analogue *dans les mêmes conditions ;*

leur activité sera *spécifique* dans des conditions données, et, une fois que l'on aura vu un plastide d'une espèce réagir dans un certain ensemble de circonstances, on pourra reconnaître comme étant de même espèce un autre plastide qui, dans des circonstances identiques, se comportera d'une manière analogue.

En revanche, un même plastide pourra, dans des conditions différentes, ne pas être du tout comparable à lui-même ; il pourra même ne pas être reconnaissable au point de vue morphologique, mais il suffira de le transporter dans des conditions connues pour faire reprendre à sa descendance des caractères morphologiques connus.

FORMES D'INVOLUTION. On donne le nom de *formes d'involution* aux formes bizarres que peut prendre une Bactérie dans certaines conditions très spéciales ; telle espèce, normalement connue sous forme de bâtonnet dans une culture fraîche bien pourvue de substances Q, prendra, par exemple, dans d'autres conditions, la forme d'une poire ou d'une sphère ; tant que la mort élémentaire ne sera pas intervenue, on pourra toujours reconnaître l'espèce à laquelle appartiennent ces plastides de formes anormales en les transportant dans un milieu apte à leur donner la forme de bâtonnet.

Enfin, la nature des mouvements dont les plastides sont l'objet dépend aussi des conditions ambiantes ; nous avons vu dans le premier chapitre que ces mouvements résultent secondairement de réactions chimiques entretenant les échanges molaires ; cela est vrai, que les réactions considérées soient constructives ou destructives, c'est-à-dire qu'il peut y avoir mouvement à la condition n° 2, aussi bien qu'à la condition n° 1. Or on considère, comme des manifestations de la *vie* du plastide, tous les phénomènes dont il est l'objet tant que la mort élémentaire n'est pas réalisée; on voit combien est vague cette appellation couramment employée, tandis qu'au contraire, le terme *vie élémentaire manifestée* indique une activité d'un ordre très spécial.

Il est vrai que, dans les cas les plus ordinaires, dans les cas où nous observons généralement l'activité des plastides, les phénomènes de la condition n° 1 l'emportent de beaucoup sur ceux de la condition n° 2, sans quoi les plastides étudiés seraient moribonds. Et cette prédominance de l'activité constructive suffit à produire ce résultat commode, que le plastide reste comparable à lui-même aux divers moments où nous le voyons.

CHAPITRE III

COMPLEXITÉ CHIMIQUE ET COMPLEXITÉ HISTOLOGIQUE.

18. CYTOPLASMA ET NOYAU. — 19. EXPÉRIENCES DE MÉROTOMIE. — 20. KARYOKINÈSE OU CYTODIÉRÈSE : I, PROPHASE ; II, ANAPHASE ; III, TÉLOPHASE.

18. — CYTOPLASMA ET NOYAU.

L'étude de la *variation* nous a amenés à constater que les plastides sont formés d'un mélange de plusieurs substances plastiques différentes; le microscope nous montre d'autre part que la masse visqueuse dont ils sont constitués n'est pas non plus homogène, mais qu'il y a plusieurs de ces masses visqueuses incluses les unes dans les autres. Y a-t-il un rapport entre la complexité histologique et la complexité chimique du plastide? C'est ce que nous allons étudier maintenant.

Indépendamment des inclusions diverses (vacuoles digestives, masses de substances de réserve, etc.) dont il est, suivant les cas, plus ou moins facile de reconnaître la nature, nous constatons, au moins dans les plastides de dimensions suffisantes, l'existence, à certains moments, d'une masse centrale de substance visqueuse qui semble séparée du protoplasma ambiant, comme le protoplasma est lui-même séparé du milieu extérieur.

On donne le nom de *noyau* à cette masse centrale (fig. 16, N), et l'on réserve le nom de *cytoplasma* au protoplasma qui l'entoure. Dans le noyau lui-même (qui, le plus souvent, se trouve dépourvu d'inclusions étrangères non plastiques), on constate souvent l'existence d'une ou de plusieurs masses distinctes (nucléole *n*, par exemple). Chacune de ces masses a une forme et une paroi ou membrane, mais en réalité, sauf les cas

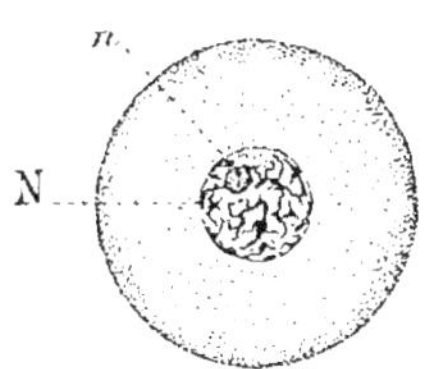

Fig. 16. — Schéma d'un plastide.

où il se forme un squelette encroûtant, la paroi nucléaire ou la paroi nucléolaire sont simplement des surfaces de séparation de deux liquides non miscibles. Nous avons vu plus haut que les formes de ces diverses masses visqueuses incluses les unes dans les autres résultent, comme la forme extérieure du plastide, des mouvements molaires d'échanges entretenus, entre chacune d'elles et celle qui la contient, par des réactions chimiques.

Je signale immédiatement que, dans la plupart des plastides connus, l'état représenté par la figure 16 n'est pas constant, et fait de temps en temps place à un état différent que nous étudierons plus tard sous le nom de karyokinèse ou cytodiérèse; arrêtons-nous d'abord à ce premier état qui est de beaucoup le plus fréquent.

Une question s'est tout de suite posée à nous en présence de cette complexité *histologique* du plastide. Y a-t-il parallélisme entre cette complexité histologique et la complexité chimique dont la variation nous a donné la preuve? Autrement dit, chacune des masses visqueuses limitées par une surface et ayant une forme constatable résulte-t-elle de la localisation d'une des multiples substances plastiques *a*? Nous allons tâcher de nous en rendre compte en coupant des plastides en morceaux.

La Bactéridie charbonneuse, sur laquelle nous avons constaté cette multiplicité des substances *a*, grâce à ce réactif très précis qu'on nomme la virulence, est malheureusement très petite; c'est à peine si l'on peut constater dans son intérieur une hétérogénéité apparente; de plus, à cause de ses dimensions minimes, elle n'est pas susceptible d'être coupée en morceaux même par l'expérimentateur le plus habile. Nous devons donc nous résigner à pratiquer cette opération sur des espèces plastidaires plus grandes et dépourvues de cette qualité de virulence si précieuse pour l'étude des variations.

19. — EXPÉRIENCES DE MÉROTOMIE.

On donne le nom de *mérotomie* à l'opération qui consiste à couper en deux ou plusieurs morceaux un être vivant quelconque; nous étudierons plus tard ce qui se passe quand on effectue cette opération sur un animal ou un végétal supérieur; bornons-nous en ce moment à la mérotomie des plastides isolés.

Le trait *xy* (fig. 17) indique la section opérée dans un plastide au moyen d'une lancette bien aiguisée. Cette opération divise le plastide en deux parties que l'on appelle des *mérozoïtes;* dans la figure 17 (C), l'un de ces mérozoïtes contient tout le noyau, on l'appelle *mérozoïte nucléé;* l'autre est un mérozoïte anucléé. Il y a, d'ailleurs, des cas où l'on réussit à intéresser le noyau lui-même

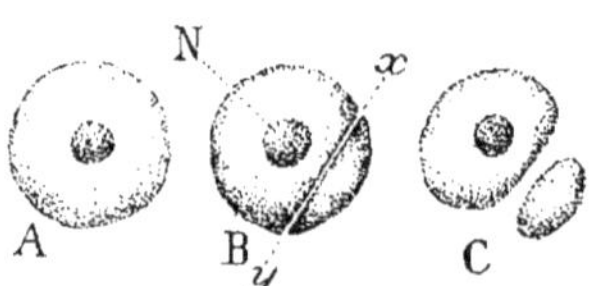

Fig. 17. — Schéma d'une expérience de mérotomie.

par la section *xy;* alors les deux mérozoïtes contiennent des portions de noyau. Disons tout de suite, pour n'avoir pas à y revenir, que les mérozoïtes contenant un morceau de noyau se comportent après l'expérience comme ceux qui contiennent le noyau tout entier. Nous pourrons ainsi appliquer indifféremment le même nom de mérozoïtes nucléés à ceux qui contiennent tout ou partie du noyau.

Un certain nombre de résultats sont communs à toutes les expériences de mérotomie exécutées sur les plastides les plus différents.

(α.) Les mérozoïtes anucléés se trouvent, en quelque milieu qu'on les transporte, à la condition n° 2; ils se détruisent progressivement: leur composition chimique s'altère au point de devenir tout à fait différente de ce qu'elle était primitivement. La mort élémentaire survient fatalement dans le mérozoïte anucléé, à moins que, ce qui est possible chez la Gromie, par exemple, il ne se trouve bientôt soudé à nouveau à un mérozoïte nucléé de la même espèce; dans ce dernier cas, il se comporte comme un morceau quelconque du cytoplasma d'un plastide normal

Il y a donc, pour ce mérozoïte anucléé, suspension totale de la possibilité d'assimilation: l'activité chimique dont il est le siège ne peut être que destructive. Or, rappelons-nous ce que nous ont appris les chapitres précédents. L'assimilation peut être suspendue, soit pour des raisons moléculaires, parce qu'il manque aux réactions chimiques tel ou tel élément indispensable, soit pour des raisons molaires, parce que les échanges sont suspendus entre le protoplasma et le milieu; nous savons en effet qu'il y a relation réciproque de cause à effet entre les phénomènes moléculaires et les phénomènes molaires d'échange.

DESTRUCTION
DES
MÉROZOÏTES
ANUCLÉÉS.

Nous restons donc en face d'un nouveau point d'interrogation :

Si l'arrêt de l'assimilation est dû à des raisons moléculaires, c'est qu'il manque quelques-uns des éléments du premier membre de l'équation (I);

$$a + Q :$$

Or il ne manque pas de substances Q, puisque, dans le milieu où l'opération est effectuée, un plastide complet assimile et se multiplie; ce serait donc que le terme *a* n'est pas complet, c'est-à-dire que *quelques-unes* des substances plastiques différentes (de l'existence desquelles la variation nous a donné la preuve) étaient localisées dans le noyau. Et ainsi serait démontré le parallélisme entre la complexité chimique et la complexité histologique.

Mais si l'arrêt de l'assimilation est dû à des raisons molaires, tout est remis en question. Là, en effet, où nous constatons une structure nettement hétérogène, nous avons toujours le droit de nous demander si cette structure hétérogène ne détermine pas un *mécanisme*, et si ce n'est pas la destruction de ce mécanisme qui, indépendamment de toute considération chimique immédiate, est la cause des troubles observés. Par exemple (comparaison très grossière), si l'on enlève le cœur d'un Homme, il meurt pour des raisons molaires, parce que sa circulation n'est plus entretenue par l'organe spécial qui en était chargé. Nous pouvons de même nous demander si le noyau ne joue pas dans l'entretien des échanges molaires (et naturellement sous l'influence d'activités chimiques) un rôle analogue à celui d'une pompe aspirante, et, dans ce cas, il est inutile que certaines substances *a* soient déficientes dans le mérozoïte anucléé; l'impossibilité de l'assimilation s'explique par des causes d'ordre molaire.

Ainsi donc, l'examen des mérozoïtes anucléés ne nous permet pas de trancher la question que nous nous sommes posée tout à l'heure. Voyons si les mérozoïtes nucléés nous renseigneront mieux.

(β) Les mérozoïtes nucléés restent capables d'assimilation dans un milieu où est réalisé la condition n° 1 pour les plastides complets de leur espèce. Aussi, toutes les fonctions observables se continuent-elles dans ces mérozoïtes, comme dans les plastides complets. En particulier, résultat extrèmement intéressant, il y a *régénération* de la forme spécifique mutilée par l'opération de la mérotomie, et cette régénération a lieu aussi bien pour le noyau, s'il a été coupé, que pour le cytoplasme.

Arrêtons-nous un instant à l'étude de ce phénomène qui a des conséquences très importantes.

Si le plastide coupé était une Amibe, sa forme était très peu caractéristique, puisqu'elle variait à chaque instant; prenons donc plutôt un exemple dans une espèce qui a une forme bien remarquable.

Le *Stentor cœruleus* est un gros Infusoire cilié, visible à l'œil nu, et qui a la forme de la figure 18 (cette figure le représente coupé en 3 dans l'expérience de BALBIANI). Son noyau est un long chapelet, formé de 11 articles dans l'exemplaire étudié. Coupons-le en trois parties a, m, p. Ces trois tronçons, ainsi que le montre la figure 18, ont des formes initiales très différentes, et cependant chacun d'eux régénère progressivement la forme normale de *Stentor*. La figure 19 montre la régénération des deux tronçons m et p.

Fig. 18. — Mérotomie d'un *Stentor*.

Le sort du tronçon m est particulièrement intéressant parce que c'était lui qui différait le plus de la forme spé-

LES
MÉROZOÏTES
NUCLÉÉS
ASSIMILENT.

RÉGÉNÉRATION
DE LA FORME.

cifique; en particulier il ne contenait qu'un seul article
du chapelet nucléaire, et l'on voit en *m″* que cet article
unique a déjà repris l'aspect moniliforme normal.

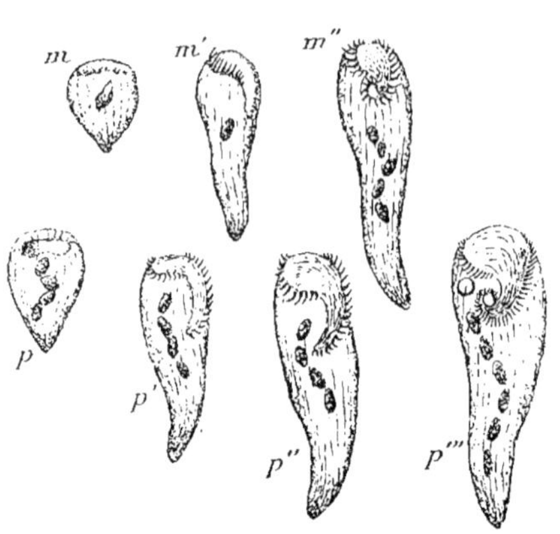

Fig. 19.   Régénération de la forme chez des mérozoïtes
nucléés de *Stentor* (d'après Balbiani).

Quant aux autres
manifestations ordi-
naires de l'activité
d'un *Stentor* (ingestion
de particules solides,
digestion intracellu-
laire, etc.), elles se produisent dans les méro-
zoïtes nucléés comme
dans un plastide en-
tier. Je n'entre pas
dans le détail de ces
faits qui prouvent, à
n'en pouvoir douter,
que l'assimilation a lieu dans chacun de ces mérozoïtes.
Le plus caractéristique de ces faits est d'ailleurs que le
mérozoïte nucléé peut devenir le point de départ de toute
une série de nouveaux individus.

Mais, que cette continuation de l'assimilation, cette
conservation de la composition chimique du plastide, s'accompagne de la régénération de la forme, cela prouve
expérimentalement le fait que nous avions prévu par le
raisonnement, savoir que la *forme* d'un plastide, forme
qui résulte des mouvements molaires d'échange entretenus par les réactions chimiques intraprotoplasmiques,
est en relation directe avec la nature de ces réactions
chimiques. Que ces réactions continuent sans se modifier
dans un mérozoïte, aussi mutilé qu'on le voudra (mérozoïte nucléé), les mêmes phénomènes molaires restitue-
ront la même forme spécifique. Qu'elles soient au contraire suspendues, que la condition n° 2 détruise les

substances caractéristiques de l'espèce (mérozoïte anucléé), et la forme change.

Il y a donc un rapport établi entre la composition chimique d'un plastide et la forme que lui donne sa vie élémentaire manifestée. Donc, pourvu que l'on considère les plastides dans des cas où ils sont l'objet de phénomènes d'assimilation l'emportant sur les phénomènes de destruction, l'espèce, définie chimiquement, se trouve aussi définie morphologiquement, ce qui rend fort pratique la définition purement chimique que nous avons précédemment donnée de l'espèce plastidaire.

La régénération de la forme spécifique dans les mérozoïtes nucléés peut être considérée comme un fait très général, grâce aux expériences de mérotomie effectuées par de nombreux savants sur des espèces plastidaires appartenant aux groupes les plus différents (Rhizopodes, Foraminifères, Radiolaires, Infusoires ciliés, cellules végétales, etc.). Une exception a pourtant été constatée par BALBIANI, chez un Infusoire cilié fort répandu, *Paramœcium aurelia*[1].

« Les fragments, qui ont conservé l'ancien noyau ou une partie de celui-ci, ne réparent pas, comme chez les autres Ciliés, la perte de substance qu'ils ont subie : même au bout de plusieurs semaines, on n'observe chez eux aucune trace de régénération. Ce n'est que lorsque la lésion est légère et n'a emporté qu'une petite partie d'une des extrémités du corps, principalement de l'extrémité postérieure, sans intéresser le noyau, que, grâce à une nourriture abondante qui provoque de fréquentes bipartitions, on voit la perte de substance se réparer peu à peu dans les générations issues les unes des autres et dont

RAPPORT DE LA FORME ET DE LA COMPOSITION.

---

1. BALBIANI, Nouvelles recherches sur la mérotomie des Infusoires ciliés, *Annales de micrographie*, 1893.

les dernières finissent par présenter un aspect tout à fait normal. Lorsque la lésion est plus profonde et probablement aussi lorsqu'elle a intéressé le noyau, on voit quelquefois survenir un trouble dans la multiplication par division, trouble consistant en une séparation incomplète des générations qui forment des agrégats composés d'un plus ou moins grand nombre d'individus (fig. 20). Ceux-ci se fusionnent ensuite plus ou moins complètement, surtout dans la partie centrale de l'espèce de colonie ainsi produite, et constituent ainsi une masse irrégulière où l'on ne reconnaît plus que difficilement les individualités composantes.

« Ces agrégats finissent toujours par mourir au bout d'un temps plus ou moins court. » (BALBIANI.)

Il y a, dans cette observation très intéressante, deux choses très différentes à discuter; d'abord, il n'y a pas régénération de la forme spécifique quoique l'assimilation continue évidemment. Faut-il conclure de là que, chez les Paramécies, contrairement à ce qui se passe dans toutes les autres espèces plastidaires, la forme spécifique n'est pas le résultat des mouvements molaires d'échange entretenus sans cesse par l'activité chimique intérieure? Ce serait bien extraordinaire. Il est plus simple de penser qu'un facteur étranger intervient, et ce facteur étranger nous le trouvons dans le squelette. Vraisemblablement, le protoplasma des Paramécies est traversé d'un réseau squelettique de substances collagènes suffisamment élastiques pour conserver l'*équilibre* à une forme mutilée par la mérotomie. Nous verrons

Fig. 20. — Agrégat résultant de la mérotomie des Paramécies (d'après BALBIANI).

plus tard, à propos des animaux supérieurs, que le squelette collagène introduit ainsi des différences capitales, au
point de vue de la régénération, entre des animaux qui,
par ailleurs, sont très voisins les uns des autres.

La fabrication de cette substance collagène par la
Paramécie nous explique aussi le deuxième fait remarquable
signalé par BALBIANI, la non séparation des divers individus résultant de la multiplication d'un mérozoïte nucléé.
L'existence de cette agglomération, plus considérable que
les masses normales de substance de Paramécies, paraît
d'ailleurs contrarier le chimisme ordinaire de l'assimilation et, le fait que la mort arrive toujours bientôt pour un
de ces agrégats bizarres, nous prouve que les phénomènes de la condition n° 2 doivent devenir de plus en plus
considérables à mesure que l'agrégat grossit; la morphologie de cet agrégat se rapprocherait donc par certains
côtés des *formes d'involution* précédemment signalées.

Quoi qu'il en soit de cette exception et du plus ou moins
de vraisemblance des explications fournies, il n'en reste
pas moins établi que, dans la grande majorité des cas, il
y a régénération de la forme spécifique chez les mérozoïtes
nucléés, et que, par conséquent, il y a un rapport entre la
composition chimique et la forme spécifique des plastides.

Ce résultat important, obtenu au cours des expériences
de mérotomie, nous a momentanément écartés du problème
que nous nous étions posé en commençant; les substances plastiques *différentes* sont-elles localisées dans les
masses visqueuses différentes du plastide?

L'étude des mérozoïtes anucléés nous a laissés aux
prises avec cette difficulté sans la résoudre; l'observation
des mérozoïtes nucléés ne nous avance pas beaucoup plus.

Rappelons-nous en effet ce que nous a appris l'étude
de la variation. Une condition n° 2 détruit une partie des
substances *a* et cause ainsi ce qu'on pourrait appeler une

mérotomie chimique dont le résultat est une variation, par suite du changement de proportion des diverses substances plastiques coexistant dans le plastide considéré. Si ces diverses substances plastiques étaient localisées, chacune pour son compte, dans les diverses masses visqueuses du plastide, le résultat d'une expérience de mérotomie comme celles que nous venons de décrire (fig. 17) serait sûrement une variation; en effet, dans un mérozoïte nucléé contenant le noyau tout entier, la quantité de cytoplasma est diminuée par rapport à la quantité de substance nucléaire, puisque le cytoplasma a perdu, en fait, tout le mérozoïte anucléé, tandis que le noyau n'a rien perdu.

Malheureusement, les plastides de grandes dimensions sur lesquels on a effectué les expériences de mérotomie ne possèdent, à notre connaissance du moins, aucune qualité susceptible de mensuration précise comme la virulence des Bactéridies charbonneuses; nous n'avons donc aucun moyen d'apprécier les variations si elles existent; la seule chose que nous puissions constater c'est qu'il n'y a pas de modification appréciable dans la forme des plastides qui dérivent d'un mérozoïte nucléé, même eût-il perdu dans la mérotomie une très grande quantité de cytoplasma.

Nous pouvons donc dire qu'il est vraisemblable d'admettre qu'il n'y a pas de variation et que, par conséquent, les substances plastiques, dont la proportionnalité donne les caractères individuels, ne sont pas localisées les unes dans le noyau, les autres dans le protoplasma; mais cela reste hypothétique et restera hypothétique jusqu'à ce que l'étude de l'hérédité nous donne une démonstration, indirecte il est vrai, mais néanmoins très capable d'entraîner notre conviction, relativement à la nature molaire des rapports du noyau avec le cytoplasma.

20. — KARYOKINÈSE OU CYTODIÉRÈSE.

Pour quelques espèces plastidaires, la forme que nous venons d'étudier est la seule connue. Il y a toujours un noyau nettement délimité au centre du cytoplasma, comme cela est représenté dans la figure 21 (A). Quand l'assimilation s'est poursuivie pendant assez longtemps à la condition n° 1, les mouvements molaires d'échange limitant, comme nous l'avons vu, la dimension d'équilibre possible pour les plastides de l'espèce considérée. une di-

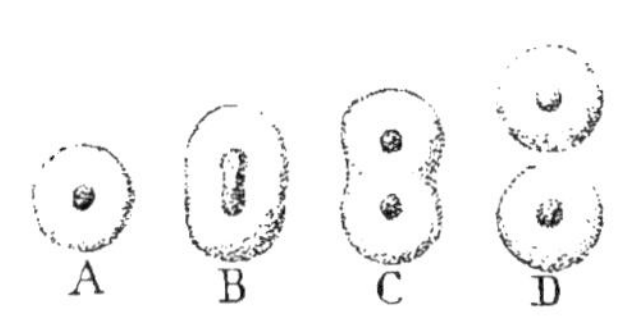

Fig. 21. — Division cellulaire directe.

vision se produit dans la masse ainsi que cela se produirait pour une goutte d'huile qui serait fortement agitée dans un liquide aqueux (voir plus haut § 2). En général le noyau est le premier atteint par cette limitation, peut-être parce que les échanges qui se font entre lui et le cytoplasma sont plus violents que ceux qui se font entre le cytoplasma et le liquide ambiant. Le noyau prend donc la forme d'un 8 (fig. 21, B), puis se divise en deux, et ensuite, étant donnés les échanges qui se font entre le cytoplasma et ces deux centres nucléaires nouveaux, on comprend que le mouvement tourbillonnaire d'échanges, ayant désormais deux centres au lieu d'un, détermine rapidement la division du cytoplasma en deux masses qui se groupent autour de chacun des centres (fig. 21, C, D).

C'est là ce qu'on appelle la *division cellulaire directe* ou *amitose.*

On a cru pendant longtemps que toutes les espèces plastidaires se multipliaient de cette façon fort simple. Les progrès de l'histologie ont modifié cette manière de voir; il n'y a que fort peu d'espèces chez lesquelles la multiplication soit *toujours* effectuée par division directe; encore n'est-on pas sûr que cette division directe, lorsqu'elle a lieu plusieurs fois de suite, ne conduise pas fatalement à la dégénérescence.

Dans presque toutes les espèces bien connues, et particulièrent chez tous les animaux et végétaux supérieurs, la division cellulaire est toujours précédée par une transformation histologique complète des masses visqueuses ayant une configuration visible au sein du cytoplasma; comme cette transformation est surtout remarquable pour les éléments qui faisaient partie du noyau, on lui a donné le nom de *karyokinèse* (mouvement dans le noyau); il serait plus logique d'employer le mot *cytodiérèse* (séparation de la cellule) proposé par HENNEGUY, puisque, en réalité, il y a des transformations dans le cytoplasma autant que dans le noyau, mais le mot karyokinèse a prévalu.

L'ensemble des transformations que l'on résume sous cette appellation est tellement complexe et tellement imprévu, que sa découverte a d'abord complètement dérouté les naturalistes; de plus, comme dans le cas le plus général, la karyokinèse est suivie d'une division cellulaire, on y a vu une préparation, voulue par la nature, à ce phénomène de division; toutes les interprétations données sont en conséquence entachées de finalisme. Pour arriver à comprendre la véritable signification de la karyokinèse, nous allons d'abord nous efforcer d'en donner une description dépourvue de toute interprétation, et nous attacher à considérer tous les phénomènes successifs comme *une conséquence de ce qui s'est passé antérieurement* dans la cellule, et non comme *une préparation à ce qui va se passer ensuite.*

Nous éviterons par exemple de commencer comme

beaucoup d'auteurs qui écrivent: « au moment où arrive pour la cellule le moment de la division, son noyau est le siège de phénomènes bien curieux », car il est bien vraisemblable que c'est précisément par suite de l'apparition de ces phénomènes dans le noyau que sonne pour la cellule l'heure de la division.

Malgré l'étrangeté du spectacle auquel nous allons assister, efforçons-nous aussi de ne jamais oublier ce que nous avons établi dans le chapitre premier, savoir que, en dehors du cas où il y a un squelette encroûtant, la forme d'une masse visqueuse quelconque résulte des mouvements molaires qui ont lieu autour d'elle, et que, par conséquent, cette forme nous renseigne d'abord sur la nature de ces mouvements molaires et non sur la composition de la masse visqueuse considérée; ce n'est que secondairement que la forme de chaque masse visqueuse pourrait nous renseigner sur son contenu, à cause de la relation de cause à effet établie entre les mouvements moléculaires et les mouvements molaires.

Rappelons-nous aussi ce que les expériences de mérotomie ont, sinon démontré, du moins rendu vraisemblable, que nous n'avons aucunement le droit de considérer *a priori* les diverses substances *a* comme étant réparties dans des masses visqueuses différentes; c'est là surtout qu'est l'écueil contre lequel sombrent presque tous les auteurs; du moment qu'on *voit* deux objets, on leur donne des noms et l'on arrive vite à supposer que puisqu'ils ont des noms différents, ils contiennent des matières distinctes.

Enfin, une dernière remarque : ce sont les histologistes qui ont décrit le phénomène de la karyokinèse; il faut donc que nous nous demandions quels sont les procédés d'étude des histologistes. Or, voici comment ils opèrent : pour observer les diverses masses visqueuses qui, à un moment donné, ont une forme dans la cellule, ils emploient des réactifs, dits *réactifs fixateurs*, dont nous avons déjà dit un mot, et qui ont la propriété de *fixer* la forme actuelle de chacune des masses en question ; ceci a certes une importance considérable, puisque l'existence de toutes ces formes simultanées nous renseigne sur les mouvements molaires de la cellule au moment de la fixation, ou, en un mot, sur le *dynamisme cellulaire* à ce moment précis. Mais il faut bien se garder, ce que ne font pas toujours les histologistes, d'attribuer une importance exclusive à ce qui, dans la cellule, a une forme fixable et observable. Il n'y a aucune raison, en effet, pour que les substances chimiques les plus actives aient une forme optiquement constatable ; ce sont peut-être les phénomènes *non figurés* qui sont capitaux.

Tous ces préliminaires établis, entrons dans l'étude du phénomène, ou du moins dans sa description, sans essayer, pour le moment, d'en donner une interprétation quelconque.

1. **Prophase.** — Nous avons étudié un premier état de dynamisme cellulaire, caractérisé par la présence dans le cytoplasma d'un noyau central, avec ou sans autres masses figurées à son intérieur. On donne à cet état le nom singulier et immérité d'*état de repos ;* cette dénomination est philosophiquement impropre, puisque nous savons que pendant cette période, dite de repos, il y a un mouvement molaire constant, et que c'est même ce mouvement molaire qui donne des formes aux masses visqueuses du plastide. Mais

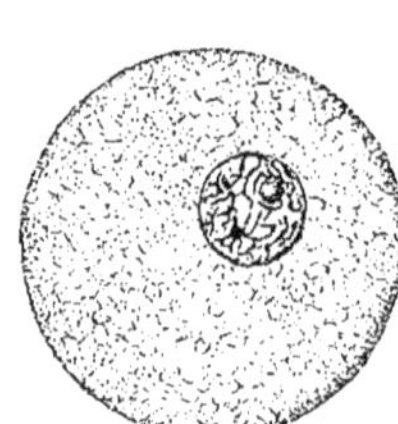

Fig. 22. — Cellule à l'état de repos.

du moins, pendant toute la période de repos, le *dynamisme reste le même*, ainsi que le prouve la conservation de la forme des diverses masses observables dans le plastide. Ce dynamisme est comparable à celui d'un tourbillon dont la forme resterait constante.

Cette première période n'a qu'une durée limitée; une nouvelle période lui succède, la *période de karyokinèse*, pendant laquelle le dynamisme cellulaire devient tout différent, ainsi que le prouve la transformation complète des masses visqueuses observables; et non seulement le dynamisme cellulaire devient différent, mais il change à chaque instant pendant toute cette nouvelle période. Ces changements, indiqués pour nous par les transformations morphologiques des masses visqueuses figurées, sont tellement nombreux et tellement complexes qu'il est impossible de les décrire tous à la fois. Nous allons donc étudier séparément les phénomènes nucléaires et les phénomènes cytoplasmiques; de plus, comme la chronologie des diverses manifestations varie avec les espèces, malgré la grande similitude des karyokinèses dans les espèces différentes, nous serons obligés d'adopter pour notre exposé une chronologie représentant autant que possible un type moyen. Mais il sera bien entendu que l'ordre de ces manifestations pourra être profondément modifié dans certains plastides. Enfin, il y aura aussi de grandes variations dans le synchronisme des manifestations nucléaires avec les manifestations protoplasmisques.

(α). *Phénomènes nucléaires.* — A la période dite de repos un noyau de cellule normale se présente comme une sorte de vésicule entourée d'une paroi, dite paroi ou membrane nucléaire, et contenant un réseau de substance plus ou moins résistante, réseau dont les mailles sont remplies d'une substance plus fluide appelée *suc nucléaire*. La substance de ce réseau se montre assez avide des cou-

Fig. 23. — Noyau à l'état de repos.

leurs d'aniline et il est par suite facile de la mettre en évidence dans les préparations histologiques. Ces mêmes couleurs d'aniline colorent également avec une certaine intensité quelques masses incluses dans le noyau à ce stade et qu'on appelle *nucléole, karyosome*, etc... Ces masses ne sont pas les mêmes dans les diverses espèces. Remarquons d'ailleurs que cette colorabilité spéciale indique peut-être un état d'hydratation particulier et non une nature chimique spéciale.

Lorsque la période de repos a duré un certain temps, des modifications se produisent dans les diverses parties du noyau, mais, je le répète, l'ordre dans lequel se produisent ces phénomènes varie avec les espèces de plastides. Étudions d'abord les modifications qui atteignent les substances les plus facilement colorables à l'aniline, les substances chromatiques; c'est d'ailleurs à elles que les histologistes attribuent le plus d'importance parce que ce sont les mieux dessinées dans les préparations fixées et colorées. WEISMANN a même voulu, sans aucune raison scientifique d'ailleurs, y localiser la propriété d'hérédité.

Les substances chromatiques, qui avaient dans le noyau au repos une disposition réticulaire, prennent peu à peu la disposition d'un long filament enroulé appelé *spirème* (A, B, C, fig. 24). Ce spirème, lorsqu'on le regarde à un très fort grossissement, ne se montre pas formé d'une substance continue, mais de granules disposés en chapelet. Il est l'objet de deux genres de division successives, sans qu'il y ait de règle bien générale pour la succession de ces deux divisions; c'est tantôt l'une, tantôt l'autre qui se manifeste la première.

L'une de ces divisions est *longitudinale* et divise chaque granule du chapelet en deux granules plus petits, de sorte que le chapelet tout entier est remplacé par deux chapelets parallèles composés, chacun pour son compte, d'autant de granules qu'en avait le spirème initial. (Dans l'exemple de l'*Ascaris* représenté par la figure 24, cette division longitudinale est tellement précoce qu'on ne voit jamais de spirème simple.)

Puis se manifeste un raccourcissement de ce spirème dédoublé (fig. 24, D), et enfin survient une division transversale en tronçons qui, dans l'exemple figuré ici, donne d'abord deux tronçons (fig. 24, E) puis quatre (fig. 24, F).

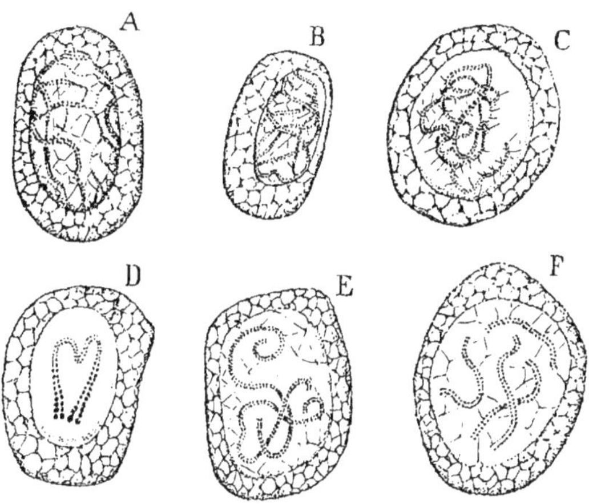

FIG. 24. — Formation des chromosomes chez l'*Ascaris* (d'après BRAUER).

Dans d'autres espèces ce nombre est bien plus grand; il est toujours pair (sauf dans les éléments sexuels ou leurs ascendants, ainsi que nous le verrons plus tard) et nous le représenterons toujours par $2n$.

On donne le nom de *chromosome* à chaque tronçon de chapelet; il y a chez l'*Ascaris bivalens*, quatre chromosomes doubles dans la figure 24, F. Pour une espèce donnée on peut établir en règle générale que, sauf dans les ascendants des éléments sexuels, le nombre $2n$ de chromosomes qui apparaissent à chaque karyokinèse *est constant;* ce qui indique combien sont comparables les dynamismes qui apparaissent dans les cellules d'une espèce à chaque période de karyokinèse.

Voici quelques exemples des nombres de chromosomes qui apparaissent dans les karyokinèses des espèces étudiées par les auteurs : *Ascaris bivalens*, 4 ; *Pallavicinia* (une Hépatique) 8 ; Courtillière 12 ; Homme 16 ; Oursin (*Echinus*) 18 ; Escargot, Saumon, Salamandre, Souris, Lys, Osmonde, 24 ; etc... *Artemia* (crustacé) 168.

Ainsi donc, le premier phénomène que nous ayons étudié (sans vouloir dire pour cela que ce phénomène est forcément le premier par ordre chronologique, dans la karyokinèse) conduit, à l'apparition, dans le suc nucléaire (ou plutôt dans ce qu'est devenu, à ce moment, ce qui était le suc nucléaire à la période de repos), de $2n$ chromosomes doubles. On donne souvent le nom de *chromomère* à chacun des granules d'un chromosome.

Outre cette formation de chromosomes, un autre phénomène nucléaire est à signaler, bien qu'à proprement parler ce phénomène ne soit pas purement nucléaire et concerne plutôt les rapports du cytoplasma et du noyau. La membrane nucléaire disparaît, assez tardivement d'ailleurs, c'est-à-dire que les liquides visqueux, appelés cytoplasma et noyau, deviennent miscibles et se mélangent effectivement, ce qui indique encore un bien grand changement dans le dynamisme cellulaire.

Revenons maintenant en arrière et étudions ce qui s'est passé en dehors du noyau.

(β). *Phénomènes cytoplasmiques.* — Un corpuscule très remarquable est visible tout contre la paroi du noyau alors que ce noyau est encore au stade de la figure 23 ; c'est le *centrosome* (fig. 25, A). Ce petit granule est entouré d'une sphérule hyaline que l'on appelle *centrosphère* ou *sphère directrice*.

En même temps que se produisent dans le noyau les phénomènes que nous venons de décrire, le centrosome est, lui aussi, l'objet de modifications très remarquables.

Et d'abord il se divise en deux (la figure 25, A, le représente déjà divisé dans la sphère encore unique) et entraîne la sphère directrice dans sa division, de sorte qu'au bout

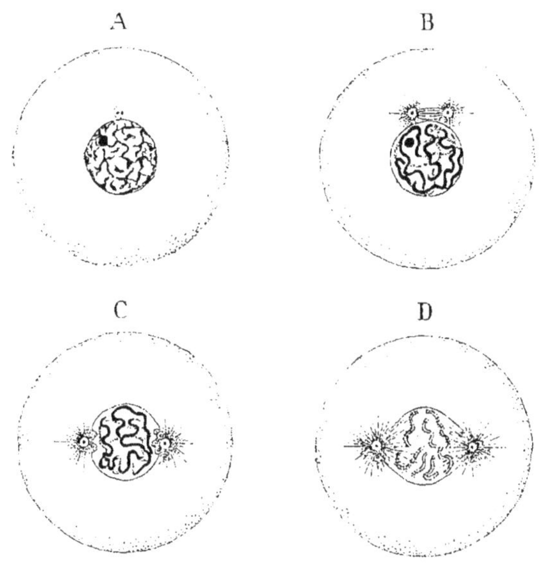

Fig. 25. — Phénomènes cytoplasmiques de la prophase (d'après Wilson).

d'un instant on a deux centrosomes entourés chacun pour son compte d'une centrosphère (fig. 25, B).

Ces deux centrosomes s'écartent progressivement l'un de l'autre en continuant à rester appliqués contre la surface du noyau, jusqu'à ce qu'ils soient arrivés à être diamétralement opposés ainsi qu'on le voit dans la figure 25,C.

En même temps qu'a lieu ce mouvement d'écartement des deux centrosomes, d'autres phénomènes cytoplasmiques se manifestent par l'apparition de ce qu'on appelle la *figure achromatique*, ainsi nommée parce que les élé-

FIGURE ACHROMATIQUE.

ments qui la composent ne sont pas, come les chromosomes, avides des couleurs d'aniline. Cette *figure achromatique*, appelée aussi *amphiaster*, résulte de la distribution particulière des granules du cytoplasma autour des sphères directrices. Ces granules se disposent comme les rayons d'un soleil (*aster*) autour et en dehors des sphères directrices, tandis qu'entre ces deux sphères ils affectent une distribution qui rappelle comme dessin un petit *barillet* ou un *fuseau*.

Les choses sont variables dans leur aspect, suivant le synchronisme des divers phénomènes que nous venons de passer en revue; dans tous les cas, lorsque les deux centrosomes ont pris leurs positions diamétralement opposées (fig. 25 *E*), la membrane nucléaire disparaît si elle n'avait pas déjà disparu jusque là, et les chromosomes se trouvent répartis dans la figure achromatique qui ressemble à un fuseau. Ces chromosomes se déplacent dans le fuseau et viennent se disposer symétriquement dans le plan équatorial perpendiculaire au diamètre déterminé à ce moment par les deux centrosomes (*e p*, fig. 26).

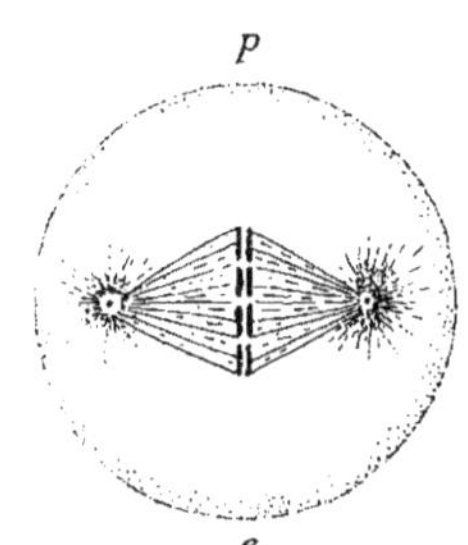

Fig. 26. — La métaphase
(d'après Wilson).

MÉTAPHASE.

A ce moment, la figure, tant chromatique (chromosomes) qu'achromatique (amphiaster et fuseau), *est symétrique* par rapport au plan équatorial. On donne le nom de *prophase* à l'ensemble de tous les phénomènes qui ont eu lieu depuis le commencement de la karyokinèse jusqu'à l'obtention de cette figure symétrique qui réalise ce qu'on appelle la *métaphase* (fig. 26).

2. **Anaphase.** — La métaphase ne dure qu'un instant, ou pour mieux dire, on donne le nom de métaphase au

moment qui sépare la prophase de la période nouvelle appelée *anaphase*. Ce qui caractérise le début de cette nouvelle période, c'est la mise en marche des chromosomes, rassemblés au niveau de la plaque équatoriale, vers les deux centrosphères; tout reste donc symétrique pendant l'anaphase. Les deux groupes séparés de chromosomes, après avoir marché vers chaque centrosphère (fig. 27, A), s'agglomèrent au voisinage de ces centrosphères (fig. 27, B).

Pendant ce temps, la figure achromatique se modifie sensiblement; les deux asters persistent, formés de gra-

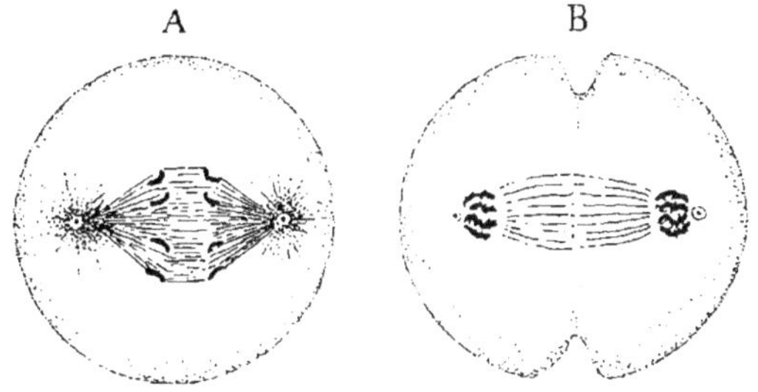

Fig. 27. — L'anaphase (d'après Wilson, et modifié).

nules, autour des deux centrosphères, pendant le début de l'anaphase (fig. 27, A), puis disparaissent quand arrive l'état représenté par la figure 27, B. Quant au fuseau ou barillet, il change d'aspect avant de disparaître; déjà, au moment où les deux groupes de chromosomes se séparent (fig. 27, A), il reste entre eux des tractus spéciaux appelés *fibres interzonales* et qui n'ont pas l'aspect des rayons du fuseau. Ces fibres semblent plutôt représenter la trace que laisse provisoirement, dans un liquide visqueux, le passage de corps résistants comme les chromosomes. Elles persistent quelque temps et dessinent encore une sorte de fuseau, différant du premier par son aspect, au moment où les deux groupes de chromosomes sont arrivés aux sphères attractives. Ce nouveau fuseau disparaît peu à peu.

3. **Télophase.** — A partir de ce moment, il se passe, aux environs de chacune des centrosphères, des phénomènes exactement inverses de ceux qui s'étaient produits au

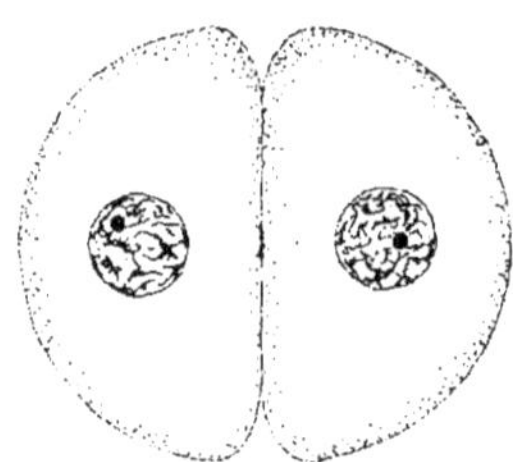

Fig. 28. — La télophase (d'après Wilson, et modifié).

début de la prophase, c'est-à-dire qu'il se forme un noyau à structure réticulaire au moyen des éléments répartis dans les chromosomes et dans la masse liquide qui les baigne. Ces chromosomes se mettent bout à bout, et le spirème redonne naissance à un réseau de substance chromatique avec nucléoles et karyosomes, en même temps que réapparaît une membrane nucléaire.

La figure n'en reste pas moins symétrique, mais il y a deux noyaux au lieu d'un et chacun de ces noyaux redevient un centre d'échanges intraprotoplasmiques ; il est donc naturel que, entre ces deux mouvements tourbillonnaires reconstitués, il reste une zone de repos, précisément là où était précédemment la plaque équatoriale ou plan de symétrie de la figure. Aussi voit-on apparaître, aux lieu et place de cette plaque équatoriale, une séparation du cytoplasma en deux nouvelles cellules ; en cet endroit calme qui sépare deux mouvements tourbillonnaires pourront se déposer les résidus des réactions intraprotoplasmiques, comme les sédiments des eaux bourbeuses se déposent aux endroits où il n'y a pas de courant ; donc, suivant les cas, on aura deux plastides nouveaux complètement isolés ou, au contraire, deux plastides unis par une membrane intercellulaire chargée de substances inertes.

(126)

Le résultat de cette série de phénomènes extraordinaires est donc d'avoir substitué à un plastide unique deux plastides qui lui ressemblent et qui se retrouvent à cet état, dit de repos, qui caractérisait le plastide initial avant le commencement des phénomènes de karyokinèse. Ces deux nouveaux plastides grossiront à leur tour sous l'influence des réactions d'assimilation, jusqu'à ce que s'y manifestent de nouveau des phénomènes de karyokinèse qui détermineront encore la division de chacun d'eux en deux nouveaux plastides à l'état de repos, et ainsi de suite...

Il y a donc alternance régulière de deux états, dans la vie des cellules, l'état de repos et l'état de karyokinèse. Le premier est caractérisé par un mouvement tourbillonnaire d'échanges molaires, mouvement qui, *restant sans cesse semblable à lui-même*, donne sans cesse aux masses visqueuses du plastide une forme semblable à elle-même; le second, au contraire, comprend une série de dynamismes variables, entièrement différents du dynamisme fixe de l'état de repos et qui se caractérisent par des phénomènes successifs tout à fait imprévus. Cette période de dynamismes variables a cependant une fin et un nouveau dynamisme fixe lui fait suite, dynamisme fixe qui ne diffère de celui qui précédait la karyokinèse que parce qu'il y a, au lieu d'une seule cellule, deux cellules à l'état de repos.

Nous sommes trop habitués au retentissement du moléculaire sur le molaire pour ne pas penser immédiatement que cet état de karyokinèse, si différent de l'état de repos, résulte de variations dans l'état ou même dans la nature des substances actives de la cellule. Mais, en ce moment, nous n'avons encore aucun indice qui nous permette de comprendre ce que sont ces variations; nous y arriverons un peu plus tard.

Comme, généralement, la période de karyokinèse conduit à une division cellulaire, la symétrie très remarquable de ce phénomène a amené les observateurs à tendances finalistes à supposer que la nature avait institué ce processus très complexe, *dans le but* d'assurer une division *égale* des cellules, ou, en d'autres termes, une répartition égale, dans les deux cellules filles, de toutes les substances constitutives de la cellule mère. Cette manière téléologique de raisonner a empêché beaucoup d'auteurs de comprendre la signification réelle du phénomène.

De tout ce que nous venons de voir, retenons surtout deux choses :

*LA KARYOKINÈSE.
PHÉNOMÈNE
SYMÉTRIQUE.*

1° que la karyokinèse est un phénomène symétrique, et que c'est peut-être précisément à la symétrie de ce phénomène qu'est due la division cellulaire qui en paraît une conséquence fatale;

2° que la karyokinèse, au moins dans les cas où nous venons de l'étudier, est un phénomène à *cycle fermé*; nous sommes partis en effet d'un état de repos et, à la suite des phénomènes de télophase qui suivent en sens inverse la marche des phénomènes initiaux de la prophase, nous arrivons à un nouvel état de repos identique à celui dont nous étions partis, du moins quant à *l'état* des substances vivantes considérées; car le fait qu'il y a deux cellules au lieu d'une n'empêche pas le nouvel état de repos de caractériser un dynamisme identique à celui duquel nous étions partis d'abord.

Donc la cause de trouble, de laquelle résulte la succession de la karyokinèse à l'état de repos, disparaît d'elle-même et normalement au bout de quelque temps; le cycle est fermé !

*KARYOKINÈSES
A CYCLE OUVERT
ET A RÉSULTAT
DISSYMÉTRIQUE.*

Mais il y a des *karyokinèses à cycle ouvert*, des karyokinèses dont la marche se trouve suspendue à un certain moment par une phase *réelle* de repos chimique qui n'a rien de commun avec le dynamisme appelé à tort état de repos. Le résultat de ces karyokinèses est *dissymétrique* et la symétrie nécessaire à la fermeture du cycle ouvert, à la télophase en un mot, n'est apportée que par un autre élément, résultant également d'une karyokinèse à cycle ouvert, et à résultat dissymétrique.

C'est là l'essence des phénomènes sexuels et de la fécondation, et c'est de l'étude de ces karyokinèses à cycle ouvert qui, pour employer une expression imagée, *restent en panne* à un état dissymétrique, que nous tirerons les éléments de l'explication rationnelle des karyokinèses symétriques à cycle fermé.

CHAPITRE IV

LA SEXUALITÉ

21. — GÉNÉRALITÉS SUR LA REPRODUCTION.

Nous avons déjà dit, dans l'introduction de cet ouvrage que, malgré son apparence de phénomène *surajouté* à la complexité déjà si grande des phénomènes vitaux, le sexe était en réalité intimement mêlé à toutes les manifestations les plus intimes de la vie élémentaire. Nous allons arriver maintenant à la démonstration de ce fait capital, mais nous n'y arriverons que petit à petit, à la suite de l'étude de toutes les modifications histologiques et physio-

logiques qui distinguent les éléments sexuels des plastides ordinaires. En particulier, l'étude des karyokinèses
à cycle ouvert et à résultat *dissymétrique*, que nous rencon-
trerons dans la maturation des éléments sexuels, nous permettra de pénétrer plus profondément dans la connaissance des phénomènes intimes de la cellule, et même de
ne plus trop nous étonner de cette série de transformations admirables qu'on appelle la karyokinèse normale
ou à cycle fermé.

Le sexe paraît exister dans presque toutes les espèces
vivantes; on découvre chaque jour des manifestations
sexuelles chez de nouveaux êtres; aujourd'hui il n'y a plus
guère que les Bactéries et quelques autres groupes très
inférieurs où l'existence du sexe ne soit pas apparente.

Pour l'étude que nous entreprenons, nous prendrons
des exemples aussi bien chez les êtres pluricellulaires
supérieurs que chez les plastides isolés: les phénomènes
que nous allons décrire étant des phénomènes purement
cellulaires, nous avons le droit de les étudier dans des
cellules faisant partie d'agglomérations, quoique ne connaissant pas encore la genèse et la structure de ces
agglomérations.

Il nous suffit de savoir qu'un être pluricellulaire
provient, par une série de bipartitions, d'un plastide initial dont tous les descendants restent soudés par des substances spéciales résultant de l'activité chimique de l'espèce
considérée. Dans une première approximation nous pouvons considérer chacun des plastides ainsi agglomérés
comme jouissant, malgré leur situation spéciale, de toutes
les propriétés des plastides isolés.

En particulier, un de ces plastides, détaché de l'agglomération à laquelle il appartenait et placé dans un milieu
à la condition n° 1, assimilera, se multipliera et donnera
naissance à un être pluricellulaire de même espèce que

celui auquel on l'avait emprunté. Nous aurons à étudier plus tard, sous le nom d'*hérédité*, le fait de la *reproduction* d'un être pluricellulaire d'espèce donnée, avec des caractères donnés, par un plastide détaché d'un être similaire.

Souvent (et cela nous sera bien commode pour commencer l'étude de l'hérédité dans un cas simple) un plastide unique, détaché ainsi d'un être préexistant, se montre capable de reproduire cet être; c'est ce qu'on appelle la génération *agame* ou *parthénogénétique*. Mais il y a, le plus souvent, une complication imprévue.

Certains éléments, appartenant à certains tissus, sont *seuls* capables d'assurer la reproduction de l'individu pluricellulaire, parce que tous les autres *meurent* fatalement quand on les détache de l'être pluricellulaire auquel ils appartenaient. On donne le nom d'*éléments reproducteurs* à ces éléments spéciaux qui ne meurent pas quand ils se détachent du parent. *Or, chose étrange, dans le cas le plus ordinaire, un élément reproducteur est incapable d'assimilation!* Cela semble tout à fait paradoxal; seuls les éléments reproducteurs sont capables d'assurer la reproduction et, précisément, ces éléments manquent de la propriété essentielle à la reproduction, savoir, la *vie élémentaire* qui se manifeste par l'assimilation dans un milieu convenable! Les éléments capables d'assurer la reproduction sont incapables de reproduction!

Mais il y a, dans chaque espèce, *deux types* de ces éléments reproducteurs, le type *mâle* et le type *femelle;* un élément appartenant à l'un quelconque de ces deux types est bien, par lui-même, incapable d'assimilation dans le milieu le plus favorable; *mais l'élément mâle est complémentaire de l'élément femelle!* ces éléments complémentaires s'attirent et se fusionnent, et le résultat de leur fusion est un *œuf,* plastide complet, capable d'assimilation. L'œuf est le point de départ d'un nouvel individu.

LE PARADOXE SEXUEL.

(132)

On donne le nom d'*éléments sexuels* aux éléments reproducteurs incapables par eux-mêmes d'assimiler, mais susceptibles de s'attirer et de se compléter réciproquement pour donner des œufs.

La fusion de deux éléments sexuels complémentaires s'appelle *fécondation*.

22. — LES ÉLÉMENTS SEXUELS.

Un grand nombre d'espèces et, en particulier, tous les animaux supérieurs voisins de l'homme, se reproduisent uniquement par le processus sexuel; c'est seulement chez des Invertébrés et chez des plantes que l'on rencontre la génération agame ou parthénogénétique.

Nous ne nous préoccupons pas pour le moment de la question de savoir si les éléments sexuels complémentaires proviennent d'un individu unique (hermaphrodisme) ou de deux individus; nous étudierons tout cela plus tard.

Bornons-nous pour l'instant à l'étude des éléments sexuels eux-mêmes.

L'élément *mâle* s'appelle chez les animaux *spermatozoïde*, chez les végétaux, *anthérozoïde,* au moins dans les espèces élevées en organisation. L'élément *femelle* s'appelle chez les animaux *ovule,* et chez les végétaux *oosphère*.

On donne quelquefois aussi le nom de *gamètes* aux deux éléments sexuels, et l'on dit gamète mâle ou *microgamète*, gamète femelle ou *macrogamète*, parce que, *dans la plupart des cas*, l'élément femelle est beaucoup plus volumineux que l'élément mâle. Il serait cependant téméraire d'ériger ce fait en règle générale; chez certains êtres inférieurs, dits *isogames*, il y a égalité de volume, entre l'élément mâle et l'élément femelle.

On dit quelquefois aussi que l'élément mâle est mobile et l'élément femelle immobile; cela est vrai chez les animaux supérieurs, mais il y a des espèces d'algues chez lesquelles les deux gamètes sont mobiles. Il faut se défier des généralisations; il n'est peut-être pas sans danger de donner une définition *a priori* des éléments mâles ou des éléments femelles; dans chaque espèce sexuée nous observons bien deux éléments *complémentaires*, et nous en concluons qu'ils sont de *sexes opposés*, mais si le mot mâle d'une part, le mot femelle d'autre part ont une signification absolue, indépendante de toute comparaison avec le sexe opposé, il n'est pas indifférent de choisir sans contrôle celui des deux éléments que, dans une espèce donnée, nous appelons l'élément mâle, par exemple.

Quand il s'agit des animaux supérieurs, aucun doute n'est possible; le spermatozoïde de l'homme et celui de la grenouille sont certainement du même sexe; il n'en est plus de même quand il s'agit des êtres inférieurs et nous allons nous en rendre compte en étudiant en détail l'histoire des Infusoires ciliés, ce qui sera, d'ailleurs, une excellente préparation à la compréhension de la sexualité en général.

23. — LA SÉNESCENCE DES INFUSOIRES.

Les Infusoires ciliés, que l'on classe toujours parmi les Protozoaires, sont en réalité des êtres tout à fait spéciaux. Leur noyau, en particulier, n'est pas comparable aux noyaux des plastides ordinaires; il y a d'ailleurs, dans leur cytoplasma, deux catégories de masses que l'on peut considérer comme nucléaires : le *macronucleus* (N, fig. 29)

et le ou les *micronucleus* ou *paranucleus* (*n*) ; le ma-
cronucléus est ordinairement unique, mais il peut y avoir
plusieurs paranucleus, tous beaucoup plus
petits d'ailleurs, et situés au voisinage immédiat du macronucleus.

Quand l'Infusoire se divise, après avoir
atteint sa dimension limite d'équilibre, le
macronucleus et le ou les micronucleus se
divisent chacun pour leur compte, de telle
manière que la moitié de chacun d'eux sera
distribuée à chacun des deux nouveaux Infusoires ; mais on constate une différence entre
le mode de division du macronucleus et
celui du ou des paranucleus. Le premier

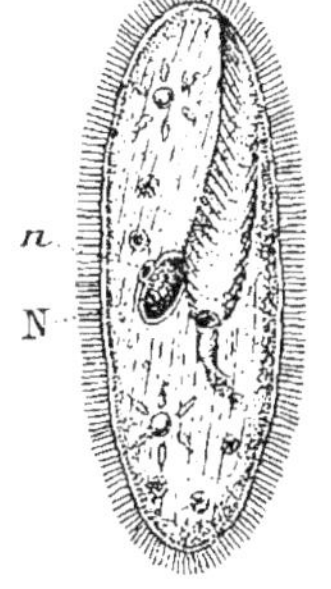

Fig. 29. — Un Infu-
soire cilié.

paraît être une masse homogène et se bipartit par division directe, exactement comme une goutte d'huile dans
l'eau agitée. Au contraire chaque paranucleus représente,
au moment de sa division, une figure à stries longitudinales analogue à celle du fuseau ou barillet dans la karyokinèse ; on a donc pris l'habitude de dire que les paranucléus se divisent par karyokinèse, quoique, en réalité,
il y ait seulement, dans sa division, certaines apparences
d'une partie des phénomènes karyokinétiques. Quoi qu'il
en soit, les paranucleus ne se comportent pas comme le
macronucleus, mais quand la division est achevée, chacun des nouveaux Infusoires contient la moitié de toutes
les masses nucléaires du parent.

Certains Infusoires se multiplient ainsi extrêmement
vite par des bipartitions successives dans un milieu convenable ; *mais ce phénomène ne peut pas se continuer indéfiniment* et les Infusoires diffèrent en cela des Bactéries
par exemple. Quand nous faisions des cultures de Bactéries, nous voyions vieillir la culture par suite de la disparition des substances Q et de l'accumulation des sub-

tances R, mais il suffisait de renouveler le milieu, d'ensemencer quelques-unes des Bactéries dans un nouveau bouillon, pour obtenir une nouvelle culture très abondante, et ceci, aussi souvent que nous le voulions. C'est même cette facilité de multiplication indéfinie dans un milieu convenable qui a été la cause de toutes les dissertations philosophiques sur l'immortalité potentielle des Protozoaires et des Bactéries. Au fond, ce n'est qu'un jeu de mots facilité par l'emploi de certains termes dans des sens multiples.

LE NOMBRE DES BIPARTITIONS EST LIMITÉ Chez les Infusoires ciliés, MAUPAS a découvert un phénomène différent. Même dans les conditions de milieu les plus favorables, le nombre des bipartitions successives auxquelles peut donner lieu un de ces animaux ne peut dépasser une certaine limite. On a beau faire des réensemencements dans des milieux neufs[1], au bout d'un nombre de bipartitions qui varie avec les espèces, mais que l'on peut approximativement fixer aux environs de 300 dans la plupart des cas, un phénomène nouveau apparaît; les Infusoires résultant des dernières bipartitions sont *sénescents.*

Cette sénescence est caractérisée morphologiquement par une dimension réduite des Infusoires et par quelques autres modifications de structure; elle l'est surtout physiologiquement par le fait que ces Infusoires sénescents sont devenus incapables d'assimilation et condamnés à une mort élémentaire plus ou moins immédiate. Quelquefois la condition n° 2 ainsi réalisée accomplit jusqu'au bout son œuvre destructive, mais quelquefois aussi la destruction est arrêtée par le *rajeunissement karyogamique.*

---

1. Voyez cependant, plus bas, les résultats obtenus par CALKINS.

24. — RAJEUNISSEMENT KARYOGAMIQUE.

De même que les éléments sexuels qui, nous l'avons vu, sont incapables d'assimilation, les Infusoires sénescents, également incapables d'assimilation, peuvent appartenir à deux types *complémentaires*. Si l'un seulement de ces types est représenté dans le milieu, la mort élémentaire survient fatalement, mais s'il existe des exemplaires des deux types complémentaires, on constate bientôt ce qui a été appelé une *épidémie de conjugaison*.

Étudions ce phénomène dans une espèce très commune, la Paramécie.

Dans cette espèce, les deux individus complémentaires ne présentent aucune différence morphologique appréciable; ils s'attirent cependant l'un l'autre comme des gamètes de sexe opposé et s'accolent par la région orale. Une fusion complète des substances cytoplasmiques semble même se faire par suite de la disparition de la membrane interposée (fig. 30). L'ensemble de ces deux plastides accolés représente un *œuf*.

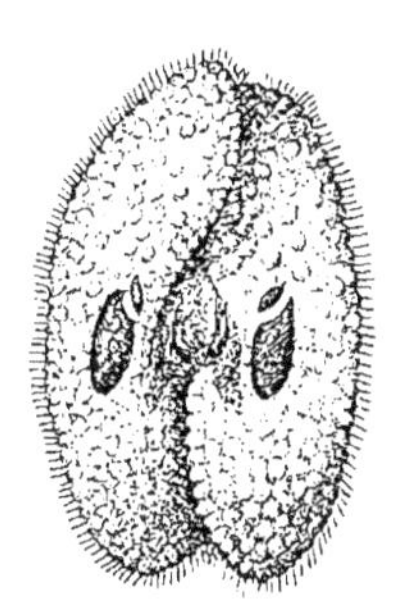

Fig. 30. — Conjugaison isogame de deux Infusoires ciliés.

Au bout de quelque temps, la conjugaison étant terminée, cet œuf se divise en deux plastides, exactement comme si chacune des deux Paramécies accolées se séparait de sa conjointe après s'être rajeunie à son contact. En réalité ce n'est là qu'une apparence, et il est tout à fait illégitime de considérer l'individualité des deux Paramécies sénescentes, qui se sont accolées, comme se continuant dans celle des deux Paramécies rajeunies qui résultent de la première bipartition de l'œuf. Les deux Paramécies sénescentes se fusionnent en un œuf qui continue, il est vrai, d'avoir à peu près la forme de deux Paramécies accolées, mais dans l'intérieur duquel se font, d'un bout à l'autre, des échanges de substance. Puis cet œuf se divise en donnant naissance à deux Paramécies nouvelles, qui ne sont plus sénescentes et recommencent une série de plus de 300 bipartitions.

Il est d'ailleurs bien facile de se rendre compte de la légitimité indiscutable de cette dernière interprétation en se reportant à un exemple un peu différent, celui des Vorticelles (fig. 31). Chez ce type particulier d'Infusoires, la sénescence apparaît comme chez les Paramécies, mais les deux types complémentaires de gamètes sont morphologiquement distincts; il y a des macrogamètes de taille considérable et des microgamètes sensiblement plus petites; une microgamète vient se fusionner avec une macrogamète pour donner un œuf dont la première bipartition donnera ensuite deux Vorticelles de même taille; ici donc, il devient impossible de voir, dans l'individualité des deux plastides résultant de la bipartition

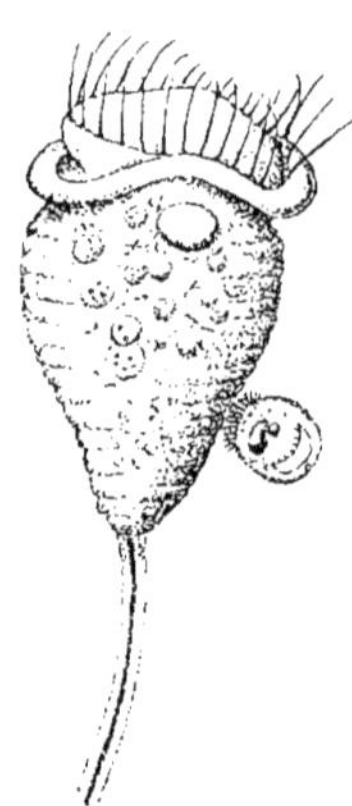

Fig. 31. — Conjugaison anisogame de deux Vorticelliens.

de l'œuf, la continuation de celle des deux Infusoires sénescents qui se sont conjugués, et cela nous engage à repousser cette interprétation chez les Paramécies, malgré l'isogamie caractéristique de cette espèce.

Le phénomène de la conjugaison, par lequel un œuf complet résulte de deux Infusoires sénescents, est évidemment du même ordre que le phénomène ordinaire de la formation d'un œuf par fusion d'un ovule et d'un spermatozoïde; mais chez les Infusoires ciliés ce phénomène s'accompagne de manifestations *figurées* fort intéressantes;

ces manifestations intéressent les paranucléus des Infusoires conjugués, et c'est à l'existence de ces phénomènes qu'est dû le nom de rajeunissement *karyogamique* (mariage des noyaux) quoique, en réalité, il n'y ait aucune raison pour que les phénomènes nucléaires figurés soient plus importants que les phénomènes cytoplasmiques amorphes. Et à ce propos, nous allons voir, en faisant l'étude de ces manifestations figurées accompagnant la conjugaison, que certaines masses figurées disparaissent à certains moments comme digérées dans la masse du cytoplasma. Ce n'est pas une raison pour considérer ces corpuscules comme étant des substances de rebut ; peut-être, au contraire, l'introduction, dans le cytoplasma de l'œuf, des substances actives. qui constituaient lesdits corpuscules, est-elle précisément le phénomène essentiel de la conjugaison !

Le macronucleus en particulier se fragmente et se dissout dans les deux Infusoires conjoints, soit dès le début de la conjugaison, soit un peu plus tard. Au contraire le micronucleus est le siège de phénomènes très remarquables, qui sont identiques dans les deux conjoints et que nous allons étudier maintenant.

Soient n_1 le paranucleus de la Paramécie de gauche, n_2 celui de sa conjointe ; la fig. 32 représente schématiquement les divisions successives de ces deux corpuscules ; n_1, par exemple, se divise d'abord en deux ; puis chacun de ces deux

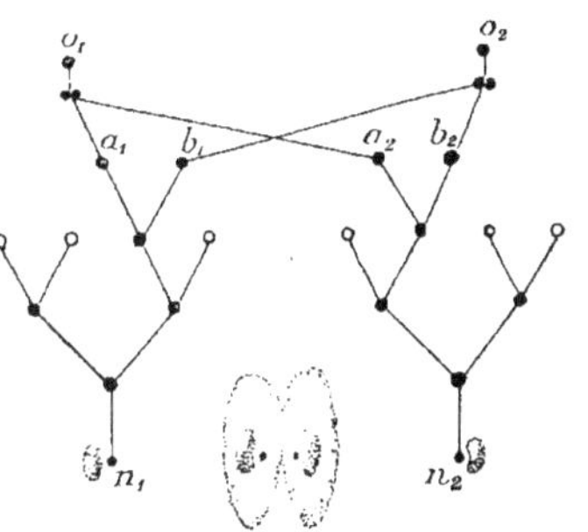

Fig. 32. — Schéma de la karyogamie.

corpuscules nouveaux en deux autres, ce qui fait quatre ; mais trois d'entre eux disparaissent en se résolvant dans le cytoplasma (ils sont représentés dans la figure par des cercles vides); le quatrième (représenté dans la figure par un cercle noir) se divise en deux nouveaux corpuscules a_1 et b_1.

Pendant ce temps, les mêmes phénomènes se sont passés avec n_2 comme point de départ, de sorte qu'à un certain moment il y a, dans l'ensemble des deux Paramécies accolées, quatre corpuscules $a_1 b_1$, à gauche, a_2, b_2, à droite. L'un des corpuscules de gauche (b_1 par exemple) se met en marche vers la droite et vient se fusionner en o_2 avec b_2, tandis que a_2 s'est mis en marche vers la gauche et est venu se fusionner avec a_1 en o_1.

Ainsi donc, par suite de ce phénomène symétrique, il a apparu dans les deux moitiés de l'œuf deux corpuscules identiques, o_1 et o_2. Chacun de ces corpuscules donnera ensuite par division d'autres corpuscules dont les uns disparaîtront, dont les autres deviendront, qui un macronucleus, qui un micronucleus, et se trouveront distribués dans les Paramécies provenant des premières bipartitions de l'œuf. Ces Paramécies recommenceront une série de multiplications par bipartition.

Tous les phénomènes que nous venons de décrire sont entièrement symétriques, mais ce n'est pas une raison pour croire que les deux conjoints *contiennent les deux sexes*. C'est là une opinion erronée, provenant d'une comparaison illégitime avec des animaux supérieurs hermaphrodites, et qui a été suggérée à ceux qui l'émettent par une définition *a priori*, les éléments mobiles étant considérés comme mâles et les éléments immobiles comme femelles. Nous avons vu plus haut que rien n'autorise cette définition, mais il est évident que si on l'admettait, b_1 et a_2 devraient être considérées comme mâles, puisque chacun d'eux se met en marche vers le conjoint, b_2 et a_1 comme femelles, puisqu'ils attendent à leur place.

Il suffit de rapprocher l'isogamie des Paramécies de

l'anisogamie des Vorticelles pour se rendre compte de l'invraisemblance de cette théorie; de plus, si tous les Infusoires sénescents étaient hermaphrodites, on ne comprendrait pas que, dans certains cas, un grand nombre de ces êtres fussent condamnés à la mort élémentaire dans une même infusion sans se conjuguer les uns avec les autres; cela ne peut résulter que du fait que, dans ces cas particuliers, tous les Infusoires présents sont *du même sexe.*

Enfin, l'on attache vraiment une importance trop exclusive à la karyogamie, c'est-à-dire à la fusion de b_1 avec b_2 et de a_2 avec a_1; ces fusions sont sans nul doute très intéressantes, mais il y a *autre chose;* et le fait même que n_1 et n qui, sans conjugaison, n'auraient jamais bougé sinon pour se détruire, commencent à se diviser dès que les deux conjoints sont accolés, suffit à prouver que les phénomènes cytoplasmiques, eux aussi, sont importants.

Cet exemple des Infusoires pose plus de problèmes qu'il n'en résout, mais il est utile du moins pour montrer le danger des définitions *a priori.*

25. — L'INCAPACITÉ DES ÉLÉMENTS SEXUELS.

Que ce soit chez les Infusoires ciliés ou chez les êtres supérieurs, les éléments sexuels sont caractérisés par la propriété de ne pouvoir se trouver à la condition n° 1 dans le milieu même le plus favorable. A quoi est due cette incapacité? Nous nous sommes déjà posé une semblable question à propos des mérozoïtes anucléés dans les expériences de mérotomie. Est-ce pour des raisons d'ordre *MOLAIRE OU MOLÉCULAIRE?* molaire ou pour des raisons d'ordre moléculaire que l'assimilation n'a pas lieu dans ces éléments sexuels? En d'autres termes, manque-t-il à chacun d'eux un *organe* nécessaire à provoquer les échanges avec le milieu, ou bien leur manque-t-il certaines substances plastiques en l'absence desquelles les réactions de l'assimilation sont impossibles, même si les échanges avec le milieu apportent tout ce qui suffirait à réaliser la condition n° 1 d'un plastide complet?

A priori, nous n'avons aucune raison d'accepter plutôt la première hypothèse que la seconde; dans les deux cas en effet, si l'élément mâle possède ce qui manque à l'élément femelle (organe ou substances chimiques) et réciproquement, on comprend également que l'introduction de l'élément mâle dans l'élément femelle produise un plastide complet.

Nous ne trouverons pas de raisons bien décisives de choisir l'une ou l'autre des deux interprétations en étudiant la genèse et l'histologie des éléments sexuels, mais, avant d'entreprendre cette étude purement descriptive, hâtons-nous d'ajouter que les phénomènes d'hérédité, et aussi ceux qui ont rapport à l'influence morphogène des éléments mâles ou femelles (caractères sexuels secondaires), nous donneront des preuves indiscutables en faveur de l'hypothèse chimique.

Dans toute l'étude que nous allons faire maintenant, nous ne devrons jamais oublier ce problème posé : l'incapacité des éléments sexuels est-elle due à des raisons d'ordre molaire (structure défectueuse) ou à des raisons d'ordre moléculaire (composition chimique incomplète)?

26. — ORIGINE ET GENÈSE DES ÉLÉMENTS SEXUELS.

Nous allons nous placer d'abord au point de vue purement morphologique et nous verrons que déjà, même sur ce terrain, où il semble y avoir une si grande disparité entre les deux éléments complémentaires (l'élément mâle est souvent mille et mille fois plus petit que l'élément femelle), sur ce terrain purement morphologique, dis-je, nous allons déjà rencontrer de grandes présomptions en faveur de *l'équivalence* du spermatozoïde et de l'ovule.

Ce ne sont pas des éléments quelconques du corps pluricellulaire d'un animal qui deviennent des éléments sexuels; beaucoup de ces éléments, différenciés dans les tissus spéciaux, ne sont jamais l'objet des phénomènes bizarres qui rendent incomplets les éléments reproducteurs. Dans plusieurs cas on a pu reconnaître de très bonne heure, au cours de l'évolution individuelle des animaux, les cellules dont les descendants deviendront les éléments génitaux; plaçons-nous dans un de ces cas, en supposant d'abord que les éléments ultimes des divisions que nous allons passer en revue seront des ovules.

(α). *Origine de l'ovule.* — Une cellule primitive, se distinguant à un stade plus ou moins précoce dans l'évolution

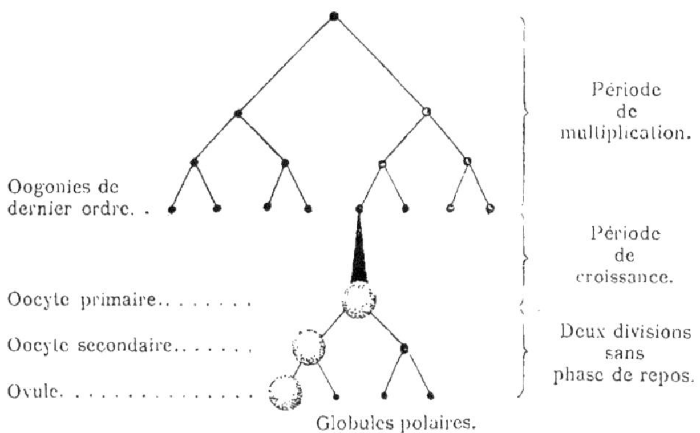

Fig. 33. — Diagramme de l'ovogénèse.

de l'individu considéré et appelée *cellule* germinative primordiale, se divise en deux, puis en quatre, et ainsi de suite (fig. 33) donnant un nombre croissant de cellules appelées toutes des *oogonies*. C'est là ce qu'on appelle la période de division ou de multiplication. (La figure 33, simplifiée, n'indique que trois bipartitions successives; il y en a un bien plus grand nombre.)

Il en résulte un nombre considérable d'oogonies de dernier ordre dont chacune est ensuite, pendant la période dite de croissance, l'objet d'une considérable augmentation de volume (fig. 33).

Chaque oogonie devient ainsi un *oocyte primaire* lequel va être encore l'objet de deux divisions karyokinétiques consécutives, divisions qui, *chose extrêmement remarquable*, ne sont pas séparées par une phase intermédiaire de repos.

Nous reviendrons tout à l'heure sur le détail de ces deux divisions dernières; l'étude purement extérieure que nous en faisons actuellement suffit déjà à nous montrer que ces deux divisions sont très *inégales*. La première donne un *oocyte secondaire*, presque aussi gros que l'oocyte primaire, et un globule polaire extrêmement petit. La deuxième donne un ovule à peu près égal à l'oocyte secondaire et un second globule polaire extrêmement petit, tandis que le premier globule polaire se divise aussi en deux corpuscules très minimes.

Ainsi le résultat de ces deux dernières divisions, non séparées par une période de repos intermédiaire, est de donner une grosse cellule, l'ovule, et trois petits corpuscules extrêmement petits qui ne peuvent que très rarement jouer le rôle d'éléments femelles dans la fécondation.

Voilà pour les phénomènes morphologiques externes; tout paraît terminé, si l'on s'en tient au point de vue morphologique, au moment où ces dernières divisions sont effectuées; nous aurons à voir plus tard s'il en est de même au point de vue chimique.

(β). *Origine du spermatozoïde.* — Nous pouvons répéter presque textuellement pour le spermatozoïde ce que nous venons de dire pour l'ovule; les seules différences sensibles sont dans la dimension des corpuscules qui se divisent.

Une cellule primitive, appelée cellule germinative primordiale (et ne se distinguant en rien de celle qui est l'origine des ovules), se divise en 2, puis en 4, etc... (fig. 34) don-

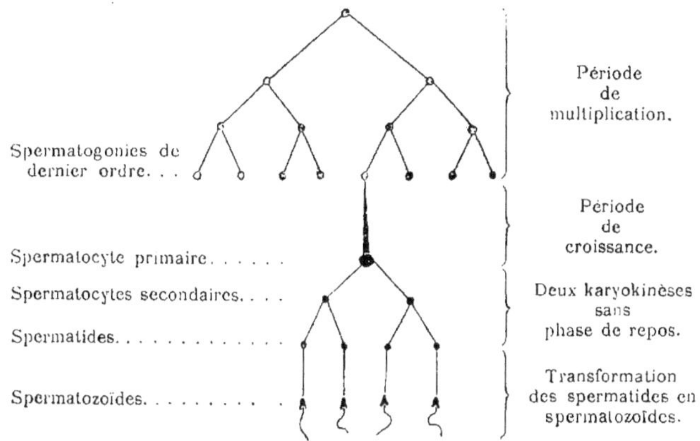

Fig. 34. — Diagramme de la spermatogénèse.

nant un nombre croissant de cellules appelées toutes des *spermatogonies;* c'est la période de division ou de multiplication. Il en résulte un nombre considérable de *spermatogonies* de dernier ordre, dont chacune est ensuite, pendant la période de croissance, l'objet d'une augmentation de volume beaucoup moins considérable que pour le sexe opposé.

Chaque spermatogonie devient ainsi un *spermatocyte primaire* qui est à son tour l'objet de deux divisions karyokinétiques immédiates *sans phase intermédiaire de repos.*

Mais, contrairement à ce qui se passe dans la genèse

de l'élément femelle, ces deux divisions sont égales et donnent naissance à quatre spermatides identiques.

Jusqu'ici, sauf cette différence dans les dimensions des quatre corpuscules définitifs, le parallélisme est évident entre les phénomènes qui conduisent aux éléments des deux sexes. Quelque chose qui semble *nouveau* apparaît cependant maintenant dans l'histoire de l'élément mâle: les spermatides, résultant des deux divisions sans phase de repos intermédiaire, sont l'objet d'une transformation morphologique qui en fait des spermatozoïdes, tandis que, pour l'ovule, aucune transformation n'apparaissait après la deuxième division; mais nous avons pensé et nous verrons plus tard que, en effet, une transformation chimique rétablit le parallélisme jusqu'au bout, sans avoir de retentissement morphologique.

On donne le nom de *période de maturation* à la période qui va de la fin de la période de grossissement à la formation définitive des éléments sexuels; mais quel est le phénomène essentiel de cette maturation? Comment les éléments sexuels deviennent-ils incapables d'assimilation, rien n'a encore pu nous renseigner à cet égard? Voyons si nous serons plus avancés en étudiant les phénomènes intracellulaires de la maturation.

27. — LES CHROMOSOMES DANS LES ÉLÉMENTS SEXUELS.

Nous avons vu précédemment, à propos des karyokinèses ordinaires, que le nombre des chromosomes qui apparaissaient à chacune de ces karyokinèses dans les éléments du corps, ou *éléments somatiques*, était constant dans une espèce; nous sommes convenus de le représenter par $2n$. (On donne le nom d'éléments *somatiques* aux éléments

dont les divisions ne donnent jamais d'éléments sexuels,
par opposition aux oogonies et aux spermatogonies.) Dans
la lignée qui conduit aux éléments sexuels, une modification
apparaît, mais à un stade plus ou moins précoce suivant
les espèces. Le nombre des chromosomes se réduit à n
dans les karyokinèses successives.

Chez certains types, comme chez l'*Ascaris*, ce nombre réduit apparaît pour la première fois chez l'oocyte primaire;
chez le Cyclope et la Salamandre, son apparition est bien
plus précoce et remonte à un grand nombre de divisions
avant la période de grossissement; enfin, chez les Cryptogames vasculaires, chez les Fougères par exemple, ce
nombre réduit n se manifeste dans tout un ensemble de cellules dont quelques-unes seulement conduisent à des éléments génitaux; nous étudierons un peu plus loin cette question à propos de la génération alternante. Mais il était utile
de signaler, dès maintenant, que le nombre réduit n de
chromosomes n'est pas lié nécessairement à la maturation
sexuelle. Étant donné ce que nous savons des causes
molaires qui donnent leur figuration aux masses visqueuses des plastides, nous devons seulement nous dire
pour le moment que, si certaines karyokinèses donnent $2n$,
d'autres n chromosomes, dans une même espèce, c'est que
l'*état* des substances est différent dans les deux cas.

Quoi qu'il en soit, le nombre réduit n caractérise toujours l'oocyte et le spermatocyte primaires.

Comment se comportent ces n chromosomes dans les
deux divisions sans phase de repos intermédiaire? C'est
là une chose très importante, et il y a d'ailleurs beaucoup de
ressemblance à cet égard entre les diverses espèces bien
connues.

Chacun des n chromosomes de l'oocyte et du spermatocyte primaire est en réalité, si l'on y regarde de près,
formé de quatre parties distinctes juxtaposées; on donne en

conséquence à ces *n* chromosomes le nom de *tétrades;* nous allons étudier tout à l'heure le mode de formation de ces tétrades.

A la première division de l'oocyte de premier ordre,

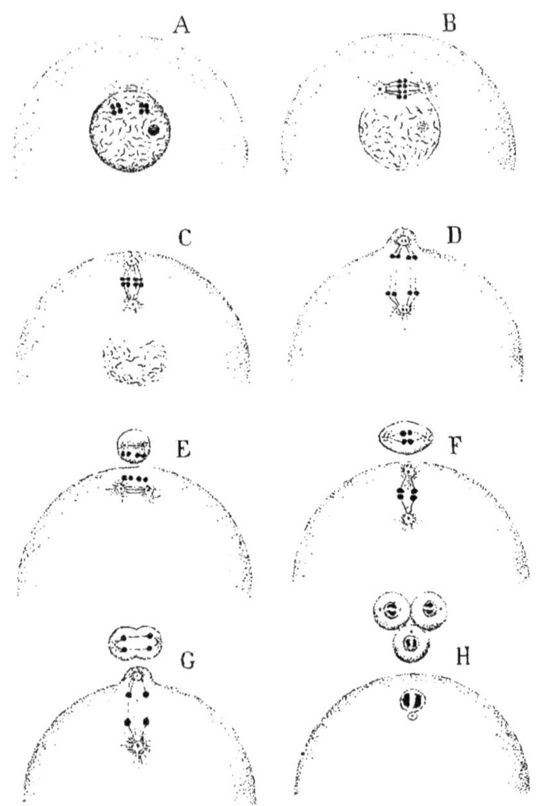

Fig. 35. — Les deux karyokinèses singulières dans le cas où *n* est égal à 2
(d'après Wilson).

chacune de ces tétrades se divise en deux *dyades* formées chacune de deux parties juxtaposées; (la figure 35 représente la formation des deux globules polaires dans le cas où le nombre *n* est égal à 2). Il y a ainsi deux groupes de *n* dyades; le premier groupe reste dans l'oocyte qui devient ainsi un oocyte de second ordre; le second passe dans le premier globule polaire (fig. 35, E).

L'oocyte de second ordre contient alors *n* dyades, et dans la deuxième division qui va suivre immédiatement la première, chacune de ces dyades va se diviser en deux particules simples; il y alors deux groupes de *n* particules simples; le premier groupe reste dans l'oocyte qui devient ainsi l'ovule et le second passe dans le second globule polaire.

Ainsi, au point de vue des chromosomes, les deux divisions sans phase de repos intermédiaire ont pour résultat de distribuer, dans quatre éléments distincts (l'ovule et les trois corpuscules polaires chez la femelle, les quatre spermatides chez le mâle), les quatre quarts de chacune des tétrades de l'oocyte ou du spermatocyte primaire. Cette distribution en quatre groupes n'est pas interrompue par une phase de repos dans laquelle les chromosomes auraient cessé d'exister en tant que masses distinctes; on voit combien sont spéciales ces deux dernières karyokinèses; je les appellerai désormais les *karyokinèses singulières*.

28. — LES TÉTRADES.

Des considérations finalistes ayant amené certains auteurs, et WEISMANN en particulier, à considérer les chromosomes comme le véhicule de l'hérédité, on a étudié de très près le mode de formation des tétrades. Nous venons de voir en effet que le quart de chaque tétrade va dans l'un des quatre éléments qui proviennent des deux bipartitions d'un cyte de premier ordre. Si donc les quatre quarts de chaque tétrade sont identiques au point de vue héréditaire, les quatre éléments sexuels qui reçoivent chacun un quart de chaque tétrade seront également identiques. Or, la théorie de WEISMANN[1] (que je ne signale ici que parce qu'elle a amené à étudier de près l'origine des parties chromatiques des éléments sexuels) *a besoin* que ces éléments sexuels soient *différents*.

Pour nous qui avons sans cesse considéré chacune des masses figurées d'un plastide comme indiquant seulement l'état d'équilibre mécanique résultant de mouvements molaires ambiants, il n'existe aucune raison de penser que les phénomènes figurés de la distribution des quarts de tétrades puissent nous renseigner sur la nature des substances réparties dans chacun des quatre éléments sexuels ; nous n'avons donc pas à nous demander, d'après le mode de formation figurée des tétrades, si ce mode de formation indique une distribution homogène ou hétérogène des substances dans les quatre quarts de chacune d'elles.

Les partisans de la théorie de WEISMANN, au contraire, considèrent chaque *chromomère* d'un chromosome comme formé d'éléments spéciaux qui *représentent* les qualités héréditaires de l'individu. On comprend donc comment se pose pour eux la question de la genèse des tétrades.

Considérons un chromosome formé de 6 chromomères par exemple (fig. 36, A). Pour WEISMANN, chacun de ces 6 chromomères (*a*, *b*, *c*, *d*, *e*, *f*) aura une valeur personnelle. Si une division longitudinale s'effectue dans le chromosome, chacun des chromomères se divisant en deux parties *égales*, on pourra considérer les deux séries parallèles α et β (fig. 36, B) comme identiques à la première et comme contenant toujours les propriétés héréditaires des chromomères *a b c d e f*. Qu'une seconde division longitudinale s'effectue, comme le représente la figure 36, C, et nous

____

1. Voir plus bas L'Hérédité, chap. VI.

aurons quatre files parallèles *identiques* (γ, δ, ε, ζ) formées chacune de 6 chromomères contenant toutes les propriétés héréditaires de *a b c d e f*. Si au contraire la seconde division

est transversale, comme le représente la figure 36, D, nous aurons deux files D_1, ayant uniquement les propriétés héréditaires de *a b c*, et deux files D_2 ayant seulement les propriétés héréditaires de *d e f*.

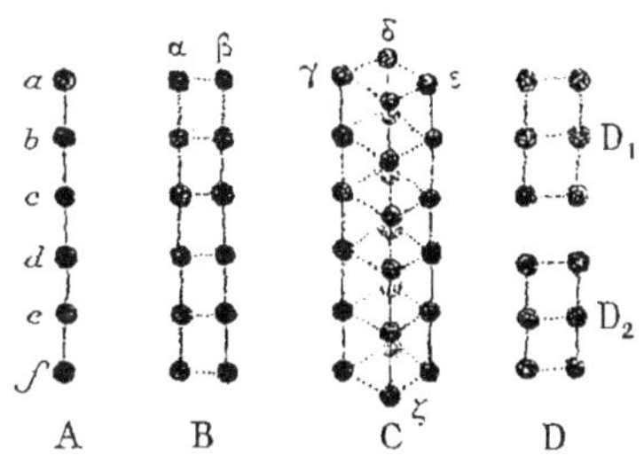

Fig. 36. — Diagramme de la formation des tétrades.

Reste donc à savoir si les tétrades se forment suivant le type C ou le type D de la figure 36. Si elles se forment suivant le type C, par deux divisions longitudinales, les quatre quarts de chaque tétrade sont identiques; les éléments sexuels, qui reçoivent chacun un quart de chaque tétrade, sont également identiques entre eux et contiennent les chromomères représentatifs de toutes les qualités de l'individu. Si, au contraire, elles se forment suivant le type D, les éléments sexuels sont différents et ne contiennent chacun que la moitié des chromomères représentatifs des qualités de l'individu.

Seul, le second cas cadre avec la théorie de Weismann; or, plus l'on va, plus l'on constate la généralité du premier, c'est-à-dire de la formation des tétrades par deux divisions longitudinales. Pour nous qui n'attribuons pas aux chromomères la signification que leur accorde Weismann, cela n'a aucune importance immédiate, mais il n'était pas inutile de signaler en passant cette question qui préoccupe aujourd'hui presque tous les histologistes.

29. — STRUCTURE HISTOLOGIQUE DES ÉLÉMENTS SEXUELS.

Maintenant que nous avons vu comment se produisent les éléments sexuels, cherchons si leur structure à l'état de maturité va nous renseigner sur la cause de leur incapacité assimilatrice.

(α). *Spermatozoïde.* — Le spermatozoïde a une forme variable avec les espèces, mais on peut cependant établir à son sujet quelques remarques générales. Il présente ordinairement une masse renflée appelée *tête* et contenant les masses chromatiques (pronucléus mâle); une queue ou flagellum présente des mouvements analogues à ceux des Infusoires flagellés; remarquons en passant que les mouvements de cette queue ne sauraient être considérés comme entretenus par des réactions de la condition n° 1, puisque le spermatozoïde n'est pas capable d'assimilation. Entre la tête et la queue est une petite partie appelée *pièce intermédiaire* (fig. 37) et qui contient un corpuscule appelé, nous verrons tout à l'heure pourquoi, *centrosome mâle* ou *spermocentre*. La quantité de matière cytoplasmique qui entoure le pronucléus mâle et le spermocentre est extrêmement réduite.

Fig. 37. Schéma d'un spermatozoïde.

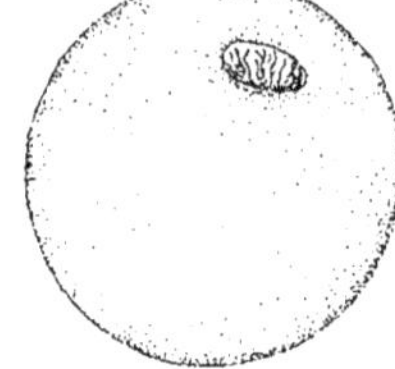

Fig. 38. — Schéma d'un ovule.

(β). *Ovule.* — L'ovule est toujours infiniment plus gros que le spermatozoïde; il contient un cytoplasma très volumineux, ordinairement bourré de matières de réserve (jaune de l'œuf de poule) et dans lequel est noyée la masse chromatique (pronucléus femelle). Les histologistes s'accordent à dire qu'il n'y a pas de *centrosome femelle* ou *ovocentre.* Cependant une exception à cette règle a été signalée par WHEELER chez *Myzostomum.*

(γ). *Les pronucléus.* — Les pronucléus mâle et femelle. qui contiennent les substances chromatiques provenant de *n* quarts de tétrades, ne sont en aucune manière comparables à des noyaux de cellule ordinaires à la phase de repos. Et cependant, ces pronucléus sont en réalité au repos et ne subissent plus de modifications morphologiques, une fois la maturation réalisée ; ils méritent même mieux que tout autre noyau de cellule le nom de noyau de cellule au repos, parce que les échanges molaires, entretenus par l'assimilation, ne s'effectuent pas à leur intérieur.

C'est précisément par cela qu'ils diffèrent des cellules ordinaires. Dans ces dernières, en effet, le régime d'échanges molaires donne au noyau et aux autres masses visqueuses leur forme d'équilibre ; ici le repos chimique est réel ; ce n'est pas l'apparence du repos. Sous l'influence d'un régime normal d'échanges molaires, les noyaux prennent la forme caractéristique à structure réticulaire ; dans les pronucléus, les chromosomes restent ordinairement distincts, comme des chromosomes de karyokinèse, et cependant la période de karyokinèse est terminée ; il n'y a plus de changement.

Est-ce à dire que la karyokinèse est terminée ? Non, si l'on conserve à l'expression de karyokinèse la signification complète qu'elle avait pour une cellule non sexuelle ; une telle karyokinèse était en effet un phénomène *à cycle fermé ;* elle partait d'une phase dite de repos et se terminait à une phase identique.

Dans le cas des éléments sexuels, la karyokinèse n'est

pas *terminée :* elle est **suspendue ;** il n'y a pas de télophase. L'état auquel on est arrivé se fixe dans une immobilité réelle (et non apparente, comme dans la phase dite de repos) exactement comme si l'on avait arrêté avant la télophase une karyokinèse somatique au moyen d'un réactif fixateur. *La dernière karyokinèse sexuelle est une* **karyokinèse à cycle ouvert.** Voilà un résultat d'une importance capitale ; nous ne savons pas encore quelle cause arrête ainsi les karyokinèses sexuelles et fait qu'elles *restent en panne* avant d'avoir achevé leur cycle, mais nous sommes déjà sur une voie féconde en constatant un rapport entre la maturation sexuelle et l'arrêt de la karyokinèse. Nous allons d'ailleurs constater que cette *suspension*, qui durerait indéfiniment, tant dans l'ovule que dans le spermatozoïde, et les conduirait fatalement à la mort élémentaire, est *corrigée* par la fécondation. Une karyokinèse à cycle ouvert nous avait conduits à un ovule mûr, une autre à un spermatozoïde mûr ; ces deux résultats dissymétriques, provenant de l'arrêt des karyokinèses avant la télophase, se corrigent l'un par l'autre, lors de la fécondation ; l'activité assimilatrice recommence ; la symétrie reparaît et se conserve dans toutes les karyokinèses à cycle fermé qui suivent, jusqu'à ce que de nouvelles maturations sexuelles déterminent de nouveau des suspensions de karyokinèses, et produisent des résultats dissymétriques et complémentaires, les éléments de sexes opposés.

KARYOKINÈSES A CYCLE OUVERT.

30. — PHÉNOMÈNES MORPHOLOGIQUES DE LA FÉCONDATION.

Lorsque, sous l'influence de l'attraction sexuelle, le spermatozoïde pénètre dans l'ovule, il se produit des phénomènes morphologiques très dignes d'attention. Ces phénomènes concernent particulièrement le pronucléus et le spermocentre.

Étant donnée la disposition relative du pronucléus et du spermocentre, il est évident que, lorsque le spermatozoïde entre dans l'ovule la tête en avant, le spermocentre est *derrière* le pronucléus mâle; mais immédiatement il se produit une pirouette (B, C, D, E, F, fig. 39) qui renverse

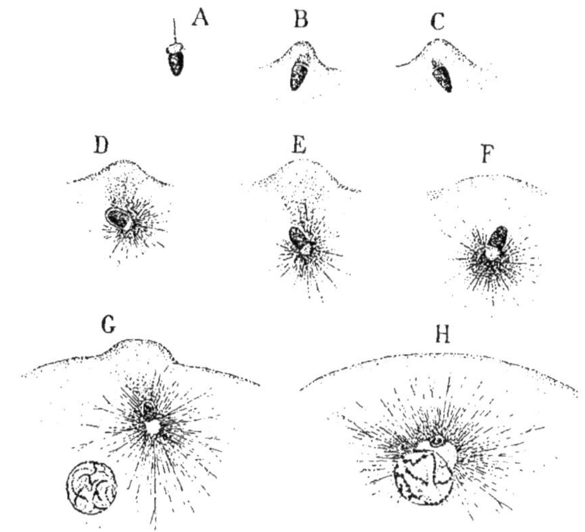

Fig. 39. — Fécondation d'un ovule d'Oursin (*Toxopneustes*) par un spermatozoïde (d'après Wilson).

l'ordre des choses pendant que l'ensemble du spermocentre et du pronucléus mâle se dirigent vers le pronucléus femelle.

Le pronucléus mâle, qui est bien plus petit que le pronucléus femelle, grossit peu à peu à mesure qu'il s'imbibe des sucs du cytoplasma ovulaire, mais ce qui est bien plus curieux, c'est le sort du spermocentre. C'est même aux phénomènes qui se passent dans ce corpuscule, après son entrée dans l'ovule, qu'il doit sa dénomination de centrosome, car rien n'autorisait à lui donner ce nom tant qu'il n'était qu'un petit granule inerte dans le spermatozoïde.

Il prend l'aspect d'un centrosome, c'est-à-dire qu'il s'entoure d'un *aster*, d'une auréole de radiations dans le cytoplasma ovulaire, ainsi que l'indique la figure 39 (D, E, F, G, H).

Lorsque le pronucléus mâle est arrivé au contact du pronucléus femelle (fig. 40, A), le spermocentre est également-

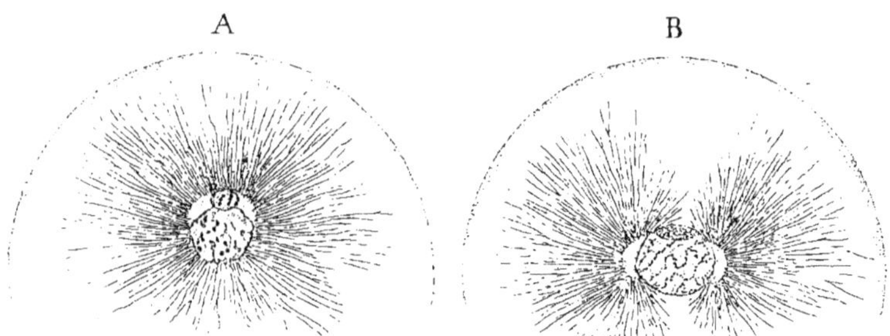

Fig. 40. — Accolement de deux pronucléus dans l'œuf fécondé de l'Oursin (*Toxopneustes*) (d'après Wilson).

ment au contact de ce qui, par accolement des deux pronucléus, est devenu le noyau de l'œuf. Alors il se divise en deux parties qui viennent prendre deux positions diamétralement opposées par rapport à ce noyau (fig. 40, B), et une karyokinèse commence ; c'est la première du nouvel individu résultant de la fécondation.

Le cycle est fermé ; une nouvelle série de karyokinèses à cycle fermé recommence.

Nous aurons à étudier un peu plus tard la nature de la fusion des deux pronucléus en un noyau unique. Pour le moment, discutons les faits observés.

31. — MATURATION ET FÉCONDATION.

Nous n'avons pas perdu de vue, pendant cette longue étude des phénomènes morphologiques de la maturation et de la fécondation, la question que nous nous étions posée au commencement de ce chapitre : la maturation sexuelle est-elle d'origine molaire ou d'origine moléculaire ?

L'observation des phénomènes histologiques nous a fait connaître que certains éléments figurés, normaux dans les plastides complets, manquent dans les éléments sexuels. Et d'abord, le centrosome n'existe pas chez l'élément femelle (sauf le cas du *Myzostomum*); il y a au contraire dans l'élément mâle un corpuscule que l'on appelle centrosome mâle ou spermocentre parce que, lorsqu'il entre dans le cytoplasma ovulaire, il s'entoure d'un aster.

Certains auteurs sont partis de là pour conclure que, dans la maturation de l'ovule, ce qui rendait cet élément incapable d'assimilation, c'était la disparition du centrosome.

Cette opinion mérite peu d'attention, car il suffit de se reporter à ce qui se passe dans une cellule à la phase de repos, c'est-à-dire dans une cellule où l'assimilation est extrêmement active, pour se rendre compte que le centrosome paraît jouer, à cette phase de repos, un rôle tout à fait négligeable; le plus souvent, il n'est pas même visible; il n'apparaît qu'au moment où la période de karyokinèse commence et il était si peu visible jusque là, que beaucoup d'auteurs se demandent si, quand il devient visible, il sort du noyau ou du cytoplasma! Il n'est donc pas logique de considérer comme un organe indispensable à l'assimilation un corpuscule qui n'existe pas pendant la période la plus active de l'assimilation.

L'ABSENCE DE
CENTROSOME
N'EXPLIQUE
PAS LA
MATURATION.

Il y a d'autres raisons de repousser cette manière de voir et nous signalerons dès maintenant ces raisons, quoique cela nous oblige à anticiper sur l'étude de l'hérédité qui ne sera faite que plus loin. Si l'incapacité de l'ovule provenait réellement de l'absence de centrosome, dans toutes les générations sexuelles, le centrosome serait *toujours* d'origine masculine; et il serait bien difficile que la nature du centrosome n'influât pas d'une manière quelconque sur les caractères de l'individu; en d'autres termes, il y aurait des caractères tenant au centrosome. Or supposons qu'un père A ait un fils B et une fille C. L'élément sexuel du fils contiendrait le centrosome d'origine paternelle, tandis que l'élément sexuel de la fille ne le contiendrait pas et, par conséquent, les caractères tenant au centrosome pourraient être transmis aux enfants du fils B et ne pourraient pas l'être à ceux de la fille C.

Ceci est contraire aux résultats les plus certains de l'étude de l'hérédité. Il est en effet démontré que les deux sexes sont entièrement équivalents au point de vue de la possibilité des transmissions héréditaires, c'est-à-dire qu'un caractère, *quel qu'il soit*, a autant de chances pour être transmis du grand-père aux petits-fils par l'intermédiaire d'un fils ou d'une fille.

Nous ne devons donc pas retenir cette opinion, dans laquelle le centrosome manquant à l'ovule arrêterait pour lui la possibilité d'assimilation, tandis que le cytoplasma manquant au spermatozoïde, ou du moins, très peu abondant chez lui, entraînerait, de même, l'incapacité de l'élément mâle. Nous verrons au contraire que l'équivalent du centrosome existe, *non figuré*, dans l'élément femelle mûr.

Quant aux pronucléus, ils sont également anormaux dans les deux sexes; ils ne ressemblent pas à des noyaux de cellule à la phase dite de repos. On peut donc se demander si ce n'est pas parce qu'il manque quelque chose dans leur mécanisme, que l'assimilation s'arrête, les échanges n'ayant plus lieu avec le milieu ambiant.

Mais il suffit de se reporter à l'étude des karyokinèses à cycle fermé pour reconnaître que, un instant au moins, chacune des deux cellules filles (à part le centrosome dont nous venons de discuter le rôle) présente une structure figurée identique à celle d'un ovule mûr; et cependant la karyokinèse ferme son cycle et l'assimilation reprend de plus belle à la phase de repos.

C'est donc que nous ne devons pas chercher dans la structure figurée de l'ovule la raison de son incapacité assimilatrice. Si la karyokinèse s'arrête dans l'ovule avant la télophase, ce n'est pas parce qu'il manque un organe figuré, mais parce que les substances chimiques qui constituent les organes figurés de la cellule *sont incapables, par leurs réactions, de fermer la karyokinèse et de recommencer l'assimilation.*

En d'autres termes, la maturation nous paraît être un phénomène d'ordre *chimique* ou *moléculaire* et non un phénomène d'ordre *molaire* ou *figuré*.

Nous trouvons d'ailleurs une vérification de cette conclusion dans le retentissement des éléments sexuels sur la morphologie du corps des animaux, dans ce qu'on appelle *les caractères sexuels secondaires;* ces caractères qui, nous le verrons, sont dus, à n'en pas douter, à la diffusion dans l'organisme de produits solubles élaborés dans les organes génitaux, sont **différents** chez les mâles et les femelles d'une même espèce. C'est donc que les éléments mâles diffèrent *chimiquement* des éléments femelles correspondants; les différences sexuelles sont d'ordre chimique; c'est pour des raisons d'ordre chimique que les karyokinèses commencées s'arrêtent avant la télophase dans les éléments sexuels; c'est parce que ces substances chimiques, manquant chez l'ovule et existant chez le spermatozoïde, sont introduites dans l'œuf par l'acte de la fécondation, que la karyokinèse suspendue reprend son cours!

Encore autre chose : l'ovule attire le spermatozoïde, comme l'acide malique attire les plastides dans l'expérience de chimiotaxie de Pfeffer; cette attraction se comprend : elle est d'ordre chimiotactique; la substance de l'ovule laisse diffuser des substances *différentes* de celles qui émanent du spermatozoïde, et cette diffusion de substances capables d'agir sur l'élément mâle détermine son mouvement vers l'élément femelle.

Tout concourt donc à nous confirmer l'existence de cette différence chimique entre l'ovule et le spermatozoïde; la considération de l'équivalence des deux sexes au point de vue de la transmission des propriétés héréditaires va nous conduire à comprendre de quelle nature est cette différence chimique.

Sans cette équivalence des deux sexes au point de vue de l'hérédité, nous aurions pu, en effet, faire une hypothèse dissymétrique, comme celle que nous faisions tout à l'heure relativement au centrosome, et supposer que les substances plastiques d'une espèce donnée se répartissent en deux groupes, le groupe *a b c d*, par exemple, et le groupe *e f g h*, le premier se localisant dans l'élément mâle, le second se localisant dans l'élément femelle; mais alors, de même que nous l'avons démontré tout à l'heure pour le centrosome, un grand-père n'aurait pas autant de chance de transmettre *n'importe lequel de ses caractères* à ses petits-enfants, par l'intermédiaire de son fils ou par celui de sa fille, et cela est contraire aux résultats de l'observation courante.

AUTRE
PARADOXE
SEXUEL.

Il faut donc admettre que toutes les substances plastiques d'une espèce donnée sont représentées aussi bien dans l'élément mâle que dans l'élément femelle, de sorte que nous sommes conduits à cette conclusion, paradoxale

en apparence, que les substances plastiques doivent *partiellement* manquer dans l'un quelconque des éléments sexuels,
et néanmoins y être toutes représentées ; tout paradoxe
disparaît si nous faisons l'hypothèse *symétrique* suivante,
à laquelle nous sommes logiquement amenés par tout ce
qui précède.

32. — HYPOTHÈSE SYMÉTRIQUE SUR LA NATURE DU SEXE.

Le sexe est d'ordre moléculaire et non d'ordre molaire,
et, par conséquent, les différences qui séparent les éléments sexuels séparent également leurs substances constitutives. Chaque substance plastique se compose de la
réunion de deux substances de sexe opposé, c'est-à-dire
que chaque molécule d'une substance plastique peut être
représentée schématiquement (fig. 41) par deux demi-molécules accolées, l'une que je dessine sous
forme d'un demi-cercle ombré, la demi-
molécule femelle, l'autre que je dessine
sous forme d'un demi-cercle clair, la demi-
molécule mâle ; la collaboration d'une demi-
molécule *m* avec une demi-molécule *f* est
indispensable au phénomène d'assimilation

CHAQUE MOLÉCULE VIVANTE A DEUX SEXES.

Fig. 41. — Schéma de la molécule vivante.

dont sont l'objet les substances plastiques. Voilà toute
l'hypothèse et l'on voit immédiatement que cette hypothèse
est symétrique.

L'élément sexuel mâle ne comprend que des demi-molécules *m* ; l'élément sexuel femelle (du moins quand il est
tout à fait mûr, ainsi que nous le verrons tout à l'heure) ne
comprend que des demi-molécules *f*. Aussi l'assimilation
est-elle impossible dans l'un comme dans l'autre.

Mais la fécondation introduisant les demi-molécules *m*

du spermatozoïde parmi les demi-molécules f de l'ovule, l'œuf résultant de ce mélange contient tout ce qui est nécessaire à l'assimilation, et l'on peut voir que, d'après notre hypothèse, seules les demi-molécules m auxquelles correspondront des demi-molécules f pourront participer à

L'ŒUF FÉCONDÉ CONTIENT DES QUANTITÉS ÉGALES DES DEUX SEXES.

cette réaction vitale. En d'autres termes, l'œuf fécondé, ou l'un quelconque des plastides complets qui en dérivent, *contient les deux sexes en quantité égale* (du moins si l'on ne compte que les demi-molécules capables d'agir chimiquement dans l'assimilation).

L'assimilation, suspendue dans chacun des éléments sexuels, reprend dès que le spermatozoïde est entré dans l'ovule; il est donc vraisemblable que la coexistence dans un même plastide des demi-molécules antagonistes m et f suffit à assurer l'assimilation dans des conditions convenables, et nous ne savons pas, jusqu'à nouvel ordre, si les deux molécules correspondantes doivent s'accoler en une masse unique ou peuvent, restant isolées l'une de l'autre, être considérées comme les deux pôles d'une réaction, d'un mouvement moléculaire interposé. Ceci s'éclaircira petit à petit.

Quoi qu'il en soit, la maturation des éléments sexuels prend pour nous, dès maintenant, une signification fort nette; elle consiste dans la disparition des demi-molécules d'un sexe donné, dans toute l'étendue d'un plastide, qui devient ainsi un élément du sexe opposé. Une fois cette disparition réalisée, il y a suspension de l'activité chimique, et, en particulier, les karyokinèses commencées restent *en panne*. Nous étudierons un peu plus tard tous ces phénomènes avec détails; auparavant, et pour nous guider, nous allons comparer la maturation sexuelle à des phénomènes physiques connus.

33. — COMPARAISONS.

Si la chimie des substances plastiques était aussi connue que celle de beaucoup de substances brutes, nous n'aurions pas besoin d'hypothèses et nous pourrions écrire la formule atomique d'une demi-molécule mâle et d'une demi-molécule femelle. Mais, puisque nous ignorons encore la structure moléculaire des substances plastiques, nous devons nous borner à comparer aux phénomènes mieux connus de la science des corps bruts, ceux que nous découvrons par l'observation et le raisonnement chez les êtres vivants. En tout cas, il ne faudrait pas voir des *explications* dans ces comparaisons avec des phénomènes plus simples ; ces comparaisons ont seulement pour but de nous empêcher de nous étonner devant la complexité des phénomènes vitaux, en nous montrant que des manifestations analogues se rencontrent dans l'activité de la matière brute.

Les phénomènes de dissymétrie moléculaire, découverts par PASTEUR à la suite de ses études sur l'hémiédrie, nous donnent un exemple de l'existence, dans une espèce chimique donnée, de deux types antagonistes et complémentaires ; bien des faits nous amèneraient même à croire que la différence, qui sépare les substances mâles des substances femelles, est du même ordre que celle qui sépare un acide tartrique droit d'un acide tartrique gauche, et il y aurait peut-être là plus qu'une comparaison ; le fait que certains êtres vivants ne consomment, dans un mélange de deux substances de dissymétrie inverse, que la substance d'une dissymétrie donnée est déjà caractéristique.

Malheureusement, ces phénomènes de dissymétrie moléculaire sont eux-mêmes très mystérieux et, jusqu'à ce qu'ils soient ramenés à des phénomènes plus simples, nous ne pouvons guère nous en servir pour nous guider dans l'étude de phénomènes vitaux, peut-être mieux connus qu'eux.

L'électrolyse nous fournira, au contraire, non pas, vraisemblablement, une explication, mais du moins une comparaison qui sera susceptible de nous guider.

Dans un voltamètre (fig. 42), il y a une polarité fort remarquable qui se traduit par des manifestations semblant localisées au voisinage de l'anode et de la cathode ; en réalité, si c'est seulement en ces deux points que les actions chimiques se manifestent à nous, on est convaincu aujourd'hui

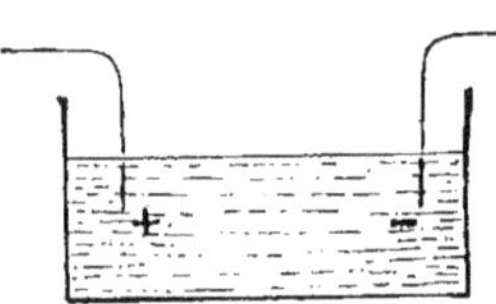

Fig. 42. — Voltamètre.

que, entre ces deux endroits privilégiés se produit une série de décompositions et de recompositions successives. La théorie de GROTTHUS avait déjà permis de comprendre pour quelle raison les corps ne sont mis en liberté qu'à l'anode et à la cathode : « On peut admettre, disait ce physicien, que le passage du courant à travers l'eau a pour effet d'orienter les molécules d'eau de la même manière. Si l'on conçoit une chaine de molécules d'eau entre les deux électrodes, l'oxygène de chaque molécule est dirigé du côté de l'électrode positive ; l'hydrogène est dirigé du côté de l'électrode négative :

$$- \; H^2O \; H^2O \; H^2O \; H^2O \; H^2O \; H^2O \; +$$

La décomposition s'opère sur chaque molécule ; l'oxygène et l'hydrogène des molécules extrêmes sont mis en liberté, et la recomposition de l'eau s'effectue entre l'oxygène d'une molécule et l'hydrogène de la molécule voisine :

$$- \; H^2 \; OH^2 \; OH^2 \; OH^2 \; OH^2 \; OH^2 \; O \; + \; ;$$

Le passage du courant rétablit l'orientation des molécules d'eau, une nouvelle décomposition s'effectue, et ainsi de suite. » (MOUTIER, *Cours de physique*, 1886.)

Depuis l'époque où cette théorie a été émise, on a fait de grands pas dans la connaissance de l'électrolyse, mais cette vieille théorie est encore bien commode, dans sa forme très simpliste, pour faire comprendre, par une image, ce que nous observons à chaque instant dans l'étude de la vie, que deux corpuscules éloignés l'un de l'autre puissent agir l'un sur l'autre sans qu'il y ait *en apparence* de réactions intermédiaires.

Plus récemment ARRHÉNIUS a été amené, par certaines exceptions aux lois de VAN T'HOFF et de RAOULT, à admettre que dans certaines solutions les molécules de sels métalliques sont *dissociées*, indépendamment de toute intervention électrolytique, en deux *ions* dont l'un est électrisé positivement, l'autre négativement; le passage du courant dans le voltamètre a uniquement pour résultat de mettre en liberté, au voisinage des électrodes, des *ions* déjà dissociés par le fait même de la dissolution.

Quand une réaction chimique quelconque a lieu dans une solution dont les molécules sont *ionisé es*, on voit donc que chaque molécule est représentée dans la réaction, non plus comme une masse unique, mais comme un ensemble polarisé, formé de deux masses antagonistes et complémentaires. Cela n'a pas lieu dans tous les liquides: tel sel, qui est *ionisé* en solution dans l'eau, ne l'est pas en solution dans l'alcool; nous connaissons donc deux *états* de la substance brute en solution, et nous aurons moins d'étonnement si nous remarquons aussi l'existence de deux *états* de la substance vivante, ce que nous allons être amenés à faire tout à l'heure.

Puisque nous parlons de phénomènes électriques, signalons-en un encore qui pourra nous aider à comprendre certains faits de l'activité vitale. J.-J. Thomson a récemment démontré que ce que nous considérions comme un atome insécable est en réalité une sorte de système planétaire, composé d'un gros noyau *positif* entouré de petits corpuscules *négatifs*, dont l'un peut être détaché par certaines influences et projeté au loin (rayons cathodiques, par exemple). Ainsi donc, les éléments constitutifs de l'atome en équilibre sont des masses inégalement volumineuses, s'attirant, antagonistes et complémentaires. Tous les mots dont je viens de me servir peuvent s'appliquer sans une seule modification à l'œuf formé d'un gros ovule et d'un petit spermatozoïde.

Je ne saurais trop répéter que *nous n'avons aucune raison de supposer la moindre parité entre les phénomènes électriques et les phénomènes sexuels;* je signale simplement ces rapprochements, qui nous permettront de ne pas trop nous étonner de la complexité des manifestations vitales, puisque nous aurons trouvé des complexités presque entièrement parallèles dans l'activité chimique de la matière brute.

Revenons maintenant à l'étude du phénomène chimique de la maturation.

34. — LA MATURATION CHIMIQUE.

Nous avons vu précédemment que les phénomènes figurés qui accompagnent la formation des éléments sexuels ne pouvaient nous faire comprendre la raison de l'incapacité assimilatrice de ces éléments. Cherchons donc maintenant une explication chimique de la maturation; nous aurons ensuite à nous demander si cette explication chimique pourra nous amener à nous rendre compte des manifestations morphologiques qui accompagnent le phénomène chimique.

Dans l'hypothèse à laquelle nous avons été conduits, la maturation sexuelle se ramène à la disparition des éléments de sexe opposé ; je fais remarquer immédiatement que Ed. Van Beneden avait été conduit autrefois à une conclusion analogue pour l'élément femelle tout au moins, mais il avait été entrainé par ses tendances de morphologiste à chercher la disparition de l'élément mâle dans un phénomène figuré. Il avait donc considéré les deux dernières divisions, dont est l'objet l'oocyte de premier ordre, comme l'*expulsion* des éléments mâles, et l'expression *expulsion des globules polaires* a malheureusement été conservée dans la science. Une observation de Francotte, montrant que les globules polaires sont femelles et peuvent être fécondés, a réduit à néant cette manière de voir.

Étudions donc la maturation de l'élément femelle sans nous préoccuper d'en trouver, immédiatement du moins, une figuration morphologique.

L'oocyte en voie de maturation (et ceci, indépendamment des deux divisions successives dont il est l'objet, puisque la maturation affecte également les quatre corpuscules résultant de ces deux divisions) est l'objet d'une disparition des demi-molécules mâles ; lorsque la maturation est totale, toute les molécules des substances plastiques, au lieu d'affecter la forme qu'elles ont en A (fig. 43), sont réduites à la demi-molécule femelle (B).

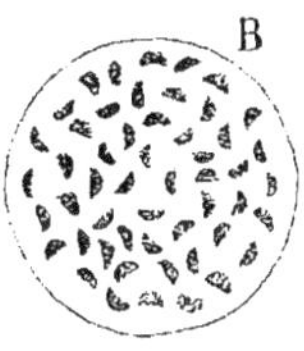

Fig. 43. — Schéma de la maturation.

Pourquoi et comment s'effectue cette disparition des demi-molécules mâles ? Nous pouvons nous l'imaginer en comparant le plastide A à un corps qui tend à se mettre en équilibre avec son milieu. Si, par exemple, pour une raison ou pour une autre, ce milieu devient, à un moment donné, très pauvre en substances mâles, il y aura sortie, à travers la surface du plastide, des substances mâles qu'il contient ; il y aura *fonte unilatérale* des molécules de substances plastiques. Ceci soit dit seulement pour nous donner une image de ce qui se passe.

Cependant, certains faits tendraient à prouver que c'est bien la pénurie de substances mâles dans le milieu qui détermine la maturation femelle de l'ovule ; je veux parler des faits de *pseudogamie* que nous étudierons plus tard et dans lesquels l'introduction, autour d'ovules qui seraient sans cela voués à la maturation femelle, d'une substance mâle quelconque empruntée à des espèces différentes et incapables de croisement avec la première, arrête cette maturation et fait que l'ovule reste un plastide complet capable de développement.

Cette observation des faits de pseudogamie a une autre importance en nous montrant que le mot *substance mâle* peut être considéré comme ayant une valeur indépendante des espèces, et que, par conséquent, il y a quelque chose de commun à toutes les substances mâles chez les êtres vivants.

La maturation femelle, ou fonte de substances mâles, se produit dans un corpuscule de dimensions relativement considérables ; l'ovule est en effet toujours une grosse cellule ; il est donc à prévoir que cette fonte unilatérale ne se fera pas tout d'un coup, sera progressive, et aussi que, suivant les cas, elle s'arrêtera à un stade plus ou moins avancé. Or, c'est précisément ce que nous montre l'observation la plus élémentaire.

Chez les animaux supérieurs, comme l'homme et les mammifères, il semble que, les conditions réalisées au niveau de l'ovaire déterminent toujours une maturation totale ; jamais la fonte unilatérale ne s'arrête assez tôt pour que l'ovule reste capable d'assimilation.

L'ovule devient toujours véritablement femelle, uniquement femelle; toutes ses molécules sont des demi-molécules femelles; il est du type B de la figure 43.

Chez certains animaux, susceptibles de *parthénogénèse saisonnière,* on constate le phénomène suivant: pendant la mauvaise saison, au moment où l'inanition est plus ou moins grande, la maturation des ovules est totale; il y a sexualité vraie. Pendant la bonne saison, au contraire, au moment où la température est favorable et la nourriture abondante, cette maturation semble nulle; chaque ovule reste un plastide complet et constitue ce qu'on appelle un œuf parthénogénétique capable de reproduire, à lui seul, un individu nouveau. Nous aurons à voir plus tard quelle est, dans ce cas, la modification des phénomènes figurés accompagnant ordinairement la maturation.

L'Abeille et quelques autres animaux présentent un cas intermédiaire fort intéressant : les conditions réalisées au niveau de l'ovaire de la reine sont telles que la maturation commence toujours et n'est jamais complète. L'œuf présente un type qui n'est ni du modèle A (fig.43), avec toutes les molécules complètes, ni du modèle B de la même figure avec toutes les molécules incomplètes. Il est d'un type intermédiaire (fig. 44), ayant environ quantités égales de molécules complètes, et de demi-molécules femelles, de sorte que cet œuf peut se comporter de deux manières différentes :

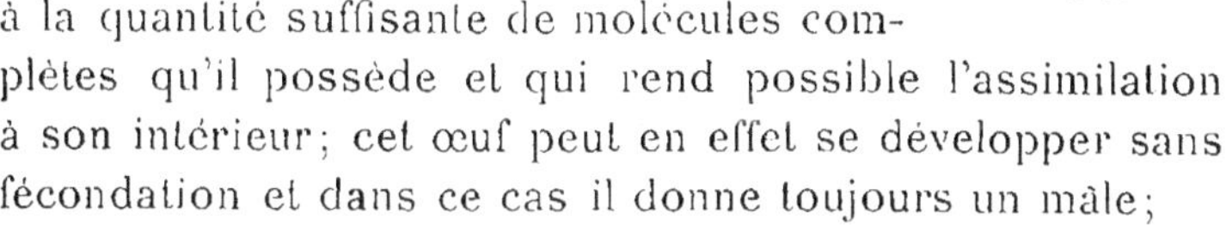

Fig. 44.

1° comme œuf parthénogénétique, grâce à la quantité suffisante de molécules complètes qu'il possède et qui rend possible l'assimilation à son intérieur; cet œuf peut en effet se développer sans fécondation et dans ce cas il donne toujours un mâle;

2° comme ovule sexué capable d'attirer un spermatozoïde, grâce à la quantité suffisante de demi-molécules femelles libres qu'il contient, et en effet cet ovule est susceptible de fécondation ; un spermatozoïde lui apporte une certaine quantité de demi-molécules mâles, grâce auxquelles les demi-molécules femelles, qui, dans l'œuf parthénogénétique restaient inactives et condamnées à la destruction, pourront augmenter le contingent de molécules complètes actives dans l'assimilation. L'œuf fécondé d'Abeille contiendra donc plus de molécules complètes que l'œuf non fécondé. Il donnera naissance à une reine ou à une ouvrière, tandis que l'œuf non fécondé donnait un mâle.

MATURATION SUSPENDUE EXPÉRIMENTA-LEMENT.

Enfin, il a été possible, dans certains cas où la maturation de l'ovule a lieu progressivement, d'intervenir au moyen d'actions chimiques ou physiques, pour *suspendre* cette maturation. Soit un ovule d'Étoile de mer par exemple ; il est en voie de maturation, quoique les phénomènes histologiques dont il est le siège soient terminés ou à peu près ; je rappelle à ce propos que, après les deux bipartitions qui donnent l'ovule (voir fig. 33), nous n'avons aucun droit de supposer que l'ovule est chimiquement mûr ; peut-être est-il l'objet de modifications intimes qui n'ont aucun retentissement morphologique. Les expériences de Loeb et Delage ont précisément montré que, au moment des bipartitions dernières, on peut suspendre la maturation au moyen d'une substance anesthésique ou déshydratante.

Sans savoir quel est le mécanisme de la destruction unilatérale qui produit la maturation chimique, nous concevons aisément que l'immersion des ovules dans un milieu déshydratant arrête cette destruction ; ainsi donc, un corps qui, si l'on n'était pas intervenu, serait devenu bientôt un ovule femelle incapable d'assimilation, conserve ses molécules complètes ; si ensuite on le soustrait à cette influence anesthésique ou déshydratante, en le replongeant dans un milieu à la condition n° 1, il commence à assimiler et est le point de départ d'un nouvel individu.

C'est ce qu'on appelle de la parthénogénèse expérimentale.

Les expériences de Loeb et Delage réussissent tant que la destruction des substances mâles n'est pas trop parfaite, tant qu'il reste assez de molécules complètes dans le plastide pour que l'assimilation soit possible ; elles réussissent en particulier alors qu'il y a déjà assez de substances mâles détruites pour que la fécondation, par un spermatozoïde, de cet ovule à *moitié mûr* soit possible. Si l'on détermine l'arrêt de la maturation au moment où cette maturation est à moitié achevée, on tombe dans le cas de l'œuf d'Abeille qui peut se comporter soit comme ovule femelle, soit comme œuf parthénogénétique.

Dans tous les cas, si l'on attend que la maturation soit achevée, l'introduction d'un spermatozoïde devient indispensable pour que l'assimilation recommence ; la manière dont j'ai exposé les faits suffit à montrer combien peu soutenable est l'opinion, émise par quelques auteurs, que les solutions Loeb et Delage remplacent le spermatozoïde. Cela n'est pas vrai : elles suspendent la maturation avant que l'œuvre de destruction soit achevée ; mais quand la maturation est parfaite, une fécondation est nécessaire.

Chez tous les animaux supérieurs, la maturation va jusqu'au bout dans le cas normal ; un savant américain a récemment signalé une parthénogénèse expérimentale, ou pseudogamie, qui réussirait chez la Truie sous l'influence du sperme du Bélier ; jusqu'à plus ample informé il convient de n'accepter ce fait qu'avec la plus grande réserve.

Nous n'avons parlé jusqu'à présent que de la maturation femelle ; à cause des dimensions relativement considérables de l'ovule, cette maturation est progressive ; au contraire, pour l'élément mâle, qui est extrêmement minime, elle paraît devoir être immédiate ou du moins très rapide ; aucune expérience n'a d'ailleurs été faite pour savoir si l'on pouvait, par exemple, empêcher un spermatide de devenir spermatozoïde en suspendant la maturation destructive.

A ce point de vue donc, il semble qu'il n'y a plus parité entre l'élément mâle et l'élément femelle, mais cette différence est en rapport avec la différence des dimensions des deux éléments considérés. J.-J. Thomson a montré aussi que, dans l'atome, les corpuscules négatifs sont beaucoup plus petits que la masse électrisée positivement.

35. — FERMETURE DU CYCLE DES KARYOKINÈSES SEXUELLES PAR LA FÉCONDATION.

Reprenons l'étude des phénomènes morphologiques qui accompagnent la fécondation, maintenant que nous avons été conduits à une hypothèse chimique sur la nature de la maturation sexuelle, et rendons-nous compte, au moyen de cette hypothèse, de la signification de ces phénomènes morphologiques.

D'abord, que le spermatozoïde soit attiré par l'ovule, cela est fort compréhensible comme phénomène de chimiotaxie ; nous allons d'ailleurs constater que, d'une manière générale, les demi-molécules femelles attirent les demi-molécules mâles et réciproquement, ce qui sera une raison de plus de comparer les phénomènes sexuels aux phénomènes électriques (j'entends que comparaison n'implique pas identité).

Au moment où le spermatozoïde m va entrer dans

l'ovule qui l'attire (fig. 45), l'attraction de l'ovule par le spermatozoïde se manifeste au point le plus proche de ce dernier
par une petite déformation mamelon-
naire tout à fait analogue à un pseudopode dans le mouvement amiboïde. Le
spermatozoïde entre dans l'ovule, et
immédiatement l'attraction de l'ovule
pour les autres spermatozoïdes devient
nulle; aucun autre ne peut entrer dans
la masse ovulaire. Il y a des exceptions
apparentes à cette règle, mais dans des
cas où, chez les Sélaciens, par exemple,
les autres spermatozoïdes servent de
nourriture à l'ovule qui les digère et les transforme en
substances Q.

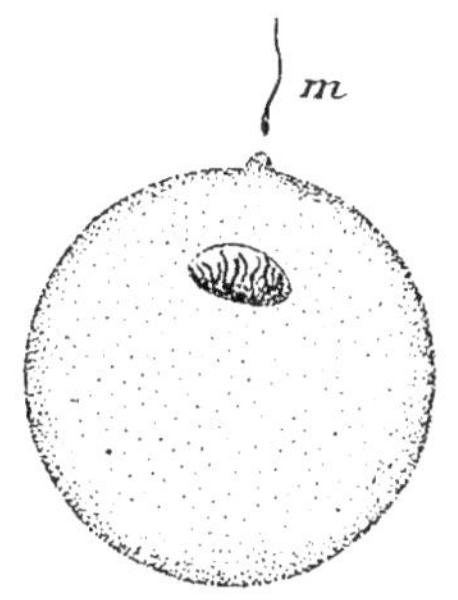

Fig. 45.

Le fait qu'il n'entre normalement qu'*un* spermatozoïde,
qu'il y a, en d'autres termes, *monospermie*, n'est pas sans
importance au point de vue de l'équivalence des éléments
de sexes opposés; il prouve que le nombre de demi-
molécules femelles de l'ovule n'est pas, malgré la gros-
seur démesurée de cet élément, supérieur au nombre des
demi-molécules mâles du spermatozoïde correspondant,
puisqu'un spermatozoïde suffit à compenser toute la
féminité de l'ovule et à faire disparaître son pouvoir
attirant.

De plus, dès que le spermatozoïde est entré, une
modification a lieu dans le cytoplasma ovulaire, dont la
paroi externe devient subitement imperméable aux éléments mâles.

Et en effet, dès que le spermatozoïde est entré, on
voit apparaître des phénomènes qui intéressent la totalité
du cytoplasma ovulaire. Pendant que le pronucléus mâle
grossit par imbibition et marche vers le pronucléus
femelle, le spermocentre s'entoure d'un aster dont les

radiations occupent toute l'étendue de la masse ovulaire encombrée de matières de réserves.

Qu'est cet aster ? Nous le comprenons sans peine dans notre hypothèse chimique.

Tandis que tous les éléments mâles non nucléaires, qui existent dans le spermatozoïde, sont localisés dans une toute petite région, à l'endroit que l'on appelle le spermocentre, tous les éléments femelles cytoplasmiques sont au contraire distribués dans toute l'étendue de la masse ovulaire. Ces demi-molécules femelles éparses dans le cytoplasma sont attirées par les demi-molécules mâles localisées dans le spermo-centre et dessinent immédiatement l'aster que nous observons.

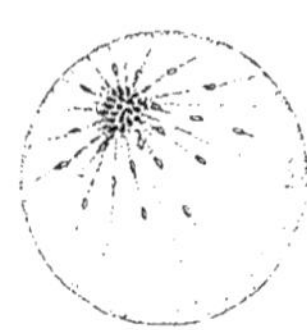

Fig. 46. — Schéma de la formation d'un aster.

Mais si le spermocentre attire les demi-molécules femelles éparses dans le cytoplasma ovulaire, il est aussi attiré par elles, ce qui suffit à expliquer la pirouette effectuée autour du pronucléus mâle (voir fig. 39, B, C, D, E, F) pendant que ce pronucléus s'avance vers le pronucléus femelle.

Ainsi nous *voyons se former* un aster et nous comprenons sa nature, et cette observation nous conduira tout à l'heure à nous rendre compte de la signification des asters des karyokinèses à cycle fermé, qui sont identiques d'aspect à celui dont s'entoure le spermocentre.

En même temps, cette observation de la formation d'un aster nous renseigne sur l'existence, dans le cytoplasma ovulaire, de quelque chose qui équivaut au spermo-centre mâle : je disais plus haut, que, au point de vue de l'hérédité, il était impossible d'admettre que le centrosome fût introduit dans l'œuf par le mâle seul (voir § 31). Mais c'est par un abus de mots que l'on appelle *centrosome* le corpuscule où se trouvent localisées dans le spermatozoïde toutes les substances mâles non nucléaires ; en réalité si on l'appelle ainsi, c'est parce qu'il prend dans l'ovule l'aspect d'un centrosome de karyokinèse entouré d'un aster ; il vaudrait donc mieux, si l'on tient à le baptiser, l'appeler *procentrosome* ; mais alors, puisque les substances femelles équivalentes sont diffuses dans l'ovule, il faudrait dire que l'ovule comprend aussi un *procentrosome* femelle diffus, ce qui rétablit l'équivalence des deux sexes. C'est la collaboration de ces deux procentrosomes qui crée l'aster au moment de la pénétration du spermatozoïde dans l'ovule.

D'une manière générale, dès que le spermatozoïde est entré dans l'ovule, tous les phénomènes qui avaient été suspendus par la maturation recommencent, avant même que les deux pronucléus soient venus au contact l'un de l'autre ; il faut donc supposer que des actions intermédiaires invisibles (comparables à celles que suppose la théorie de GROTTHUS et que je représente en G dans la figure schématique 47) permettent un retentissement de l'activité du pronucléus mâle sur celle du pronucléus femelle.

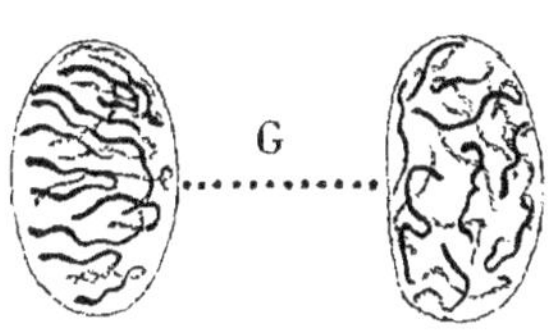

Fig. 47. — Schéma de la collaboration lointaine des deux pronucléus après la fécondation.

Une comparaison, encore empruntée à l'électricité, fera admirablement comprendre que la fécondation fasse reparaître l'activité suspendue par la maturation.

Considérons une pile électrique avec un circuit fermé (fig. 48, A) et supposons que (phénomène comparable à la maturation de l'ovule) le zinc Zn ait été complètement

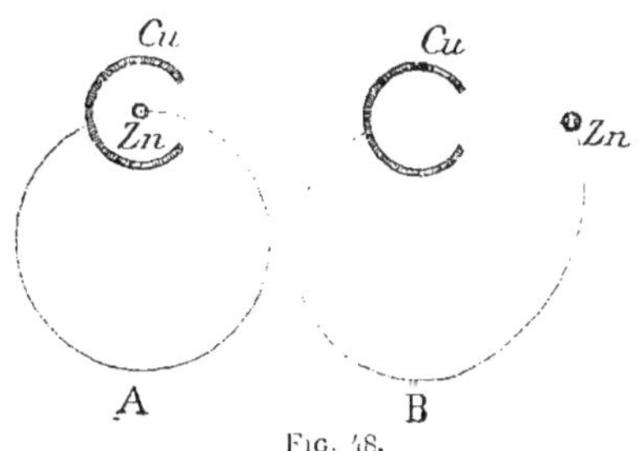

Fig. 48.

dissous, ou, ce qui revient au même, retiré du liquide où baigne le cuivre *Cu*, comme cela est représenté dans la fig. 48, B. Toute l'activité électrique sera suspendue, mais elle reprendra, dès que le zinc *Zn* sera replongé dans le liquide où baigne *Cu*, comme dans la figure 48, A. La maturation correspond à la disparition de *Zn*, la fécondation à sa réintroduction dans le liquide de la pile.

Cette dernière comparaison, venant après toutes les considérations précédentes, nous fait concevoir l'*assimilation* comme un phénomène *bipolaire* et symétrique, ou, si l'on veut, la molécule vivante complète comme ayant elle-même deux pôles, le pôle mâle et le pôle femelle, dont la coexistence dans le milieu du plastide est indispensable à sa vie élémentaire manifestée. De sorte que l'ensemble des études que nous venons de faire nous amène, relativement à la structure des substance vivantes et à l'essence des phénomènes vitaux, à une conclusion qu'aucune observation directe ne nous aurait permis d'obtenir.

Et ceci nous prouve aussi, ce que j'avançais dans l'introduction de cet ouvrage, que le sexe n'est pas une complication *surajoutée* aux phénomènes vitaux, comme pourrait le faire croire l'étude de ces phénomènes en dehors des périodes sexuelles. Dans une Bactérie, par exemple, qui ne présente jamais de maturation sexuelle, il n'en est pas moins vraisemblable que chaque réaction assimilatrice résulte de l'activité de substances plastiques ayant deux pôles ou deux sexes, si l'on préfère ; mais dans les espèces à reproduction agame, ces deux sexes coexistent toujours dans chaque cellule et nous n'aurions pu soupçonner leur existence si, chez d'autres espèces, il ne s'était manifesté de temps en temps une suspension des phénomènes vitaux, due à la disparition de l'un des sexes dans les plastides ; chez les plastides spéciaux qui sont l'objet de cette destruction unilatérale appelée *matu-*

ration, il ne reste plus que des demi-molécules *unipo-laires*; toute activité assimilatrice est suspendue ; l'activité ne reprend que lorsque la fécondation remet en présence l'élément unipolaire mâle et l'élément unipolaire femelle. Alors, en particulier, les karyokinèses, qui étaient restées *en panne*, le cycle ouvert, dans les plastides devenus uni-polaires, parcourent la fin de leur cycle, et une nouvelle série de karyokinèses à cycle fermé se déroule de nouveau, jusqu'à ce qu'une nouvelle période de maturation arrête encore ces phénomènes, en isolant l'un de l'autre les deux pôles des réactions vitales.

36. — LA KARYOKINÈSE A CYCLE FERMÉ, PHÉNOMÈNE SEXUEL PARTIEL OU CYTOPLASMIQUE.

Pendant la période dite de repos, l'activité cellulaire à la condition n° 1 se manifeste par une *assimilation* qui grossit la cellule sans la déformer et rien, dans cette période, ne met en évidence la bipolarité du phénomène essentiel de la vie. Mais, fatalement dans certaines espèces, cette bipolarité devient apparente au bout d'un certain temps et cela se renouvelle à des périodes régulières ; à la phase dite de repos succède normalement la phase de karyokinèse qui est suivie à son tour d'une nouvelle phase de repos, et ainsi de suite.

Or, ce qui caractérise morphologiquement le début de la phase de karyokinèse, c'est l'apparition d'un *aster* qui se dédouble et devient un amphiaster.

Tout à l'heure, quand nous avons décrit la morphologie du phénomène, nous n'avons tenté aucune explication, et pour cause ; maintenant nous pourrons nous servir, pour l'interpréter, de l'observation, que nous avons faite, de l'apparition d'un *aster* dans la fécondation. Là, en effet, nous avons pris sur le fait la véritable nature de cette figure mystérieuse ; elle résulte, nous l'avons vu, de l'attraction par les demi-molécules mâles, localisées au spermocentre, des demi-molécules femelles réparties dans l'ensemble du cytoplasma, attraction dont le résultat est ce qu'on peut appeler la *fécondation*, la *compensation* du procentrosome mâle par le procentrosome femelle diffus dans le cytoplasma.

Pourquoi, au bout d'un certain temps d'assimilation à la phase de repos, le cytoplasma entier se trouve-t-il empli de demi-molécules femelles ? D'où provient l'accumulation de substances mâles dans le centrosome que certains auteurs ont cru voir sortir du noyau ? Nous constatons que ces choses ont lieu sans en proposer d'explication, mais nous voyons qu'elles se manifestent fatalement dans certaines espèces, et leur production nous renseigne sur une grande partie au moins du dynamisme de la karyokinèse.

EXPLICATION MÉCANIQUE DE LA PROPHASE.

Voyons d'abord ce qui se passe au niveau du centrosome (fig. 49). Que ce corps soit ou non sorti du noyau, il est toujours au voisinage de la surface nucléaire ; il est entouré d'un aster dont les radiations vont à toutes les parties de la cellule, sauf

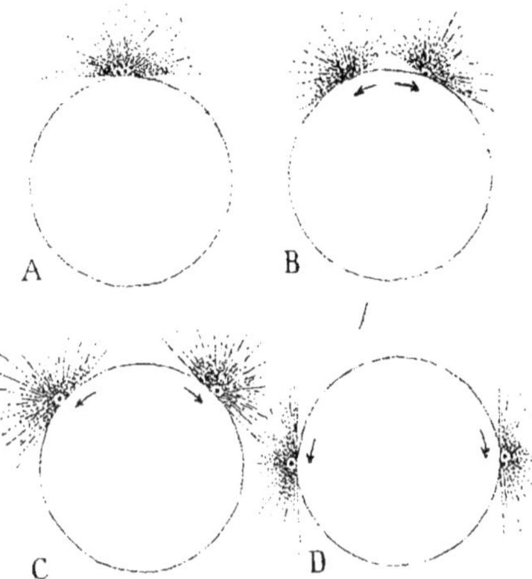

Fig. 49. — Marche des centrosomes autour du noyau, dans la prophase.

à celles pour lesquelles le noyau forme écran. Sous l'influence de quel dynamisme le centrosome est-il bientôt dédoublé, nous l'ignorons, mais ce que nous comprenons parfaitement, c'est que les deux moitiés de ce corpuscule s'écartent fatalement l'une de l'autre sous l'influence des attractions par les demi-corpuscules femelles, attractions figurées par l'aster. En effet, à cause du noyau qui forme écran, ces attractions sont d'abord limitées au-dessus du plan tangent au noyau, au point où a apparu le corpuscule centrosome ; et là, dans le sens où le plastide est le plus développé, il se produit naturellement des tractions en sens inverse sur les deux moitiés de ce corpuscule qui doivent par suite s'écarter[1].

Mais à mesure que ces corpuscules s'écartent, la région du cytoplasma qui peut agir sur chacun d'eux s'augmente sans cesse de tout ce que découvre le nouveau plan tangent passant par le point où est arrivé le corpuscule, et, ainsi, de nouvelles tractions s'opèrent sur chacun de ces corpuscules, vers le bas de la figure 49. De telle manière que le résultat évident de ces tractions est de faire suivre aux deux centrosomes le contour même du noyau, jusqu'à ce qu'ils arrivent à des situations diamétralement opposées où, se trouvant sollicités vers le haut et vers le bas par des tractions égales et de sens contraire, ils s'arrêtent en équilibre.

Pendant ce temps, sous l'influence des conditions nouvelles d'équilibre, (et il n'y a rien d'étonnant à ce que les phénomènes tout nouveaux, qui se produisent dans le cytoplasma, retentissent sur l'équilibre du noyau, puisque l'équilibre du noyau résulte de mouvements molaires d'échanges avec le cytoplasma ambiant), les substances du noyau changent de forme et se répartissent en chromosomes ; la membrane du noyau disparaît par suite du

---

1. Peut-être aussi y a-t-il une véritable répulsion entre ces deux corpuscules qui sont de même sexe.

fait que le liquide nucléaire devient miscible avec le liquide cytoplasmique ; les deux asters remplissent ainsi toute l'étendue de la cellule, et manifestent par leur disposition le dynamisme très spécial réalisé à ce moment.

SYMÉTRIE DE LA MÉTAPHASE. En effet, si l'on trace le plan perpendiculaire au milieu de la ligne qui joint à ce moment les deux asters, il est de toute évidence que l'ensemble de la figure est symétrique par rapport à ce plan, et les chromosomes n'ont qu'à se comporter comme des masses inertes, pour se disposer symétriquement par rapport à lui et être ensuite, étant dédoublés, l'objet de deux mouvements symétriques, par rapport à ce plan, vers les deux centres des asters. De Sinéty a d'ailleurs montré récemment que la forme de ces chomosomes était variable avec la manière dont ils se trouvent entraînés par les attractions de l'amphiaster.

Ainsi s'explique la métaphase et l'anaphase.

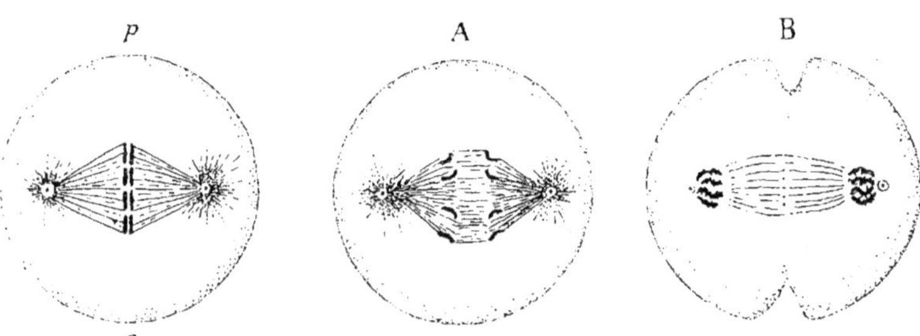

Fig. 50. — Métaphase et anaphase.

Si les asters indiquent une fécondation des centrosomes par les demi-molécules femelles éparses dans le cytoplasma, cette fécondation *ne dure pas indéfiniment ;* il y a un moment où la compensation est effectuée, et alors les conditions de la karyokinèse cessent.

Mais elles cessent dans des circonstances différentes de celles où elles ont commencé, car l'ensemble de toutes les substances chromatiques se trouve maintenant réparti en deux groupes séparés, auprès de ce qui était tout à l'heure le centre de chaque aster ; la phase de repos qui apparaît, par la reproduction en sens inverse des phénomènes de la prophase, est donc localisée en deux endroits à la fois ; la *télophase* détermine l'apparition de *deux noyaux* à la phase de repos, alors que la *prophase* avait consisté dans le passage, à l'état de karyokinèse, d'un seul noyau au repos.

Et ceci a pour résultat *la division cellulaire*, car, les noyaux, étant les centres de mouvements molaires d'échanges, déterminent deux tourbillons séparés par une zone de repos (le plan équatorial de tout à l'heure), zône de repos dans laquelle se déposeront naturellement les sédiments résultant de l'activité chimique des protoplasmas. Il apparaît donc, dans les espèces pluricellulaires, une membrane cellulaire (imprégnée de cellulose chez les plantes, par exemple) ; dans les espèces unicellulaires, les deux tourbillons, n'étant pas emprisonnés par une gangue commune, s'isolent l'un de l'autre.

On voit donc que, envisagée ainsi, la karyokinèse est le résultat d'une maturation femelle du cytoplasma, maturation que corrige un centrosome mâle (d'origine peut-être nucléaire), et que, dans aucun cas, on ne peut considérer ce phénomène comme *destiné* à préparer une division égale des cellules ; ce qui cause la division cellulaire c'est la télophase qui reconstitue *deux* noyaux au repos.

On a souvent comparé la figure très spéciale de la karyokinèse à celles que l'on obtient dans certaines expériences, en distribuant des substances pulvérulentes entre les deux pôles opposés d'un aimant ou d'une machine électrique. Cette comparaison est en effet de nature à prouver qu'il y a, dans la figure kinétique, deux centres d'attraction ; mais, contrairement à ce qui se passe dans

C'EST LA TÉLOPHASE QUI DIVISE LA CELLULE.

LES DEUX PÔLES D'UNE KARYOKINÈSE SONT DE MÊME NOM.

le cas des pôles d'un aimant, par exemple, les deux pôles
de la figure kinétique sont de même nom, de même sens,
et non de sens contraire.

37. — LA KARYOKINÈSE A CYCLE OUVERT, PHÉNO-MÈNE SEXUEL TOTAL.

Dans les karyokinèses à cycle fermé que nous venons
d'étudier, nous n'avons eu aucune hypothèse sexuelle à
faire sur les chromosomes ; ils nous ont paru se comporter uniquement comme des corps inertes qui se conten-
taient de suivre les courants déterminés par les phénomènes cytoplasmiques, et nous n'avons eu à aucun
moment la moindre raison de supposer que ces chromosomes étaient eux-mêmes le siège d'une maturation quelconque ; il nous a semblé que ces chromosomes ne mani-
festaient pas la moindre trace de polarité.

Au contraire, quand nous nous occupons des plastides
qui sont en voie de maturation sexuelle, nous sommes
forcés de constater que la maturation *est totale;* le pronucleus mâle est mâle, le pronucleus femelle est femelle,
ainsi que le prouve l'attraction de l'un par l'autre. Ce
qui fait que les karyokinèses restent en panne au moment
de la dernière division, c'est précisément que l'absence
totale de substances d'un sexe donné empêche la fécondation nécessaire d'aboutir.

Cette fécondation ne peut se réaliser que lorsque
l'union d'un spermatozoïde avec un ovule donne un œuf
contenant des quantités égales d'éléments des deux sexes;
alors seulement il y a télophase définitive, et une nouvelle
série de karyokinèses à cycle fermé peut recommencer.

La maturation sexuelle arrête la karyokinèse avant la
télophase, dans le cas un peu schématique où nous nous

sommes placés, d'une maturation sexuelle survenant après les deux divisions successives sans phase de repos intermédiaire ; ce cas est toujours réalisé pour l'élément mâle, chez lequel la maturation chimique n'a jamais lieu avant que se soient produites ces deux divisions sans phase de repos.

Il n'en est pas de même pour les éléments femelles.

Si, dans des cas cependant assez nombreux, et dont l'Oursin est un type bien connu, les deux globules polaires sont formés avant que l'ovule soit mûr, il y a beaucoup d'espèces dans lesquelles l'ovule reste à un état stationnaire dû à la maturation chimique, *avant la formation de ces deux globules.*

LA MATURATION FEMELLE SE PLACE DIFFÉREMMENT SUIVANT LES ESPÈCES PAR RAPPORT AUX KARYOKINÈSES SINGULIÈRES.

En d'autres termes, la maturation chimique, à quelque moment qu'elle se produise, arrête l'élément qui en est l'objet, *au stade où il se trouve*, quel que soit ce stade. L'effet de la maturation est donc de suspendre l'activité *actuelle* de la cellule qu'elle frappe, ce qui se comprend fort bien du moment que nous connaissons la nécessité de la coexistence des deux substances polaires antagonistes pour que l'assimilation soit possible.

Il n'est pas inutile maintenant que nous revenions un peu en arrière et que nous étudiions le parallélisme de la maturité chimique et des phénomènes figurés qui conduisent aux éléments sexuels.

D'abord, les phénomènes de maturation ne se produisent jamais que dans des éléments à n chromosomes, et nous étudierons longuement cette particularité dans le chapitre prochain : quelle que soit la précocité avec laquelle ce nombre n de chromosomes a apparu dans la série des gonies[1], aucune karyokinèse ne se montre anormale jusqu'à

---

1. Il est plus simple d'employer le mot *gonie* ou le mot *cyte* quand on veut parler des cellules des lignées sexuelles sans distinction de sexe.

la formation de la dernière gonie, c'est-à-dire jusqu'à la période de croissance qui transforme les gonies en cytes de premier ordre. De plus, jamais une gonie ne présente de caractère sexuel; cela ne peut arriver qu'aux cytes. Il est donc certain que la maturation chimique ne commence jamais avant la période de grossissement.

A partir de cette période, au contraire, tout paraît devenir anormal et, quand il y a encore des karyokinèses, ce sont deux karyokinèses successives sans phase de repos intermédiaire; nous devons donc penser que la maturation chimique commence pendant la période de grossissement, ou immédiatement après, et peut-être sous l'influence même de l'inanition résultant du grossissement.

Suivant le cas, cette maturation se produit plus ou moins vite.

Dans le cas des éléments mâles, elle dure un peu plus longtemps que les deux divisions sans phase de repos intermédiaire; le spermatide n'est pas encore mûr chimiquement et il faut qu'il subisse une transformation pour devenir entièrement mâle sous forme de spermatozoïde. Et ceci est général pour toutes les espèces connues; la maturité masculine n'est terminée qu'après la deuxième des karyokinèses singulières.

Il y a au contraire de grandes variations à ce sujet dans l'histoire des éléments femelles.

Chez l'Oursin, par exemple, tout se passe à peu près comme dans le cas des éléments mâles, c'est-à-dire que la maturation, commencée au moment de la période de croissance, ne finit qu'après les deux karyokinèses singulières. Les expériences de LOEB et DELAGE prouvent, en effet, que l'on peut *arrêter* cette maturation aux diverses époques de cet intervalle, et que, si on l'arrête entre les deux karyokinèses, par exemple, l'ovule ainsi traité devient un œuf parthénogénétique. Chez l'Abeille, nous avons vu que la maturation chimique n'est jamais totale et s'arrête d'elle-même, à un moment où il reste encore assez de substances plastiques complètes pour assurer la possibilité de l'assimilation.

Chez beaucoup d'animaux, chez les Annélides, les Gastéropodes, etc., la formation des globules polaires n'a lieu qu'*après* l'introduction du spermatozoïde; autrement dit, l'ovule est devenu un ovule chimiquement mûr avant la première des karyokinèses singulières! Chez l'*Am-*

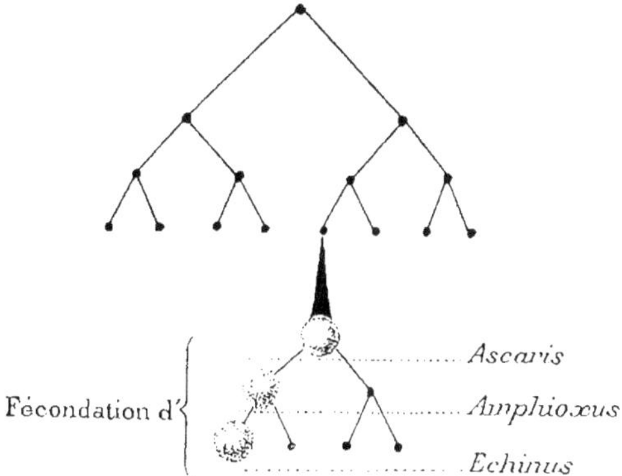

FIG. 51. — Place de la maturation chimique par rapport aux karyokinèses singulières.

phioxus la fécondation a lieu après la formation du premier globule polaire; le second globule se forme ensuite. Cela nous prouve que la maturation chimique est capable de suspendre l'activité intracellulaire *à n'importe quel moment de son histoire.*

Par conséquent, aucun des phénomènes morphologiques, précédemment décrits au § 26 du chapitre IV, n'est en relation directe avec la maturation; la maturation est un phénomène chimique indépendant de toutes les manifestations morphologiques.

Cependant, on ne saurait nier l'existence d'un certain

rapport entre ces phénomènes morphologiques et la sexualité, puisque ce phénomène si curieux des deux karyokinèses singulières ne se reproduit jamais dans les cellules somatiques. Et, pour tous les spermatozoïdes, et pour beaucoup d'ovules, la maturation est concomitante de ces deux karyokinèses singulières! Dans les cas où la maturation chimique est achevée pour l'ovule avant les karyokinèses singulières, ces deux karyokinèses se produisent dès que le spermatozoïde est entré à son intérieur, ce que l'on exprime communément en disant que l'œuf, dès qu'il est fécondé, expulse ses deux globules polaires.

On peut donc considérer que, au moment où l'oogonie de dernier ordre a grossi pour donner l'oocyte primaire, il y a *quelque chose* dans cet oocyte primaire qui prépare une série de deux karyokinèses sans phase de repos intermédiaire, et cette série de deux karyokinèses singulières s'effectuera *quoi qu'il arrive;* si la maturation arrive avant la première de ces deux karyokinèses, elle *suspend* toute l'activité intraovulaire, mais cette activité était *préparée* de telle manière que, lorsque l'entrée du spermatozoïde rend son activité à l'ovule, cette activité se traduit d'abord par l'exécution des deux karyokinèses suspendues par la maturation.

Dans ce cas, d'ailleurs, le résultat de ces deux karyokinèses expulsant les globules polaires n'est plus un cycle ouvert; d'autres karyokinèses suivent et continuent le développement individuel.

LE PROBLÈME DES KARYOKINÈSES SINGULIÈRES.

Il y a quelque chose de très impressionnant dans l'histoire de ces deux karyokinèses singulières qui accompagnent fatalement la sexualité soit avant, soit après la fécondation. Évidemment elles sont dans un rapport quelconque avec la maturation sexuelle ou avec quelque chose qui l'accompagne. Elles commencent toujours par un mouvement du

noyau de l'oocyte vers la périphérie du cytoplasma, et
c'est toujours dans une situation excentrique que s'accomplissent les deux karyokinèses singulières, que ce
soit avant ou après la fécondation ; il est vraisemblable
que cette excentricité est un résultat, non de la sexualité,
mais de la disposition des réserves qui occupent la
presque totalité de l'ovule ; nous aurons à revenir sur ce
sujet quand nous étudierons la manière dont se comportent les chromosomes dans la parthénogénèse. Mais,
auparavant, nous devons arrêter notre attention sur ce
fait, que nous avons signalé précédemment, de l'existence
de n chromosomes dans les lignées qui précèdent la
maturation sexuelle.

CHAPITRE V

LA GÉNÉRATION A n CHROMOSOMES ET LE PARASITISME SEXUEL.

38. — GÉNÉRATION ALTERNANTE CHEZ LES PLANTES. — 39. GÉNÉRATION ALTERNANTE CHEZ LES ANIMAUX. — 40. ACTION MORPHOGÈNE DU PARASITISME SEXUEL. — 41. EXPÉRIENCES DE CASTRATION. — 42. DEUX ÉTATS DE LA SUBSTANCE VIVANTE. — 43. LES CHROMOSOMES DANS LA PARTHÉNOGÉNÈSE. — 44. EXPÉRIENCES DE MÉROGONIE. — 45. EXPULSION DES GLOBULES POLAIRES APRÈS LA FÉCONDATION. — 46. CONCLUSION.

38. — GÉNÉRATION ALTERNANTE CHEZ LES PLANTES.

Le nombre $2n$ de chromosomes étant caractéristique des karyokinèses des éléments dits *somatiques* dans une espèce donnée, le nombre réduit n apparaît dans un certain nombre de karyokinèses qui conduisent ordinairement à des éléments sexuels; ce fait très important doit être étudié avec soin, mais avant d'essayer d'en comprendre la nature, nous devons commencer par décrire exactement la manière dont il se présente dans les diverses espèces animales ou végétales; nous prendrons pour cela une série de types convenablement choisis.

Chez les Fougères, chez l'Osmonde par exemple, la plante feuillée que nous appelons communément *fougère* a des karyokinèses à $2n$ chromosomes. A un certain moment, une modification se produit à l'extrémité des feuilles et l'on voit s'y former de petits réceptacles contenant une poussière brune : cette poussière se compose de *spores* qui sont à l'état de vie latente, mais qui, dans un milieu convenable, germeront et donneront naissance à des plantes nouvelles par des bipartitions successives.

Contrairement à ce que pourrait faire prévoir la notion générale d'hérédité, la spore de Fougère, en germant, donne tout autre chose qu'une Fougère. L'agglomération de cellules résultant de sa germination prend la forme d'une lame irrégulière qui ressemble assez à une Algue ou à une Hépatique et qu'on appelle *prothalle* de Fougère. *Toutes les karyokinèses de ce prothalle se font avec n chromosomes*, et ce nombre réduit de chromosomes avait déjà apparu dans la cellule mère des spores, sur la plante feuillée. Aussi ne devons-nous pas nous étonner, avec ce que nous savons déjà, de voir apparaître sur le prothalle des phénomènes sexuels. Mais ces phénomènes n'atteignent que certaines cellules, dont les unes deviennent mâles en certains points, les autres femelles en d'autres points ; tout le reste du prothalle reste asexué, ce qui prouve que les cellules à n chromosomes ne conduisent pas fatalement à des éléments génitaux, quoique la maturité sexuelle ne puisse atteindre que ces cellules à n chromosomes.

Une fécondation d'un élément femelle du prothalle par un élément mâle a lieu dans le prothalle même, c'est-à-dire que l'élément femelle est fécondé là où il est formé ; l'œuf se développe également sur place et donne une fougère feuillée à $2n$ chromosomes, qui a l'air de sortir du prothalle.

On peut donc dire qu'il y a génération alternante, sans attribuer à ce mot la signification que lui ont donnée autrefois certains naturalistes; cette alternance de générations est une alternance de *formes* et non une alternance *d'espèces*, comme on l'avait cru naguère pour les Polypes hydraires et les Méduses par exemple; mais que l'œuf fécondé et la spore de la Fougère, quoique formés évidemment des mêmes substances spécifiques, donnent naissance à des agglomérations cellulaires aussi différentes qu'une plante feuillée et un prothalle, cela nous prouve. à n'en pas douter, que les conditions d'équilibre sont *différentes* pour ces substances plastiques dans les deux générations successives. Or, nous avons considéré la formation des chromosomes comme caractéristique, elle aussi, des conditions d'équilibre intracellulaire, et nous constatons maintenant qu'il y a parallélisme entre les manifestations morphologiques intracellulaires (formation de n ou $2n$ chromosomes) et les manifestations morphologiques d'ensemble (formation d'un prothalle ou d'une fougère). Et ceci nous démontre une fois de plus que c'est bien le dynamisme entretenu dans les cellules par les réactions assimilatrices qui, secondairement, détermine la forme générale du corps, en même temps que, directement, il dessine la forme des masses visqueuses intracellulaires. Quand l'une de ces deux manifestations indique par son changement un changement du dynamisme intracellulaire, l'autre change également, prouvant bien ainsi la relation de cause à effet que nous aurons à exploiter dans l'étude ultérieure de l'hérédité. La figure 52 représente le cycle évolutif de la Fougère avec ses deux générations alternantes à $2n$ et à n chromosomes; (dans cette figure et dans les suivantes, fig. 53, 54 et 55, les différents stades de la génération à n chromosomes sont seuls en lettres italiques).

Chez les Mousses et les Hépatiques, le cycle est le même que chez les Fougères avec cette différence très curieuse que la génération à n chromosomes est la plante feuillée, tandis que la génération à $2n$ chromosomes est très réduite et parasite sur la première ; ce type des Muscinées est aberrant et ne nous conduit à rien.

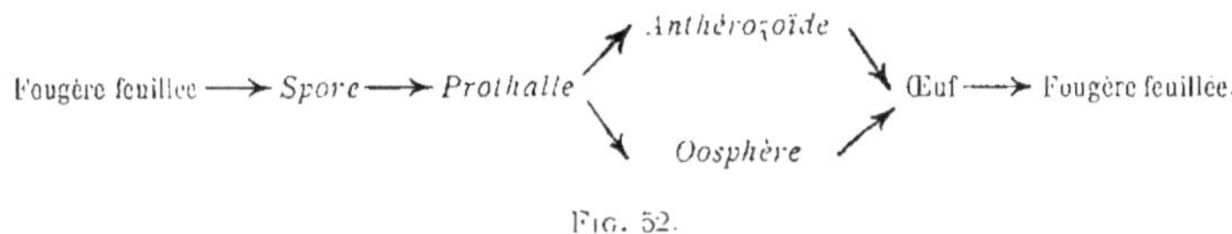

Fig. 52.

Reprenons la série des Cryptogames vasculaires : les Presles ont, comme les Fougères, des plantes feuillées à $2n$ chromosomes, qui donnent des spores toutes égales ; ces spores en germant donnent des prothalles à n chromosomes : mais ici apparaît quelque chose de nouveau : quoique les spores soient toutes égales et ne diffèrent extérieurement en rien, les unes donnent en germant des prothalles minuscules, les autres des prothalles beaucoup plus grands. Et quand la sexualité apparaît dans ces prothalles, les prothalles minuscules ne donnent que des éléments mâles, les autres ne donnent que des éléments femelles. On donne le nom de prothalles mâles à ceux qui fournissent des éléments mâles, le nom de prothalles femelles à ceux qui fournissent des éléments femelles.

Nous nous trouvons ici en présence d'un des problèmes les plus mystérieux, jusqu'à ce jour, de la biologie. Pour quelles raisons, des spores qui paraissent semblables donnent-elles naissance les unes à des prothalles mâles, les autres à des prothalles femelles? Nous aurons à étudier plus tard en détail cette question de l'origine des êtres unisexués. Pour le moment, constatons seulement que, sauf cette particularité de l'existence de deux prothalles sexués, le cycle de la génération alternante est le même chez les Presles que chez les Fougères (figure 53).

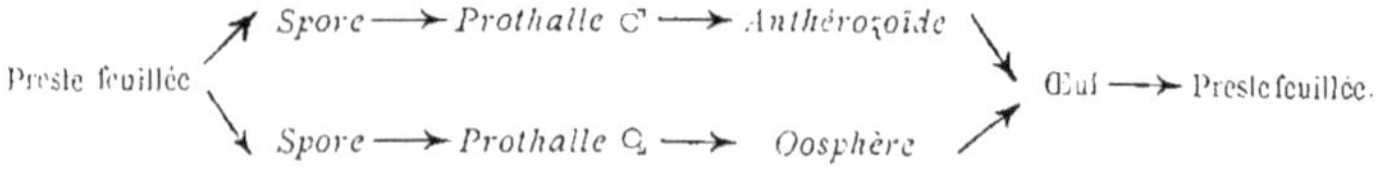

$$\text{Presle feuillée} \begin{cases} \nearrow \textit{Spore} \longrightarrow \textit{Prothalle } \text{♂} \longrightarrow \textit{Anthérozoïde} \searrow \\ \searrow \textit{Spore} \longrightarrow \textit{Prothalle } \text{♀} \longrightarrow \textit{Oosphère} \nearrow \end{cases} \text{Œuf} \longrightarrow \text{Presle feuillée.}$$

Fig. 53.

En continuant la série des Cryptogames vasculaires, nous ne trouverons plus que des différences de détail relatives à la genèse des prothalles mâles et des prothalles femelles; les spores données par la plante feuillée, au lieu d'être toutes identiques, seront de deux types; les unes, plus petites et appelées *microspores*, donneront naissance à des prothalles mâles; les autres, plus grandes et appelées *macrospores,* donneront naissance à des prothalles femelles; la différenciation précoce de ces spores et la détermination fatale du sexe des prothalles qui en dérivent seront un important sujet de réflexions, quand nous nous occuperons de la genèse des individus unisexués.

CYCLE DES SALVINIA.　Une particularité nouvelle est encore à signaler, c'est le parasitisme des prothalles chez la plante feuillée; la *macrospore,* par exemple, germe sur place et donne un prothalle femelle *parasite* de la plante feuillée, de telle sorte que si l'on n'avait pas suivi les phénomènes dans les espèces où le prothalle est libre, comme la Fougère ou les Presles, on pourrait ne pas remarquer l'existence de la génération alternante et croire que la plante feuillée donne *elle-même* des éléments sexuels.

Le type de Cryptogame vasculaire, dans lequel la séparation des sexes est le plus précoce et le plus accentuée, est *Salvinia natans.* Là, la plante feuillée donne encore des macrospores et des microspores, mais ces macrospores et ces microspores apparaissent dans des organes déjà différenciés quant à la dimension, les macrosporanges et les microsporanges, lesquels sont eux-mêmes réunis en des agglomérations différentes appelées sporocarpes. De sorte que le cycle évolutif de cette plante est représenté par la figure 54.

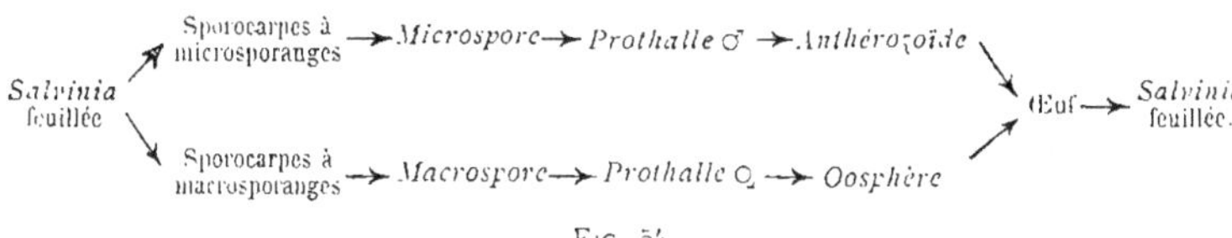

Fig. 54.

Cette étude des types successifs de Cryptogames vasculaires nous conduit à comprendre ce qui se passe dans les fleurs des Phanérogames; là encore nous trouvons une génération alternante à n chromosomes; mais le prothalle femelle est si profondément enfoui dans les profondeurs de l'ovaire, qu'on n'eût jamais pensé, sans l'étude du parasitisme progressif dans les types élevés de Cryptogames vasculaires, à considérer l'élément sexuel femelle comme n'étant pas produit *directement* par la plante à fleurs. Il est cependant bien certain qu'il y a génération alternante, et que le prothalle femelle à n chromosomes, réduit à un petit nombre de cellules, est parasite dans l'ovaire maternel.

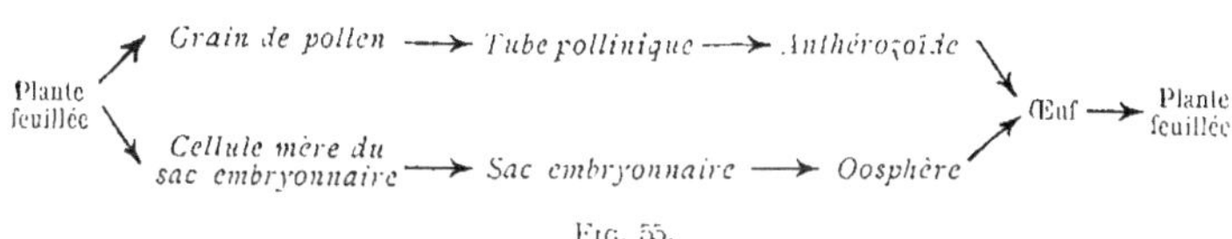

Fig. 55.

La microspore reste plus évidente; elle est appelée grain de pollen et, emportée par le vent ou les insectes, va germer dans un milieu convenable ; elle donne le prothalle mâle très réduit, appelé *tube pollinique*, qui fournit des éléments mâles ; si le milieu, où le grain de pollen a germé, est le stigmate d'un ovaire de même espèce, les éléments mâles qu'il fournit vont féconder les éléments femelles du prothalle femelle et donnent ainsi des œufs dont l'un produit la plantule, l'autre l'albumen.

Ici encore il y a parasitisme au second degré, puisque les œufs, fécondés dans le prothalle femelle parasite, germent sur place, donnant une plantule et un albumen, parasites du prothalle parasite.

Mais ce développement s'arrête bientôt, la *graine* se trouvant amenée à l'état de vie latente ; la graine reprendra ensuite son développement dans un milieu convenable, lorsqu'on la *sèmera* sur de la terre végétale, par exemple.

39. — GÉNÉRATION ALTERNANTE CHEZ LES ANIMAUX.

Nous n'aurions jamais soupçonné la génération alternante chez les végétaux si nous avions commencé l'étude de la reproduction par les végétaux supérieurs; de même, chez les animaux, cette génération alternante est le plus souvent tout à fait dissimulée, par suite du parasitisme de la génération à n chromosomes, qui est normalement noyée dans les tissus de la génération à $2n$ chromosomes.

Nous sommes néanmoins en droit de considérer que toutes les fois que des conditions spéciales déterminent l'apparition de cellules à n chromosomes, ces cellules à n chromosomes, ayant des propriétés nettement distinctes des cellules à $2n$ chromosomes, constituent par là même une génération distincte; cela n'est d'ailleurs qu'une définition, mais elle est logique à cause des qualités spéciales des cellules à n chromosomes.

Nous verrons de plus que d'autres raisons militent en faveur de la manière de voir qui pousse à considérer, comme parasites parmi les éléments somatiques, les cellules à n chromosomes.

Suivant les cas, la génération à n chromosomes a plus ou moins d'importance ; chez *Ascaris*, par exemple, elle est réduite à son minimum, le nombre n de chromosomes n'apparaissant que chez les cytes de premier ordre ; chez beaucoup d'autres animaux, au contraire, ce nombre réduit se manifeste dès les premières gonies, et la descendance de chacune des premières cellules à n chromosomes peut être considérée comme un prothalle parasite ; des cellules de ce prothalle, quelques-unes deviennent des éléments sexuels, d'autres meurent et leurs cadavres servent de substances Q pour les éléments sexuels ; c'est, en particulier, des cadavres de cellules sœurs que se fait généralement la grande accumulation de réserves si remarquable dans les ovules de certaines espèces.

Y a-t-il, dans les somas des animaux, des prothalles parasites à n chromosomes qui ne donnent pas d'éléments sexuels ? la question est discutable ; peut-être les cancers sont-ils des prothalles accidentels de cette nature ; une remarque d'un observateur américain amène aussi à se demander si les disques imaginaux des insectes ne sont pas, eux aussi, des prothalles parasites ; nous aurons à discuter cette question à propos des caractères sexuels secondaires.

IMPORTANCE VARIABLE DE LA GÉNÉRATION A n CHROMOSOMES

40. — ACTION MORPHOGÈNE DU PARASITISME SEXUEL.

Puisque nous avons été amenés à considérer les cellules à n chromosomes comme des cellules d'une génération spéciale, parasites au milieu du soma, puisque, d'autre part, l'observation du prothalle de la Fougère nous a montré une différence évidente entre la morphologie de l'agglomération à n chromosomes, quand elle est libre, et la morphologie de l'agglomération à $2n$ chromosomes, nous sommes logiquement conduits à prévoir que le parasitisme des prothalles sexuels aura un retentissement sur la morphologie du soma qui les contient.

LES GALLES. C'est ainsi que les jeunes larves d'insectes, résultant des œufs introduits au milieu des tissus végétaux par la tarière des parents, causent par leur parasitisme une déformation locale de la plante hôte; on donne le nom de *galles* aux déformations qui ont cette origine, et chacun sait qu'une galle, déterminée sur une plante donnée par la piqûre d'un insecte donné, a une forme caractéristique qui permet aux cécidiologistes de connaître la nature de l'insecte piqueur. La morphologie d'une galle dépend donc de deux facteurs, d'abord l'espèce de la plante hôte, ensuite l'espèce de l'insecte parasite.

Dans le cas des prothalles parasites, une particularité nouvelle se présentera, savoir, que le parasite et l'hôte sont deux formes différentes, deux états différents d'une *même espèce ;* c'est donc une galle très particulière que développera, chez une plante, cette sorte *d'autoparasitisme*, et de fait, chez les plantes phanérogames, cette galle est la *fleur ;* on sait que la modification morphologique qui résulte du parasitisme des prothalles atteint, suivant les cas, un nombre plus ou moins considérable

de feuilles voisines. Gœthe avait déjà démontré que les
verticilles floraux se composent de feuilles modifiées ;
nous savons aujourd'hui quel est l'agent modificateur de
ces feuilles ; cet agent est un parasite à *n* chromosomes,
de l'espèce même de la plante infectée et, puisque les
galles tiennent leurs caractères, d'une part de l'espèce
infectée, d'autre part de l'espèce infectante, il est évident
que la fleur présentera les caractères spécifiques *au
second degré;* elle sera donc fort utile en classification.

Chez les plantes, les conditions particulières de la
circulation et le peu de retentissement des phénomènes
localisés en un point sur d'autres points de l'agglomération font que l'effet morphogène des prothalles parasites ne s'étend qu'à une faible distance du lieu où ils
sont fixés ; la fleur est quelquefois entourée de *feuilles
florales* modifiées, mais dans tous les cas il y a rarement
généralisation, à tout un végétal, de l'action morphogène
des éléments sexuels.

Chez les animaux, au contraire, et particulièrement
chez les animaux supérieurs, la corrélation entre tous les
points de l'être est si parfaitement établie qu'une modification ne peut se produire en un point sans retentir
aussitôt sur toute l'économie. Nous verrons plus tard que
cela indique chez ces êtres une *individualisation* plus
avancée.

Il est donc tout naturel que l'action morphogène des
prothalles parasites, localisés dans ce qu'on appelle
les glandes génitales d'un individu, s'étende souvent à
tout l'individu ; et, de fait, les caractères qu'on appelle
sexuels peuvent se manifester en n'importe quel point de
l'économie.

Cette influence des prothalles parasites n'est pas
seulement morphogène ; elle retentit aussi sur la physiologie de l'individu, de même que, par ses toxines, la

culture de tétanos, localisée en un point de l'économie, agit sur toute l'économie. Patrick Geddes a donné le nom très heureux de *diathèse sexuelle* à l'ensemble des phénomènes, tant morphologiques que physiologiques, qui résultent du parasitisme des prothalles à n chromosomes.

Il suffit de réfléchir un instant pour comprendre que cette diathèse sexuelle aura, le plus souvent, deux périodes. La première résultera seulement de la naissance, au milieu des tissus de l'hôte, de prothalles à n chromosomes ; la deuxième résultera de l'apparition, dans ces prothalles parasites, de produits sexuels mûrs. Cette seconde période commence, dans l'espèce humaine, au moment que l'on appelle la puberté.

La diathèse sexuelle peut durer autant que l'hôte ; c'est ce qui arrive par exemple pour les mâles de mammifères et d'oiseaux, chez lesquels les prothalles parasites vivent autant que l'individu qui les contient; il n'en est plus de même pour les femelles, chez lesquelles le prothalle meurt généralement avant l'hôte ; il y a alors suppression brusque de l'action de ce prothalle sur l'individu infecté et, comme cet individu était adapté depuis longtemps à cette infection, la suppression brusque de l'influence génitale occasionne des troubles, analogues à ceux que procure aux alcooliques ou aux morphinomanes la suppression brusque du poison auquel ils sont accoutumés; ces troubles constituent chez la femme la *ménopause;* ce qui prouve bien que les troubles de la ménopause sont bien dus à l'absence d'un poison sécrété par les ovaires, c'est que l'on peut les corriger par l'ingestion *d'ovarine* extraite d'un ovaire de Lapin ou de Cobaye. Et ceci prouve en outre que le mot *femelle* a une signification absolue, indépendante de l'espèce, puisque des produits femelles de Lapin peuvent corriger l'absence de produits femelles humains ; nous avons fait précédemment une remarque analogue pour les produits mâles à propos des faits de pseudogamie.

Le plus souvent, la maturité sexuelle se manifeste dans les prothalles à des périodes régulières, et la diathèse sexuelle a pendant ces périodes un regain d'activité ; chez la femme, les troubles dits *menstruels* accompagnent la maturation des ovules ; chez l'homme la maturité sexuelle semble continue, mais, chez la plupart des animaux mâles, elle est périodique, et cause dans la physiologie des individus des troubles qui sont également périodiques (rut) ; dans ce cas l'influence morphogène elle-même de la diathèse sexuelle peut avoir une allure périodique, et c'est ce que manifestent les phénomènes de *parure de noces*, signalés dans plusieurs espèces, chez l'Oiseau de paradis, par exemple.

Le plus souvent, les caractères sexuels du mâle sont acquis une fois pour toutes, les uns, primitivement, sous l'influence des prothalles parasites n'ayant pas encore de produits mûrs, les autres, secondairement, lors de la maturation des produits sexuels dans les prothalles ; c'est ainsi que la barbe pousse à l'homme à la puberté. Elle pousse aussi chez la femme, dans certains cas du moins, après la ménopause, de même que les vieilles poules, qui ont cessé de pondre, prennent des plumes de coq ; nous aurons à revenir tout à l'heure sur ces phénomènes à propos des expériences de castration.

Dans certains cas, les différences établies entre les somas des deux sexes sous l'influence des organes génitaux sont énormes ; certains Crustacés femelles sont mille fois plus volumineux que les mâles de la même espèce ; le mâle de la Bonellie est microscopique et parasite dans le pavillon de la trompe de la femelle.

Chez les insectes, l'existence des *mues* donne, à l'apparition des caractères sexuels secondaires, une soudaineté qui est tout à fait frappante, surtout chez les espèces dites *à métamorphoses complètes*. Une chenille dépourvue d'organes génitaux se trouve soumise, par suite de l'activité commençante de ses prothalles, à un régime nouveau qui l'immobilise ; puis, pendant cette période d'immobilité, des phénomènes très importants de construction et de destruction s'accomplissent et, à la mue suivante, apparaît un animal *entièrement* différent de la chenille, le papillon. Nous étudierons plus tard cette question des métamorphoses à propos de l'évolution individuelle; c'est un des phénomènes les plus admirables de la nature vivante.

41. — EXPÉRIENCES DE CASTRATION.

L'ablation expérimentale des prothalles à *n* chromosomes supprime évidemment toute action ultérieure de ces parasites, mais elle laisse acquis certains caractères, qui ont été déterminés avant l'expérience, sous l'influence de la diathèse sexuelle, et fixés par un squelette encroûtant.

C'est à cause de ce squelette que le castrat ne perd pas ordinairement tous les caractères morphologiques du sexe auquel il appartenait.

Il y a cependant deux cas où tous les signes extérieurs, caractéristiques de son sexe primitif, manquent à l'individu châtré; c'est, d'abord, quand la castration a été assez précoce pour qu'aucun caractère sexuel ne soit encore produit et fixé par le squelette; c'est ensuite, quand, par le phénomène des *mues*, le squelette fixateur des formes peut disparaître, ainsi que nous le verrons chez les Crustacés.

La castration très précoce est difficile à réaliser expérimentalement, mais elle peut se produire dans la nature, sous l'influence de parasites qui détruisent les glandes génitales ; c'est pour cela que s'attache un si grand intérêt à la *castration parasitaire*, mise en lumière par GIARD.

De plus, le fait même de la castration parasitaire a un autre résultat très intéressant, c'est de mettre en lumière le fait que les organes génitaux sont eux-mêmes de véritables parasites.

Si, en effet, dans certains cas, le parasite castrant détruit *directement* la glande génitale en s'introduisant dans sa substance et la consommant, ce qui pourrait

aussi bien avoir lieu pour n'importe quel organe, il y a d'autres cas, bien plus intéressants, où le parasite produit la castration *à distance;* le parasite *p* (fig. 56) se développant dans l'individu, l'organe génital *g* entre en régression sous son influence lointaine; il y a donc là, une lutte pour l'existence entre ces deux parasites de nature différente, qui, l'un et l'autre, empruntent au milieu intérieur de l'hôte leurs substances utiles;

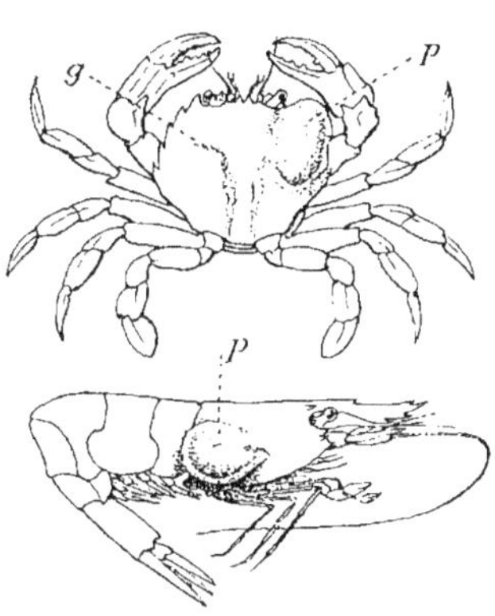

FIG. 56. — Crevette et crabe parasités par des Épicarides.

le moins bien adapté succombe; dans le cas que nous avons envisagé, c'est l'organe génital qui disparaît, et cela fait ressortir son influence parasitaire.

Au lieu d'effectuer des expériences de castration, toujours très délicates et pouvant entraîner la mort des sujets, on peut se contenter d'observer les cas naturels de castration parasitaire. GIARD a fait de ce côté une ample moisson. Je signalerai seulement l'exemple des Crabes mâles châtrés par des *Sacculina*.

L'abdomen d'un Crabe mâle adulte a la forme *m* (fig. 57) ; celui d'une femelle a la forme *f*. Tous les Crabes châtrés par des Sacculines ont un abdomen de forme *f*, ce qui avait d'abord fait croire que seules les femelles peuvent être infectées. Il n'en est rien, mais, sous l'influence de la disparition de l'organe génital, les carac-

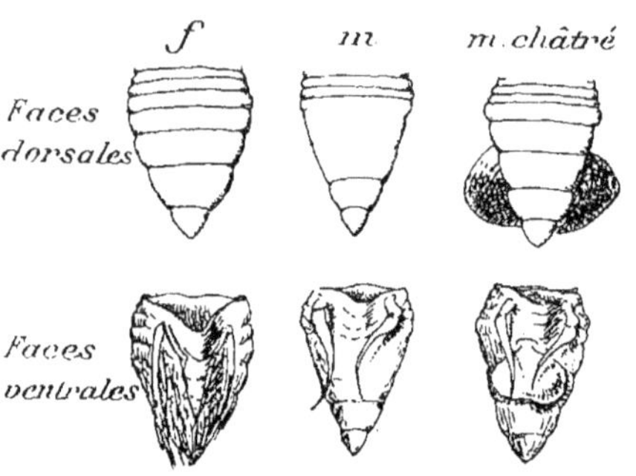

Fig. 57. — Castration parasitaire de *Carcinus mœnas* par *Sacculina carcini*. Les abdomens d'une femelle, d'un mâle et d'un mâle châtré sont représentés par les deux faces.

tères sexuels mâles ne sont plus maintenus et, à la première *mue*, une nouvelle forme apparaît qui ressemble beaucoup à la forme femelle.

De nombreuses observations de castration parasitaire semblent prouver que l'existence, dans un individu, d'un organe génital mâle, lui permet un développement plus *avancé* que si son organe était femelle ; l'organe femelle paraît *arrêter* l'évolution de l'individu, ainsi que le prouve l'apparition, après la ménopause, de certains caractères du mâle chez les vieilles femelles. Nous aurons à discuter cette question plus tard ; il semble que si l'on pouvait avoir un individu dépourvu de bonne heure de prothalles parasites, cet individu n'aurait ni la forme exacte de la femelle, ni celle du mâle, mais plutôt une forme intermédiaire, probablement plus voisine de celle de la femelle. Chez certaines espèces, d'ailleurs, il n'y a pas de caractères sexuels externes ; la forme n'est pas différente chez le mâle et chez la femelle ; tels sont, par exemple, les Pigeons, les Harengs, etc.

42. — DEUX ÉTATS DE LA SUBSTANCE VIVANTE.

Revenons à l'existence même de cette génération à n chromosomes, dont le parasitisme intervient d'une façon si importante dans la morphologie et la physiologie des individus qui la contiennent. Son existence s'est montrée absolument générale, au moins dans tous les animaux et végétaux supérieurs ; il faut donc qu'elle corresponde à un phénomène essentiel de la vie cellulaire ; ce phénomène essentiel se traduit par ceci :

Dans une espèce donnée, nous connaissons deux formes différentes des cellules, une forme qui, aux périodes de karyokinèse, donne naissance à $2n$ chromosomes, une autre forme qui, aux périodes de karyokinèse, donne naissance à n chromosomes seulement. Ces deux formes de cellules ne jouissent pas des mêmes propriétés ; elles déterminent, en particulier, des agglomérations d'aspect différent (Fougère et prothalle), et quand la forme à n chromosomes est parasite dans une agglomération de cellules à $2n$ chromosomes, son influence morphogène prouve que le fait, d'avoir n chromosomes au lieu de $2n$, correspond à une transformation profonde des phénomènes cellulaires.

Cependant, si nous nous plaçons au point de vue de l'hérédité, nous voyons que le prothalle de Fougère, malgré sa forme aberrante, transmet à l'œuf fécondé qu'il produit, exactement l'hérédité de la Fougère dont il provient[1]; l'œuf fécondé reproduit en effet une Fougère feuillée *identique* à la grand'mère. Il faut donc que, quoique différentes par leurs manifestations momentanées, les substances vivantes qui font partie de la Fougère et du prothalle soient cependant *les mêmes*. Autrement dit, la forme prothalle à n chromosomes n'indique pas l'existence de substances *différentes* dans les cellules, mais des mêmes substances à deux états différents. *Il y a deux états de la substance vivante.*

Nous avons déjà constaté, dans la vie cellulaire, une succession fatale de deux phases : la phase dite de repos et la phase de karyokinèse, et nous avons compris que la phase de karyokinèse provenait d'une maturation périodique du cytoplasma, sans nous douter d'ailleurs de la cause de cette maturation.

Voici que nous nous trouvons en présence de deux autres états, également successifs, dans certains cas au moins, l'état à n chromosomes et l'état à $2n$ chromosomes, et, dans *chacun* de ces deux états, la phase de repos succède régulièrement à la phase de karyokinèse; mais, à chaque karyokinèse, le nombre des chromosomes qui apparaissent est $2n$ dans le premier état, n dans le second. Cela indique évidemment une modification permanente dans l'équilibre général des substances de la cellule, modification permanente qui se traduit, à l'état de repos, par une morphologie différente (le prothalle ne ressemble pas à la Fougère), à l'état de karyokinèse par une différence dans le nombre des chromosomes.

De plus, il y a un rapport certain entre la succession de ces deux états et les phénomènes sexuels, puisque,

---

1. Je ne puis me dispenser de faire appel dès maintenant à cette notion d'hérédité, que j'étudierai seulement dans un chapitre ultérieur.

d'une part, la maturation sexuelle ne peut atteindre que les cellules qui sont dans l'état à n chromosomes, et que, d'autre part, la fécondation donne toujours immédiatement une génération à $2\,n$ chromosomes.

Une comparaison avec un phénomène physique connu va nous mettre sur la voie d'une explication de ces particularités. Dans la loi de VAN T'HOFF, par exemple, la pression osmotique est proportionnelle au nombre des molécules qui existent dans la solution; aussi, quand les molécules sont *ionisées* (ainsi que nous l'avons vu plus haut, § 33), la pression est-elle plus forte que celle que l'on avait calculée d'après le nombre des molécules introduites dans la solution; chacune des molécules compte dès lors, en effet, pour deux.

Les molécules vivantes étant elles aussi bipolaires, comme nous avons été amenés à le constater, il est évident que suivant l'*état* dans lequel se trouveront ces molécules, suivant qu'elles seront comparables à des molécules ionisées ou à des molécules non ionisées, suivant qu'elles seront, en d'autres termes, formées de deux demi-molécules séparées ou de deux demi-molécules juxtaposées, les manifestations qui résulteront de leur existence seront différentes. En particulier, un certain nombre de ces molécules se disposent en chromosomes lorsque la karyokinèse se produit; eh bien, de même que les molécules ionisées donnaient une pression osmotique double, de même, les molécules, formées de deux demi-molécules *séparées*, donneront un nombre de chromosomes double de celui que donnent les mêmes molécules, formées de deux demi-molécules associées. En d'autres termes, aux deux états de la substance nucléaire, l'état *associé*, dans lequel toutes les molécules sont formées de deux demi-molécules associées, et l'état *dissocié*, dans lequel toutes les molécules sont formées de deux demi-molécules séparées, correspondront, quand arrivera la phase de karyokinèse, des apparitions de n ou de $2n$ chromosomes.

Au moment où la fécondation vient d'avoir lieu, il est évident que les $2n$ chromosomes de l'œuf comprennent *n chromosomes mâles* et *n chromosomes femelles ;* par suite des échanges qui ont lieu, (théorie de GROTTHUS, par exemple : v. § 35, fig. 47), les chromosomes deviennent bien vite des chromosomes sans sexe ou plutôt contenant les deux sexes comme le prouve leur inertie dans les karyokinèses ultérieures ; mais le nombre de chromosomes qui apparaît à chacune des karyokinèses successives reste toujours $2n$, ce qui tend à nous faire croire que l'état de la substance nucléaire reste dissocié.

Peut-être cet état dissocié tend-il progressivement vers l'état associé au cours des karyokinèses successives, parce que, pour des raisons que nous ignorons, la cause qui écarte l'une de l'autre les deux demi-molécules du sexe opposé tend à s'affaiblir ; dans tous les cas, au bout d'un certain nombre de karyokinèses, certaines cellules deviennent brusquement des cellules à n chromosomes, parce que les deux pôles de chaque molécule ont fini par se joindre.

Ordinairement, cette apparition de l'état associé se traduit par un arrêt dans l'activité cellulaire ; les spores des Fougères, à peine produites, passent à l'état de vie latente ; mais, dans des conditions ultérieurement réalisées, la substance vivante associée reprend son activité et donne des karyokinèses successives à n chromosomes.

Le dynamisme résultant de l'activité chimique à ce nouvel état est différent de ce qu'il était à l'état dissocié, ainsi que le prouvent, d'une part, la formation de n chromosomes, d'autre part, la morphologie différente qui résulte des mouvements molaires d'échanges.

Chose très intéressante à constater, c'est seulement à

l'état associé, à la forme à *n* chromosomes, que peut se produire la maturation sexuelle; constatons-le sans essayer de l'expliquer, quoique la chimie physique puisse sans peine nous fournir des comparaisons qui nous le feraient comprendre.

Ainsi, de chaque fécondation résulterait une certaine *tension* (?) bipolaire qui tiendrait écartées, dans l'acte de l'assimilation, les deux demi-molécules de sexes différents; cette tension irait décroissant de karyokinèse en karyokinèse, de telle manière que, au bout de 300 générations, par exemple, chez les Infusoires ciliés, elle aurait complètement disparu et laisserait place à l'état associé susceptible de maturation sexuelle. Ceci est hypothétique, mais il est commode de relier par des hypothèses un ensemble de faits aussi bizarres et aussi variés que les divers phénomènes de sexualité.

43. — LES CHROMOSOMES DANS LA PARTHÉNOGÉNÈSE.

Puisque nous avons été amenés à cette conception de la signification du nombre de chromosomes, voyons maintenant ce qui se passe dans les cas de parthénogénèse; un cas de parthénogénèse peut être considéré comme un cas dans lequel les phénomènes morphologiques semblaient devoir conduire à une maturation sexuelle *qui ne se produit pas;* de sorte que des éléments, qui semblaient devoir devenir des ovules, restent en réalité des plastides complets.

La genèse de ces plastides complets très spéciaux, de ces *parthénogonades*, est analogue à celle des éléments sexuels; il y a des *gonies* successives, jusqu'à la *gonie* de dernier ordre qui grossit pour devenir un *cyte* de premier ordre. A partir de ce moment, il devrait, si tout se passait morphologiquement comme dans le cas des éléments sexuels vrais, se produire deux karyokinèses successives sans phase de repos intermédiaire comme celles que nous avons vu précédemment appeler « les expulsions de globules polaires ».

Cela a lieu quelquefois, mais pas toujours; les parthénogonades de l'Abeille, du *Liparis*, etc., expulsent deux globules polaires comme des ovules mûrs ordinaires (on sait d'ailleurs que, à certains points de vue, la parthénogonade de l'Abeille peut être considérée comme un ovule femelle). Chez les Pucerons, les Ostracodes, les Rotifères, il y a seulement expulsion d'un globule polaire dans les parthénogonades, tandis que les œufs fécondés en expulsent deux. WEISMANN a attaché une grande importance à ce fait, qu'il considérait comme général, de la non expulsion du second globule polaire dans les parthénogonades; or, ce fait n'est pas général; de plus, nous ne devons pas oublier que, dans beaucoup de cas, la maturation chimique de l'œuf a lieu avant l'expulsion des globules polaires, et que, par conséquent, on ne peut pas considérer cette expulsion comme déterminant la maturation.

Le fait que, dans certains cas, le second globule polaire semble prêt à sortir, puis reste dans l'ovule qui devient ainsi (?) parthénogénétique, a amené plusieurs auteurs à reprendre, dans ce cas des parthénogonades, l'hypothèse de VAN BENEDEN (V. plus haut, § 34), et à considérer que le second globule polaire joue dans l'espèce le rôle de spermatozoïde.

CHROMOSOMES UNIVALENTS ET BIVALENTS.

BRAUER a fait sur la parthénogénèse chez *Artemia* une observation intéressante à cet égard. Ce Crustacé présente deux modes de parthénogénèse. Dans le premier de ces modes, le premier globule polaire est seul formé et il reste, à l'intérieur de la parthénogonade, *n* dyades, dont chacune devient un chromosome (simple en apparence, double en réalité, disent les auteurs qui leur donnent, dans ce cas, l'appellation de *chromosomes bivalents*). Dans le second mode, chacune de ces n dyades donne deux groupes de n chromosomes simples, comme si le second globule polaire devait se former, mais ce second globule ne se forme pas, et il y a alors $2n$ chromosomes univalents dans la parthénogonade.

Dans les deux cas, la parthénogonade donne naissance à un individu nouveau qui, dans le premier cas, est caractérisé à chaque karyokinèse par n chromosomes *bivalents*, dans le second cas, par $2n$ chromosomes *univalents*. L'absence de différences extérieures entre les individus de ces deux groupes fait penser que l'existence des chromosomes bivalents résulte d'une particularité insignifiante, qui n'a rien à voir avec l'état à n chromosomes caractéristique des prothalles.

On connaît d'ailleurs chez *Ascaris* deux variétés qui ne diffèrent que par le nombre n de chromosomes; ce nombre est 1 et les chromosomes sont dits *bivalents*, dans l'une des variétés; il est 2 et les chromosomes sont dits *univalents*, dans l'autre variété; cela n'empêche pas que, chez les êtres de ces deux variétés, le nombre de chromosomes des éléments somatiques soit double de celui des éléments génitaux, ce qui prouve que l'existence de chromosomes dits bivalents n'a rien à voir avec la réduction du nombre des chromosomes dans les prothalles.

Il y a encore beaucoup à chercher dans cette voie de la parthénogénèse; le problème le plus important est de comprendre comment, d'un stade à n chromosomes, comme le prothalle, peut provenir, sans fécondation, un stade à $2n$ chromosomes; un cas analogue est connu chez certaines Fougères sous le nom d'*apogamie*; une cellule du prothalle germe sans fécondation et donne une Fougère femelle à $2n$ chromosomes.

Peut-être le centrosome, conservé dans les parthénogonades, suffit-il, par suite d'une maturation partielle des chromosomes, à rétablir l'état dissocié? Les expériences de mérogonie vont nous donner à ce sujet un renseignement bien précieux.

44. — EXPÉRIENCES DE MÉROGONIE.

Un ovule mûr d'Oursin est coupé en deux; l'une des parties ne contient plus de chromosomes et est néanmoins fécondable parce qu'elle contient des demi-molécules femelles cytoplasmiques. Un spermatozoïde y entre, contenant n chromosomes; cela fait un œuf qui a, en tout, pour substances femelles, les demi-molécules cytoplasmiques; c'est peu, mais c'est suffisant, comme nous le prouve l'expérience. Une fécondation partielle a lieu qui permet l'assimilation, *or, une fois que l'assimilation existe les éléments actifs se multiplient tant qu'on veut*; quelque faible que soit donc, au début, le nombre de ces éléments actifs (il est égal au nombre des demi-molécules femelles du cytoplasma), ce nombre croît vite et des cellules normales en résultent, cellules dans lesquelles, l'état étant *dissocié*, le nombre normal $2n$ de chromosomes apparaîtra; ce qui a lieu, comme l'a observé DELAGE.

Et nous comprenons, par suite, les faits d'apogamie et de parthénogénèse; les chromosomes subissent un commencement de maturation femelle dans les parthénogonades, mais ce commencement, si faible qu'il soit, suffit pour donner des demi-molécules antagonistes au centrosome mâle conservé (le centrosome mâle joue dans l'espèce le même rôle que le cytoplasma femelle de l'ovule

mérogonique); il y a donc, à côté de substances vivantes
associées (celles qui proviennent de la partie non encore
mûrie des chromosomes), d'autres substances dissociées
qui résultent de la fécondation, par le centrosome mâle,
des parties femelles des chromosomes; et ainsi les cellules sont mixtes, contenant à côté d'une partie associée
une partie dissociée, qui l'emporte peut-être et qui, en
tout cas, suffit à déterminer les conditions d'équilibre dans
lesquelles se produisent $2n$ chromosomes.

45. — EXPULSION DES GLOBULES POLAIRES APRÈS LA FÉCONDATION.

Nous avons vu plus haut que la maturation chimique
atteint l'oocyte, suivant les cas, soit après l'expulsion
des deux globules polaires comme chez l'Oursin, soit entre
l'expulsion du premier et l'expulsion du second, comme
chez la Lamproie, la Grenouille et l'*Amphioxus*, soit enfin,
avant l'expulsion du premier globule comme chez les Annélides, les Gastéropodes, les Nématodes, etc. Mais, dans
les deux derniers cas, la fécondation permet toujours
l'achèvement du phénomène commencé, savoir l'expulsion
du second globule polaire dans le cas de l'*Amphioxus*,
l'expulsion des deux globules polaires dans le cas des
Nématodes, de sorte que, en règle générale, il y a toujours, dans les œufs fécondés, expulsion de deux globules
polaires, soit avant, soit après la fécondation, soit un
avant et un après (v. § 37, fig. 51).

Il est donc bien évident, quoi qu'en aient dit la plupart
des auteurs, que la maturation sexuelle de l'œuf n'a rien
à voir, directement tout au moins, avec l'expulsion des
globules polaires; nous pouvons comprendre, maintenant,
sinon la raison des deux karyokinèses singulières, du

moins le fait que la fécondation détermine leur réalisation quand elle n'a pas eu lieu avant la maturation.

Nous avons constaté, en effet, qu'il y a un parallélisme total entre les phénomènes qui conduisent à l'élément mâle et ceux qui conduisent à l'élément femelle, mais que, pour l'élément mâle, la maturation n'a jamais lieu qu'après les deux karyokinèses singulières; quand le même fait se produit pour l'élément femelle, comme chez l'Oursin, il y a équivalence véritable entre l'ovule et le spermatozoïde : la quantité de substance mâle d'un spermatozoïde est capable de compléter exactement celle de l'ovule correspondant.

Quand, au contraire, c'est l'oocyte primaire qui est atteint par la maturation avant les deux karyokinèses singulières, il est évident qu'il équivaut à un spermatocyte primaire, lequel fournit, sans assimilation (sans phase de repos), quatre spermatozoïdes; un spermatozoïde n'équivaut donc qu'à un quart des substances femelles des n tétrades et ne féconde que n chromosomes simples de ces n tétrades; il est, par suite, tout naturel que les $3n$ autres chromosomes simples soient expulsés dès que la fécondation a rétabli l'activité suspendue dans l'ovule par la maturation.

Quand c'est l'oocyte secondaire qui est atteint par la maturation, entre la première et la deuxième karyokinèses singulières, le spermatozoïde équivaut à la moitié de ses n dyades et en féconde seulement n chromosomes simples; les n autres chromosomes simples sont donc expulsés, dès que la fécondation a rendu à la cellule son activité suspendue par la maturation.

Il est donc fort compréhensible que les deux karyokinèses singulières se complètent toujours après la fécondation, quand elles n'ont pas eu lieu avant; mais à quoi sont-elles dues? A quoi est dû le mouvement du noyau de l'oocyte vers la périphérie au moment où elles commencent? Autant de questions auxquelles il est difficile de répondre; nous y reviendrons quand nous nous occuperons du mécanisme des premières bipartitions de l'œuf, fécondé ou non, dans le phénomène de la segmentation.

46. — CONCLUSION.

Arrivés au terme de cette longue étude des phénomènes sexuels, nous conservons l'impression que les *chromosomes* sont des corpuscules qui se forment aux périodes de karyokinèse et qui disparaissent en tant que corpuscules pendant les périodes dites de repos; de plus, le nombre $2n$ de chromosomes somatiques se complète de lui-même, sous l'influence de conditions mécaniques d'équilibre, dans la mérogonie et dans certaines parthénogénèses; tout cela nous amène à repousser la théorie, soutenue d'ailleurs *a priori* par les auteurs, de l'individualité des chromosomes. Dans cette théorie, issue du système de WEISMANN, on considère chaque chromosome comme un individu détenteur de propriétés spéciales et qui se reproduit pour son compte, dans les cellules successives, en donnant des descendants qui héritent de ses propriétés; WEISMANN, ayant localisé dans les chromosomes le véhicule de l'hérédité somatique, remplace ainsi la question de l'hérédité d'être à être par celle de l'hérédité de chromosome à chromosome qui est aussi compliquée. Nous étudierons cette théorie dans le chapitre suivant, mais il est déjà évident, d'après ce que nous avons constaté jusqu'ici, que les chromosomes représentent une forme d'équilibre et non un ensemble de substances spéciales.

Il sera logique d'étudier, dans ses grandes lignes,

l'hérédité dans la génération agame et dans la génération sexuelle, et même les principes généraux de la formation des espèces, avant d'entreprendre l'observation des phénomènes d'évolution individuelle dans les espèces actuelles. Il nous sera en effet indispensable, à chaque instant, de faire appel aux notions d'hérédité pour comprendre les phénomènes d'évolution individuelle; de plus, l'évolution individuelle des espèces existant aujourd'hui est, nous le verrons, la conséquence de phénomènes qui se sont passés chez les générations antérieures, quoique, en réalité, chaque cellule possède aujourd'hui, dans sa structure chimique, toutes les raisons de son activité spéciale; mais, cette structure chimique, elle la tient de ses ancêtres; il est donc logique d'étudier la formation des espèces avant l'évolution individuelle.

LIVRE II

L'HÉRÉDITÉ DANS LA GÉNÉRATION AGAME ET LA GÉNÉRATION SEXUELLE.

CHAPITRE VI

HISTORIQUE DES PRINCIPALES THÉORIES DE L'HÉRÉDITÉ.

47. — LE PROBLÈME DE L'HÉRÉDITÉ. — 48. THÉORIE DE LA PRÉFORMATION ET DE L'EMBOITEMENT DES GERMES. — 49. LES PARTICULES REPRÉSENTATIVES ET LES CARACTÈRES. — 50. LES PLASMAS ANCESTRAUX. — 51. LES PLASMAS FIGURÉS DANS LA CELLULE. — 52. LE PLASMA GERMINATIF. — 53. AUTRES THÉORIES.

47. — LE PROBLÈME DE L'HÉRÉDITÉ.

Nous avons vu, dans le premier livre, comment s'est constitué l'œuf, soit qu'une fécondation ait corrigé la maturation préexistante, soit qu'il n'y ait pas eu maturation ou du moins que la maturation ait été à peine ébauchée. Dans les deux cas, cet œuf fécondé ou parthénogénétique peut donner, par une série de bipartitions successives, une agglomération cellulaire qui est un être vivant; on appelle *parents* de l'être vivant nouveau les êtres préexistants qui ont fourni le ou les éléments composant l'œuf; on appelle *ancêtres* les parents des parents.

Il est d'observation courante, que des ressemblances plus ou moins accentuées existent entre l'individu nouveau, ses parents, ses ancêtres, et les autres individus ayant mêmes parents ou mêmes ancêtres, et Littré définit *hérédité* : « la condition organique qui fait que les manières d'être corporelles et mentales passent des parents aux enfants ».

Remarquons tout de suite que cette *condition organique*, dont parle Littré, doit être une particularité de l'œuf, car, sauf dans les espèces supérieures où les parents fournissent à l'enfant, d'abord un gîte pour ses premiers développements (vie intra-utérine), ensuite des conseils, des modèles pour ses « manières d'être corporelles et mentales » (éducation), sauf dans ces espèces, dis-je, les parents ne fournissent que l'*œuf* et se désintéressent complètement de son devenir; les jeunes Oursins, les jeunes Harengs ne connaissent jamais leurs parents.

Pour parler la langue courante, l'œuf est donc l'*héritage* que les parents laissent à l'enfant, et tout ce qui proviendra, chez l'enfant, de la nature spéciale de l'œuf devra être considéré comme une propriété *héréditaire*. Cette simple observation nous prouve qu'une notion de l'*hérédité* peut exister indépendamment de toute considération de la ressemblance des enfants avec leurs parents; l'hérédité, envisagée à ce point de vue, existerait même dans le cas où aucune ressemblance ne se manifesterait.

La Fougère, par exemple, émet une spore; cette spore jouit de certaines propriétés qui sont l'*héritage* de l'individu issu de la spore, puisque c'est là tout ce que cet individu tiendra de la Fougère mère; or l'état des substances vivantes, qui est *dissocié* dans la Fougère, est *associé* dans la spore, et, par suite de cette différence d'état, la germination de la spore donnera un *prothalle* qui ne ressemble en rien à la Fougère. Direz-vous, pour cela, que l'héritage est nul ? Évidemment non ; seulement, cet héritage se traduit, au cours du développement, par la production d'un prothalle. C'est la spore qui, dans les conditions réalisées par la terre humide, a donné naissance au prothalle ; or la Fougère avait fourni la spore, avait laissé la spore en héritage ; c'est donc l'héritage de la Fougère qui se manifeste sous forme de prothalle ; c'est par *hérédité* que le prothalle est prothalle.

Si ce cas d'hérédité sans ressemblance était général, le monde serait bien différent de ce qu'il est ; tout au contraire, il y a, le plus souvent, entre les parents et les enfants, des ressemblances contingentes, il est vrai, mais souvent très accentuées ; ce sont ces ressemblances qui frappent les observateurs et ils donnent le nom d'hérédité à la *force mystérieuse* qui les produit. Écoutez les conversations familiales dans le ménage Duval-Durand : « Le petit Pierre a le nez de son père et les yeux de sa mère ; il tient la couleur de ses cheveux de la grand'mère Duval, la forme de son ovale, du grand-père Durand » ou bien : « C'est tout le portrait de sa mère : il est du côté Durand », etc... L'hérédité est donc, dans le langage courant, une divinité capricieuse, qui choisit des éléments au hasard dans les divers membres d'une famille, et les associe à d'autres éléments nouveaux, pour fabriquer un nouvel individu, aussi hétéroclite que celui dont parle Horace au commencement de son *Art poétique*.

En réalité le jeune enfant provient de l'œuf ; l'œuf contient des quantités équivalentes des substances paternelles et des substances maternelles, et, dans le nez du petit Pierre, il y a, malgré la ressemblance unilatérale, autant de substance issue de la mère, que dans ses yeux, qui ont la ressemblance unilatérale inverse.

Cela n'empêche pas, d'ailleurs, que ces ressemblances *capricieuses* ne soient un indice fort intéressant du *hasard* qui préside toujours à la reproduction sexuelle; en accouplant deux individus, on ne sait jamais d'avance quel produit on obtiendra (du moins quant aux détails de son organisation, car on peut en prévoir l'espèce et même la race), mais, puisque c'est de *l'œuf* que proviennent toutes les particularités héréditaires, c'est dans la formation de l'œuf qu'il faut chercher la source de ces mélanges capricieux; c'est là ce qu'on appelle les hasards de l'*amphimixie* ou du mélange des sexes.

HÉRÉDITÉ ET ÉDUCATION.
Une fois l'œuf produit, un nouvel individu commence, et cet individu pourra présenter certains caractères spéciaux dus aux conditions dans lesquelles se produira son évolution individuelle; tel œuf, qui eût donné un géant bien constitué dans des conditions favorables, pourra, dans un bassin maternel trop étroit, produire un nabot difforme. C'est une des questions les plus difficiles de la biologie que de savoir déterminer, dans chaque cas, ce qui, chez un individu donné, est une conséquence fatale des propriétés de l'œuf dont il est issu, et ce qui résulte au contraire des conditions extérieures dans lesquelles il a accompli son évolution. Entendons-nous bien : à chaque moment de l'évolution de l'individu, il réagit, *suivant sa nature*, aux stimulus provenant du milieu, et c'est la série de ces réactions successives qui constitue l'évolution individuelle; or, dans chacune de ces réactions, il y a deux facteurs : l'individu et le milieu, et aucune d'elles ne peut être considérée comme résultant *uniquement* de l'un des facteurs. Mais les conditions réalisées par le milieu ne peuvent pas s'écarter d'un certain cadre sans que l'individu *meure;* pour que l'individu continue à vivre et à se développer, il faut donc que les conditions ambiantes soient à chaque instant adéquates à ses besoins, et cela limite singulièrement les *pos-*

sibilités de l'évolution d'un individu donné, pourvu que l'on écarte le cas, dénué d'intérêt, où cet individu ne serait plus qu'un cadavre susceptible de mille transformations diverses. Autrement dit, deux œufs entièrement identiques peuvent donner, dans des conditions différentes, des développements différents, mais si aucun de ces développements n'est interrompu par la mort, il y a une limite aux divergences qui peuvent se manifester entre eux deux. En d'autres termes encore, le cadre dans lequel peut évoluer, sans mourir, un individu issu d'un œuf donné, n'est pas infiniment extensible ; *il est tracé d'avance par la nature de l'œuf ;* c'est-à-dire qu'un œuf d'homme pourra, suivant les conditions de milieu, donner un athlète ou un estropié ; il ne pourra jamais donner un Veau ou un Lézard.

Voilà ce qu'on entend en disant que l'évolution individuelle est *dirigée par l'hérédité.* Pour parler correctement il faut dire que *tous les caractères de l'individu* dépendent, et de sa nature originelle (hérédité), et des circonstances qu'il a traversées (éducation), mais que l'hérédité limite, sous peine de mort, les fantaisies de l'éducation. Il n'est pas loisible, pour rendre deux enfants différents, de nourrir l'un avec du lait, l'autre avec du sable ; le second mourrait bientôt et son histoire ne présenterait plus aucun intérêt.

C'est donc seulement à condition qu'un individu *reste vivant*, que la nature de son œuf peut être considérée comme déterminant d'avance, avec une certaine approximation, ce que sera son état adulte ; en cas de mort, des possibilités très nombreuses sont à envisager : il y a une infinité de conditions n° 2.

Toutes les considérations précédentes nous amènent à comprendre que la seule définition scientifique de l'hérédité, c'est *la nature de l'œuf* (ou de la spore, du plastide initial, pour généraliser) ou, si l'on préfère : *l'ensemble des propriétés du plastide initial*. Ces propriétés se manifestent successivement, dans les conditions ambiantes dont l'ensemble constitue *l'éducation,* par ce qu'on appelle *l'évolution individuelle;* et ce que nous venons de dire nous prouve que tous les caractères, qui se manifestent au cours de l'évolution individuelle, sont le produit de deux facteurs : *l'hérédité* et *l'éducation;* seulement, étant donnée une *hérédité,* l'éducation ne peut, sous peine de mort, sortir de certaines limites, ce qui amène, en fin de compte, à affirmer que l'hérédité a la haute main sur l'évolution d'un individu jusqu'à sa mort.

PROPRIÉTÉS ET CARACTÈRES.

Voilà pourquoi on a cru souvent que tous les caractères des individus étaient déterminés dans l'œuf, ce qui réduirait à néant les divergences sous l'influence d'éducations différentes; il faut bien retenir que l'œuf a des *propriétés* susceptibles de se manifester, dans des conditions différentes, par la production de *caractères* différents, mais que les *caractères* ne sont déterminés dans l'œuf qu'en tant que l'éducation, possible sans entraîner la mort, est elle-même déterminée dans l'œuf; or cette éducation n'est fixée que dans certaines limites, il y a donc de la marge pour l'évolution individuelle.

C'est pour n'avoir pas réfléchi à ces vérités, que nous enseigne cependant la plus élémentaire logique, que les anciens auteurs ont été conduits à la théorie de la préformation, et les auteurs plus récents à celle des particules représentatives qui n'est qu'un rajeunissement de la première.

48. — THÉORIE DE LA PRÉFORMATION ET DE L'EMBOITEMENT DES GERMES.

Les premiers naturalistes que le microscope a mis à même de découvrir les éléments reproducteurs de l'homme, le spermatozoïde et l'ovule, se sont divisés en deux camps, les *spermatistes* et les *ovistes*, dont les théories étaient d'ailleurs à peu près identiques, sauf que les uns attribuaient une importance exclusive à l'élément mâle, les autres à l'élément femelle. Les spermatistes, par exemple, croyaient voir, dans le spermatozoïde, un petit homme ramassé sur lui-même, un *homunculus* qui n'avait qu'à *grandir* pour devenir un homme adulte, et qui trouvait, dans le milieu fourni par la femelle, les conditions convenables à son évolution; les ovistes trouvaient la même chose dans l'œuf et prétendaient que la liqueur mâle n'était nécessaire que pour donner un coup de fouet au développement de l'*homunculus* déjà formé. Malgré cela, ils trouvaient moyen de comprendre que l'hérédité ne fût pas unilatérale, c'est-à-dire que le jeune produit pût tenir à la fois de son père et de sa mère; écoutez l'oviste Bonnet racontant la genèse du mulet : « Le mulet provient d'un germe de cheval contenu dans la jument. Ce germe contenait tous les organes de l'animal, mais froissés, affaissés, plissés. La liqueur séminale de l'âne les gonfle, les déploie, comme aurait fait celle du cheval, mais il gonfle et détend moins la croupe et les pattes et davantage les oreilles, ce qui fait que le produit est un peu différent de ce qu'il eût été si son père eût été un cheval. » On se contentait à cette époque d'explications peu précises !

Une conséquence de cette théorie de la *préformation* de l'homme dans l'élément génital est l'hypothèse fantastique de l'emboîtement des germes. Pour les ovistes, par exemple, un œuf contient un *homunculus* qui, s'il est

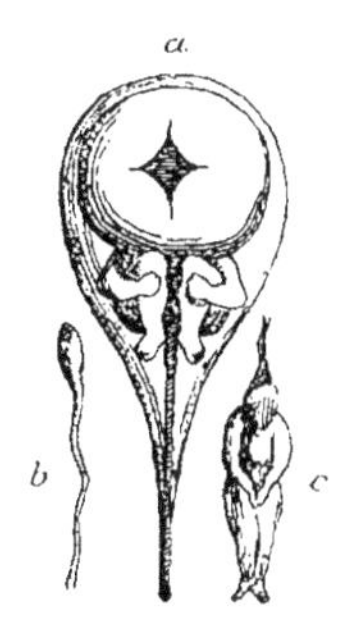

Fig. 58. — L'*homunculus* des spermatistes :

a, spermatozoïde idéal, d'après Hartsœker ;

b, spermatozoïde observé par Dalempatius ;

c, le même dépouillé de son enveloppe.

femelle, contient à son tour dans son ovaire minuscule les réductions des êtres de la génération suivante; de cette deuxième génération, les individus femelles contiennent, eux aussi, dans des ovaires encore plus petits, les réductions encore plus infimes des êtres de la troisième génération et, ainsi de suite jusqu'à la consommation des siècles. En remontant à l'origine des choses, toutes les générations qui ont existé et qui existeront devaient être représentées en raccourci dans l'ovaire de la première femme, s'il y a eu une première femme !

Cette hypothèse était bien difficile à admettre, mais surtout, elle n'expliquait rien.

Supposons en effet qu'un œuf de chèvre contienne un minuscule chevreau. Nous sommes habitués à voir un chevreau (plus grand, il est vrai, que celui qui pourrait être contenu dans l'œuf de chèvre, mais la difficulté est la même) à voir, dis-je, un chevreau *grandir* et prendre petit à petit les dimensions de sa mère. Encore y a-t-il, dans cette manière de s'exprimer, une légère inexactitude; un jeune chevreau n'est pas la reproduction exacte d'une chèvre, un enfant n'est pas la reproduction exacte d'un homme; si un enfant grandissait en restant semblable à lui-même, il donnerait naissance, non pas à un homme, mais à un monstre grotesque, rappelant les bonshommes en baudruche que l'on vend dans les foires et que l'on gonfle en soufflant dedans.

 Passons même sur cette petite dissemblance; pouvons-nous sans étonnement voir le chevreau nouveau-né devenir chèvre ? Le tableau de la figure 59 résume l'ensemble des phénomènes de la première année de la vie du jeune animal; c'est-à-dire qu'en traitant par un chevreau de 4 livres les substances alimentaires contenues dans la deuxième colonne, on a obtenu, outre les substances excrémentitielles de la quatrième colonne, une chèvre de

30 livres; c'est-à-dire encore que, pendant la première année, il y a eu, aux dépens d'éléments différents empruntés à l'extérieur, *fabrication de 26 livres de substance de chèvre.* Le chevreau a, par son activité propre, transformé en *sa propre substance* des substances différentes; il a *assimilé* des matières étrangères, et nous avons vu plus haut que c'est là la caractéristique de la vie élémentaire.

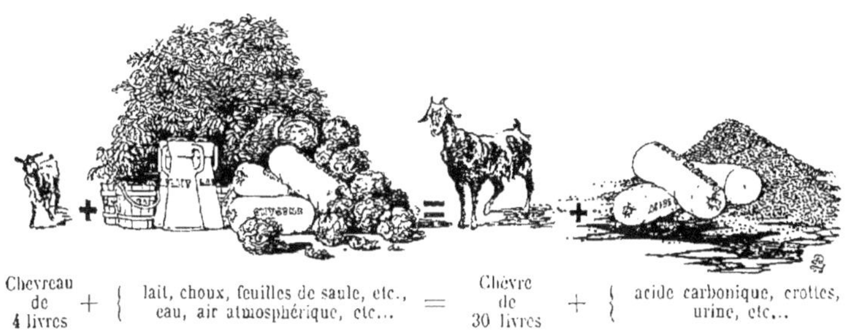

Fig. 59. — Équation de la croissance d'un chevreau pendant la première année.

La *substance de chèvre* ne nous paraît pas immédiatement quelque chose d'aussi bien défini que les substances plastiques *a*, dont nous parlions au commencement du livre premier, et il y a là en effet une difficulté que nous résoudrons un peu plus tard; mais ce seul exemple suffit à montrer que la théorie de la *préformation* n'expliquait pas grand'chose; et en outre, même si cette difficulté de l'assimilation n'avait pas existé, quelle puissance mystérieuse se serait occupée de la localisation, aux divers points de la chèvre, des substances qui *doivent* s'y trouver pour que l'animal soit en effet une chèvre? Nous retrouverons le souci de cette difficulté et sa solution, d'ailleurs purement verbale, dans la théorie des particules représentatives.

Il ne faut pas se dissimuler, cependant, que ce qui a fait

abandonner le système des spermatistes et des ovistes, ce n'est pas cette question que nous venons de poser; les progrès de l'observation microscopique ont prouvé qu'il n'y avait pas trace *d'homunculus* dans les éléments sexuels et que, de plus, les premiers stades du développement de l'individu ne ressemblaient jamais, même de très loin, à l'adulte terme de ce développement. A la théorie de la préformation, succéda la constatation de l'*épigénèse*, c'est-à-dire, de la formation successive de parties *nouvelles* dont l'agglomération finit par produire l'individu. Mais l'influence de la théorie de la préformation continua à se faire sentir dans la science, ainsi que nous le verrons en étudiant les théories de DARWIN et de WEISMANN.

L'ÉPIGENÈSE.

49. — LES PARTICULES REPRÉSENTATIVES ET LES CARACTÈRES.

Les spermatistes et les ovistes voulaient trouver un homunculus dans l'élément reproducteur, et il a bien fallu se rendre compte que cet homunculus n'existe pas, mais, à défaut de cette réduction minuscule d'individu, des naturalistes plus récents ont cherché à expliquer l'hérédité en imaginant, dans l'ovule et le spermatozoïde, l'*équivalent* non figuré de cette réduction minuscule.

Voici, en réalité, à quoi se résume la méthode, éminemment peu scientifique, qui a conduit à la théorie des particules représentatives.

Un homme, par exemple, se compose d'environ soixante trillions de cellules et il est néanmoins reproduit par des éléments sexuels de très petite dimension : voilà le phénomène à expliquer; on s'est dit que la difficulté serait moindre, ou du moins n'apparaîtrait pas aussi nettement, si l'on divisait le problème en soixante trillions de parties, si l'on remplaçait la reproduction de l'homme par soixante trillions de reproductions partielles, et l'on a imaginé en conséquence des particules infiniment petites qui (et cette comparaison a été, consciemment ou non, le point de départ de tout le système), sont aux cellules ce que les éléments génitaux sont à l'homme.

Admettons (et ceci revient à considérer comme résolu tout le problème de l'hérédité), que chaque particule infiniment petite, chaque *gemmule* comme les appelle Darwin, soit capable de reproduire une cellule de l'organisme ou, tout au moins, de donner à une cellule nouvelle tous les caractères de cette première cellule; admettons, en outre, que chaque élément génital comprenne soixante trillions de gemmules, correspondant aux soixante trillions de cellules de l'individu à reproduire, et nous aurons substitué, à une hérédité unique, soixante trillions d'hérédités partielles, exactement aussi mystérieuses que la première.

Encore cela ne sera-t-il pas suffisant, car non seulement ces soixante trillions de gemmules, qui sont miraculeusement rassemblées dans l'œuf, devront déterminer, chacune pour son compte, une cellule de l'organisme à venir, mais encore il faudra qu'elles soient distribuées dans l'œuf de manière à *placer*, au cours de l'épigénèse, chaque cellule, avec ses caractères propres, là où cette cellule sera nécessaire pour la constitution de l'homme nouveau.

Il ne faut pas oublier, en effet, qu'un homme n'est pas une agglomération *quelconque* de soixante trillions de cellules, mais un mécanisme coordonné où chaque cellule doit occuper une certaine place et non une autre.

Ainsi donc, ces soixante trillions de gemmules, rassemblées dans l'œuf et distribuées d'une manière précise, ne sont en réalité qu'un déguisement de l'homunculus des ovistes. Peut-être n'avons-nous aucune raison de supposer que ces gemmules *dessinent*, par leur agglomération, cet homunculus invisible, mais du moins est-il certain qu'elles sont disposées d'une manière qui est en rapport avec la forme de l'homme à déterminer, puisque, en fait, chacune d'elles représente, non seulement une cellule de l'homme, mais *une cellule avec la place qu'elle occupe.*

On voit combien est complexe ce système qui avait pour but de simplifier la question de l'hérédité ; il est plus logique de considérer simplement l'œuf comme ayant le pouvoir de reproduire l'homme, que d'attribuer un pouvoir aussi mystérieux à soixante trillons de gemmules, auxquelles il faut accorder, en outre, une *vertu déterminative* qui a pour résultat de conduire chaque cellule à la place qu'elle *doit* occuper.

LA VERTU DÉTERMINATIVE.

Même si le système des *particules représentatives* était acceptable dans le détail, il n'expliquerait pas le problème de l'hérédité, puisqu'il aurait par avance supposé ce problème résolu pour chacun des éléments constitutifs de l'homme ; l'homunculus, non plus, n'expliquait pas le développement de l'individu ; et il était utile de montrer, dès le début, le rapport étroit qui existe entre les spermatistes et les partisans des particules représentatives, pour faire comprendre que le second système dérive du premier ; le premier suppose l'homme tout entier *représenté* dans l'œuf, le second admet cette *représentation*, non pas pour l'homme considéré en bloc, mais pour toutes les parties de l'homme séparément ; encore faut-il sous-entendre entre tous les éléments de cette représentation des rapports de position qui sont bien près de dessiner *l'homunculus* au moyen des gemmules.

Il y a donc, dans la théorie des particules représentatives, une faute de logique ; il y a mieux : cette théorie donne des explications *purement verbales.*

J'ai supposé, en effet, que les particules représentatives étaient considérées comme capables de reproduire les cellules, de même que l'œuf reproduit l'homme. Or ce n'est pas ce qu'ont admis Darwin et Weismann. Par une conception, vraiment bien peu compréhensible, de la nature des phénomènes vitaux, ils ont été amenés à considérer leurs particules hypothétiques comme représentant et capables de reproduire, non pas les parties dans lesquelles on peut diviser un être vivant, mais les *caractères* de cet être. L'abus fait de ce mot caractère est inouï.

Qu'est-ce, en effet, qu'un caractère d'une cellule ou d'un individu, sinon *un élément de sa description?* Il y a donc autant de manières de définir les caractères d'un corps, qu'il y a de manières de les décrire, c'est-à-dire une infinité, et par conséquent l'on est en droit de se demander quels caractères, conventionnellement définis, ont été choisis pour être représentés par des particules, et pourquoi un mode de description a été préféré à un autre.

Mais il y a plus. Sous l'empire de je ne sais quelle idée préconçue, les illustres auteurs de la théorie en question ont cru devoir séparer les *caractères* de leur *substratum!* Ils ont admis, plus ou moins explicitement, que le protoplasma n'a pas en lui-même de caractères (??), et que ce sont les particules représentatives contenues à son intérieur qui lui en donnent. Si une telle assertion n'était pas signée Darwin, elle ferait sourire. Il ne faut d'ailleurs y voir qu'une expression du dualisme qui a si longtemps régné sur la science. Un passage de Claude Bernard nous fera comprendre l'erreur qui se cache sous cette apparente absurdité :

« Il importe, dit le grand physiologiste, de distinguer chez l'être vivant la *matière* et la *forme.*

« La matière vivante, le protoplasma, n'a point de morphologie en soi, ou du moins (et cela revient au même), il a une structure et une complication identiques. Dans cette matière *amorphe*, ou plutôt *monomorphe*, réside la vie, mais la vie *non définie*, ce qui veut dire que l'on y trouve toutes les propriétés essentielles dont les manifestations des êtres supérieurs ne sont que des expressions diverses, des modalités plus hautes. Dans le protoplasma se rencontrent les conditions de la synthèse chimique qui assimile les substances ambiantes..... Ainsi le protoplasma a tout ce qu'il faut pour vivre; c'est à cette matière qu'appartiennent toutes les propriétés qui se manifestent chez les êtres vivants. Cependant le protoplasma seul n'est que la matière vivante; il n'est pas réellement un *être vivant;* il lui manque *la forme qui caractérise la vie définie.*

« En étudiant le protoplasma, sa nature, ses propriétés, on étudie pour ainsi dire la vie à l'état de nudité, la vie *sans être spécial.* Le plasma est une sorte de chaos vital qui n'a pas encore été modelé et où tout se trouve confondu, faculté de se désorganiser et de se réorganiser par synthèse, de réagir, de se mouvoir, etc...

« L'être vivant est un protoplasma façonné; il a une forme spécifique et caractéristique. Il constitue une machine vivante dont le protoplasma est l'agent réel. *La forme de la vie est indépendante de l'agent essentiel de la vie,* le protoplasma, puisque celui-ci persiste *semblable* à travers les changements morphologiques infinis.

« La forme ne serait donc pas une conséquence de la nature de la matière vitale. Un protoplasma *identique dans son essence* ne saurait donner origine à tant de figures différentes. Ce n'est point par une propriété du protoplasma que l'on peut expliquer la morphologie de l'animal ou de la plante. » (*Leçons sur les phénomènes de la vie*, p. 292.)

Il y a dans ce passage une erreur et des contradictions. Une erreur, parce que le *mot* unique de protoplasma, provenant de l'état visqueux commun à toutes les matières vivantes en voie d'assimilation, a donné à l'auteur l'idée *insoutenable* de l'identité fondamentale de tous les protoplasmas. Je voudrais bien savoir où l'on peut trouver une raison scientifique d'affirmer que le protoplasma de la Levure de bière est identique à celui de la Gromie?

Des contradictions, parce que, si le protoplasma *assimile les substances ambiantes*, c'est en fabricant des substances *spécifiques* qu'il nous le prouve, c'est-à-dire que, dans une Belladone, il assimile sous forme de substance de Belladone, dans un Crapaud, sous forme de substance de Crapaud; et ces substances chimiquement différentes, et qui sont d'ailleurs les protoplasmas des deux espèces considérées, ce ne peut être un protoplasma unique qui les crée.

Mais ce passage est précieux pour nous faire comprendre l'état d'esprit qui a amené Darwin à imaginer des caractères indépendants de leur substratum; il fallait admettre une matière vivante unique, et, à cette matière unique, des particules *spécifiques* donnaient des caractères *spécifiques*. C'est là une erreur certaine, mais il vaut mieux mettre cette erreur en évidence que de s'en tenir à un langage *qui ne signifie rien du tout*.

Weismann a poussé à l'extrême cette théorie des particules représentatives, que son point de départ condamnait à la stérilité; il a construit, sur des prémisses qui heurtent le bon sens et la logique, un échafaudage d'hypothèses dont il devrait être inutile de parler aujourd'hui. Mais ce qui est peut-être plus frappant encore que l'erreur de Weismann, c'est l'engouement, je dirais presque universel, avec lequel son système fantastique a été adopté par tous les histologistes. Presque toutes les découvertes, relatives à la structure cellulaire et à la maturation figurée des produits sexuels, ont été amenées par le désir de trouver,

dans l'observation, une démonstration de l'hypothèse de
WEISMANN. Il est impossible de comprendre aujourd'hui
un mémoire d'histologie, si l'on ne connaît pas le système du chef de l'école néo-darwinienne.

Nous allons donc étudier ce système dans ses grandes
lignes.

50. — LES PLASMAS ANCESTRAUX.

Plaçons-nous d'abord, avec WEISMANN, au point de vue
de *l'origine des espèces*. Sa théorie des *plasmas ancestraux*
est destinée à illustrer l'admirable explication de l'évolution
progressive par sélection naturelle; nous étudierons cette
théorie un peu plus tard, mais nous devons en extraire
par anticipation ce résultat, admis d'ailleurs par tout le
monde : que la variation est la condition du progrès, et
que la sélection naturelle ne produit pas de variations,
mais choisit seulement, entre les variations survenues,
celles qui sont utiles aux individus dans les circonstances
présentes.

Il faut donc trouver des causes de variation chez les
êtres vivants; WEISMANN a cherché la source des variations dans une cause unique, *l'amphimixie* ou mélange
des sexes, et ceci est une nouvelle erreur de son système,
car, nous le verrons ultérieurement, la reproduction
sexuelle a précisément pour résultat d'anéantir les divergences fortuites et de fixer le type moyen des espèces.

*LES
AMPHIMIXIES
IMAGINAIRES
DE WEISMANN.*
WEISMANN a d'ailleurs raisonné constamment d'une
manière finaliste, et il a donné comme raison d'être à
l'amphimixie le besoin qu'avait la nature d'introduire des
variations pour permettre le progrès; aussi, raisonnant
d'une manière si peu scientifique, il a été conduit à imaginer des amphimixies *toutes différentes* de celles dont

nous observons des exemples dans les êtres actuels.

Considérons l'histoire du monde à une époque où les êtres vivants, relativement très simples, n'avaient qu'un petit nombre de caractères (?). Soient, par exemple, deux êtres différents, ayant des caractères différents ; ces deux êtres vont se fusionner l'un avec l'autre et produiront ainsi un être nouveau ayant les caractères des deux premiers, c'est-à-dire deux fois plus de caractères. Pourquoi ces deux êtres différents se fusionnent-ils ainsi? Simplement parce que la nature a besoin de progrès, car on ne saurait comparer cette fusion de deux êtres *d'espèce diffé-rente* aux fécondations sexuelles que nous connaissons et qui ont lieu entre êtres de même espèce. Admettons néanmoins cette hypothèse que rien n'étaie. Cette folie de fusion avec des êtres différents continuant pendant un grand nombre de générations, des êtres apparaissent munis d'un nombre croissant de caractères (?). Chacun de ces caractères est représenté par une particule appelée *plasma*, et tous ces plasmas *ancestraux* (puisqu'ils représentent les caractères des ancêtres), sont localisés dans l'élément reproducteur de chaque individu, lequel élément reproducteur, en se fusionnant avec un élément analogue d'un autre être, donne un œuf contenant un nombre double de plasmas, et ainsi de suite.

Pour être petits, les plasmas n'en ont pas moins une certaine dimension, de sorte qu'au bout de quelque temps, chaque élément reproducteur en contiendra le nombre maximum, (mais pourquoi la Nature, soucieuse du progrès, a-t-elle ainsi limité le volume des éléments reproducteurs? C'est là un mystère dont l'auteur ne nous donne pas la clef). Et voilà la Nature bien attrapée de ne plus pouvoir introduire de variété dans les êtres, car alors le progrès devient impossible; elle s'en tire par un trait de génie.

A cette folie de fusion avec des êtres différents succède une folie de bipartition hétérogène ; chaque élément reproducteur, muni d'une pléthore de plasmas ancestraux et ne pouvant plus en acquérir d'autres, imagine de se débarrasser de la moitié de ses plasmas pour pouvoir les remplacer par un nombre égal de plasmas différents empruntés à un autre individu, (nous verrons tout à l'heure que cette opération n'est autre qu'une expulsion de globules polaires). Ceci établi, la variation peut se continuer indéfiniment par des échanges de plasmas au cours des fécondations successives ; en y regardant d'un peu près, on verrait que ce régime de reproduction sexuelle, (nous sommes en effet arrivés à la véritable reproduction sexuelle,) ne s'établissant qu'entre individus d'une même espèce, ne pourrait que remanier sans cesse les individus, sans autoriser jamais l'introduction d'un caractère nouveau, et que les espèces, n'ayant pas d'autre moyen de variation, seraient immuables ; mais nous n'en sommes plus à une invraisemblance près.

Jusqu'ici tout cela ne paraît justiciable que du raisonnement (encore devons-nous avouer qu'il ne faut pas un raisonnement trop serré), mais la théorie va entrer dans le domaine observable, par une hypothèse nouvelle sur la figuration des plasmas. Ces plasmas, très petits par eux-mèmes, peuvent, par leur accumulation, donner des masses visibles au microscope ; nous allons donc retrouver l'homunculus, mais cet homunculus n'aura plus figure humaine ; en revanche, les particules qui le constituent auront du génie : le génie de la représentation et de la détermination. Plaçons-nous désormais, sans nous préoccuper de l'origine ancestrale des plasmas, au point de vue de l'évolution individuelle des êtres.

51. — LES PLASMAS FIGURÉS DANS LA CELLULE.

D'abord, il faut nous familiariser avec une terminologie nouvelle; il y aura des particules de divers ordres de complexité. N'oublions pas que, pour WEISMANN, le protoplasma cellulaire n'a par lui-même ni forme ni caractères; ce sont des particules infiniment petites qui lui donnent sa spécificité.

Chaque caractère d'une cellule (défini suivant quel mode de description? nous ne le savons pas), est représenté par une particule élémentaire très petite, appelée *biophore;* ces biophores ont la propriété de se multiplier par bipartition, en restant identiques à eux-mêmes; l'introduction d'un biophore, dans une cellule dépourvue de caractères, fournit à la cellule le caractère qu'il représente.

Une cellule donnée d'un individu a beaucoup de caractères, (elle en a même une infinité suivant le point de vue auquel on se place), et l'ensemble des biophores qui représentent ces caractères est aggloméré en un groupe appelé *déterminant*, parce que c'est ce groupe qui *détermine* la cellule. Le déterminant est, pour qui veut bien y regarder de près, *l'homunculus* de la cellule.

Chaque cellule a donc son déterminant particulier; les déterminants ont, comme les biophores, la faculté de se multiplier par bipartition, ce qui est déjà un peu plus difficile à admettre, étant donnée la complexité de ces groupements.

Mais de même que les caractères de la cellule ne sont pas isolés l'un de l'autre, de même les cellules sont, dans un individu, associées en groupes bien définis; eh bien, les déterminants des cellules d'un groupe sont eux-mêmes agglomérés en une particule plus volumineuse qui est l'homunculus de ce groupe celullaire; on appelle *ides* ces particules d'ordre plus élevé. Les *ides* ont, elles aussi, la faculté de se multiplier par bipartition.

C'est ici que commence l'intérêt histologique de l'hypothèse; les *ides*, en effet (qui sont pour WEISMANN les plasmas ancestraux du paragraphe précédent), seraient *visibles au microscope*. Ce seraient les *chromomères* qui, unis en chapelet, forment les chromosomes ou *idantes*. Ainsi, lorsque nous voyons un chromosome se diviser longitudinalement, nous assistons à un phénomène qui intéresse les plasmas représentatifs des caractères des individus.

Au fond, il n'y avait aucune raison pour que WEISMANN identifiât les *ides* théoriques aux *chromomères* visibles; mais cette identification donnait à son hypothèse un certain caractère concret; et il devenait intéressant de constater que, dans une karyokinèse ordinaire, chaque chromosome, chapelet de chromomères, se divise longitudinalement, chacun des grains de chapelet se divisant pour son compte personnel. Évidemment, on ne peut optiquement aller plus loin et constater que, dans la bipartition d'une ide, chacun des déterminants qui la composent se divise également pour son propre compte; mais on pouvait conclure du connu à l'inconnu et étendre la conclusion jusqu'aux biophores.

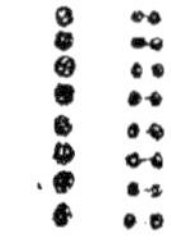

Fig. 60. — Division longitudinale d'un chromosome.

Cette vérification (?) optique a d'ailleurs eu un mauvais côté, car elle a permis, ainsi que nous le verrons tout à l'heure, de montrer que, même si on l'accepte avec toutes les invraisemblances que nous avons signalées précédemment, la théorie de WEISMANN n'est pas adéquate aux faits.

Étudions d'abord la manière dont les choses se passent dans l'évolution individuelle.

52. — LE PLASMA GERMINATIF.

De même que, dans la théorie de Darwin, les soixante trillions de gemmules, caractéristiques des soixante trillions de cellules de l'homme, étaient groupées dans chaque élément génital, de même, dans le système de Weismann, l'ovule et le spermatozoïde devront contenir les déterminants de toutes les cellules du corps (ou du moins la moitié de ces déterminants, si la maturation génitale a fait disparaître la moitié des caractères, comme nous l'avons vu plus haut à propos des plasmas ancestraux). Les chromosomes de ces éléments génitaux seront donc formés d'ides *toutes* différentes, chacune de ces ides étant elle-même formée de déterminants *tous* différents.

C'est ce que l'on exprime en disant que les éléments génitaux contiennent un *plasma* très spécial, très noble (!), qui représente la totalité des caractères du corps, tandis que les cellules vulgaires, qui composent le *soma*, ne contiennent qu'un plasma très ordinaire, quoique le nombre de leurs chromosomes soit resté considérable ; mais, pour être nombreux, ces chromosomes n'en sont pas plus intéressants, car ils contiennent des déterminants tous identiques, savoir les déterminants représentant la cellule considérée et elle seule ! Le *plasma germinatif*, au contraire, contient des chromosomes *tous* différents, formés de déterminants *tous* différents.

Et quand un *œuf*, pourvu de cet admirable plasma germinatif, d'origine double (paternelle et maternelle), se divise pour donner un être nouveau, il n'a garde de manquer à localiser son précieux dépôt dans des cellules spéciales ; le plasma germinatif d'un être se transmet en entier depuis l'œuf jusqu'aux éléments génitaux qui assureront la géné-

LA CONTINUITÉ DU PLASMA GERMINATIF.

ration suivante, ainsi que le montre la figure 61. L'œuf O
se divise en deux parties, dont l'une, S, donnera le *soma* de la
génération qui vient, l'autre, O¹, les éléments génitaux de
cette même génération et ainsi de suite ; le plasma germi-

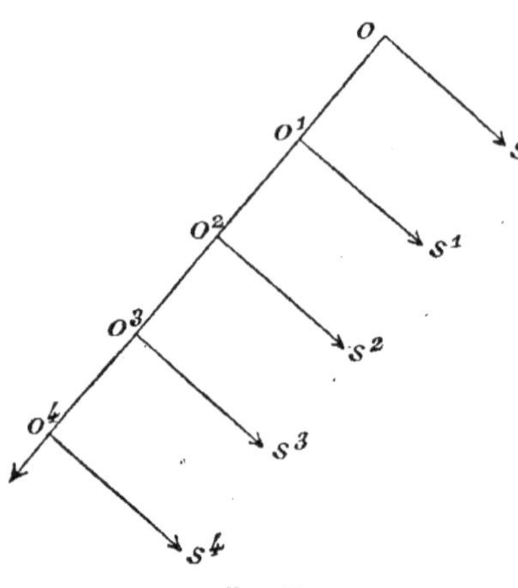

Fig. 61.

natif se transmettra indéfiniment de génération
en génération, en four-
nissant accessoirement
les somas successifs S_1,
S_2, S_3, etc. C'est ce qu'on
appelle la *continuité du
plasma germinatif*. Cette
continuité se comprend
sans peine, quand on a
admis la possibilité de
tout ce qui précède ; elle
résulte en effet d'une
série de bipartitions où

chaque biophore se divise pour son compte et donne une
de ses moitiés aux deux nouvelles cellules.

Bien plus compliquée est la division des cellules
fournissant les somas S_1, S_2, etc.; chacune d'elles a en
effet, au début, des chromosomes contenant le plasma
germinatif, avec toute sa complexité ; et elle est le point de
départ d'une série de bipartitions, dont le résultat sera la
formation des soixante trillions de cellules du corps, ayant
chacune ses chromosomes formés d'une seule espèce de
déterminants, les déterminants représentatifs de la cellule
considérée. J'ai déjà insisté, à propos des gemmules de
Darwin, sur la quantité d'intelligence nécessaire aux particules des chromosomes pour se multiplier quand il
convient et se distribuer, comme il convient, aux cellules
auxquelles elles sont *destinées* (!). Il est, je le répète, plus
simple d'admettre, d'un seul mot, que l'œuf a la propriété

de reproduire l'homme, et cela est aussi explicatif que si
l'on divise cette propriété de l'œuf en des millions de propriétés partielles, qui se compliquent de la nécessité, pour
chaque particule, de savoir précisément en quel endroit
elle doit se rendre et manifester sa propriété représentative. Je n'insiste pas sur ce roman du développement du
soma, car il ne contient aucune particularité qui ait la prétention de se manifester histologiquement; les chromosomes
se divisent à chaque karyokinèse, et toujours de la même
manière, et la moitié de chaque chromosome passe dans les
deux cellules filles; mais les chromosomes des deux cellules filles ne se composent pas des mêmes déterminants,
de telle manière que, au bout de quelque temps, il n'y a
plus, dans chaque cellule, que des chromosomes formés
d'un seul déterminant. Weismann nous affirme que cela
est; croyons-le sur parole, malgré l'identité apparente des
chromosomes.

Dans le plasma germinatif au contraire, c'est-à-dire là
où, d'après Weismann, les chromosomes ont conservé cette
merveilleuse complexité qui fait leur noblesse, les phénomènes de maturation vont se manifester histologiquement;
c'est pour ces phénomènes de maturation qu'a été fabri-
quée toute la théorie; arrêtons-nous y donc un instant.

Nous avons vu, dans le premier livre, quels sont les
phénomènes figurés qui caractérisent la formation des produits sexuels; il y a deux karyokinèses successives sans
phase de repos intermédiaire, et ces deux *karyokinèses
singulières* ont pour effet de répartir dans quatre cellules
différentes les quatre quarts de chacune des n tétrades du
cyte de premier ordre. Pour les éléments sexuels mâles, la
maturation chimique ne s'achève qu'après la seconde
karyokinèse singulière; pour les éléments femelles cette
maturation peut s'achever avant la première, entre la première et la seconde, ou après la seconde.

CONTRADICTION DANS LA FORMATION DES TÉTRADES.

Mais pour les partisans de la théorie de WEISMANN, il n'y a pas de maturation chimique; la maturation consiste dans l'*élimination* de la moitié des plasmas ancestraux, élimination qui accompagne l'expulsion des globules polaires, et ce phénomène peut se produire avant ou après la fécondation; l'important est qu'il se fasse.

Or, pour que cette élimination ait lieu effectivement, il faut que les quatre quarts de chaque tétrade soient *différents*, ne contiennent pas les mêmes *ides*, et cela n'a pas lieu quand les tétrades résultent, comme cela se passe chez *Ascaris* (fig. 62, A, B, C), de deux bipartitions longitudinales successives d'un chromosome; dans ce cas en effet, l'expulsion des globules polaires

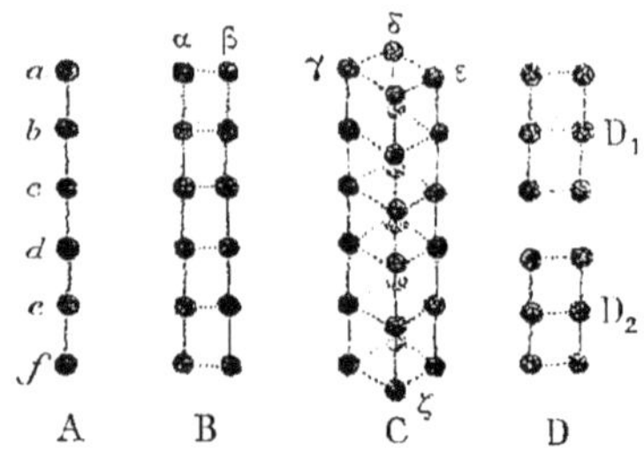

FIG. 62. — A, B, C, cas de l'*Ascaris*; D, cas du Cyclope.

ne diminue en rien le nombre des *caractères* représentés dans l'élément génital; la théorie de WEISMANN se heurte ici encore à une nouvelle contradiction; or, les recherches les plus récentes sur la formation des tétrades tendent de plus en plus à montrer que le mode réalisé chez *Ascaris* est le plus général.

Ainsi donc, cette hypothèse, qui aurait pu rester dans le domaine purement hypothétique, a cherché une confirmation dans le domaine des manifestations figurées; cette confirmation lui manque une première fois à propos du mode de formation des tétrades; mais, chose étrange, l'engouement pour le roman de WEISMANN a été tel, que certains histologistes aiment mieux douter de la valeur des faits observés que de renoncer au système des ides et des déterminants. WILSON, dans son admirable ouvrage sur la cellule, dit textuellement ceci : « So great is the force of this evidence that I think we must still hesitate to accept the results thus far attained in *Ascaris* and the plants, and must await further research in this direction[1]. »

Une autre contradiction s'est rencontrée à propos des œufs parthénogénétiques ou parthénogonades. WEISMANN montra, en 1886, que la parthénogonade de *Polyphemus* n'émet *qu'un seul* globule polaire ; BLOCHMANN trouva deux ans plus tard que, chez les Pucerons, les parthénogonades n'expulsent qu'un globule polaire, tandis que les œufs fécondés en émettent deux.

C'était un triomphe pour la théorie des plasmas ances- traux, car, *en admettant* que chaque tétrade était formée de quatre quarts différents deux à deux (par suite d'une bipar- tition transversale et d'une bipartition longitudinale), on pouvait considérer les deux dyades comme équivalentes, et, seule, l'expulsion du second globule polaire pouvait éli- miner la moitié des plasmas ancestraux. Il était donc natu- rel que, le premier globule polaire étant expulsé seul, le nombre des plasmas n'ayant pas diminué, une fécondation fût inutile et impossible.

Ceci n'était intéressant que si, chose reconnue fausse, nous l'avons vu, chaque tétrade provenait d'une bipartition transversale et d'une bipartition longitudinale ; mais même cela admis, une nouvelle contradiction se manifesta ; on découvrit que dans certains cas, chez *Liparis*, par exemple, les œufs parthénogénétiques émettent *deux* globules po- laires, c'est-à-dire qu'ils éliminent la moitié des plasmas ancestraux, tout comme les œufs fécondés.

Ainsi, de toutes les vérifications histologiques *a poste- riori*, pas une ne tient debout, et malgré cela, la théorie de WEISMANN, déjà si inacceptable dans ses prémisses, sert encore de guide à presque tous ceux qui font des

---

1. WILSON, *The Cell in development and inheritance*, 1re édition, p. 207.

recherches cytologiques. C'est pour cela qu'il était indispensable de la rappeler en détail malgré ses invraisemblances. Encore ai-je supprimé toute la partie de la théorie qui explique (?) la formation du soma au moyen des bipartitions successives d'une cellule contenant le plasma germinatif, et qui prête aux ides et aux déterminants des capacités si générales.

Ce n'est pas seulement en histologie, c'est aussi en biologie générale, que nous trouverons le retentissement du système de WEISMANN; nous avons vu en effet que le plasma germinatif, se transmettant dans son intégralité à travers les somas des générations successives, les variations de ces somas ne sauraient être héréditaires; c'est la *LA NÉGATION DE L'HÉRÉDITÉ ACQUISE.* négation de la possibilité du phénomène si important que nous étudierons plus tard sous le nom de *transmission héréditaire des caractères acquis.*

Il est vrai que, sur le tard, WEISMANN, ayant lui-même observé la transmission héréditaire d'un caractère, acquis par un papillon, le *Polyommatus phlœas*, trouva moyen, par une sophistication de son système, de le rendre adéquat à la possibilité d'une telle transmission.

Mais cette annexion tardive fit chavirer tout l'échafaudage déjà fortement ébranlé. Cela n'empêche pas, d'ailleurs, que bien des naturalistes nient encore aujourd'hui l'hérédité des caractères acquis, uniquement parce que le système de WEISMANN, dans son intégralité primitive, ne pouvait pas l'expliquer. Et cependant MARCUS HARTOG a fait plaisamment remarquer que, sans l'hérédité des caractères acquis, les hommes seraient encore des Protozoaires! Malgré cela, les néo-darwiniens n'acceptent encore aujourd'hui comme source de variations que les phénomènes d'amphimixie, qui, nous le verrons, ont au contraire pour résultat de fixer le type moyen des espèces et d'anéantir les variations fortuites qui n'atteignent que l'un des sexes.

53. — AUTRES THÉORIES.

On voit quelle influence énorme a exercée, sur la marche des sciences biologiques, le système fantastique de WEISMANN ! Le fait que ses explications *purement verbales* ont eu un si grand retentissement est intéressant en ce qu'il caractérise une période encore peu scientifique des recherches biologiques. Actuellement l'état des choses s'améliore; on demande aux explications plus de précision; les livres de E.-D. COPE, de WILHEM ROUX, de DELAGE, témoignent d'un effort très sérieux dans la voie vraiment scientifique. WILHEM ROUX, en particulier, a donné des indications fort intéressantes au sujet du mécanisme de l'évolution individuelle; mais précisément, il n'a pas suffisamment séparé les deux questions, si nettement distinctes, de l'évolution individuelle et de l'hérédité.

Je vais essayer dans les chapitres suivants de montrer que l'on peut obtenir une solution satisfaisante du problème en étudiant, d'abord l'hérédité pure et simple, puis l'hérédité des caractères acquis. L'hérédité pure et simple se manifestera à nous par le fait que de la *substance d'homme*, en voie d'assimilation, prend la forme d'un homme; l'hérédité des caractères acquis, nous permettant de comprendre la formation des espèces, nous expliquera comment il se fait que cette substance si remarquable, la *substance d'homme*, existe. La chose importante sera donc de nous expliquer l'hérédité des caractères acquis, et la sélection naturelle nous y aidera puissamment.

Quoique, nous l'avons vu dans le premier livre, les phénomènes sexuels soient partout dans la vie, il nous sera possible de parler de l'hérédité dans la génération agame, comme si la sexualité n'existait pas; le résultat de l'amphi mixie étant uniquement de mélanger, sans rien y ajouter, les propriétés de deux individus différents, nous pourrons étudier, d'abord, la manière dont les propriétés des individus sont représentées dans l'œuf, sans nous préoccuper de savoir si cet œuf a une origine simple ou double; nous prendrons donc nos exemples chez n'importe quel être, quel que soit son mode de reproduction, du moins pour l'étude de tout ce qui ne regarde pas le résultat même de l'amphimixie; nous étudierons ensuite les hasards du mélange des sexes, c'est-à-dire l'hérédité dans la génération sexuée, ou du moins les possibilités résultant de la fusion de deux éléments mûrs provenant d'individus différents.

CHAPITRE VII

LE PATRIMOINE HÉRÉDITAIRE ET LES CARACTÈRES ACQUIS.

54. — ASSIMILATION ET MORPHOGÉNIE. — 55. EXPÉRIENCES DE MÉROTOMIE. — 56. QUE LE PROBLÈME DE L'HÉRÉDITÉ N'EST PAS UN PROBLÈME DISTINCT. — 57. HÉRÉDITÉ PERSONNELLE ET PATRIMOINE HÉRÉDITAIRE. — 58. LES CARACTÈRES ACQUIS. — 59. SÉLECTION NATURELLE ET ADAPTATION. — 60. LE MÉCANISME DE LA TRANSMISSION HÉRÉDITAIRE DES CARACTÈRES ACQUIS.

54. — ASSIMILATION ET MORPHOGÉNIE.

Nous voyions tout à l'heure, à propos de l'homunculus des spermatistes, que sa présence dans l'élément reproducteur ne suffisait pas à expliquer que cet élément reproducteur donnât un homme. Nous supposions placée, à côté d'un jeune chevreau, toute la masse des aliments qui auront été ingérés par lui quand il sera grand, et nous nous demandions comment on peut concevoir sans étonnement que ces éléments si disparates soient, au bout de quelque temps, transformés en substance de chèvre, ainsi que l'indique le tableau (fig. 63). C'est là précisément le problème de la vie, ainsi que nous l'avons vu dans le premier livre. En traitant, par un chevreau de 4 livres, les substances alimentaires contenues dans la deuxième colonne, on a obtenu, outre les substances excrémentitielles de la quatrième colonne, une chèvre de 30 livres; c'est-à-dire encore, que, pendant la première année, il y a eu, aux dépens d'éléments diffé-

Fig. 63.

rents empruntés à l'extérieur, fabrication de 26 livres de *substance de chèvre*. Le chevreau a, par son activité propre, transformé *en sa propre substance* des substances diffé-rentes; il a *assimilé* des matières alimentaires, le mot assi-miler étant pris là dans son sens étymologique « transfor-mer en substance semblable ».

LES OPÉRATIONS IN-TERMÉDIAIRES.

L'activité du chevreau, de même que celle d'un Vertébré quelconque, (fig. 64) a consisté en une série d'opérations : l'inges-tion des aliments par la bouche, leur digestion ou dissolution dans le tube digestif, l'ab-

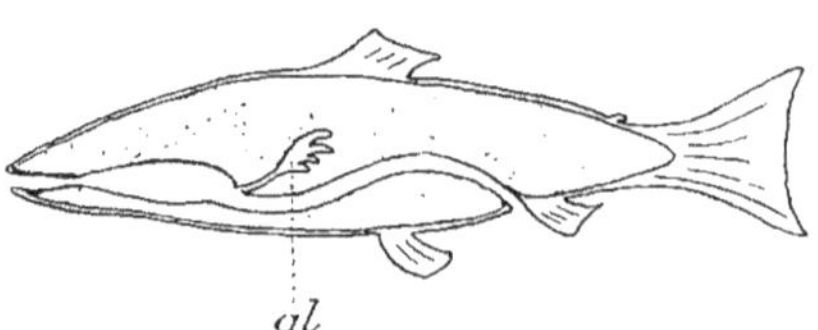

Fig. 64. — Schéma de l'organisation d'un Vertébré.

sorption du liquide résultant de la digestion à travers les parois du tube digestif, et enfin l'assimilation de ce liquide, sa transformation en substance de chevreau; les substances R accessoires à l'assimilation seront brassées par la circulation et rejetées à l'extérieur par les glandes *gl;* les parties non digérées des aliments resteront toujours extérieures à l'individu, dans le tube digestif, et seront expulsées par l'anus dans l'acte de la défécation.

Il y a un parallélisme évident entre ce qui se passe chez le chevreau et ce que nous avons constaté précédemment chez l'Amibe, avec cette seule différence que l'Amibe était d'une constitution apparente plus simple ; disons *substance de chevreau,* comme nous disions précédemment *substance d'Amibe,* et les phénomènes se racontent de la même manière.

Le tableau de la figure 63 passe par-dessus toutes les opérations intermédiaires et va directement de l'ingestion à l'assimilation ; il indique seulement le point de départ et le résultat définitif qui est la transformation d'une certaine quantité de choux, de foin, etc., en substance de chèvre. Quand on écrit une équation chimique, on procède exactement de même ; on s'inquiète de retrouver dans le second membre de l'équation exactement les mêmes éléments que dans le premier, sans se demander quelles transformations intermédiaires ont subies les divers réactifs considérés.

Au contraire, en général, quand nous observons la vie d'un animal, nous nous attachons surtout aux phénomènes intermédiaires qui se succèdent sous nos yeux, parce qu'ils sont plus évidents, et nous ne songeons pas au phénomène d'ensemble, l'*assimilation*, qui est la caractéristique de la vie élémentaire, phénomène chimique. L'assimilation, c'est la vie ! Et ceci, qui est évident pour quiconque veut bien réfléchir, au moins pendant la période de croissance d'un animal, reste vrai quand cette période de croissance est terminée ; seulement, dans cette masse très considérable qui constitue le corps de l'animal, l'assimilation n'a pas lieu partout à la fois ; il y a alternance de conditions n° 1 et de conditions n° 2 ; nous verrons plus tard comment se trouve réalisé l'état *adulte*, quand il y a équilibre des gains de substance réalisés pendant les périodes de condition n° 1 et des pertes subies pendant les périodes de condition n° 2. Alors donc, l'assimilation ne se traduit plus par une augmentation totale de la substance de l'être vivant.

Voilà le phénomène essentiel, la fabrication, par un être donné, de substance *identique à la sienne*. Si l'on adoptait la théorie de l'*homunculus*, l'assimilation interviendrait aussi bien dans la transformation de l'homunculus en nouveau-né que dans celle du nouveau-né en adulte. Quelle que soit la forme hypothétique de la substance active de l'œuf, il n'en est pas moins nécessaire que cette substance active *assimile* une énorme quantité de matières alimentaires, les transforme *en sa propre substance **et non en une autre***, de manière que son poids se multiplie par des millions et des millions. Voilà le grand problème !

Quant à supposer que la *forme* de cette minuscule quantité de substance active de l'œuf suffit pour diriger et rendre semblable à elle-même, pendant le formidable travail de l'assimilation, les formes successives de la masse croissante de substance assimilée, cela est tout à fait invraisemblable, et d'ailleurs, ce n'est pas vrai.

Observons en effet le développement d'un œuf de poule (fig. 65). On voit au début, sur le jaune, une petite tache qui représente la substance vivante et active. Le jaune, ce sont les matières alimentaires que cette petite quantité de substance vivante va assimiler, transformer en substance de poussin. Or, la forme de cette quantité croissante de substance vivante est essentiellement variable ; ce n'est qu'au bout d'un certain temps qu'elle se rapproche petit à petit de la forme de poussin dont elle s'écartait prodigieusement d'abord. Il est donc bien certain qu'il n'y a pas, dans l'œuf de poule, un minuscule poussin qui grandit jusqu'à l'éclosion.

Mais il y a assimilation : il y a transformation de jaune d'œuf en substance de poussin, exactement comme, après l'éclosion, il y a transformation des grains de blé ou

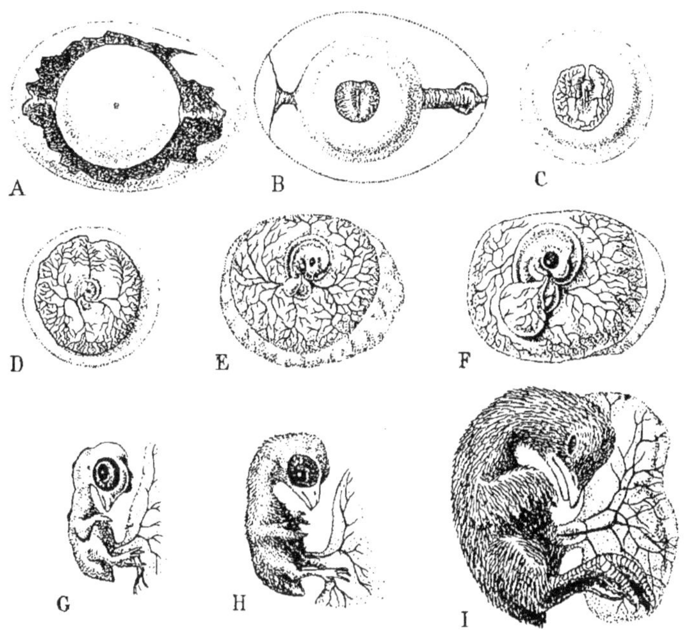

FIG. 65. — Développement d'un poussin (d'après l'*Atlas* MATHIAS DUVAL)

d'avoine, mangés par le poussin, en substance de poule. Seulement, depuis l'œuf jusqu'au poussin, la forme de la masse vivante varie d'une manière plus évidente que depuis le poussin jusqu'à la poule.

Nous allons avoir à nous occuper maintenant de cette question de forme, mais nous pouvons remarquer tout de suite que de telles variations de forme ne sont pas pour nous surprendre ; nous avons déjà vu plus haut, en effet, que

ÉVOLUTION MORPHOLOGIQUE.

nous connaissons des cas extrêmement simples, dans lesquels la forme d'une masse de substances non vivantes varie avec la masse, dans des conditions mécaniques données. Rappelons, par exemple, ce robinet (fig. 66) dont l'eau s'écoule goutte à goutte; au moment où une goutte d'eau vient de tomber, l'eau qui obture l'ouverture du robinet a la forme d'un ménisque surbaissé;

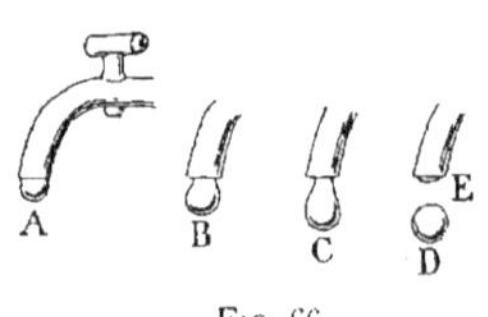

Fig. 66.

ce ménisque se gonfle petit à petit et arrive à prendre la forme d'une demi-sphère, puis de trois quarts de sphère; il se détache enfin et a la forme d'une larme, puis d'une sphère parfaite. Chez le poulet les transformations sont bien plus considérables et nous allons les étudier maintenant; après l'*assimilation* vient la question de la forme que prennent les substances assimilées.

FORME ET COMPOSITION CHIMIQUE.

L'assimilation, phénomène chimique, s'accompagne de phénomènes morphologiques. Nous avons déjà vu, au livre premier de cet ouvrage, comment les réactions moléculaires, entretenant les mouvements molaires d'échanges, dirigeaient secondairement la forme des protoplasmas. Pour les êtres compliqués qui se composent d'un grand nombre de cellules agglomérées, une observation familière nous permet de prévoir, indépendamment de tout raisonnement, que les *mêmes* phénomènes morphologiques doivent toujours accompagner les mêmes phénomènes d'assimilation. Nous reconnaissons, en effet, l'*espèce* d'une plante à sa forme et, si nous l'analysons chimiquement, nous sommes sûrs, la forme une fois constatée, que nous trouverons telle ou telle substance chimique dans son intérieur.

L'analyse chimique la plus simple est celle que nous faisons avec notre sens du goût: en voyant un chou, nous prévoyons le goût du chou et, réciproquement, le goût de chou nous fait deviner la forme du chou. Les chiens font avec leur odorat ce que nous faisons avec notre goût; un chien reconnaît son maître à son odeur, c'est-à-dire que l'analyse chimique par l'odorat lui fait deviner la forme connue du maître; un bon chien de chasse devine une perdrix au flair.

Cette remarque très courante nous fait prévoir que, comme pour les protoplasmas, la composition chimique des êtres vivants (dévoilée par le goût ou l'odorat) est liée à la forme spécifique. Malheureusement, la chimie est encore impuissante à réaliser l'analyse totale des substances vivantes; il faut suppléer expérimentalement à l'insuffisance de la chimie; et précisément, des expériences, très souvent répétées, démontrent péremptoirement l'existence d'un rapport entre la forme spécifique et la composition chimique. Ce sont les expériences de *mérotomie* que nous avons déjà étudiées à propos des Protozoaires, et qui consistent simplement à couper un animal en deux ou plusieurs morceaux, et à voir ce que deviennent le ou les morceaux dans lesquels la vie n'est pas supprimée par la mutilation.

55. — EXPÉRIENCES DE MÉROTOMIE.

Ces expériences ont été effectuées sur des animaux de toutes sortes, depuis les Protozoaires jusqu'aux êtres les plus élevés en organisation, mais les résultats n'ont pas été les mêmes dans tous les cas; nous avons déjà vu précédemment que la Paramécie se comportait à ce sujet d'une manière exceptionnelle, tandis que le *Stentor* et les autres Protozoaires donnaient des résultats très comparables. Passons d'abord en revue une série d'animaux chez lesquels les suites de la mérotomie sont analogues à celles qui se manifestent chez le *Stentor*.

Un *Stentor*, nous l'avons vu, de quelque manière qu'il soit coupé *pourvu qu'il continue de vivre*, c'est-à-dire d'assimiler (et dans l'espèce, cela a lieu quand le morceau de *Stentor* conserve un morceau de noyau), *reprend au bout de quelque temps sa forme spécifique.* Il y a *régénération de la forme* après mutilation.

C'est surtout chez les Hydres que le phénomène de la régénération est célèbre depuis les expériences classiques de Trembley. On peut couper une Hydre en un grand nombre de tronçons : chaque tronçon, dans de bonnes conditions extérieures, continue de vivre, et prend au bout de quelque temps la forme d'une petite Hydre semblable à la première.

RÉGÉNÉRATION DE LA FORME SPÉCIFIQUE.

Le même phénomène de la récupération de la forme spécifique se manifeste, quoiqu'avec des différences, chez les Étoiles de mer, les Tritons, les Lézards, etc... Coupez la patte à un Triton et vous n'obtiendrez pas, comme chez le *Stentor*, un Triton plus petit et semblable au premier, mais la *patte repoussera*, de sorte que la forme spécifique sera récupérée. Si vous coupez la queue à un Lézard, la queue repoussera de même.

Donc, dans tous les cas précédents, pourvu que l'animal continue de vivre, c'est-à-dire *d'assimiler*, la substance spécifique reprend, en croissant, la forme spécifique qui est sa forme d'équilibre. Et ceci est une démonstration de l'existence du rapport établi tout à l'heure, dans une première approximation, entre la forme spécifique et la composition chimique de la substance spécifique, puisque la forme est régénérée quand la composition chimique est conservée par assimilation.

Cette faculté de régénération est très remarquable chez les Échinodermes et les Cœlentérés ; le Ver de terre (*Lumbricus*) est capable aussi de régénérer sa queue, mais il ne peut régénérer sa tête (parce qu'il meurt quand elle est coupée). Des animaux voisins du Ver de terre, comme *Lumbriculus* et *Naïs*, peuvent au contraire se régénérer en entier au moyen d'un fragment quelconque. Une Planaire, coupée en deux tronçons, les régénère tous les deux; la tête reproduit une queue et la queue une tête.

Ainsi donc, chez un très grand nombre d'espèces animales, les expériences de mérotomie nous donnent une démonstration directe du rapport établi entre la forme spécifique et la composition chimique. Mais le phénomène de la régénération n'est pas général!

Si l'on coupe un bras à un homme, l'homme reste manchot. Si l'on coupe la patte à une Grenouille, animal qui appartient cependant, comme le Triton, au groupe des Batraciens, la patte ne repousse pas; elle ne repousse pas davantage à un Poulet ou à un Canard.

Il y a donc, si l'on s'en tient aux résultats brutaux des expériences de mérotomie, deux catégories d'êtres vivants: ceux qui régénèrent un membre coupé quand ils continuent de vivre, et ceux qui ne régénèrent pas un membre coupé même s'ils continuent de vivre.

Cela veut-il dire qu'il y a deux catégories d'êtres vivants: les uns dont la forme est déterminée fatalement par leur composition chimique, les autres dont la forme *n'est pas déterminée* par leur substance, puisque, même quand la substance conserve sa composition par l'assimilation, la forme spécifique de ces derniers êtres n'est pas régénérée?

Ce serait bien extraordinaire!

Suivons en effet les développements individuels de deux animaux appartenant à chacune de ces catégories; ces développements sont de tout point comparables; on voit la quantité de la substance vivante de chaque embryon s'accroître progressivement sous l'influence de l'assimilation; les formes de chaque animal croissant se succèdent dans un ordre régulier pour chaque espèce, de telle manière que chaque forme paraît bien résulter de l'addition d'une nouvelle quantité de substance spécifique à la forme immédiatement précédente. Bref, il y a parallélisme complet entre les deux évolutions.

LE RÔLE
DU SQUELETTE. A quoi donc attribuer cette différence essentielle dans les manières dont les deux animaux considérés se comportent vis-à-vis de la régénération? Nous allons retrouver ici l'influence d'un facteur que nous avons déjà trouvé actif dans le cas de la Paramécie (V. plus haut § 19), le squelette. Une remarque nous met d'ailleurs sur la voie de l'explication, par ce facteur, des différences constatées entre des animaux voisins au sujet de la régénération : c'est que la faculté régénératrice s'affaiblit d'ordinaire avec l'âge. *Les jeunes larves de Batraciens anoures peuvent régénérer leurs doigts coupés ; les adultes ne le peuvent plus.*

A mesure, en effet, que la substance de l'animal, croissant en quantité sous l'influence de l'assimilation, *construit* les formes successives de l'être, il ne se produit pas seulement de la matière vivante spécifique, mais aussi des substances accessoires, dont quelques-unes sont excrétées, dont d'autres se précipitent sous une forme durable au sein des tissus, constituant ainsi une charpente solide.

C'est cette charpente solide qu'on appelle le *squelette*, et il est bien naturel qu'elle joue un rôle moins important chez un jeune animal que chez un adulte et surtout un vieillard, comme nous le verrons ultérieurement à propos de la vieillesse. Il est d'ailleurs bien entendu que, sous le nom de squelette, il ne faut pas entendre seulement les os et les cartilages, mais l'ensemble de toutes les substances résistantes, (tendons, ligaments, matières collagènes) qui encombrent l'organisme et le *figent* dans sa forme actuelle. Évidemment cette charpente solide joue, à chaque instant de l'évolution individuelle, un rôle considérable, en fixant la morphologie de la masse vivante. Rappelons d'ailleurs ce que nous avons dit plus haut à propos de la forme des protoplasmas; cette forme était caractéristique du dynamisme ambiant, *au moment* où elle se produisait, mais, fixée par un squelette, elle devenait indépendante de la nature de ce dynamisme; de même, pour un être plus complexe, nous pouvons concevoir, grâce à la fixation des formes par le squelette, *que les conditions qui, réalisées en un point du corps, à un moment donné de l'évolution individuelle, ont déterminé la formation locale d'un appendice donné, puissent ne plus être réalisées ultérieurement en ce point, malgré la persistance de l'appendice construit.*

Suivant les espèces, le squelette a une importance plus ou moins grande. Dans les Hydres, par exemple, on peut considérer son rôle comme nul. C'est pourquoi, n'étant soutenu par aucun squelette résistant, une portion quelconque du corps d'une Hydre prend, dès qu'on la détache du corps de l'animal, la forme spécifique d'équilibre qui lui est propre.

Chez l'homme, au contraire, pour passer immédiatement à l'extrémité opposée de l'échelle, le squelette a une importance très considérable, et si l'on enlève un bras à un individu quelconque de cette espèce, le *squelette manchot* qui persiste suffit à étayer dans une forme manchotte la masse de substance humaine conservée. Entre l'Hydre et l'homme, le Triton et le Lézard fourniraient des intermédiaires; il serait facile d'établir une échelle de types dans lesquels la faculté de régénération décroîtrait progressivement.

Il peut paraître étrange que, chez des animaux classés dans des groupes voisins, comme le Triton et la Grenouille, le squelette ait une importance si différente.

Dans certains genres de plantes cela est encore plus curieux, des espèces d'un même genre pouvant être les unes ligneuses, les autres herbacées.

C'est que, la classification se faisant d'après les *formes* des êtres, des êtres sont considérés comme voisins lorsque leurs protoplasmas ont des propriétés morphogènes voisines, et il n'y a rien d'étonnant à ce que la propriété *squelettogène*, qui tient au terme R de l'équation de la vie élémentaire manifestée, soit entièrement indépendante de la propriété morphogène.

De même, en chimie, si l'on se place au point de vue des *fonctions*, on rapprochera deux alcools dont l'un aura subi une substitution iodée, par exemple, quoique dans les produits accessoires des réactions du second, puisse se manifester un corps, l'iode, qui manque aux réactions du premier.

Pour éclaircir cette conception du rôle du squelette comme charpente de la forme d'équilibre d'un corps, il n'est pas inutile de chercher des exemples simples dans la physique. Nous trouvons un tel exemple dans l'expérience de PLATEAU sur les bulles de savon.

Ces bulles, libres dans l'air atmosphérique calme, ont la forme d'une sphère. PLATEAU imagina de souffler ces bulles dans des grillages de formes variées, et, dans ces conditions, les bulles, au lieu de devenir sphériques, épousaient les formes du grillage, c'est-à-dire qu'au lieu d'une bulle ronde et homogène, on avait une série de surfaces très complexes dirigées par les arêtes du grillage.

Devait-on dire, devant la constatation de ce résultat, que la forme d'équilibre normale d'une bulle de savon n'est pas sphérique? Il faut préciser les conditions du phénomène; dans l'air libre, la bulle eût été sphérique, cela ne fait de doute pour personne, mais, dans l'expérience de PLATEAU, il existait une nouvelle condition de l'équilibre, la présence d'un grillage, d'un *squelette;* et le rôle de ce nouveau facteur était si important, au point de vue de l'équilibre de la lame d'eau savonneuse, que la nouvelle forme obtenue n'avait plus aucun rapport avec celle qu'elle aurait prise naturellement, libre dans l'atmosphère.

C'est exactement la même chose qui se passe dans les animaux, pourvus comme l'homme d'un squelette suffisant pour fixer définitivement la forme d'équilibre. Au cours de la croissance, les substances actives assimilantes prennent bien, à chaque instant, une forme qui est leur forme d'équilibre à ce moment-là ; mais elles sécrètent en même temps un squelette rigide qui fixe cette forme définitivement, de sorte que, une fois l'animal adulte, la forme n'est plus, en réalité, la forme d'équilibre d'une substance active, mais la forme d'un squelette sur lequel se moule la substance humaine.

Et par conséquent, le fait de la non régénération d'un membre coupé ne prouve pas, le moins du monde, que la forme de l'homme ne soit pas, comme celle de l'Hydre ou du Lézard, la forme d'équilibre d'une certaine quantité de substance en état d'activité assimilatrice. Nous étudierons plus tard, à propos de l'évolution individuelle, la raison d'être des formes successives depuis l'œuf jusqu'à l'homme, et le rôle de chaque forme intermédiaire du développement dans la genèse de la forme suivante.

Voici une expérience bien simple, qui permet de comparer ce qui se passe, dans une espèce donnée, en présence d'un vieux squelette, à ce qui se passe, dans la même espèce, en l'absence de ce vieux squelette résistant :

Je coupe un jeune rameau d'un arbre ; l'arbre reste ébranché ; le rameau ne repousse pas, il y a dans l'arbre un vieux squelette résistant, le bois, qui fixe la forme d'équilibre. Maintenant, je plante le rameau coupé dans une terre convenable; il y a dans ce rameau coupé des parties jeunes et dépourvues de squelette; ces parties assimilent et *construisent* ce qui n'a pu se régénérer chez le vieil arbre, des branches nouvelles qui, à mesure qu'elles se produisent, s'encroûtent de squelette et deviennent incapables de se régénérer après mutilation.

Cet exemple résume parfaitement tout ce qui a été dit précédemment et permet d'affirmer que, lorsqu'il n'y a pas régénération, il n'y a pas moins une relation établie entre la forme spécifique et la composition chimique; la composition chimique *dirige* la forme spécifique, et, par conséquent, *l'assimilation entraîne l'hérédité.*

56. — QUE LE PROBLÈME DE L'HÉRÉDITÉ N'EST PAS UN PROBLÈME DISTINCT.

DEUX CATÉGORIES D'ÊTRES AU POINT DE VUE DE LA REPRODUCTION.

Un morceau détaché d'un être vivant, et *capable de vivre par lui-même*, fabrique sa propre substance et prend progressivement la forme de l'être auquel il a été emprunté, puisque la production de la même substance détermine la même forme. Et les êtres vivants se divisent à ce point de vue en deux catégories : 1° ceux dont un morceau *quelconque* est capable de vivre par lui-même, c'est-à-dire d'*assimiler* après avoir été détaché du corps du parent; par exemple, les Hydres, les Bégonias, etc...; 2° ceux dont un morceau quelconque, détaché du corps du parent, est incapable de vivre par lui-même; ceci a lieu, par exemple, chez les animaux supérieurs et l'homme. Mais si, dans cette dernière catégorie d'êtres, un morceau quelconque, arbitrairement choisi, ne peut pas vivre, il y a néanmoins des éléments spéciaux, capables d'assimilation en dehors du parent, et que l'on appelle les *éléments reproducteurs.* Un élément reproducteur est donc, par définition, un élément qui diffère des autres éléments du corps en ce qu'il peut vivre par lui-même, et cela ressort avec évidence de toutes les considérations précédentes.

Une autre définition, très différente, a généralement cours aujourd'hui, parce que l'on a cherché à tirer des conclusions de l'étude de l'homme seul ; cette définition fait, des éléments reproducteurs, des éléments doués d'une puissance mystérieuse et *différant essentiellement* des autres tissus du corps, en ce que le corps tout entier serait *représenté* à leur intérieur, comme l'*homunculus* des spermatistes. Cette théorie, que nous avons étudiée sous le nom de « théorie du plasma germinatif », est erronée et nuisible. Un œuf d'homme est simplement de la substance d'homme *qui peut vivre* par elle-même; du moment qu'elle peut vivre, c'est-à-dire assimiler, la masse croissante de substance, qui résulte de son activité assimilatrice, prend fatalement les formes successives qui conduisent à la forme d'homme, exactement comme nous le voyions tout à l'heure pour l'œuf de poule qui, peu à peu, construit le poussin. Du moment que c'est de la substance de poule et qu'elle assimile, elle prend fatalement les formes successives qui conduisent à la forme de poule; de même que de la substance d'homme *qui assimile* prend fatalement la forme d'homme. Que l'existence de cette substance qui, en assimilant, prend la forme d'homme, soit tout à fait merveilleuse, je n'en disconviens pas, mais ce que je voudrais avoir montré par les raisonnements précédents, c'est qu'il n'est pas le moins du monde utile de supposer, dans l'œuf qui produit l'homme, des propriétés essentiellement différentes de celles d'un élément hépatique ou épithélial qui *assimile* à la place qu'il occupe. L'élément hépatique ou épithélial, qui assimile, détermine, par là même, autour de lui, des mouvements molaires; ces mouvements molaires, *combinés avec ceux qui résultent de l'assi-*

milation dans les éléments voisins et aussi avec l'existence du squelette, tel qu'il est constitué au moment considéré, déterminent les conditions d'équilibre local desquelles résulte la forme locale du corps.

L'activité de chaque élément d'homme, qui fabrique de la substance d'homme dans son petit coin, a pour effet : 1° au cours de la croissance, de construire progressivement la forme humaine ; 2° une fois la croissance terminée, de restaurer constamment cette forme humaine, que menacent sans cesse les phénomènes de condition n° 2. Lorsque, par hasard, un élément d'homme se trouve capable de vivre par lui-même *isolément*, ce sont les mouvements molaires résultant de l'assimilation *dans ce seul élément*, puis dans l'ensemble de ceux qui en dérivent, qui déterminent les formes successives de la masse croissante de substance provenant de l'assimilation ; et par conséquent, l'apparence extérieure du phénomène est différente de ce qu'elle eût été si cet élément avait assimilé *sans être isolé*, s'il avait fait partie, par exemple, d'un homme en voie de croissance ; le rôle de cet élément eût été alors, grâce aux dynamismes combinés des éléments voisins, de construire une partie de l'homme et non l'homme tout entier ; l'apparence extérieure du phénomène est différente, *mais le phénomène est identique ;* c'est simplement un phénomène d'assimilation.

Nous étudierons plus tard les variations qui se manifestent, au cours de l'évolution individuelle, dans les lignées cellulaires qui proviennent des bipartitions successives de l'œuf, et nous verrons que, dans la plupart des cellules du *soma* adulte, il n'existe plus un ensemble de substances aussi complet que dans l'œuf lui-même, mais cela a précisément pour résultat d'empêcher que ces éléments aient le pouvoir de vivre isolément par eux-mêmes ; cela n'empêche pas que chacune de ces cellules, considérée à part, *assimile de la substance d'homme au même titre que l'œuf*, et donne à cette substance la forme qui convient aux conditions d'équilibre résultant de son activité propre, de l'activité des cellules voisines et de l'inertie du squelette.

Ce qu'il y a de particulier dans tout cela, c'est l'*assimilation*; chaque cellule, œuf ou élément somatique, fabrique sa propre substance, une substance identique à celle qui lui a été fournie, et voilà le phénomène de l'hérédité, au point de vue chimique, exactement réduit à la vie élémentaire manifestée.

Ce que nous pouvons appeler *hérédité*, pour un élément vivant quelconque, c'est donc simplement la nature de cet élément; il manifeste cette hérédité en assimilant, c'est-à-dire en produisant de la substance *de même nature*. Si cet élément fait partie d'une agglomération adulte, la substance qu'il fabrique ne fait que boucher les trous pratiqués dans cette agglomération par les phénomènes de destruction; si cet élément est isolé, la substance qu'il fabrique grossit et prend des formes successives déterminées par les dynamismes successifs qui accompagnent les réactions assimilatrices. C'est dans ce dernier cas que l'*hérédité* se manifeste à nous par la *construction* d'une agglomération identique à celle qui a fourni l'élément isolé initial. Mais si elle ne se manifeste pas morphologiquement, dans le premier cas, avec autant d'évidence, du moins se manifeste-t-elle chimiquement par des phénomènes de même ordre que dans le cas de l'élément isolé.

La question de l'hérédité, en ce qui concerne les phénomènes que nous avons étudiés jusqu'à présent, n'est donc pas une question distincte de celle de l'assimilation.

Et, je le répète, nous n'avons pas à nous demander, *à propos de l'hérédité*, comment il se fait qu'il existe une substance aussi admirable que la *substance d'homme*, ayant la propriété : 1° d'assimiler, ce qui lui est commun avec toutes les autres substances vivantes; 2° de prendre fatalement, quand elle assimile, la forme étonnamment précise et merveilleusement coordonnée qui est la forme de l'homme. *L'existence de cette substance qui prend la forme d'homme, ou, ce qui revient au même, l'existence de l'homme qui est composé de cette substance, est du ressort de la science de l'origine des espèces.*

Qu'il existe telle substance capable d'assimiler, cela est de l'ordre des phénomènes chimiques; que cette substance prenne, comme forme d'équilibre, une forme donnée, cela n'est pas non plus pour nous surprendre, car il faut bien qu'une substance ait une forme; mais que cette forme très compliquée constitue un mécanisme admirable, capable de se fournir par lui-même, dans un milieu variable, de tout ce qui est nécessaire à l'assimilation, voilà qui tient du merveilleux.

Et cependant, grâce surtout au génie de l'immortel LAMARCK, le père de la théorie transformiste, nous arriverons à nous expliquer comment une substance primitive simple, pourvu qu'elle fût capable d'assimilation, a pu se perfectionner progressivement au point d'arriver à l'état prodigieux où elle se trouve aujourd'hui. Nous arriverons à comprendre *comment s'est produite, parallèlement à l'évolution morphologique qui a conduit à la forme humaine, l'évolution chimique qui a conduit à la substance humaine.*

Aujourd'hui, étant donné qu'il y a des hommes doués d'assimilation, de la substance d'homme qui peut vivre prend fatalement la forme humaine; mais, je le répète encore une fois, le fait même de l'existence de cette substance admirable ne doit pas nous préoccuper quand nous étudions l'hérédité. Toute la biologie tient dans l'analyse complète d'un brin d'herbe; il faut savoir se borner et étudier d'abord l'hérédité indépendamment de l'origine des espèces, puisque la connaissance de l'hérédité est nécessaire à l'étude de l'origine des espèces; *une espèce actuelle provient d'une espèce primitive par une accumulation d'hérédités.*

Cette dernière phrase résume la méthode que nous devons suivre; nous avons vu tout à l'heure que nous devons appeler *hérédité de la substance d'homme (de l'œuf d'homme,* si vous voulez,) la nature même de cette substance; et si cette nature est compliquée, nous concevons sa genèse par une *accumulation d'hérédités plus simples.* Nous aurons ainsi résolu la question que nous nous posions tout à l'heure : « comment se fait-il que cette substance merveilleuse existe? »; nous l'aurons résolue quand nous aurons compris le mécanisme de l'*accumulation des hérédités* ou, si l'on veut, de *la transmission héréditaire des caractères acquis;* or, nous le comprendrons simplement grâce à la *sélection naturelle.*

Ainsi donc : d'une part, le problème de l'hérédité pure et simple se ramène à celui de l'assimilation; d'autre part, l'existence de ces merveilleuses substances, qui prennent fatalement la forme d'un homme, s'expliquera par la transmission des caractères acquis. Et pour avoir su décomposer le problème en ses éléments distincts, en séparant d'abord l'hérédité de l'évolution individuelle, puis l'hérédité pure et simple de l'accumulation des hérédités, nous aurons une solution logique d'une question considérée comme tellement insoluble que la théorie de WEISMANN avait été acceptée comme pis aller!

Quant à nous demander comment peut être moléculairement construite une substance qui a l'homme pour forme d'équilibre définitive, c'est là une question à laquelle la chimie actuelle ne peut pas donner de réponse. Mais nous ne savons pas non plus établir un rapport entre la structure moléculaire des substances chimiques brutes

L'ACCUMULATION DES HÉRÉDITÉS

NOTRE IGNORANCE DE LA STRUCTURE MOLÉCULAIRE DE L'HÉRÉDITÉ

et la forme, relativement très simple, des cristaux auxquels ces substances donnent naissance dans certaines conditions? Contentons-nous donc de comprendre, avec les transformistes, et nous y arriverons tout à l'heure, que la substance humaine ait pu se former progressivement, mais renonçons à pénétrer dans l'intimité de sa structure; une théorie qui prétendrait aujourd'hui expliquer directement, par la géométrie moléculaire de l'œuf, la construction progressive des formes qui vont de l'œuf à l'homme, ne pourrait que sortir toute faite du cerveau de son auteur, et ne serait probablement qu'un ramassis d'explications verbales, plus ou moins contradictoires, comme celle de WEISMANN.

57. — HÉRÉDITÉ PERSONNELLE ET PATRIMOINE HÉRÉDITAIRE.

Nous n'avons parlé jusqu'ici que de forme spécifique et de substance spécifique, la forme d'homme, de chèvre, de chou, la substance d'homme, de chèvre, de chou. Et cependant, tous les hommes ne se ressemblent pas; il y a une forme individuelle; nous allons voir aussi qu'il y a une substance individuelle ou quelque chose d'équivalent.

Pour cela, prenons un exemple simple chez les végétaux qui se reproduisent le plus facilement par boutures. Un Bégonia, par exemple, découpé en un très grand nombre de petits morceaux, peut, entre les mains d'un bon jardinier, donner naissance à un très grand nombre de plants nouveaux.

Considérons un Bégonia d'une espèce donnée et d'une variété donnée, et choisissons un plant qui se fasse remarquer par des caractères très personnels dans sa variété, par des fleurs d'une certaine nuance, par exemple. (Je spécifie ce dernier exemple, car il ne faudrait pas choisir pour *caractère*, au point de vue où nous nous plaçons, une particularité purement accidentelle, due purement à un hasard extérieur, comme d'avoir eu les pointes des feuilles rongées par des Escargots.) Faisons des boutures avec de petits morceaux de ce plant; nous obtiendrons de nouveaux Bégonias qui auront des fleurs exactement de la même nuance que le parent (dans les mêmes conditions de culture).

Il y a transmission héréditaire des caractères d'espèce et de variété, mais aussi des *caractères personnels* ou au moins des *propriétés personnelles* dans certaines conditions d'éducation. Autrement dit, pour employer le langage auquel nous avons été conduits tout à l'heure, chaque morceau de Bégonia fabrique, par assimilation, non seulemennt de la substance de Bégonia, mais de la substance d'un Bégonia déterminé, de la substance personnelle. Autrement dit encore, chaque individu est formé d'une substance qui lui est propre et conserve, par assimilation, sa substance propre. Voilà ce que nous n'avions pas prévu et que le seul exemple des boutures de Bégonia nous a prouvé de la manière la plus nette.

Paul et Joseph sont tous deux des hommes et sont formés de substance d'homme, mais pas de la même substance d'homme. Paul est formé de *substance de* Paul, Joseph, de *substance de* Joseph. Ils ne diffèrent pas seulement par leur forme, mais aussi par leur substance qui est en rapport avec leur forme; c'est-à-dire que si l'on pouvait faire vivre et assimiler des morceaux de chacun d'eux, le morceau de Paul reproduirait un Paul, le morceau de Joseph un Joseph; malheureusement, c'est là une expérience que nous ne pouvons pas faire chez l'homme à cause de la complication de la *sexualité;* nous reviendrons sur cette complication après avoir étudié la transmission héréditaire des caractères acquis.

Il y a autre chose : l'œuf, en assimilant, fabrique un homme formé de substance d'homme, mais cette substance d'homme ne se montre pas homogène. Il existe, dans un homme, des muscles, des nerfs, des os, des épithéliums. Comment parler de substance personnelle quand il s'agit d'un ensemble si complexe? Une hétérogénéité analogue se manifestait dans le Bégonia et, cependant, *chaque morceau de Bégonia* reproduit un Bégonia identique au parent. C'est que cette hétérogénéité visible ne fait que masquer l'unité réelle de l'individu.

N'oublions pas que, dans un individu donné, tous les éléments proviennent, par des bipartitions successives, d'un élément initial qui est l'œuf. Deux œufs de même espèce étant différents (et leurs différences se manifestent précisément au cours de l'évolution individuelle par les divergences progressives des formes des individus qui en proviennent), il n'y a aucune raison pour que leurs différences ne persistent pas entre les éléments cellulaires correspondants, qui en dérivent *par descendance directe* dans les deux individus.

Et par conséquent, dans une première approximation, nous devons penser que, quoique Paul et Joseph *paraissent* formés des mêmes muscles, des mêmes nerfs, des mêmes épithéliums, il n'existe pas un type unique de muscles d'homme, de nerfs d'homme, etc., avec lequel on pourrait construire indifféremment Paul ou Joseph; Paul a des muscles de Paul, Joseph des muscles de Joseph; le caractère personnel de la substance de Paul existe dans tous ses éléments, quelque différents qu'ils paraissent être les uns des autres et quelque semblables qu'ils soient, en apparence, à ceux de Joseph. Mais n'oublions pas, non plus, que les différences, qui existaient *certainement* entre les deux œufs initiaux et qui se sont manifestées, au cours du développement, par des divergences croissantes entre PAUL et JOSEPH, n'étaient pas *directement constatables.* Nous ne savons pas distinguer, à la simple inspection, un œuf de poule d'un autre œuf de poule ; nous avons cependant la certitude que ces œufs qui, dans des conditions identiques, donnent des poussins différents, sont différents ; une fois de plus nous sommes amenés à constater que des particularités *très importantes* de la structure des éléments vivants, ne sont pas *figurées*, ne sont pas visibles au microscope ; quand on lit dans le livre de la nature, il ne faut pas se contenter de ce qui est écrit en gros caractères. Les choses principales sont souvent entre les lignes !

Il ne faut donc pas nous étonner si nous sommes conduits à deviner, sous l'identité apparente qui existe entre un muscle de PAUL et le muscle correspondant de JOSEPH, des différences du même ordre que les différences, également invisibles d'ailleurs, qui séparaient l'œuf de PAUL de l'œuf de JOSEPH.

Voici un exemple concret et grossier, qui pourra servir à fixer dans l'esprit l'unité cachée sous l'hétérogénéité apparente des éléments histologiques d'un individu :

Je considère deux jeux de cartes ; l'un d'eux a le dos bleu avec des dessins carrés, l'autre le dos rose avec des dessins rectangulaires. Si je regarde les cartes de ces jeux par leur côté significatif, je trouve dans chacun d'eux le huit de pique, le sept de trèfle, etc., et je puis croire, par conséquent, qu'il serait indifférent de changer une carte du premier jeu avec la carte correspondante du second. Mais c'est là une illusion qui vient de ce que je n'ai regardé les jeux *que d'un certain côté.* En les regardant par le dos je constate que chacun d'eux a une homogénéité parfaite ; toutes les cartes du premier jeu ont le dos bleu avec des dessins carrés; toutes celles du second jeu ont le dos rose avec des dessins rectangulaires. Donc, *suivant le point de vue, on constate l'homogénéité ou l'hétérogénéité.* De même pour PAUL et JOSEPH. Si je les observe au point de vue individu, je constate que tous les éléments de PAUL ont en commun une propriété particulière (c'est le dos des cartes), qui les distingue absolument des éléments correspondants de JOSEPH.

Cette propriété, commune à tous les éléments de PAUL, a pour raison d'être l'origine commune de tous ces éléments qui dérivent, par descendance directe, d'un ancêtre commun, *l'œuf.* Je l'appellerai donc le **patrimoine héréditaire,** expression qui rappellera que tous les éléments doués de cette propriété commune, *la tiennent par héritage* d'un ancêtre unique, et la conservent à travers leurs modifications morphologiques.

Il est immédiatement évident que cette notion du *patrimoine héréditaire* est exactement antagoniste de la théorie du plasma germinatif, qui voulait localiser, dans les éléments reproducteurs et dans les éléments reproducteurs seuls, *l'ensemble* des propriétés par lesquelles un individu se distinguait d'un autre individu; nous verrons, dans la transmission héréditaire des caractères acquis, une démonstration réelle de l'existence de ce patrimoine héréditaire commun. N'oublions pas, d'ailleurs, que les phénomènes de régénération des membres avaient conduit WEISMANN à concéder aux éléments somatiques un dépôt de plasma germinatif; mais n'oublions pas non plus que la définition même de ce plasma germinatif supposait résolus d'avance tous les problèmes de l'hérédité.

DÉFINITION QUANTITATIVE DE LA PERSONNALITÉ.

Ainsi donc nous admettons, dès maintenant, et nous démontrerons un peu plus tard, l'existence du patrimoine héréditaire commun à tous les éléments d'un individu; nous avons en conséquence le droit de parler de la *substance individuelle*, malgré l'hétérogénéité évidente du soma. Mais nous devons nous demander tout de suite ce que c'est que cette substance individuelle. Nous ne pouvons pas songer un seul instant à supposer qu'il existe, pour chaque individu, un *composé chimique défini;* nous avons déjà été amenés, au cours du premier livre, à considérer les substances vivantes des plastides comme des mélanges de substances plastiques différentes, les substances *a*; l'espèce des plastides était définie par la *nature* ou *qualité* des substances *a*; leurs propriétés individuelles, leur personnalité, dépendaient des *proportions* du mélange de ces substances plastiques spécifiques.

De même, pour les êtres supérieurs, nous devons considérer la substance individuelle comme caractérisée par un *mélange, en proportions définies*, des substances vivantes caractéristiques de leur espèce; nous aurons à étudier de plus près la nature de ce mélange, qui n'est certainement pas un mélange banal, puisque ses proportions se conservent dans l'acte de l'assimilation. Et sans aller plus loin, nous concevons déjà une définition mathématique de la personnalité d'un individu quelconque d'une espèce, un signalement arithmétique de cet individu, *la liste des coefficients du mélange de ses substances spécifiques.*

58. — LES CARACTÈRES ACQUIS.

Nous devons étudier maintenant les variations qui peuvent survenir, dans un individu *de substance donnée*, sous l'influence des conditions de milieu. Cette étude ne pourra être complétée qu'après celle de la sélection naturelle, mais nous allons toujours poser le problème en renvoyant sa solution à un paragraphe ultérieur.

Nous avons vu précédemment que la forme d'un

individu est en relation avec la nature de sa substance constituante, mais il est bien évident que cette relation, établie au cours de l'évolution, n'empêche pas les influences extérieures d'agir momentanément sur cette forme; la plupart des animaux ne sont pas formés d'une substance rigide, et des actions, provenant de l'ambiance, peuvent les déformer plus ou moins. Une bulle de savon, sphérique à l'air libre, prend la forme d'un grillage déterminé, dans les expériences de Plateau. De même un être vivant dépourvu de squelette et qui est sphérique dans l'eau libre, deviendra momentanément cubique si on l'enferme dans un cube où il est comprimé. En d'autres termes, il faut dire que la forme d'un individu est dirigée par la nature de sa substance constituante, *dans certaines conditions de milieu.* La substance ne changeant pas, la forme peut changer sous l'influence d'actions externes.

HÉRÉDITÉ ET ÉDUCATION

Dans le cas de la bulle de savon des expériences de Plateau, l'influence du grillage a lieu une fois pour toutes. Dans le cas d'un être vivant, les influences extérieures se manifestent successivement pendant toute la vie, depuis l'état d'œuf jusqu'à la mort. Et à chaque instant elles modifient plus ou moins la forme de l'individu en voie d'évolution; mais nous savons que, chez l'individu en voie d'évolution, il se fabrique à chaque instant un squelette plus ou moins résistant qui fixe plus ou moins la forme momentanée de l'individu *et garde, par conséquent, l'impression des formes réalisées fortuitement sous l'influence des conditions extérieures.*

Coupez le bras à un enfant, il continuera de grandir avec ce caractère de manchot qui a été réalisé dans son squelette. C'est là une modification considérable; il peut y en avoir quotidiennement de moins importantes qui se fixent néanmoins dans le squelette. L'alimentation aussi peut avoir une influence; suivant que vous nourrissez un enfant avec du pain ou avec de la viande, il fabriquera toujours sa substance personnelle par assimilation, mais les substances accessoires qui constituent le squelette différeront avec les divers aliments. (De même de la Levure de bière nourrie avec du moût de bière, donne, comme résidu, de la bière : nourrie avec du moût de raisin, elle donne comme résidu *autre chose*). Et ces différences s'accumuleront au cours de la vie, de manière à permettre au bout de quelque temps des différences morphologiques sensibles entre deux individus d'une substance identique, deux jumeaux issus des deux moitiés d'un même œuf, ou deux frères Pucerons issus d'une même lignée parthénogénétique, par exemple.

C'est pour cela qu'on doit dire, nous l'avons vu, qu'un individu donné est le résultat de deux facteurs, *l'hérédité* et *l'éducation*. L'*hérédité*, c'est la nature de sa substance personnelle, l'ensemble des propriétés de l'œuf dont il provient. L'*éducation*, c'est l'ensemble des circonstances extérieures à travers lesquelles s'est poursuivi le développement de l'individu.

On conçoit facilement, sans qu'il soit nécessaire pour cela d'insister davantage, que des éducations différentes puissent donner des formes différentes à des êtres ayant même hérédité, et aussi que la même éducation puisse donner certains caractères communs à deux êtres ayant des hérédités différentes (*caractères de convergence*). C'est même, nous l'avons déjà dit, une question fort importante que de déterminer la limite des divergences possibles (sans que la mort intervienne) entre deux êtres ayant même hérédité. On donne le nom de *caractères acquis* à ces variations intervenant sous l'influence de l'éducation. En réalité, si l'on parle rigoureusement, *on doit considérer tous les caractères de l'adulte comme des caractères acquis*, puisque chacun d'eux portant, plus ou moins, la trace de

TOUS LES CARACTÈRES SONT ACQUIS.

l'éducation, eût pu être différent dans d'autres conditions. Mais on a l'habitude de considérer, avec moins de précision, comme caractères acquis par les individus d'une espèce, les caractères réalisés chez ces individus sous l'influence de conditions différentes de celles dans lesquelles s'était reproduite leur espèce pendant les générations précédentes.

A propos des caractères acquis se pose une question qui ne se posait pas pour les bulles de savon de Plateau. Une bulle de savon ayant épousé la forme d'un grillage, sa substance ne change pas, c'est-à-dire que si vous la soufflez de nouveau à l'air libre, elle redeviendra sphérique. En sera-t-il de même pour un être vivant ?

Évidemment, si l'assimilation était le seul phénomène possible dans la substance vivante, la réponse à cette question serait immédiate ; il n'y aurait pas modification de la substance vivante sous les influences extérieures. Mais, aux phénomènes réellement vitaux d'assimilation se superposent, nous l'avons vu, des phénomènes de destruction ; et la superposition de ces deux phénomènes peut entraîner des *variations* dans la nature de la substance, dans les proportions définies du mélange qui la constitue ; c'est ainsi que *l'éducation peut modifier l'hérédité.* La substance vivante, emprisonnée dans une forme qui n'est pas sa forme normale, peut être gênée par cette forme et subir des variations qui *l'adaptent à sa prison.* Nous étudierons un peu plus tard cette admirable réversibilité des phénomènes vitaux qui peut se formuler ainsi : la composition chimique des substances vivantes dirige la forme des masses qu'elle constitue par assimilation ; réciproquement, si une cause extérieure modifie la forme d'équilibre d'une masse vivante, il peut en résulter une variation de cette substance adéquate à la variation de forme subie. C'est le principe de la *sélection naturelle* qui nous

RÉVERSIBILITÉ DES PHÉNO-MÈNES VITAUX.

permettra de comprendre le mécanisme de cette réversibilité.

Avant d'entreprendre cette étude, faisons encore quelques remarques. Il est évident qu'une forme *quelconque*, imposée à un être vivant, n'aura pas de chances, de modifier l'hérédité de l'être, de manière à devenir sa forme normale. La substance d'un manchot ne devient pas de la *substance de manchot;* le *pied bot* volontaire des Chinoises ne transforme pas la substance des Chinoises en *substance de Chinoise pied bot.* Et de fait ces variations ne sont pas héréditaires (ou du moins elles ne semblent pas l'être; mais ces mutilations ne sont acquises que par un sexe et nous verrons plus tard qu'une variation n'est sûrement transmise qu'à condition d'être acquise par les deux parents). Il y a, cependant, des mutilations qui sont transmissibles. L'épilepsie, développée expérimentalement par BROWN-SÉQUARD chez les Cobayes, sous l'influence de lésions nerveuses, était héréditaire et transformait par conséquent leur substance en *substance de Cobaye épileptique.*

La question se pose donc, en face de chaque variation acquise fortuitement, de savoir si cette variation est ou n'est pas héréditaire. C'est la grande question de l'*hérédité des caractères acquis.* Elle est d'une importance capitale au point de vue social. Voici, par exemple, un tuberculeux; il l'est devenu par infection fortuite. Sa substance est-elle transformée en substance de tuberculeux? Une question analogue se pose pour les caractères psychologiques qui, nous le verrons, dépendent d'un certain état de la substance constitutive des êtres; leur transmission héréditaire est donc de même nature que celle des caractères physiques, et le problème de la transmission des tares physiques s'étend naturellement à celui des tares physiologiques. Nous appelons *voleur* un individu qui a volé une fois; sa substance est-elle devenue de la substance de voleur? Transmettra-t-il à ses enfants la propriété fatale d'être des voleurs?

L'EXPLICATION DE L'ÉVOLUTION PROGRESSIVE.

C'est LAMARCK qui a le premier affirmé la possibilité de la transmission héréditaire des caractères acquis. C'est ainsi qu'il a expliqué l'évolution progressive des espèces. Et nous pouvons voir immédiatement, en effet, combien cela nous facilite la compréhension de l'existence actuelle d'une substance aussi merveilleuse que la substance d'homme. Cette substance dérive d'une substance moins merveilleuse, plus simple, à laquelle s'est ajoutée l'hérédité d'une certaine propriété acquise; la substance plus simple dérivait elle-même d'une substance plus simple encore, par l'acquisition d'une autre propriété, et ainsi de suite; nous concevons que cette admirable matière dérive d'un protoplasma primitivement doué de propriétés peu remarquables, par une accumulation d'hérédités successivement acquises. Et ainsi disparaîtra le mystère de l'existence de cette substance d'homme, quand nous aurons étudié l'origine des espèces d'après LAMARCK et DARWIN.

59. — SÉLECTION NATURELLE ET ADAPTATION.

Revenons pour un instant à l'étude des êtres unicellulaires vivant en liberté dans des liquides, en prenant pour exemple les Bactéries bien connues, auxquelles nous avons déjà eu recours dans le premier livre de cet ouvrage.

La condition n° 1 est, nous l'avons vu, rarement réalisée seule dans la nature; de plus, même si elle est réalisée seule, elle est toujours plus ou moins éphémère dans les milieux limités que nous connaissons; l'assimilation détruit en effet les substances Q et accumule les substances R dans les milieux de culture, de sorte qu'au bout d'un temps plus ou moins long, les plastides se trouvent à la condition n° 2 dans la culture vieillie (sauf les cas où il y a sporulation).

Or, si la condition n° 2 est suffisamment prolongée, les plastides meurent; si elle est interrompue avant la mort élémentaire, il y a eu forcément variation quantitative, à moins que *toutes* les substances plastiques constituant le plastide aient été partiellement détruites avec la même rapidité, ce qui doit être évidemment un cas exceptionnel. En temps ordinaire, les alternatives de condition n° 1 et de condition n° 2 détermineront donc, dans les milieux de culture limités, l'apparition de *variétés* quantitatives.

Et ces variétés seront d'autant plus nombreuses que les milieux de culture sont forcément hétérogènes; il y a, par exemple, plus d'oxygène à la surface libre et moins dans les profondeurs; la condition n° 2 ne se réalisera donc pas avec les mêmes caractères en tous les points du milieu et, par suite, les variétés quantitatives résultant des conditions n° 2 seront différentes dans les différents points.

Rajeunissons la culture en renouvelant le milieu : la condition n° 1 se trouvera réalisée à la fois pour *un grand nombre de variétés qui se multiplieront chacune pour son compte.*

Nous avons vu précédemment en effet que, à la condition n° 1, les variétés quantitatives obtenues par destruction partielle conservent *leurs caractères acquis.* C'est-à-dire que, pour les plastides, *il y a toujours hérédité des caractères acquis*, et cela nous a même amenés à concevoir que le mélange des substances plastiques d'un plastide n'est pas un mélange banal, puisqu'il se multiplie par l'assimilation en conservant ses coefficients de proportionnalité.

VARIATION A LA CONDITION N° 2

L'HÉRÉDITÉ DES CARACTÈRES ACQUIS EST LA RÈGLE POUR LES PLASTIDES.

Cela étant, qu'arrivera-t-il, dans le milieu limité et rajeuni que nous venons de considérer, de ce mélange d'activités parallèles et différentes ? C'est ce que va nous expliquer le principe de DARWIN, la *sélection naturelle* ou *persistance du plus apte.*

Voici, à un moment donné, *n* plastides de même espèce à l'état de vie élémentaire manifestée. Chacun d'eux assimile, c'est-à-dire, si nous le considérons, dans le langage courant, comme un individu agissant, *tire à lui* les substances Q, pour les transformer en substances plastiques, et rejette, dans le milieu, des substances R dont l'accumulation est nuisible. Nous devons donc, si nous continuons à individualiser ces plastides, dire que *leurs intérêts sont contraires*, puisqu'ils ont tous besoin des mêmes substances Q, qui existent en quantité limitée dans le milieu.

Et ils ont besoin de ces substances Q pour rester à la condition n° 1, c'est-à-dire, somme toute, pour ne pas se détruire, pour exister eux ou leurs descendants. On peut donc dire que les plastides, tirant à soi, chacun pour son compte, les substances Q *nécessaires à tous*, **luttent pour l'existence.**

J'ai dû présenter le raisonnement sous cette forme individualiste, pour lui donner la forme sous laquelle DARWIN l'a rendu immortel ; il aurait été aisé d'arriver à la notion de *persistance du plus apte* sans parler de lutte[1].

Les *n* plastides de même espèce qui se trouvent à un certain moment dans le milieu, appartenant à des variétés différentes, ont des propriétés différentes ; en particulier ils ne mourront pas tous également vite dans des conditions défavorables. (Je suppose que, dans l'espèce considérée, il ne se forme pas de spores ; il existe une race de Bactéridie charbonneuse jouissant de cette propriété,

---

1. Voir LE DANTEC, *Les limites du connaissable*, Appendice. (Article DARWIN.)

et l'on a constaté que, dans une vieille culture de Bactéridies asporogènes, *toutes les bactéridies ne meurent pas à
la fois.*) Les plastides qui subsistent le plus longtemps
sont dits *les plus résistants dans les conditions considérées ;*
eux seuls recommenceront à assimiler et à se multiplier si
on rajeunit la culture par du bouillon frais ; leur *race* aura
vaincu les autres races, dans la lutte pour l'existence ; nous
dirons donc, pour employer le langage de DARWIN, que ce
sont les plus résistants qui ont triomphé des moins résistants, quoiqu'en réalité la destruction des unes et des
autres ait été uniquement un résultat de la composition
du milieu (condition n° 2), que tous les plastides, vainqueurs
et vaincus, ont à peu près également contribué à modifier.

Si au lieu de dire : *les plus résistants dans les conditions
considérées,* nous disons *les plus aptes,* le résultat auquel
nous venons d'arriver pourra s'appeler *la persistance du
plus apte,* forme sous laquelle le principe de DARWIN est
également connu.

Cet exemple de Bactéridies dans une culture n'est pas
bien intéressant à notre point de vue actuel, parce que
l'aptitude à vivre dans un bouillon vieilli ne se manifeste
pas morphologiquement par des caractères particuliers. Si
cependant nous supposons que le mélange de Bactéridies
considérées contient des Bactéridies sporogènes et des
Bactéridies asporogènes, il est certain que la faculté de
donner des spores constituerait un avantage certain et que,
dans une culture assez vieille, seules les Bactéridies sporogènes auraient laissé des descendants capables de se multiplier dans une culture renouvelée.

Dans ce cas, il nous serait possible de *prévoir* le
résultat de l'expérience ; nous saurions d'avance quels
seraient les vainqueurs dans la lutte contre le milieu;
nous saurions qu'il y aurait disparition du moins apte
(Bactéridie asporogène) par *sélection naturelle* et conser-

vation du plus apte. Ordinairement, quand nous suivons un phénomène naturel, nous ne connaissons pas assez bien l'ensemble des conditions, dans lesquelles se produit le phénomène, pour en prévoir le résultat; mais, une fois le phénomène accompli, nous sommes toujours en droit de dire que les êtres qui ont persisté étaient précisément les plus aptes dans les conditions considérées, tandis que ceux qui ont disparu étaient moins aptes et ont été éliminés par *sélection naturelle.*

C'est là un langage qui ne nous permet pas de nous tromper et qui se réduit à l'expression d'une vérité de la Palisse. Nous définissons, *après coup*, les plus aptes, ceux qui ont persisté dans la lutte, et nous disons que nous avons établi la loi de *persistance du plus apte ;* ce qui revient à dire, au fond, que ceux qui ont persisté ont persisté ; ou encore nous disons qu'il y a eu disparition des moins aptes par sélection naturelle, ce qui revient à dire que ceux qui ont disparu ont disparu.

Voilà à quoi se réduit, dans son essence, le principe de Darwin. Il représente une vérité *a priori*, il n'explique donc rien, mais il crée un langage infiniment commode pour raconter les phénomènes de la variation. Nous allons immédiatement en donner un nouvel exemple, bien plus caractéristique que le dernier, en tenant compte non plus de la faculté sporogène des Bactéries, mais d'une propriété bien plus délicate et susceptible de variations bien plus nuancées, la *virulence.*

La *virulence* d'un plastide, pour un animal déterminé, est l'aptitude de ce plastide à se multiplier dans le milieu intérieur ou dans les tissus de cet animal[1]. Cette aptitude

---

1. Voir plus haut § 14. On pourra discuter la généralité de cette définition de la virulence; elle est suffisante pour l'objet de notre étude actuelle et, d'ailleurs, elle a été adoptée par Pasteur (V. un peu plus bas, dans ce paragraphe même, l'expérience de Pasteur, Chamberland et Roux, page 280).

peut tenir à des propriétés très complexes, sécrétion de toxines, etc.; contentons-nous pour le moment, sans en approfondir le mécanisme, de constater cette aptitude de certains microbes à certaines *conditions déterminées.* Un microbe de virulence *atténuée* aura donc perdu une partie de son aptitude et sera *moins apte* à se développer, dans ces *conditions déterminées,* qu'un microbe d'une variété plus virulente. Je souligne avec intention *conditions déterminées,* parce qu'on oublie trop souvent qu'il faut tenir compte des conditions extérieures et qu'on malmène, par suite d'une compréhension incomplète, l'admirable principe de DARWIN. Tel microbe, plus virulent pour le Lapin, c'est-à-dire plus apte à se développer *chez le Lapin,* pourra être en même temps moins apte à se développer dans tel ou tel bouillon, où prospérera, au contraire, une variété moins virulente pour le Lapin. Il ne faut jamais oublier de spécifier les conditions.

Ceci posé, étudions l'expérience du *retour à la virulence.*

Nous avons vu précédemment que, dans certaines conditions étudiées par PASTEUR, dans une culture à 42° 1/2 en présence de l'oxygène, par exemple, la virulence des Bactéridies s'atténue peu à peu, et tout finit par mourir si on attend un mois. Au bout de vingt jours en particulier, les Bactéridies n'auront plus aucune virulence pour le Mouton, ce qui revient à dire que, dans la lutte établie entre ces Bactéridies atténuées et les éléments du Mouton, ce seront les derniers qui l'emporteront. Mélangeons quelques-unes de ces Bactéridies atténuées à des Bactéridies virulentes et injectons le mélange à un Mouton. L'animal mourra bientôt du charbon et son sang *ne contiendra plus que des Bactéridies virulentes,* comme il est facile de s'en rendre compte en semant dans du bouillon frais une seule de ces Bactéridies prise au hasard. Quelle que soit la Bactéridie choisie, la culture obtenue sera virulente et non atténuée. Il n'y a donc plus de Bactéridies atténuées dans le Mouton. Il y a eu *persistance du plus apte*, ou mieux, *du seul apte*, puisque les Bactéridies atténuées, même injectées seules, eussent été détruites. Il n'y a pas eu lutte entre les Bactéridies et cependant il y a eu *tri*, *sélection*, par le passage de la culture mélangée à travers l'organisme du Mouton.

Cet exemple peut et doit se généraliser. Chaque fois que l'on introduit, dans un milieu quelconque, un mélange de certaines variétés de plastides, il y a toujours une *sélection* certaine, dirigée par l'aptitude plus ou moins grande des diverses variétés à se développer dans ce milieu déterminé, *mais seulement par cette aptitude spéciale ;* les plastides ensemencés pourront différer par d'autres caractères, sur lesquels ce passage dans le milieu en question n'aura aucune influence.

Par exemple, la faculté sporogène constitue pour la Bactéridie une aptitude à se conserver dans des cultures vieillies, mais n'a aucun rapport avec l'aptitude à vivre chez le Mouton. Si donc nous avons injecté à un mouton un mélange de Bactéridies sporogènes et asporogènes, nous trouverons un mélange analogue après la mort du Mouton, parce que la virulence seule importe quant à la survie dans le Mouton ; il n'y aura pas eu sélection entre nos deux variétés de Bactéridies par le passage à travers le mouton.

Au contraire, cultivons dans un bouillon, en présence de l'oxygène, un mélange de Bactéridies asporogènes virulentes et de Bactéridies sporogènes atténuées, au bout d'une trentaine de jours toutes les premières auront disparu, tandis que, dans un Mouton, elles eussent été seules conservées ; c'est que *l'aptitude à se conserver dans les cultures vieillies* est différente de *l'aptitude à se conserver dans le Mouton.*

Il ne faut jamais oublier que la sélection s'opère toujours entre des variétés qui diffèrent par leur aptitude plus ou moins grande à se multiplier *dans les conditions considérées* et seulement dans ces conditions. Plus apte ne veut pas dire plus fort, comme ont semblé le comprendre certains détracteurs de DARWIN. Il y des cas où le plus fort est le moins apte à résister.

Nous avons supposé, pour commencer, que nous injections à un Mouton un mélange de Bactéridies virulentes et de Bactéridies atténuées ; alors il n'y a pas eu persistance du plus apte, mais bien *persistance du seul apte*, puisque, en réalité, les Bactéries atténuées, même injectées seules, eussent fatalement toutes disparu. Nous nous placerons dans un cas plus général et par suite plus intéressant, en supposant que nous injectons à un Mouton un mélange de Bactéridies toutes virulentes, mais *de virulences différentes* pour le mouton.

Nous devons d'ailleurs remarquer que ce cas est très fréquent dans la pratique ; les Bactéridies cultivées dans les bouillons en présence de l'oxygène peuvent être, et sont en réalité, souvent soumises à des conditions n° 2 différentes, dans les différents points du milieu hétérogène où elles se trouvent ; elles subissent donc des variations quantitatives qui se traduisent par des variations de virulence, et ces variations de virulence ne sont corrigées par aucune sélection, puisque, nous venons de le voir, la virulence n'a aucun rapport avec l'aptitude plus ou moins grande à se développer dans les bouillons oxygénés. Aussi il arrive souvent que les cultures longtemps réensemencées à l'étuve ont perdu en partie leur virulence. On la leur rend précisément par l'expérience qui nous occupe actuellement, le passage à travers l'animal relativement auquel la virulence était définie.

Quand il s'agit d'une culture contenant un mélange de

L'APTITUDE EST DÉFINIE DANS CERTAINES CONDITIONS.

Bactéridies de virulences différentes, nous ne pouvons
parler que de virulence moyenne, mais nous nous rendons
compte de ce que c'est qu'une variation de la virulence
moyenne, et nous disons que cette virulence a augmenté
quand la culture en observation tue *plus vite* le Mouton.

Inoculons donc, à un Mouton, un mélange de Bactéridies
de virulences différentes : nous devons prévoir que, par
définition même, les Bactéridies plus virulentes pros-
péreront mieux que les moins virulentes, et que, par
conséquent, la proportion des Bactéries plus virulentes
dans le sang du Mouton ira en croissant par rapport à
celle des moins virulentes, autrement dit, que la virulence
moyenne *augmentera ;* or, c'est ce que l'expérience vérifie
toujours.

Prenons maintenant une goutte de sang de ce premier
Mouton, quand il mourra, et inoculons-la à un second
Mouton ; la proportion des Bactéridies plus virulentes par
rapport aux moins virulentes ira en croissant, et, à la suite
d'un nombre suffisant de passages sur les Moutons, nous
aurons *exalté* au maximum la virulence du sang charbonneux ; nous aurons eu sélection naturelle, persistance des
plus aptes entre les Bactéridies par rapport à l'organisme
du Mouton.

C'est à cette exaltation de virulence par sélection naturelle que se rapporte la belle expérience de Pasteur,
Chamberland et Roux sur le retour à la virulence du
vaccin charbonneux.

« Quand la Bactéridie charbonneuse a été privée de
toute virulence pour le Cobaye, le Lapin et le Mouton, on
peut lui restituer son activité par des cultures successives dans les corps de ces animaux. La Bactéridie inoffen-
sive pour le Cobaye de plusieurs années, d'un an, de six
mois, d'un mois, de quelques jours, peut encore tuer le
Cobaye d'un jour. Si alors on passe d'un Cobaye d'un

jour par inoculation du sang du premier à un deuxième, de celui-ci à un troisième et ainsi de suite, on renforce graduellement la virulence de la Bactéridie ou, en d'autres termes, son pouvoir à se développer dans l'économie. Bientôt, par suite, on peut tuer le Cobaye de trois ou quatre jours, d'un mois, de plusieurs années ; enfin les Moutons eux-mêmes. La Bactéridie est revenue à sa virulence d'origine et elle la conserve indéfiniment si l'on ne fait rien pour l'atténuer de nouveau[1]. »

Il n'est pas inutile de faire remarquer que cette belle expérience doit sa réussite au fait que la propriété de virulence de la Bactéridie se trouve être de même nature pour les Souris, Cobayes, Lapins, Moutons, etc. Il n'en est pas de même de tous les microbes pour tous les animaux ; le rouget du Porc, par exemple, est atténué pour le Porc par les passages sur le Lapin qui exaltent sa virulence pour le Lapin.

Jusqu'ici nous avons assisté à la sélection naturelle qui s'exerce entre des variétés *préexistantes*, dans un milieu limité ; lorsqu'une espèce **varie** dans un milieu limité, la sélection, s'exerçant *sans cesse* entre les variétés produites à chaque instant, ne laisse persister que les plus aptes à vivre dans les conditions du milieu considéré, de telle sorte qu'on peut dire que la sélection *guide* la variation et en fait une **adaptation au milieu**. Mais ce n'est qu'une manière de parler : en réalité, la variation se fait au gré des diverses conditions n° 2 réalisées dans les milieux, et par conséquent dans des voies fort diverses. La sélection ne guide pas la variation, mais fait disparaître naturellement les variétés inaptes à prospérer dans le milieu considéré.

Nous trouvons un exemple d'une sélection analogue

---

1. STRAUS. *Le charbon des animaux et de l'homme*, p. 146.

dans l'histoire des veines des membres inférieurs du corps de l'homme. Ces veines sont munies de valvules grâce auxquelles seul un mouvement ascendant est possible pour le sang. Les muscles, qui entourent les veines, ont des contractions variées et donneraient au sang des impulsions variées, mais seules les composantes ascendantes de ces impulsions peuvent avoir un résultat effectif; il y a donc *sélection* de ces composantes ascendantes, quelles que soient d'ailleurs les impulsions fortuites réalisées, et la conséquence de cette sélection est que le sang monte vers le cœur.

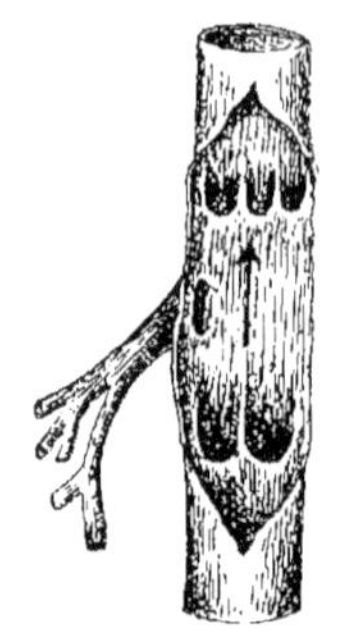

Fig. 67. — Les valvules dans les veines des membres inférieurs.

C'est quelque chose d'analogue qui se passe quand un plastide est l'objet de variations fortuites dans un milieu où existe une raison de sélection dans une voie donnée ; seules sont conservées les variations qui sont dirigées dans cette voie ; il y a donc adaptation au milieu considéré.

Au lieu de rendre la virulence à un *mélange* de virulence moyenne affaiblie, comme le faisaient PASTEUR, CHAMBERLAND et ROUX, Mlle TSIKLINSKI a réussi à obtenir le même résultat, en prenant comme point de départ une Bactéridie *unique* et très atténuée ; cette Bactéridie fut ensemencée sur une plaque de gélatine, d'où l'on tira ensuite toutes celles qui furent employées dans l'expérience ; il y eut néanmoins renforcement graduel de la virulence par des passages d'animal à animal comme dans l'expérience précédente.

La virulence moyenne des Bactéridies provenant du dernier animal était plus considérable que la virulence de la Bactéridie point de départ, ce qui prouvait qu'il y avait, parmi les Bactéridies de ce dernier animal, des individus personnellement beaucoup plus virulents que l'individu isolé duquel on était parti. Donc il n'y avait pas eu seulement sélection naturelle, tri entre des variétés préexistantes, mais bien production de nouvelles variétés dont les plus aptes, étant, pour ainsi dire, canalisées par la sélection naturelle, réalisaient l'*adaptation au milieu dans son sens le plus général.*

Arrêtons-nous quelques instants à l'étude de ce phénomène qui a une importance capitale en biologie.

Nous avons dit qu'il y avait *retour à la virulence*, et cette expression peut donner une idée erronée du processus par lequel une Bactéridie atténuée donne des descendants virulents ; elle semble impliquer, en effet, une transformation chimique *inverse* de celle qui avait produit l'atténuation. Or, nous savons qu'une variation, se produisant fatalement à la condition n° 2, résulte toujours d'une *destruction*, et nous devons nous demander comment il se fait qu'une destruction ait pour conséquence l'augmentation de quelque chose. Ce n'est en effet qu'une augmentation *relative* par destruction plus rapide des autres éléments du mélange. Supposons, pour fixer les idées, que parmi les substances plastiques *a*, *b*, *c*, *d*, *e*, de la Bactéridie, la substance *b* soit celle dont l'activité plus spéciale produit la substance R nuisible au Mouton ; ce sera la diminution relative de la substance *b* qui entraînera la diminution de virulence. Comment donc une Bactéridie atténuée peut-elle donner naissance à des Bactéridies virulentes ? Évidemment par destruction des substances *autres* que la substance *b*, de telle manière que la proportion relative de *b* par rapport aux autres substances plastiques devienne celle qui caractérise une grande virulence. Une Bactéridie, ayant subi cette variation et se trouvant ensuite à la condition n° 1, conservera, par assimilation, ses proportions caractéristiques et donnera naissance à une génération très virulente. Et si cette alternative de conditions n° 2 et de conditions n° 1 s'est réalisée dans l'organisme du Mouton, la sélection naturelle conservera naturellement, à l'exclusion des autres, les Bactéridies plus virulentes, plus aptes à prospérer dans le Mouton.

Or, précisément, dans le milieu intérieur d'un Mouton vivant, la Bactéridie ne donne pas de spores, de telle sorte qu'aucune des variations ne se trouve fixée, à un moment donné, à l'état permanent; ce sont des conditions excellentes pour que la sélection naturelle s'exerce à chaque instant et favorise la multiplication du plus apte au détriment du moins apte, et que, par conséquent, ceux des plastides, qui ont subi une variation dans le sens de l'augmentation de virulence, deviennent à chaque instant plus nombreux par rapport aux autres.

La virulence est donc récupérée par une Bactéridie atténuée, et cependant l'expression « *retour à la virulence* » est mauvaise à cause du mot retour qui semble impliquer, je le répète, une transformation chimique *inverse* de celle qui avait produit l'atténuation. En réalité, la Bactéridie virulente récupérée diffère peut-être plus de la Bactéridie virulente initiale, au point de vue des proportions des quantités des substances plastiques, que la Bactéridie atténuée intermédiaire ; elle n'en est plus voisine qu'au point de vue de l'abondance de la substance b^1, mais elle peut en être plus différente, au point de vue des autres substances plastiques, pour lesquelles nous n'avons pas de réactif aussi sensible que la virulence.

J'insiste avec intention sur cette remarque qui a une importance générale en biologie. On est trop souvent

---

1. Je conserve cette forme de langage comme plus frappante, quoiqu'elle s'appuie en réalité sur une hypothèse qui n'est que vraisemblable.

tenté de croire à la réalité du retour au point de départ dans ce qu'on appelle les cycles évolutifs ; nous verrons justement quelle différence il y a entre ces prétendus retours et la reversibilité réelle d'où résulte l'hérédité des caractères acquis.

Je reviens aussi, à propos de ce phénomène du retour à la virulence, sur la nécessité de ne jamais oublier que la sélection naturelle détermine la survivance du mieux adapté *aux conditions considérées*. Par exemple, des conditions chimiques, *analogues* à celles qui sont réalisées dans le sang d'un animal, seront réalisées dans le sérum extrait de cet animal, mais l'aptitude à se développer dans le sérum est d'un autre ordre que l'aptitude à se développer dans l'animal ; la lutte avec le milieu est diffé- rente dans les deux cas : dans le second elle est en rapport direct avec l'augmentation de virulence, dans le premier elle ne l'est pas ; aussi dans le second cas, l'adaptation au milieu se traduit par une augmentation de virulence ; dans le premier, par des variations que nous ne savons pas constater et qui peuvent correspondre à des virulences différentes.

Autre exemple encore plus caractéristique :

« Le rouget du Porc peut aussi se communiquer au Pigeon et au Lapin ; si on inocule dans les muscles pectoraux d'un Pigeon le microbe du rouget pris sur un Porc malade, le Pigeon meurt en six à huit jours... Le sang de ce premier Pigeon inoculé à un second, le sang de celui-ci à un troisième, et ainsi de suite, la maladie s'acclimate sur le Pigeon, le rend plus rapidement malade, le tue plus vite, et le sang du dernier Pigeon, reporté sur le porc, y manifeste une virulence *supérieure* à celle des produits infectieux d'un Porc mort du rouget même spontané. Il y a donc ici augmentation de la virulence pour le Porc en passant à travers le Pigeon. Le maximum auquel atteint un virus par le passage sur une race n'est donc pas toujours le maximum pour la race.

« Voilà le cas de l'augmentation, voici maintenant le cas de la diminution sur lequel je veux surtout appeler l'attention. Remplaçons le Pigeon par le Lapin dans cette série d'expériences. Le microbe s'acclimate encore sur le Lapin, tous les Lapins meurent. Vient-on à inoculer aux Porcs le sang des derniers Lapins, par comparaison avec celui des premiers de la série, on constate une diminution progressive de la virulence. Bientôt le sang des Lapins inoculé aux Porcs ne les tue plus. » (DUCLAUX, *Pasteur, Histoire d'un esprit*, p. 382.)

Il faut donc bien se garder d'attribuer au mot virulence une valeur absolue; il faut dire *virulence pour le Lapin, virulence pour le Pigeon*, de même qu'il faut dire *adaptation à un milieu donné* et non adaptation en général.

Voici enfin un dernier exemple qui nous mettra sur la voie des raisonnements à faire pour comprendre l'hérédité des caractères acquis.

Un animal supérieur est une agglomération d'un très grand nombre de plastides différents, baignant dans un milieu commun, le milieu intérieur de l'animal; nous étudierons ultérieurement la genèse de cette agglomération; qu'il nous suffise pour le moment de savoir que cette agglomération est comparable à une association microbienne, c'est-à-dire que la vie élémentaire manifestée de ces plastides, ou éléments histologiques, dépend de conditions de milieu, qui sont à chaque instant modifiées par l'activité même de ces éléments, mais qui se renouvellent aussi constamment, grâce, à une admirable coordination de ces activités pour l'accomplissement de certaines fonctions.

Tous les éléments histologiques assimilent et se multiplient par bipartition, phénomène absolument analogue

à celui qui se passe chez la Bactéridie charbonneuse :
on peut donc leur appliquer toutes les lois qui chez la
Bactéridie charbonneuse, se sont révélées à nous comme
une conséquence de ces deux propriétés d'assimilation
et de bipartition. Nous avons considéré jusqu'à présent, l'organisme animal comme un simple réactif de la
virulence de la Bactéridie ; par suite de sa lutte avec ce
réactif, la Bactéridie atténuée s'adapte, s'aguerrit comme
on dit souvent (retour à la virulence). Mais nous devons
considérer, dans la bataille, le sort des deux partis en
présence, la Bactéridie et le milieu, d'autant que, dans
le cas considéré, le milieu est lui-même un organisme
vivant. C'est cette remarque qui va nous conduire à
la notion de l'immunité.

Introduisons des Bactéridies dans l'organisme d'un
Mouton ; il y avait, jusqu'à ce moment, coordination, et,
par suite de leur influence réciproque, tous les éléments
histologiques trouvaient dans le milieu intérieur commun
ce qui leur était nécessaire. Voici que de nouveaux arrivants s'emparent de certaines substances Q et déversent
dans le milieu de nouvelles substances R. La coordination est détruite ; il y a maladie. Soient X, Y, Z, trois
catégories d'éléments histologiques qui sont particulièrement influencés par l'introduction de la Bactéridie.
(Je suppose qu'il y en a trois pour simplifier et pour
fixer les idées ; il y en a peut-être davantage.)

LE MÉCANISME DE L'IMMUNITÉ.

De même que dans les cultures contenant plusieurs
espèces de plastides, il y aura lutte pour l'existence entre
ces éléments et l'envahisseur. Parmi les plastides de
la catégorie X, par exemple, il y aura des différences
individuelles comme nous l'avons vu pour tous les plastides soumis à des alternatives de condition n° 1 et de
condition n° 2. Si tous succombent dans la lutte avec la
Bactéridie, la disparition de tous les éléments d'une

catégorie détruira la coordination qui régnait; la maladie se terminera par la mort du Mouton.

Mais si quelques-uns des plastides X résistent, ce seront naturellement *ceux qui résistent le mieux* à l'influence de la Bactéridie, les plus aptes à lutter contre l'infection parasitaire. Il en sera de même pour les plastides des catégories Y et Z.

Par conséquent, si les circonstances sont telles que la Bactéridie soit complètement détruite au cours du combat qu'elle livre, dans le milieu intérieur, aux éléments X, Y, Z, (guérison de la maladie infectieuse), ceux des plastides X, Y, Z qui auront subsisté seront les plus aptes à lutter contre la Bactéridie. Ils se multiplieront ensuite à la condition n° 1, c'est-à-dire que chacun donnera naissance à des plastides identiques à lui, et qui prendront la place des éléments disparus dans le combat: par conséquent, tous les plastides X, Y, Z, qui constitueront le corps de l'animal guéri, seront *plus aptes* à résister au charbon[1].

ADAPTATIONS RÉCIPROQUES.

L'immunité acquise par le Mouton est corrélative du retour à la virulence des Bactéridies atténuées :

En effet, quand l'animal succombe, ce sont les Bactéridies les plus virulentes, c'est-à-dire les plus aptes à lutter contre X, Y, Z, qui persistent.

Quand l'animal guérit, ce sont les plastides X, Y, Z, les plus aptes à lutter contre les Bactéridies, qui persistent.

Une Bactéridie de virulence exaltée, par passage à

---

1. J'ai fait une hypothèse très générale en admettant que trois catégories d'éléments pouvaient lutter contre l'envahissement par la Bactéridie et sans préciser par quel moyen. M. Metschnikoff a cru pouvoir conclure de ses observations que les phagocytes seuls jouaient un rôle dans la lutte en mangeant les microbes ; il vaut mieux s'en tenir jusqu'à nouvel ordre à une formule générale qui s'accorde parfaitement avec l'hypothèse phagocytaire, et aussi bien d'ailleurs avec la théorie humorale ou avec n'importe quelle autre.

travers un animal qui a succombé, tuera plus facilement un autre animal de même espèce, sera mieux armée pour lutter contre ce nouvel hôte et déterminera plus rapidement sa mort.

Un Mouton de résistance exaltée par le passage, à son intérieur, de Bactéridies qui ont succombé, tuera plus facilement d'autres Bactéridies de même espèce parce que les plastides X, Y, Z qui lui restent sont mieux armés pour lutter contre ces nouveaux parasites et détermineront plus rapidement leur mort. Il n'y aura pas *récidive* de la maladie.

On pourrait poursuivre plus longtemps le parallélisme entre l'exaltation de virulence d'une Bactéridie et l'exaltation de résistance d'un animal ayant triomphé d'une Bactéridie. Ce que nous avons dit suffit pour montrer que ces phénomènes sont des conséquences immédiates du principe de Darwin, la sélection naturelle ou persistance du plus apte.

Les mots *immunité* appliqué à l'animal supérieur, et *virulence* appliqué au microbe, sont synonymes, puisque ces deux expressions indiquent l'une et l'autre que l'être auquel elle est appliquée triomphera de l'autre dans la lutte. On pourrait dire que l'organisme du Mouton est virulent pour le premier vaccin charbonneux.

Cela posé, on voit qu'un Mouton qui aura résisté à une infection charbonneuse et se sera débarrassé de toutes ses Bactéridies, sera plus apte à se défendre contre une nouvelle infection, sera immunisé par sa première maladie. C'est le principe des vaccinations, qui, entre les mains de Pasteur, a donné de si merveilleux résultats.

Mais, en vertu de la variabilité qui provient de l'alternance des conditions n° 1 et n° 2, le résultat de la vaccination ne sera pas d'une durée illimitée; tant qu'il y

DURÉE DE L'IMMUNITÉ

avait des Bactéridies dans l'organisme, la lutte pour l'existence déterminait le tri, la sélection naturelle des plastides X, Y, Z, les plus résistants par rapport à l'infection charbonneuse. Dès qu'il n'y aura plus de Bactéridies, comme l'aptitude à lutter contre cette espèce microbienne peut être tout à fait différente de l'aptitude à lutter contre les autres éléments de l'organisme, la variation de ces éléments X, Y, Z, *dirigée par une sélection d'un autre ordre*, détruira petit à petit les effets de la vaccination; l'immunité disparaîtra petit à petit.

Cette disparition progressive de l'immunité est analogue à la diminution de virulence d'une culture transportée de bouillon en bouillon plusieurs fois de suite; l'aptitude à se développer dans le bouillon étant d'un autre ordre que l'aptitude à se développer dans un Mouton, la sélection qui proviendra de la culture sur bouillon sera toute différente de celle qui provient du passage sur un Mouton; les variations pourront s'accumuler dans un sens tout différent; la culture pourra perdre petit à petit sa virulence. Elle la récupérera si une nouvelle sélection est opérée par le passage à travers un nouveau Mouton. De même, le Mouton, qui aura perdu son immunité, la retrouvera si une nouvelle injection de vaccin détermine une nouvelle sélection des plastides X, Y, Z, les plus résistants au charbon.

IMMUNITÉS HÉRÉDITAIRES. Avant de quitter cette question de l'immunité qui nous met sur la voie de l'explication de l'hérédité des caractères acquis, nous devons constater que l'immunité, caractère acquis comme nous venons de le voir, est souvent héréditaire (ce qui tend à prouver que l'adaptation à la lutte contre le virus n'est pas dévolue aux seuls phagocytes). C'est probablement par suite de ce fait, que les bêtes carnassières des pays à charbon sont naturellement réfractaires à cette maladie, ce qui provient sans doute de la fréquence des repas que font ces animaux de cadavres d'herbivores morts du charbon.

Ou bien, cela provient peut-être d'une sélection encore plus directe ; il y avait peut-être d'autres espèces de fauves dans nos pays ; ont résisté seules celles qui étaient naturellement réfractaires au charbon ; les autres ont entièrement disparu sous l'influence de la maladie (??)... Ces deux explications, toutes deux vraisemblables dans l'espèce, nous donnent déjà un exemple des modes différents d'interprétation des faits : le second, qui consiste à penser que la sélection choisit des caractères, existant d'avance par hasard, est le mode darwinien : c'est le seul applicable aux êtres unicellulaires ainsi que nous venons de le voir ; le premier, qui consiste à admettre qu'un animal pluricellulaire acquiert, par suite d'une variation interne guidée par la sélection, un caractère directement adapté et héréditaire, est le mode d'explication lamarckien ; nous verrons que ces deux modes sont utiles dans différents cas.

EXPLICATION DARWINIENNE OU LAMARCKIENNE.

60. — LE MÉCANISME DE LA TRANSMISSION HÉRÉDITAIRE DES CARACTÈRES ACQUIS.

Nous sommes maintenant outillés pour comprendre ce phénomène admirable qui domine toute la biologie et explique tant de mystères. Posons le problème d'une manière rigoureusement scientifique au moyen d'un exemple schématique simple.

Dans des conditions données, la composition chimique d'une masse vivante dirige son évolution morphologique ; si la masse vivante considérée est pluricellulaire et hétérogène, il a néanmoins dans ses différentes parties un quelque chose de commun que j'ai appelé le *patrimoine héréditaire*, et qui nous permet de parler encore de composition chimique, quand il s'agit d'un être aussi complexe qu'un homme par exemple ; c'est donc le patrimoine qui dirige l'évolution morphologique *dans des conditions données.*

EXEMPLE THÉORIQUE SERVANT A POSER LE PROBLÈME.

Supposons que nous ayons affaire à un être qui, ayant évolué dans des conditions précises, a pris la forme sphérique d'équilibre; il a un patrimoine héréditaire α commun à toutes ses parties; si un morceau quelconque, détaché de cette sphère, a la faculté de vivre dans le milieu, ce morceau doué du même patrimoine héréditaire α prendra, dans les mêmes conditions que son père, la forme sphérique. (Nous supposons que la génération agame soit possible dans l'espèce considérée ; nous verrons bientôt que les complications, résultant de la génération sexuelle, sont les mêmes dans le cas des caractères congénitaux et dans le cas des caractères acquis.)

Transportons maintenant un de ces êtres sphériques dans des conditions nouvelles, dans un endroit où les conditions mécaniques sont telles que sa forme devienne fatalement cubique sous l'influence de pressions extérieures; emprisonnons-le dans un cube où il soit comprimé par les six faces de manière à devenir cubique. Que va-t-il se passer? Bien des cas sont possibles.

L'animal, ayant normalement la forme sphérique sous l'influence des mouvements molaires réalisés dans sa substance, sera certainement *gêné* par cette prison cubique, qui rend difficiles ou impossibles les tourbillons d'échanges accompagnant la première forme. Puisque ces tourbillons réalisaient la forme cubique dans l'ensemble, ils seront certainement modifiés par l'emprisonnement dans un cube. Or, nous avons vu que si le moléculaire dirige le molaire, le molaire retentit, lui aussi, sur le moléculaire. Si la condition n° 1 était liée à la construction d'une forme sphérique, le fait d'imposer une forme cubique à l'ensemble pourra changer la condition n° 1 en condition n° 2, au moins dans quelques éléments de l'animal. Il est même possible que cette forme cubique, brutalement imposée, entraîne la mort de l'individu ; ce cas sera souvent réalisé ; il n'est pas intéressant pour le but que nous nous proposons.

Admettons donc que l'animal ne meure pas dans sa prison ; et au bout de quelque temps, faisons-l'en sortir pour le replacer dans les conditions primitivement réalisées autour de lui. Divers phénomènes pourront se produire.

1° L'animal, sortant de sa prison, reprendra la forme sphérique. Alors nous saurons qu'aucune modification suffisante ne s'est produite dans sa substance, et que la forme sphérique est restée la forme d'équilibre de la masse vivante en état d'assimilation ; ce cas est comparable à celui d'un homme qui, courbé en deux sous l'influence d'un fardeau, se redresse quand il en est débarrassé. Mais cette simple comparaison va nous conduire au second cas ; il est certain en effet que si un homme reste *habituellement* courbé sous le poids de fardeaux, il ne se redresse plus complètement au bout d'un certain temps.

Envisageons donc le second cas :

2° L'animal, sortant de sa prison, reste cubique ; c'est donc que quelque chose s'est modifié à son intérieur. Encore ne devons-nous pas conclure trop vite, car le rôle du squelette n'est pas négligeable ; si l'individu considéré avait, à l'état sphérique, un squelette malléable comme du plomb, ce squelette aura, dans la prison, épousé la forme cubique et, quand l'animal sortira du cube, il ne sortira pas en réalité de sa prison ; il

CARACTÈRE
TRANSITOIRE
NON ACQUIS
DÉFINITIVE-
MENT.

CARACTÈRE
FIXÉ DANS LE
SQUELETTE.

restera astreint, par la forme de son squelette, à rester cubique, quelles que soient d'ailleurs les conditions mécaniques réalisées par l'assimilation autour de chacune de ses cellules. Le squelette cubique donnera à la substance de l'animal considéré la forme cubique, comme il donnerait cette forme à *n'importe quelle substance visqueuse.*

Nous ne pourrons donc pas savoir si une modification autre que celle du squelette s'est produite à l'intérieur de l'animal. Pour nous en rendre compte, il faudra détacher un morceau de l'animal devenu cubique et voir si, doué d'assimilation dans le milieu, il prend la forme sphérique ou la forme cubique en se construisant un nouveau squelette. S'il prend la forme cubique, c'est que quelque chose est modifié dans le patrimoine héréditaire, et que la forme cubique est devenue forme d'équilibre indépendamment de l'intervention du squelette; c'est le cas qui se manifesterait directement à nous si l'animal, *dépourvu de squelette,* gardait néanmoins la forme cubique, en sortant du cube, dans les conditions mêmes où il prenait, avant l'emprisonnement, la forme sphérique. Arrêtons-nous donc à ce dernier cas qui est le plus important.

Évidemment, le patrimoine héréditaire a changé; sans cela, les mêmes réactions, dans les mêmes conditions, en l'absence d'un squelette rigide, reproduiraient la même forme d'équilibre. L'animal se compose maintenant d'un ensemble de cellules tel que le résultat total des dynamismes cellulaires donnera la forme cubique à l'animal. Mais avons-nous le droit de supposer que la même modification a atteint *toutes les cellules* de l'organisme? Pas *a priori,* du moins. Le patrimoine héréditaire α primitivement commun, par descendance de l'œuf, à tous les éléments de l'individu a pu être, sous l'influence de la compression dans le cube, remplacé ici par un patrimoine différent β, là par un autre patrimoine γ, etc., de telle manière que l'ensemble des dynamismes réalisé dans cette masse hétérogène se traduise par une forme cubique totale d'équilibre.

Mais, si cela était, la forme cubique *ne saurait être héréditaire*. En effet le patrimoine β ne produit la forme cubique que grâce aux cellules de patrimoine γ et α qui coexistent dans d'autres éléments de l'individu modifié; aucun de ces patrimoines n'appartenant à l'ensemble des éléments, n'est par lui-même une conséquence de la forme cubique *totale*. Si donc l'on détache du cube divers morceaux capables de se reproduire, ces divers morceaux doués de patrimoines héréditaires différents donneront naissance à des individus différents, savoir à des individus ou groupements de cellules analogues à ceux dont l'assemblage faisait le cube, mais dont aucun n'était cubique; il n'y a aucune raison pour qu'un seul de ces individus soit cubique.

Si donc l'observation nous enseigne, et nous allons voir que cela a lieu en effet, que les caractères acquis *peuvent être* héréditaires, nous serons obligés de penser que, dans le cas où ils le sont, ils ont été acquis par le parent d'une manière homogène; autrement dit, que la sphère, caractérisée par quelque chose de commun à tous ses éléments, aura été remplacée par un cube, que caractérise également quelque chose de commun à tous ses éléments. L'individu, doué d'un patrimoine héréditaire unique, aura été remplacé par un autre individu doué d'un patrimoine héréditaire différent, mais également unique. Ainsi donc, l'hérédité des caractères acquis sera une démonstration de l'unité, dans toute l'étendue de l'individu, du patrimoine héréditaire. Ce résultat étant extrêmement important, appuyons-le, avant d'aller plus loin par

(295)

une observation directe d'un cas d'hérédité acquise indéniable.

On trouve, dans les terrains très anciens, des coquilles
de Céphalopodes qui ont la forme d'une corne de vache
et dont la section transversale est à peu près circulaire
(fig. 68, A); en suivant la série des fossiles de cette catégorie dans des terrains plus récents, on constate que ces
coquilles, presque droites naguère, se sont enroulées de
plus en plus à la manière d'une spirale d'Archimède (B);
nous ne connaissons pas la raison de cette transformation, mais la présence de certains caractères communs
permet de considérer comme démontré que les formes
enroulées descendent des animaux à coquilles droites.
Or, l'enroulement est tellement fort dans certains types (C)
que les tours de spire successifs s'impriment les uns dans
les autres, donnant naissance à un sillon dorsal dont la
genèse mécanique est évidente, puisqu'il résulte sans
conteste de la pression du tour de spire précédent sur
le suivant.

Tant que les animaux en question restent aussi nettement enroulés, on peut admettre que ce caractère de
l'existence d'un sillon dorsal est acquis individuellement
par chaque Céphalopode pour des raisons mécaniques évi-
dentes, le contact des tours de spires.

Mais voilà qu'à une période plus récente de l'histoire
du monde, les découvertes paléontologiques nous montrent que les descendants de ces Céphalopodes à coquille
enroulée ont subi un commencement de déroulement et
ont maintenant la forme d'une spirale d'Archimède à tours
de spires plus écartés les uns des autres et ne se tou-
chant plus; et notez bien que des caractères communs
permettent d'affirmer que ces Céphalopodes à moitié
déroulés descendent de ceux dont l'enroulement était
beaucoup plus serré.

Or, chose admirable, *le sillon dorsal persiste* chez ces êtres à coque à moitié déroulée ! Cependant il n'y a plus maintenant pression d'un tour de spire sur le tour de spire précédent ; nous avons compris mécaniquement la genèse de ce sillon dorsal, quand les tours de spire se touchaient et se pressaient l'un l'autre ; et ce sillon persiste en dehors des conditions mécaniques où il a été d'abord produit ; il se transmet à des descendants dont la coquille est déroulée ! *C'est donc que le patrimoine héréditaire a été*

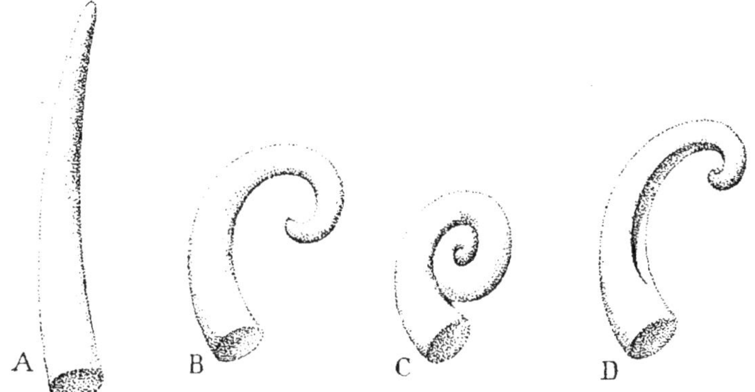

FIG. 68. — Schéma des céphalopodes de HYATT [1]. On voit en D le sillon dorsal résultant de la forme ancestrale C.

modifié sous l'influence de la production mécanique de ce sillon dorsal, au point de devenir adéquat à cette forme nouvelle d'équilibre : il y a un nouveau patrimoine héréditaire, qui, construisant un individu nouveau et son squelette, fera apparaître, sans pression, le sillon dorsal !

C'est absolument le cas hypothétique de la sphère transformée en cube par pression et acquérant un patrimoine héréditaire, caractéristique de la forme cubique. Évidemment, il aurait pu se faire qu'aucun patrimoine

---

1. HYATT, *Proceedings of American philosophical Society*, vol. XXXII, p. 615.

héréditaire ne fût adéquat à cette forme comprimée : si l'on serre un homme dans une boîte, on ne rendra pas héréditaire la forme quelconque qu'on lui imprimera ; mais il y a des caractères provenant de pressions, comme dans notre cas hypothétique du cube, et qui sont héréditaires. Voilà la chose importante et qui suffit à démontrer que le patrimoine est commun à tous les éléments d'un individu.

LA RÉVERSIBILITÉ.

Voyons donc maintenant comment nous pourrons expliquer cette modification *reversible* du patrimoine héréditaire, c'est-à-dire cette transformation chimique telle que, résultant d'une modification morphologique donnée, elle soit capable de reproduire elle-même, dans un individu nouveau, cette modification morphologique.

Restons dans le cas très simple où la modification du corps a été produite par des actions extérieures directes, des pressions, par exemple. Puisque la forme résultait des mouvements molaires d'échanges dans toutes les cellules du corps, une variation imposée à la forme retentit inversement sur ces mouvements molaires, lesquels dirigent eux-mêmes les actions moléculaires à l'intérieur des cellules ; donc, par suite de cette forme *imposée* à la masse du corps, il y aura dans les cellules des phénomènes de destruction, c'est-à-dire *de variation*. Les variations auront lieu dans n'importe quel sens, mais la sélection naturelle interviendra pour conserver seulement celles *qui seront adaptées aux nouvelles conditions d'équilibre.*

Nous l'avons vu plus haut, il est toujours difficile de *prévoir* quelles seront les modifications adéquates à des conditions données, mais quand, après coup, la sélection naturelle a fixé telle ou telle variété, nous sommes certains que cette variété est la plus apte dans les conditions considérées. Dans l'espèce, il faudra que les mouvements molaires d'échanges, réalisés autour de chaque cellule par la nature chimique de cette cellule, aient ici comme résultante totale la nouvelle forme d'équilibre imposée à l'individu par les circonstances extérieures. Les cellules devront donc acquérir l'aptitude à faire partie d'une agglomération de forme donnée, exactement comme, précédemment, nous avons vu les Bactéridies acquérir l'aptitude à vivre dans un Mouton, ou le Mouton acquérir l'aptitude à résister à la Bactéridie.

Il est très vraisemblable que, dans la plupart des cas, une forme au hasard étant imposée à un animal, il n'existera pas de patrimoine héréditaire adéquat à cette forme nouvelle: la sélection naturelle ne trouvera pas, parmi toutes les variétés résultant des destructions cellulaires, un seul type apte à faire partie d'une agglomération ayant cette forme choisie au hasard. Et nous verrons en effet que, le plus souvent, les caractères acquis par des mutilations ne sont pas héréditaires. Mais il y a des cas aussi où, comme pour l'histoire du sillon dorsal des Céphalopodes, un patrimoine adéquat existe, et alors *il est fatalement acquis par la sélection naturelle* au bout d'un temps suffisant, c'est-à-dire au bout d'un nombre suffisant de générations pendant lesquelles la même mutilation a été répétée.

UNE FORME, PRISE AU HASARD, NE DOIT PAS DEVENIR HÉRÉDITAIRE.

L'hérédité des caractères acquis, quand elle est possible, est une conséquence fatale du principe de DARWIN, et cependant, les néo-darwiniens ont nié l'hérédité des caractères acquis!

Nous pouvons maintenant donner plus de précision au langage en ce qui concerne les phénomènes d'hérédité. Nous avons appelé *hérédité* l'ensemble des propriétés de l'œuf, *patrimoine héréditaire* l'ensemble des propriétés communes à tous les éléments d'un même individu, propriétés communes reçues elles-mêmes en héritage de l'œuf ancêtre commun à tous. Nous avons appelé *éducation* l'ensemble des circonstances à travers lesquelles s'est

LA VRAIE DÉFINITION DE L'HÉRÉDITÉ ACQUISE.

déroulée l'évolution individuelle de l'être provenant de l'œuf, et nous avons été amenés à cette conclusion que tous les *caractères* (éléments de la *description* de l'adulte) dérivent à la fois de l'hérédité et de l'éducation, que, en d'autres termes, tous les caractères sont des *caractères acquis*. Mais nous nous sommes posé la question de savoir si ces caractères acquis (différents chez deux êtres ayant même hérédité, pourvu que les éducations aient été différentes), si ces caractères acquis, dis-je, pouvaient modifier le patrimoine héréditaire commun à tous les tissus de l'individu. Autrement dit, nous nous sommes demandé si, malgré les variations dues aux conditions extérieures d'éducation, les individus conservaient ou modifiaient leur patrimoine héréditaire, *propriété* commune à toutes leurs cellules.

Nous avons conclu que, dans certains cas, il peut se produire, dans le patrimoine héréditaire, des transformations adéquates aux modifications dues à l'éducation ; en d'autres termes, il ne faut pas parler de caractères acquis (tous sont acquis), mais de *propriétés acquises* sous l'influence de caractères imposés par les conditions de milieu ; il faut dire que dans certains cas, les éléments cellulaires de l'individu conservent leur *hérédité congénitale*, que, dans d'autres cas, ils acquièrent *un patrimoine nouveau, une hérédité nouvelle.* **Ce qui se transmet à l'œuf, ce sont des propriétés et non pas des caractères.** Les caractères de l'adulte résultent de la manifestation, *dans certaines conditions*, des propriétés de l'œuf.

ON HÉRITE DE PROPRIÉTÉS ET NON DE CARACTÈRES.

Cette simple remarque ruine définitivement la théorie des particules représentatives qui voulait trouver dans l'élément génital les éléments de la description de l'adulte.

L'adulte est représenté, dans son nez aussi bien que dans son orteil, par un patrimoine héréditaire commun à tous les éléments, et une modification de l'individu retentit sur tout l'organisme; il n'y a pas de caractère local au sens où l'entendait Weismann; il y a des manifestations locales d'une propriété générale, et quand un caractère est visible dans le nez, il est représenté tout aussi bien dans le patrimoine de l'orteil. Voilà ce que démontre la transmission héréditaire des caractères acquis; nous reviendrons plus tard sur *l'unité* du patrimoine commun à tout l'individu, à propos de la corrélation.

Dans toute cette question de l'hérédité acquise, nous avons dû nous borner à considérer le cas très simple, où des pressions extérieures modifient brutalement la morphologie des individus; les véritables modifications que nous aurons à constater, chez les animaux, sous l'influence de conditions nouvelles d'existence, ne seront pas ordinairement de cet ordre; un animal n'est pas comparable à un morceau de beurre sur lequel s'impriment les pressions venant du milieu, mais à un mécanisme qui réagit suivant sa nature, aux conditions nouvelles réalisées autour de lui. Ce n'est pas passivement, mais activement, que les animaux acquièrent leurs caractères nouveaux, et, dans ces conditions, il est bien plus facile de concevoir qu'un patrimoine héréditaire modifié puisse être adéquat à une modification que l'animal a créée lui-même, *suivant sa nature*. Mais nous devons rejeter cette étude au troisième livre, avec celle de la corrélation, de la coordination et du fonctionnement.

C'est seulement alors que nous pourrons réellement comprendre l'origine des espèces; pour le moment, nous sommes déjà à même de nous étonner moins profondément de l'existence d'une substance aussi admirable que la substance d'homme, puisque l'hérédité merveilleuse de cette substance doit résulter d'une accumulation d'hérédités acquises, dans les générations successives, par des *adaptations* successives à des conditions nouvelles.

(301)

COMMENT
S'ACQUIÈRENT
LES
CARACTÈRES
NOUVEAUX.

L'ACCUMULA-
TION DES
HÉRÉDITÉS.

Le principe de la sélection naturelle nous permet de parler d'adaptation sans que nous connaissions encore les mécanismes ; il nous permettra ultérieurement de connaître le mécanisme et de comprendre son fonctionnement ; il nous permettra même de prévoir les lois de ce fonctionnement, c'est-à-dire qu'il nous conduira aux principes que LAMARCK a tirés directement de l'observation des faits.

Et les êtres nous paraîtront former deux groupes : 1° ceux qui, comme les êtres unicellulaires, sont atteints, sous l'influence des conditions extérieures, par des variations *quelconques*, entre lesquelles la sélection naturelle choisit ensuite et conserve celles qui sont adaptées aux circonstances (ce sont les êtres pour lesquels le principe de DARWIN suffit à tout expliquer) ; 2° ceux qui, véritables mécanismes, sont susceptibles, par des modifications internes, de s'adapter directement, *individuellement* aux circonstances extérieures, parce que la sélection naturelle choisit, dans leurs éléments histologiques, ceux qui correspondent à cette adaptation individuelle de l'ensemble ; ce sont ces êtres qui sont justiciables de l'application des principes de LAMARCK.

L'AMPHIMIXIE

61. — LES PATRIMOINES HÉRÉDITAIRES ET LA FÉCONDATION.

Quand on assiste sous le microscope à la fécondation d'un œuf d'Astérie (fig. 69), il est bien difficile de ne pas être frappé surtout par les manifestations *figurées* qui accompagnent le phénomène. Et cependant, d'après tout ce que nous a enseigné l'étude de la vie cellulaire et de l'hérédité, ce sont les actions chimiques seules qui importent, au point de vue de la formation de l'être nouveau qui dérivera de l'œuf. Tous les phénomènes figurés sont en effet sous la dépendance de ces actions

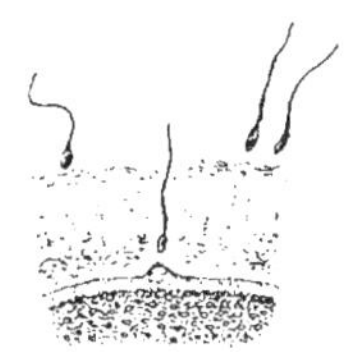

Fig. 69. — Entrée d'un spermatozoïde dans l'œuf d'Astérie (d'après Fol).

chimiques; c'est partout et toujours la chimie qui dirige la morphologie! Les expériences de mérotomie et de

(303)

mérogonie (elles n'ont malheureusement pas pu être effectuées en ce qui concerne le spermatozoïde) nous ont appris à considérer les cellules comme des amas de substance vivante plutôt que comme des mécanismes, et à envisager la fécondation comme une union de deux réactifs chimiques, bien plus que comme une conjugaison de deux individus. Nous devons nous demander maintenant quel sera le résultat, au point de vue de l'hérédité, de l'union de deux éléments sexuels ayant des patrimoines héréditaires différents.

Le patrimoine héréditaire, commun à tous les éléments histologiques d'un être supérieur comme l'homme, se réduit, nous l'avons vu, à des rapports établis entre les quantités des différentes substances vivantes de ces éléments; en d'autres termes, à une liste de coefficients quantitatifs.

Une espèce cellulaire est en effet, nous le savons, caractérisée par la nature qualitative des substances plastiques qui la constituent; un individu de cette espèce est défini par les coefficients quantitatifs de ces substances (et nous verrons plus tard qu'il est impossible de donner pour les êtres supérieurs une autre définition de l'espèce; la notion du patrimoine héréditaire, commun à toutes les parties du corps, nous permet d'ailleurs, dès maintenant, de concevoir la définition d'un individu par des coefficients quantitatifs).

Mais nous avons dû laisser sans réponse, dans le livre premier, la question de savoir comment sont distribuées dans la cellule les diverses substances dont le mélange, en proportions définies, détermine la personnalité de cette cellule; les expériences de mérotomie nous ont laissé dans le doute, mais ces expériences étaient fort grossières. Nous avons cependant des raisons de croire que les diverses substances plastiques ne sont pas localisées, chacune pour son compte, dans l'un des éléments figurés (cytoplasma, noyau, nucléole, etc.). D'abord, ces éléments figurés ne sont pas constants dans l'histoire de la cellule, ainsi que nous l'enseigne l'étude de la karyokinèse; de plus, la multiplication de la cellule à la condition n° 1 *conserve* admirablement le patrimoine héréditaire avec ses coefficients de rigoureuse proportionnalité, ce qui serait bien étonnant si les substances constituées étaient aussi indépendantes l'une de l'autre que semblent l'être, par exemple, le protoplasma et le noyau d'une Gromie (fig. 70). Cette Gromie, avec ses longs rhizopodes adhérents à des objets solides, perd souvent, sous l'influence des accidents extérieurs, des portions de son protoplasma; elle devrait donc, si le patrimoine héréditaire était le rapport de la quantité de substance cytoplasmique à la substance nucléaire, changer constamment de caractère personnel. Tout ce que nous savons en ce moment nous pousse au contraire à croire que, lorsque

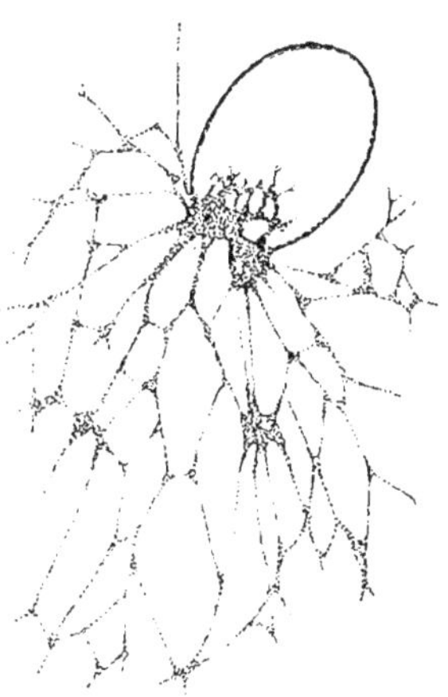

Fig. 70. — *Gromia fluviatilis.*

des morceaux d'une cellule sont accidentellement ou expérimentalement enlevés, l'assimilation reconstitue l'individu avec les propriétés qu'il avait antérieurement à l'accident.

De plus, lorsqu'une variation quantitative se produit sous l'influence de la condition n° 2, ainsi que nous l'avons vu dans la Bactéridie charbonneuse, la variété nouvelle ainsi obtenue se conserve ensuite, se multiplie avec ses nouveaux caractères, si on la transporte à la condition n° 1, c'est-à-dire que le nouveau phénomène d'assimilation a pour résultat de produire un mélange de substances vivantes doué des proportions acquises par cette variation. Et cela nous a prouvé que ce n'est pas là un *mélange banal*.

L'étude raisonnée des êtres pluricellulaires nous a appris que, malgré la complexité du mécanisme, le patrimoine héréditaire était commun à l'ensemble du corps tout entier, ce qui nous a préparés à comprendre que le mécanisme molaire de la cellule pouvait, lui aussi, être indépendant d'une répartition locale des substances constitutives. Le cœur d'un Triton, quoique ne contenant pas une partie distincte du patrimoine héréditaire, est un appareil indispensable à la circulation, à la vie du Triton. De même, le noyau, qui est indispensable à la vie de la cellule, les expériences de mérotomie le prouvent, est un appareil nécessaire à l'entretien des mouvements molaires d'échanges, sans que, pour cela, il soit indispensable de supposer localisée à son intérieur une des substances chimiques constitutives de la cellule considérée. La notion de *l'unité dans l'être vivant*, à laquelle nous a conduits la découverte du patrimoine héréditaire commun, nous amène par ricochet à la conception de *l'unité dans la cellule*.

Le mélange, si peu banal, nous le savons, qui, par ses coefficients particuliers, donne à la cellule son individualité, doit donc se trouver, avec ses proportions spéciales, dans chaque point de la cellule, que ce point fasse partie du cytoplasma, du noyau ou du nucléole. La cellule est caractérisée dans tous ses points, et nous n'aurons pas à nous occuper, pour comprendre l'amphimixie, des phénomènes figurés qui l'accompagnent; la fécondation sera la fusion de deux mélanges de substances ayant chacun ses proportions propres.

On peut se demander si le mot *mélange* est bien propre à cette association de substances qui, dans l'assimilation, réagissent synergiquement de manière à se trouver toutes multipliées en gardant leurs proportions. Cette particularité indique, en effet, entre ces substances, une liaison très particulière et qui n'existe pas dans les mélanges ordinaires comme celui de l'eau et du vin. Ce n'est guère que dans les combinaisons que nous sommes habitués à constater une dépendance de toutes les parties dans l'activité chimique.

Nous avons été amenés à employer le mot mélange à cause de ce fait que, dans la variation de virulence de la Bactéridie charbonneuse, nous trouvions autant d'étapes que nous voulions (et d'étapes définies par des caractères spéciaux susceptibles de se reproduire indéfiniment à la condition n° 1,) entre la virulence très exaltée et l'absence totale de virulence; cela nous empêchait de croire que chaque étape pût être considérée comme résultant d'une combinaison définie à cause du nombre, pour ainsi dire illimité, des étapes possibles.

Mais, depuis que la chimie physique poursuit ses découvertes, la différence entre les mélanges et les combinaisons ne paraît plus devoir être considérée comme aussi tranchée qu'on le croyait autrefois, et il ne faut pas se laisser tromper par les mots. Surtout quand il s'agit de molécules aussi complexes que celles des substances plastiques, molécules tellement complexes que la chimie actuelle ne sait pas encore analyser leur structure, il est possible qu'il existe, entre des substances plastiques de diverses natures, une quantité *très grande* d'associations en proportions définies différentes.

N'employons pas, pour représenter ces associations, le mot *combinaison* qui heurtera peut-être certaines idées; n'employons pas non plus le mot *mélange* qui, dans certains cas, se rapporte à des associations trop peu intimes des substances; tenons-nous en au mot *agrégat* qui n'a aucune signification bien précise, et qui nous permettra de nous exprimer avec précision, sans faire d'hypothèse hasardée.

Le fait que, à la condition n° 1, les agrégats de substances plastiques se multiplient par assimilation avec leurs coefficients quantitatifs, nous amène à considérer ces agrégats comme des sortes de grandes molécules dans lesquelles, cependant, des substances non vivantes peuvent introduire des éléments étrangers à l'agrégat lui-même (hydratation, etc.), ce qui ne serait pas admissible avec les molécules. Le seul fait que nous puissions conclure de l'étude de la reproduction, c'est, en effet, que les substances *vivantes* conservent leurs proportions à la condition n° 1 ; d'autres substances coexistantes peuvent varier suivant les cas.

L'AGRÉGAT, UNITÉ VIVANTE. L'agrégat, ainsi défini, et n'ayant ni tout à fait les allures d'une combinaison, ni tout à fait celles d'un mélange banal, représenterait donc l'*unité* vivante d'un individu quelconque et se retrouverait dans toutes ses parties avec un caractère quantitatif commun, le patrimoine héréditaire. Ceci posé, voyons ce que va devenir le patrimoine héréditaire dans la fécondation.

62. — LA LOI DU PLUS PETIT COEFFICIENT.

Si l'on considère un individu qui vit depuis longtemps dans les mêmes conditions, son patrimoine héréditaire reste constant, et appartient à ses éléments génitaux comme à tous ses éléments somatiques ; il n'en est plus de même si l'individu est *en train de varier* sous l'influence de circonstances nouvelles, est, en d'autres termes, en train d'acquérir une nouvelle hérédité, comme nous l'avons étudié au chapitre précédent ; dans ce cas, en effet, on

peut se demander si le nouvel état d'équilibre, d'adaptation, est déjà obtenu, et si le patrimoine héréditaire a été
modifié déjà dans tout l'organisme, ou si cette modification
est seulement en train de se faire ; alors l'on ne pourra
pas prévoir quel est, au moment considéré, le patrimoine
héréditaire des éléments sexuels. Tout ce que nous allons
dire désormais s'appliquera au patrimoine héréditaire, tel
qu'il existait dans les éléments sexuels au moment de la
maturation. Que ce patrimoine héréditaire résulte tout
entier de l'hérédité congénitale ou ait une part d'hérédité
acquise, le problème de l'amphimixie restera le même ;
c'est pour cela que je disais, au chapitre précédent, que
les caractères acquis ne se comportent pas autrement que
les caractères congénitaux au point de vue des hasards
de la reproduction sexuelle.

Considérons donc, par exemple, un spermatocyte de
premier ordre avec son patrimoine héréditaire ; il subit,
pendant les deux karyokinèses singulières et ensuite pendant la transformation du spermatide en spermatozoïde,
une maturation chimique dont le résultat est de transformer toutes ses molécules de substances plastiques
en *demi-molécules mâles*. L'ensemble du spermatozoïde est
donc formé de demi-molécules mâles, mais nous devons
supposer qu'il a conservé ses coefficients quantitatifs, sans
quoi aucune transmission héréditaire des propriétés
paternelles ne serait possible. Les propriétés étant cor-
rélatives des coefficients, ou tout au moins des rapports
des coefficients entre eux, c'est seulement la transmission de ces rapports à l'œuf qui assure la ressemblance
de l'enfant avec le parent. Dans la génération parthénogénétique, par exemple, il y a transmission intégrale de tous
les coefficients du parent à l'œuf, d'où ressemblance totale
de l'enfant avec le parent, sauf les différences résultant de
l'éducation.

COMPOSITION D'UN ÉLÉMENT SEXUEL MÛR.

(309)

Il est nécessaire de prendre un exemple précis pour comprendre la conservation des coefficients ou de leurs rapports dans la maturation.

Considérons une cellule dont les substances vivantes soient, pour fixer les idées, au nombre de cinq, a, b, c, d, e. A l'état normal, c'est-à-dire en dehors des périodes de maturation sexuelle, chaque molécule de substance a se compose de deux demi-molécules a_m (demi-molécule mâle) et a_f (demi-molécule femelle), accolées ou écartées, suivant que la cellule considérée est à l'état associé (stade prothalle), ou à l'état dissocié (stade à $2n$ chromosomes), mais agissant toujours synergiquement (comme les deux pôles d'une pile) dans l'acte de l'assimilation (Voir plus haut, chap. V, § 42).

De même, chaque molécule de substance b se compose de deux demi-molécules b_m et b_f ; chaque molécule de substance c se compose de deux demi-molécules c_m et c_f, etc. Si donc, 4, 5, 7, 3, 2 sont (toujours pour fixer les idées) les coefficients de la cellule considérée, la caractéristique de son patrimoine héréditaire, cela veut dire qu'un agrégat de cette cellule comprend :

$$4a + 5b + 7c + 3d + 2e.$$

Et s'il y a p agrégats dans la cellule, la masse totale des substances vivantes de cette cellule est :

$$p \times (4a + 5b + 7c + 3d + 2e).$$

Je parle ici des agrégats comme si c'étaient de grandes molécules ou quelque chose d'analogue, et c'est une hypothèse raisonnable à cause de la régularité de l'assimilation qui conserve les coefficients ; mais comme c'est seulement dans l'assimilation que se manifeste cette particularité, il est vraisemblable qu'en dehors de la période d'assimilation, lorsque la maturation, par exemple, a détruit l'équilibre préétabli, ces agrégats se résolvent en leurs éléments et que le contenu de la cellule prend les propriétés plus banales d'un mélange.

Quoi qu'il en soit, une fois la maturation mâle terminée, le nombre absolu des demi-molécules mâles de chaque espèce sera, dans l'élément mûri :

$$p \times (4a_m + 5b_m + 7c_m + 3d_m + 2e_m).$$

Ce que l'on peut écrire

$$4pa_m + 5pb_m + 7pc_m + 3pd_m + 2pe_m.$$

Un autre individu de la même espèce aura un patrimoine héréditaire caractérisé par les cinq coefficients 3, 7, 6, 4, 5. Supposons que la maturation femelle atteigne une cellule composée de t agrégats et ayant pour composition :

$$t \times (3a + 7b + 6c + 4d + 5e).$$

Cela nous donnera un élément femelle contenant une quantité de substances femelles définie par la formule :

$$3ta_f + 7tb_f + 6tc + 4td_f + 5te_f.$$

Imaginons maintenant qu'une fécondation unisse les deux éléments mâle et femelle dont nous venons de détailler la composition ; qu'arrivera-t-il ?

Occupons-nous d'abord de la substance a.

Il y a, dans l'œuf fécondé, des demi-molécules a_m au nombre de $4p$ et des demi-molécules femelles a_f, au nombre de $3t$. Cela permettra la construction de molécules a, c'est-à-dire de molécules $a_m + a_f$, et le nombre possible de ces molécules sera *le plus petit* des deux nombres $4p$ et $3t$.

De même, en chimie, avec 9 groupements Na^2 et 7 groupements SO^4, on peut faire seulement 7 molécules

SO^4Na^2. Les deux autres groupements Na^2 restent inemployés dans la réaction.

Dans la fécondation que nous venons d'observer, nous devrons choisir les plus petits des nombres correspondants : $3t$ et $4p$, pour a; $7t$ et $5p$ pour b, $6t$ et $7p$ pour c, $4t$ et $3p$ pour d, $5t$ et $2p$ pour e; ce seront les coefficients totaux de l'œuf fécondé.

Par exemple, supposons que dans les deux éléments qui se sont fusionnés, t fût égal à 4 et p à 5. Le coefficient de a dans l'œuf fécondé sera 12 qui est plus petit que 20; celui de b sera 25 qui est plus petit que 28; celui de c sera 24 qui est plus petit que 35, celui de d sera 15 qui est plus petit que 16, et celui de e sera 10 qui est plus petit que 20. Et notre œuf sera :

$$12a + 25b + 24c + 15d + 10e,$$

ensemble dans lequel les rapports des quantités de substances a et c sont les mêmes que dans l'élément femelle, les rapports des quantités de substances b, d, e, sont les mêmes que dans l'élément mâle.

Si donc telle propriété de la mère tenait à la proportion des substances a et c, cette propriété sera transmise à l'enfant; si, de même, telle propriété du père était une conséquence de la proportion des substances b, d, e, cette propriété sera transmise à l'enfant; mais une propriété qui, dans l'espèce considérée, résulte de la proportion des substances a et des substances d, sera *nouvelle chez l'enfant*, puisque la proportion considérée qui était marquée par le rapport $\frac{4}{3}$ chez le père et par le rapport $\frac{3}{4}$ chez la femelle sera marquée chez l'enfant par le rapport $\frac{12}{15}$ ou $\frac{4}{5}$ qui est différent de $\frac{4}{3}$ et de $\frac{3}{4}$.

Et cette simple observation nous permet de prévoir que, chez un enfant provenant de deux parents, le patrimoine héréditaire pourra contenir des rapports identiques à ceux du père, des rapports identiques à ceux de la mère, et des rapports nouveaux; ce qui revient à dire que, abstraction faite des conséquences de l'éducation, l'enfant pourra tenir certains caractères de son père, certains caractères de sa mère et avoir en outre certains caractères personnels.

Une autre remarque s'impose également, c'est que deux fécondations, ayant lieu entre des éléments sexuels différents, donneront des résultats différents, indépendamment de tout caractère acquis dans l'intervalle des deux fécondations, et suivant les quantités relatives des substances mâles et femelles, qui se mélangent dans la fécondation, suivant les valeurs des nombres p et t des exemples précédents. Supposons en effet que t restant égal à 4 par exemple, p devienne égal à 6, c'est-à-dire qu'un ovule de même taille que le précédent soit fécondé par un spermatozoïde contenant un peu plus de substance. L'œuf fécondé aura pour composition :

$$12a + 28b + 24c + 16d + 12e,$$

c'est-à-dire que, sauf le coefficient de e, tous ses coefficients quantitatifs seront des multiples de celui de sa mère; il sera entièrement différent de son frère qui avait pour patrimoine héréditaire :

$$12a + 25b + 24c + 15d + 10e,$$

sauf qu'il aura de commun avec lui le rapport $\frac{12}{24}$ ou $\frac{1}{2}$ du coefficient de a à celui de c.

Il est inutile d'insister pour montrer que, suivant les quantités *absolues* des substances mâles et femelles qui se mélangent, deux parents ayant des patrimoines héréditaires déterminés, pourront donner naissance à des enfants très dissemblables, ainsi que cela a lieu, en effet, dans la

CARACTÈRES
PATERNELS,
MATERNELS
ET NOUVEAUX.

DIFFÉRENCES
ENTRE FRÈRES.

réalité ; si l'on réfléchit aux hasards qui président à la formation des éléments sexuels en tant que masses distinctes, on comprendra qu'il est bien difficile (malgré tout ce que l'on a dit de la karyokinèse, phénomène providentiel ayant pour but l'égalité des divisions) que deux éléments sexuels contiennent des quantités exactement égales de substances vivantes. Aussi est-il bien rare que deux frères soient identiques, sauf quand ils sont réellement jumeaux, c'est-à-dire qu'ils proviennent de la séparation des deux premiers blastomères d'un œuf provenant d'une fécondation unique.

Avant d'aller plus loin dans l'étude des conséquences de cette formation des molécules complètes suivant la loi du plus petit coefficient, constatons que les demi-molécules non employées dans cette formation (les 8 demi-molécules a qui restent inoccupées, par exemple, dans la fécondation de 12 demi-molécules a_f par 20 demi-molécules a_m), ne prennent pas part aux phénomènes ultérieurs de l'assimilation ; leur quantité, déjà probablement très faible au début, devient de plus en plus négligeable à mesure que les molécules complètes se multiplient par assimilation. Nous ne nous en occuperons donc pas davantage.

63. — HASARDS DE L'AMPHIMIXIE.

Le peu que nous venons de dire, relativement à la formation des molécules complètes et à l'importance des coefficients, nous prouve que, dans aucun phénomène naturel, le *hasard* ne joue un aussi grand rôle que dans l'amphimixie, si l'on donne le nom de hasard à un ensemble de causes n'ayant aucun rapport direct avec le phénomène qui en résulte. Sans qu'il y ait en effet jamais de très grandes différences, dans les quantités de substances des ovules et des spermatozoïdes d'un animal donné, il y a cependant des différences, et ces différences ont un résultat d'autant plus important que les deux conjoints se ressemblent davantage; ceci mérite d'être étudié avec détail.

Constatons d'abord que, si deux conjoints ont une propriété *commune*, cette propriété sera certainement transmise à tous leurs enfants. Je ne parle pas des propriétés tenant à la nature *qualitative* des substances plastiques, c'est-à-dire des propriétés *spécifiques*, qui sont évidemment toujours transmises dans une union d'individus de même espèce; les substances a, b, c, d, e, étant les mêmes dans les deux conjoints, se retrouvent fatalement dans le produit, ce qui veut dire, en d'autres termes, que l'espèce est héréditaire.

Ceci est vrai également de propriétés tenant à des rapports quantitatifs de substances.

Je considère, par exemple, deux individus différents d'une même espèce, l'un ayant comme coefficients personnels, de ses substances a, b, c, d, e, les nombres 2, 3, 5, 6, 7, l'autre les nombres 3, 4, 7, 8, 5. Dans le premier, le rapport du coefficient de b au coefficient de d est $\frac{3}{6}$ ou $\frac{1}{2}$; dans le second, le rapport des deux coefficients correspondants est $\frac{4}{8}$ ou $\frac{1}{2}$. Il est facile de voir que, quelle que soit la quantité de substances vivantes d'un spermatozoïde du premier qui se fond avec un ovule du second, le rapport des coefficients de b et de d dans l'œuf fécondé sera aussi $\frac{1}{2}$, c'est-à-dire que la propriété tenant à l'existence de ce rapport dans les deux parents sera sûrement transmise à l'enfant. En effet, soit p le nombre des agrégats du spermatozoïde, t celui des agrégats de l'ovule. Les coefficients des substances b et d seront, dans le premier, $3p$ et $6p$, dans le second, $4t$ et $8t$, et il est certain que si $4t$ est inférieur à $3p$, $8t$ qui en est le double sera également inférieur à $6p$, de sorte que fatalement, les deux coefficients de b et d

seront empruntés au même élément sexuel, et que leur rapport sera toujours soit $\frac{4t}{8t}$, soit $\frac{3p}{6p}$, c'est-à-dire $\frac{1}{2}$.

Et la démonstration resterait vraie évidemment, si le rapport quantitatif, commun aux deux êtres qui ont uni leurs patrimoines héréditaires dans la construction d'un œuf, était relatif à 4 ou 5 substances plastiques et non seulement à deux. Nous avons, en effet, pour fixer le langage, réduit à 5 le nombre des substances plastiques constitutives d'une espèce donnée, mais, dans les espèces supérieures, il est vraisemblable que ce nombre est bien plus élevé.

Nous avons dit que toute *propriété* quantitative commune à deux conjoints d'une même espèce se transmet fatalement au produit de leur union ; il ne faudrait pas en conclure que deux parents qui ont un *caractère* commun transmettent nécessairement ce *caractère* à leurs enfants ; les caractères sont, en effet, les éléments conventionnels de la description des adultes, et il se peut très bien que des caractères descriptifs *analogues* ne proviennent pas en réalité de propriétés *communes* de leurs substances, de leurs patrimoines, mais de toute autre cause ; c'est ainsi que deux parents qui sont grands pourront avoir un enfant qui sera petit.

Il y a cependant un cas où les caractères communs aux deux parents se transmettent sûrement aux enfants, c'est quand ces caractères communs sont des *caractères de race.*

 Supposons une propriété quantitative commune[1] à un certain nombre d'individus d'une espèce, propriété qui sera le rapport des coefficients de telle et telle des subs-

---

1. Cette propriété quantitative pourra n'être commune aux divers individus considérés qu'avec quelque approximation ; il peut y avoir similitude et non identité.

tances constitutives de leurs cellules. Tous ces individus formeront ce qu'on appelle une *race* dans l'espèce considérée, et se distingueront, par certains *caractères*, de tous les autres individus de la même espèce. Alors ces caractères, qui tiennent à des *propriétés* certainement communes à tous, se transmettront fatalement aux produits de la fécondation d'un individu de la race par un autre individu de la même race. *Dans les unions de race pure, il y a hérédité des caractères de race.*

Nous avons été amenés à considérer une *race* comme un ensemble d'individus d'une même espèce, ayant en commun une certaine propriété quantitative; il est vraisemblable que, parmi les substances constitutives de la cellule d'une espèce, on peut faire plusieurs *groupes* de coefficients tels que certaine proportionnalité de tous les coefficients d'un de ces groupes définisse une *race;* une autre proportionnalité des coefficients d'un autre groupe définira une autre race, et il pourra même arriver que des rapports *d'ensemble* entre tels et tels groupes, pris dans leur totalité, constituent également des propriétés remarquables; je n'insiste pas, pour le moment, sur cette complication vraisemblable. Nous aurons d'ailleurs à revenir sur la nature même des races *stables*, et nous verrons que leur origine est indépendante des hasards de l'amphimixie.

Il n'est pas inutile d'insister sur l'étude de ces hasards, parce que les néo-darwiniens y ont vu l'origine des variations progressives dans la formation des espèces. Leur erreur est intéressante à étudier ; nous l'étudierons aisément à propos de l'histoire des Pigeons.

Étant donnés des Pigeons domestiques quelconques, pris au hasard en assez grand nombre, il est facile d'en trouver deux de sexe différent et qui aient, par hasard, un caractère commun susceptible d'intéresser un éleveur. Accouplons ces deux Pigeons ensemble; si ce caractère commun ne correspond pas à une propriété commune des patrimoines héréditaires, il ne se transmettra pas aux enfants; dans le cas contraire il se transmettra à tous, mais il se manifestera plus ou moins, à cause d'autres caractères concomitants qui sont différents chez tous les enfants du couple, et qui favorisent plus ou moins la manifestation de ce caractère particulier; on choisira ceux qui le présentent au plus haut point et on les accouplera ensemble; on fera la même chose pendant un grand nombre de générations et on obtiendra des types très aberrants de l'espèce Pigeon. Des éleveurs anglais, se livrant à ce sport pendant de longues années, sont arrivés à créer ainsi les animaux extravagants qui sont primés dans les concours. Tels sont le *grosse gorge* et le *culbutant courte face.* Mais ce ne sont pas des races *stables;* si on les croise ensemble, on obtient ordinairement des animaux qui n'ont plus ni l'un ni l'autre de ces types aberrants, et qui ressemblent à l'ancêtre sauvage, le *biset.*

La loi du plus petit coefficient explique ce résultat; nous avons en effet laissé dans le vague, jusqu'à présent, les quantités p et l de substance mâle et femelle qui existent dans les deux éléments sexuels donnant un œuf. En réa-

lité, ces nombres, tout en étant variables dans chaque cas, ne diffèrent jamais que *très peu* l'un de l'autre, ainsi que le prouve la *monospermie*, ou impossibilité d'introduction dans l'ovule d'un second spermatozoïde fécondateur. Il y a *équivalence* entre les éléments des deux sexes. Si donc il y a, dans les patrimoines héréditaires des deux conjoints, des coefficients très aberrants, les plus grands disparaîtront toujours. Soit le mâle avec le phénomène : (3, 5, 21, 8, 7), et la femelle avec le phénomène (4, 6, 5, 17, 6), il est évident que dans une fécondation normale, les coefficients 21 de la substance c du mâle, et 17 de la substance d de la femelle disparaîtront, quelles que soient d'ailleurs les différences de masse, vivante, des éléments sexuels mis en contact; ces différences pourront influencer le choix des autres coefficients (ceux des substances *a*, *b*, *e*), mais il est certain que dans *toutes* les fécondations entre les deux conjoints précités, les coefficients 21 de *c* et 17 de *d* disparaîtront. Pour conserver ces coefficients aberrants, il faut choisir deux conjoints qui les aient en commun, comme l'ont fait précisément les éleveurs de Pigeons qui voulaient créer des monstres; mais dans toute union *croisée*, c'est-à-dire, dans l'espèce, dans toute union livrée au hasard, les coefficients aberrants disparaissent. Et ceci est vérifié par l'expérience, puisque le croisement d'un Pigeon *grosse gorge* avec un *culbutant courte face* donne un bisel ! Simple remarque qui nous met pour la première fois en présence de cette vérité que la reproduction sexuelle, telle qu'elle se manifeste dans la nature, sans être guidée par la sélection artificielle d'un éleveur, *fait disparaître les variations fortuites* et maintient le type moyen des espèces. Les néo-darwiniens ont donc eu tort d'attribuer à l'amphimixie la création des races ; nous trouverons d'autres preuves de leur erreur.

L'AMPHIMIXIE
FIXE LE TYPE
MOYEN.

Ces types aberrants, auxquels conduit une sélection artificielle des individus reproducteurs, ne sont pas, nous l'avons dit, des *races* stables ; peut-être conviendrait-il de leur réserver le nom de *variétés* qui, le plus souvent, est employé indifféremment aux lieu et place du mot *race*.

VARIÉTÉS ET
RACES STABLES.

Une race serait plutôt alors le résultat d'une adaptation d'un certain groupe d'individus d'une espèce à certaines conditions bien spéciales; ce serait *l'hérédité acquise*, et non un simple hasard, qui aurait amené telle proportionnalité quantitative entre les coefficients de leurs patrimoines héréditaires; nous verrons plus tard comment *tous* les individus, soumis à des conditions nouvelles d'existence, finissent par acquérir des caractères communs qui les séparent des autres individus de la même espèce. Ce résultat, acquis plus lentement, est également plus stable qu'une variation fortuite et non adaptée. Étudions maintenant ce qui se passe lorsque l'on croise artificiellement ensemble des individus de deux *races stables* d'une même espèce; le résultat de la fécondation est ce qu'on appelle un *métis*.

64. — MÉTIS.

Il n'y a pas de différence fondamentale entre les unions de race pure et les unions croisées de deux races différentes, parce que, en réalité, dans une race donnée, il y a des différences individuelles plus ou moins considérables qui établissent le passage avec les races différentes.

Dans une union de race pure, nous avons vu que les enfants provenant des deux mêmes conjoints peuvent, suivant l'*abondance*[1] relative des éléments sexuels qui se fusionnent, présenter des types fort différents; les uns peuvent tenir tous leurs caractères de leur père, les autres tous leurs caractères de leur mère; d'autres ont quelques caractères de chacun d'eux à côté de caractères personnels; d'autres enfin n'ont que des caractères personnels. Les mêmes différences peuvent se manifester dans les unions croisées de races différentes, mais il faut distinguer le cas où les deux races sont très voisines de celui où elles sont très différentes.

MÉTIS DE RACES TRÈS VOISINES. Supposons d'abord que les races qui se croisent soient très voisines. Alors les différences qui séparent les coefficients correspondants de ces deux races sont *minimes*,

---

1. J'appelle *abondance* la quantité absolue de substance vivante que contient un élément sexuel; la moitié d'un élément donné a une abondance deux fois moindre, quoiqu'ayant le même patrimoine héréditaire.

de telle manière que *l'abondance* relative des éléments
sexuels en présence n'est pas indifférente au résultat de
l'amphimixie; nous avons vu plus haut qu'en changeant les
valeurs de p et t nous obtenions que tel enfant eût tel coefficient de son père, tel autre, le même coefficient de sa
mère; par conséquent, dans le cas considéré, il y aura
une très grande variabilité dans les produits.

Et ceci s'accorde précisément avec une observation
faite par Naegeli : « le polymorphisme des métis de première génération est d'autant plus considérable que les
races sont plus voisines ». C'est que, l'abondance relative
des éléments sexuels variant d'une fécondation à l'autre,
les œufs résultant des unions successives auront des patrimoines héréditaires différents; le premier pourra en
effet prendre à la race de son père les coefficients de a
et de d, tandis que le second prendra à cette même race
les coefficients de b, c, e, et ainsi de suite. Il y aura donc
autant de variabilité dans les métis de races voisines qu'il
y en a ordinairement dans les produits de race pure, dont
les parents présentent des différences individuelles peu
accentuées; et nous avons vu que, dans la règle, il y a
entre les frères, issus d'un même couple de race pure, des
différences individuelles imprévues, mais toujours très
appréciables.

Supposons maintenant que les deux conjoints soient
de races *très différentes;* les différences, qui existent entre
les coefficients correspondants de leurs patrimoines héréditaires, seront énormes par rapport aux différences
d'abondance des éléments sexuels, de sorte que si, dans
une première fécondation, les coefficients de a et de d sont
empruntés au père et les autres à la mère, il en sera de
même de toutes les fécondations ultérieures entre les deux
mêmes conjoints. De plus, les différences entre la race A
et la race B étant beaucoup plus considérables que les

différences individuelles dans chacune des races, les produits de l'accouplement de n'importe quel individu de la race A avec n'importe quel individu de la race B auront, dans leur patrimoine héréditaire, les mêmes coefficients de la race A et les mêmes coefficients de la race B, et présenteront par conséquent le même mélange des propriétés des deux races ; il y aura uniformité très grande dans les produits et ceci, il faut le remarquer, quels que soient le sexe du parent de race A et le sexe du parent de race B ; autrement dit, la distribution des propriétés de race sera la même dans l'œuf résultant d'un mâle A et d'une femelle B que dans l'œuf résultant d'une femelle A et d'un mâle B. Mais dans le cas où les animaux étudiés seront des mammifères, la mère pourra avoir sur le fœtus, pendant la gestation, une influence qui masquera l'équivalence réelle des deux sexes dans l'acte de la fécondation ; le métis résultant d'un mâle A et d'une femelle B tirera certains *caractères* du fait qu'il aura commencé son développement dans un utérus de race B ; un métis résultant d'un mâle B et d'une femelle A, quoique ayant dans son patrimoine héréditaire le même choix de propriétés de races que le premier, tirera *d'autres caractères* du fait de sa gestation dans un utérus de race A.

Laissons donc de côté ces différences secondaires qui ne concernent pas directement les patrimoines héréditaires des métis. Nous devons penser que tous les métis de deux races très distinctes auront, pour leurs différentes substances constitutives, des coefficients de même origine, et que par conséquent les propriétés de race ayant beaucoup d'importance par rapport aux propriétés individuelles, il y aura une grande uniformité dans les produits des divers accouplements.

Mais, ceci constaté, les produits de cette première génération métisse présentant une grande uniformité, si on les accouple ensemble, les métis de deuxième génération résultant de ces accouplements présenteront naturellement une variabilité très grande, parce que les différences, dans l'*abondance* relative des produits sexuels, ne seront plus négligeables, par rapport aux différences individuelles, qui sont très faibles. Et ainsi, les propriétés des grands-parents (qui étaient de race très différente) se trouveront distribuées d'une manière très variable entre les petits-enfants; il y aura un polymorphisme très remarquable, ce que l'observation vérifie.

65. — RETOUR A L'ANCÊTRE.

Continuons à accoupler ensemble les descendants de deux ancêtres de races différentes, nous allons constater des phénomènes très différents, suivant que nous serons partis de races véritables, de races stables, comme nous les avons appelées plus haut, ou de variétés aberrantes comme celles qu'une sélection fantaisiste a créées chez les Pigeons. Dans ce dernier cas, il suffit souvent d'un seul accouplement entre deux variétés différentes pour donner naissance à un *biset*, ancêtre commun de deux variétés aberrantes étudiées; l'amphimixie fait réapparaître un *type moyen* dès qu'elle n'est plus surveillée par les éleveurs qui s'ingénient à accumuler les monstruosités. Et ceci suffit à nous faire concevoir que, dans les espèces à reproduction sexuelle, les types moyens devront résulter ordinairement d'un certain nombre d'accouplements livrés au hasard; l'amphimixie a pour effet de faire disparaître les variations *fortuites*.

Mais quand nous partons de deux races stables, coexistant dans un même pays et *adaptées* à la vie dans ce pays depuis un très grand nombre de générations, ces deux races, produit d'amphimixies répétées, sont l'une et l'autre

CROISEMENT DE DEUX VARIÉTÉS.

CROISEMENT DE DEUX RACES.

(323)

des types moyens. Le résultat de leur croisement donne, à la première génération, un type moyen nouveau, commun à tous les produits si les deux races croisées étaient très différentes.

Et il se pourrait que ce type moyen nouveau fût *fortuitement* très bien adapté, lui aussi, aux conditions de vie (mais il n'y a aucune raison pour que cela soit et il est assez vraisemblable, étant donnés tous les hasards des amphimixies ancestrales, que tous les types moyens adaptés aux conditions locales soient représentés dans un pays). Dans tous les cas, nous avons vu que le polymorphisme est la règle dans les produits de la deuxième génération; s'ils s'accouplent les uns avec les autres, et si leurs produits s'accouplent à leur tour, et ainsi de suite pendant un certain nombre de générations successives, les amphimixies successives redonneront fatalement des types moyens adaptés, c'est-à-dire qu'il y aura retour à l'un ou l'autre des deux ancêtres. Le fait est bien connu pour les unions de la race humaine blanche avec la race humaine nègre; les unions de mulâtres finissent par donner, soit des blancs purs, soit des noirs purs, au bout de quelques générations.

Tout autre est le cas de l'union de deux types aberrants comme le Pigeon *grosse gorge* et le *culbutant courte face;* si on considérait ces deux types comme deux types de races différentes stables, adaptées pendant un grand nombre de générations, ce seraient, pour les unions ultérieures, deux ancêtres, aux types desquels devraient revenir leurs descendants croisés, avec plus ou moins de rapidité.

Au contraire, ces deux types aberrants n'étant pas des types moyens, le résultat de leur croisement donne naissance à des individus qui reproduisent leur ancêtre commun à type moyen, le biset. La loi du retour à l'ancêtre dans les unions croisées ne s'applique donc, qu'en tant que les ancêtres sont effectivement des types moyens adaptés et non des types aberrants, et le rôle de l'amphimixie apparaît de plus en plus nettement comme un facteur qui fait disparaître les variations fortuites non adaptées.

66. — ATAVISME ET CARACTÈRES LATENTS.

Nous venons de voir qu'il ne faut pas confondre le cas de l'union croisée entre deux races stables avec celui de l'union croisée entre deux variétés aberrantes; il ne faut pas non plus confondre sous le même nom d'*atavisme* tous les cas dans lesquels un descendant ressemble à un ancêtre; les produits de la fécondation d'un *grosse gorge* par un *culbutant courte face* sont analogues à des bisets, ancêtres communs de ces deux variétés aberrantes; il y a donc là atavisme, puisque le produit du croisement semble avoir reçu directement d'un ancêtre des caractères qui n'étaient pas manifestés chez ses deux parents immédiats; nous savons quelle est la cause de cet atavisme; c'est la même d'ailleurs que celle qui fait apparaître chez les descendants des mulâtres le type blanc ou le type nègre purs; il y a réapparition des types moyens sous l'influence de l'amphimixie.

Tout autre est le cas, auquel on applique la même dénomination d'atavisme, et dans lequel un caractère *aberrant* qui existait chez le grand-père, réapparaît chez le petit-fils sans s'être manifesté dans la génération intermédiaire. Voici un cas célèbre cité par Lucas : « Un père atteint d'*hypospadias* (malformation de l'organe copulateur mâle) a une fille qui, naturellement, ne présente pas cette malformation; cette fille a un fils chez lequel se reproduit la malformation observée chez le grand-père. »

L'explication de ce cas particulier est toute simple, si l'on ne confond pas les caractères avec les *propriétés* dont ces caractères sont la manifestation au cours de l'évolution individuelle.

Évidemment, la fille a hérité de la *propriété* qui existait dans le patrimoine de son père et qui, chez lui, en présence d'un parasite génital mâle, déterminait l'hypospadias. Mais, chez la fille, en présence d'un parasite génital femelle, cette propriété s'est manifestée par toute autre chose, que nous n'avons pas remarquée, et qui n'a pu sûrement atteindre un organe copulateur mâle inexistant. En revanche, les hasards de l'amphimixie ayant transmis au petit-fils cette propriété du patrimoine héréditaire, la manifestation de cette propriété, en présence d'une glande génitale mâle, a été la même que chez le grand-père; le petit-fils a été hypospade.

On a l'habitude de dire, quand on raconte ce fait, que le caractère hypospade était *latent* chez la mère; c'est là une expression qui prête à l'équivoque. Le langage est bien plus précis si l'on n'oublie pas que l'hérédité se compose de propriétés, et non de caractères, et que la même propriété peut se manifester de manières différentes dans des conditions différentes.

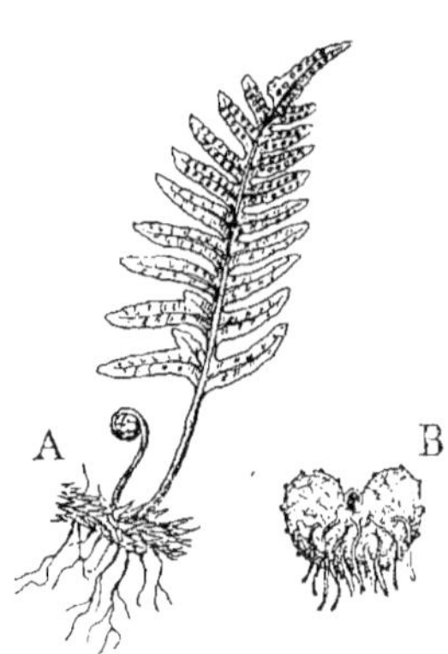

Fig. 71. — Fougère et prothalle.
A, plante feuillée; B, prothalle.

Il n'y a pas à cet égard de meilleur exemple que celui de la génération alternante du prothalle et de la Fougère. Dérivant d'une spore, sans amphimixie, le prothalle a *évidemment* le même patrimoine héréditaire que la Fougère, les mêmes propriétés quantitatives; mais l'état *associé* de sa substance domine toutes les manifestations morphologiques de son développement et c'est pour cela que, malgré son hérédité indéniable, il ne présente *aucun* des caractères descriptifs de son parent; nous n'avons aucunement besoin de dire que ces caractères sont latents chez le prothalle; l'hérédité comprend des propriétés et non des caractères!

Dans le cas cité par Lucas, c'était un sexe différent qui empêchait, dans la génération intermédiaire, la manifestation morphologique de la propriété spéciale héritée du père; dans le cas du prothalle, c'est un état différent de la substance vivante; dans un autre cas ce pourra être toute autre chose; là où l'on dit qu'il y a caractère latent, il y aura simplement coexistence d'une propriété transmise avec une autre propriété, ou une condition, *antagoniste* de la première au point de vue de la manifestation morphologique de cette propriété, telle qu'elle avait lieu chez l'ancêtre.

PROPRIÉTÉS ANTAGONISTES.

On peut donc résumer les cas d'atavisme sautant une génération dans la formule suivante : un parent possède une propriété φ qui se traduit chez lui par un caractère Φ; il transmet cette propriété φ à son enfant, mais cet enfant a, en même temps que cette propriété φ, soit une propriété antagoniste π provenant de son autre parent, soit telle ou telle condition (sexe, état à n chromosomes, etc.) qui s'oppose à la manifestation du caractère Φ; ce caractère Φ n'existe donc pas chez l'enfant, mais la propriété φ fait néanmoins partie de son patrimoine héréditaire. Si les hasards de l'amphimixie font que l'enfant, devenu homme, transmet à son tour, à son enfant, la propriété φ en même temps que la propriété π, ou si les mêmes conditions antagonistes se trouvent de nouveau réalisées dans la nouvelle génération, le caractère Φ manquera encore.

Et ceci peut durer longtemps; supposons enfin, que au bout d'un certain nombre de générations, le caractère π ait disparu sous l'influence des hasards de l'amphimixie, et qu'il ne subsiste aucune condition antagoniste à la manifestation du caractère Φ, alors, si les hasards de l'amphimixie ont conservé, à l'un des descendants, la propriété φ, ce descendant aura le caractère Φ, qu'il aura ainsi hérité de son ascendant, à travers des générations dans lesquelles ce caractère ne s'est jamais manifesté.

C'est ainsi que Darwin a signalé la transmission, à un petit-fils qui n'avait pas connu son grand-père, d'un tic de ce grand-père, tic qui n'existait pas dans la génération intermédiaire.

Il est inutile d'insister sur les différences qui existent entre le cas d'atavisme que nous venons d'étudier et le retour à l'ancêtre dans les unions croisées de races différentes; on confond cependant en général ces deux phénomènes sous la même dénomination, mais nous sommes habitués à ce manque de précision dans le langage biologique !

67. — RESSEMBLANCES DIVERSES.

Après ce que nous venons de dire, il est à peine utile de signaler les divers cas de ressemblances qui peuvent se produire dans les familles. Les hasards de l'amphimixie font que les enfants dérivant d'un même couple sont différents les uns des autres; plusieurs peuvent cependant avoir en commun une même propriété φ qui chez l'un des parents se manifestait par le caractère descriptif Φ, et qui se manifeste de la même manière, chez ceux des enfants dont le patrimoine héréditaire contient φ, sans propriété ou condition antagoniste. Supposons que l'un d'eux, ayant φ dans son patrimoine héréditaire, mais n'ayant pas Φ dans ses caractères, transmette par hasard φ à l'un de ses

HÉRÉDITÉ COLLATÉRALE.

enfants; si le caractère Φ se manifeste chez cet enfant, on dira qu'il *le tient* de son oncle ou de sa tante ou de son grand-père, mais pas de son père. On pourra imaginer tous les cas qu'on voudra; les hasards de l'amphimixie sont innombrables. Il est inutile de nous étendre plus longtemps sur ce sujet.

68. — HYBRIDES.

Il ne se produit pas ordinairement, dans la nature, de fécondation entre des éléments sexuels appartenant à des espèces différentes; lorsque la fusion a lieu entre éléments de même espèce, il existe dans chacun des éléments conjugués les substances complémentaires (demi-molécules) de celles qui existent dans l'autre élément et, suivant la loi du plus petit coefficient, un certain nombre de demi-molécules mâles viennent compléter un nombre égal de demi-molécules femelles de la même substance. Cela se comprend très facilement.

Mettons au contraire en présence un spermatozoïde d'une espèce et un ovule d'une espèce différente de la première. Le premier contiendra les demi-molécules mâles a_m, b_m, c_m, d_m, e_m, le second les demi-molécules femelles r_f, s_f, t_f, u_f, v_f. Que se passera-t-il?

D'abord, le plus souvent, les substances de sexe opposé étant *différentes*, il n'y aura pas attraction entre l'ovule et le spermatozoïde, donc pas de fusion; c'est ce qui se passe quand on place un œuf d'Astérie dans de l'eau de mer contenant des spermatozoïdes d'Oursin

Cependant, dans certains cas, il y a attraction et fusion, fécondation véritable des éléments sexuels de deux espèces différentes; il est vrai que ces espèces sont toujours des espèces *voisines*, ce que nous pouvons *momentanément* considérer comme signifiant que leurs substances plastiques sont respectivement des mêmes familles chimiques; autrement dit le spermatozoïde étant formé des demi-molécules : a_m, b_m, c_m, d_m, e_m, les substances de l'ovule seront : a^1_f, b^1_f, c^1_f, d^1_f, e^1_f, de telle manière que a^1, soit analogue à a, b^1, analogue à b, etc.

Empruntons à la cristallographie une comparaison provisoire : nous savons que des substances chimiques de même famille cristallisent dans le même système et ont même quelquefois des formes cristallines identiques; prenons deux de ces substances, deux aluns, par exemple. Un cristal d'alun d'une espèce pourra se recouvrir d'une couche d'alun d'espèce différente sans changer de forme; bien plus, un cristal cassé d'alun de la première espèce pourra voir réparer sa blessure par de l'alun d'une autre espèce. De même, dans les phénomènes d'hybridation, nous constatons, lorsqu'ils sont possibles, qu'une demi-molécule a_m étant capable de compléter au point de vue de l'assimilation une demi-molécule a_f, une demi-molécule a^1_m, voisine de a_m par ses propriétés, est également capable de compléter, au même point de vue, la même demi-molécule a_f.

En d'autres termes, dans l'œuf résultant d'une hybridation, une molécule complète quelconque est de la forme (a + a^1_f); c'est donc une molécule *panachée, hybride* ayant une moitié de chacune des espèces qui se sont illégitimement accouplées. Ce que nous ne pouvions pas prévoir, et ce que l'observation nous montre, c'est que, dans certains cas, là où l'hybridation est féconde, ces molécules panachées sont susceptibles d'assimilation; elles se multiplient en tant que molécules panachées et l'animal qui résulte de cette fécondation illégitime est hybride dans toutes ses molécules. C'est ce qui se passe, par exemple, dans le cas de l'accouplement de l'âne et de la jument; le mulet qui en-

HYBRIDATION DE LA MOLÉCULE.

résulte peut être considéré comme étant mi-parti d'âne et de cheval dans toutes ses molécules constitutives.

Dans cette fécondation panachée, la loi du plus petit coefficient s'appliquera évidemment de la même manière que dans la fécondation normale, mais, pour étudier les propriétés de l'animal produit par l'hybridation, nous n'aurons pas à nous préoccuper des différences quantitatives, parce qu'elles sont de très minime importance eu égard aux différences qualitatives. Il y a des différences quantitatives entre deux ânes et des différences quantitatives entre deux juments, mais ce qui nous frappera quand nous étudierons le produit de l'accouplement de l'âne et de la jument, ce sera le caractère moitié âne, moitié cheval, de ce produit. Nous classerons tous ces produits hybrides sous une dénomination commune *mulet*, et nous pourrons dire qu'il y a une grande uniformité dans les produits hybrides de première génération, de même qu'il y avait une grande uniformité dans les produits métis de première génération quand les deux races étaient différentes, et ce rapprochement nous sera très utile tout à l'heure, quand nous verrons que deux espèces susceptibles de donner des hybrides peuvent être considérées comme provenant de la différenciation progressive de deux races de plus en plus distinctes d'une même espèce.

Le rejeton d'une hybridation sera forcément intermédiaire à ces deux parents, et il le sera d'une manière très spéciale, chacune de ces parties étant, jusque dans sa structure moléculaire, mi-partie des deux espèces illégitimement accouplées. Et ceci est tout à fait d'accord avec cette observation de GEOFFROY-SAINT-HILAIRE, que les caractères des parents qui se juxtaposent sans se fusionner chez les métis (nous avons vu que le métis a, en effet, suivant la loi du plus petit coefficient, certains caractères de son père à côté de certains caractères de la mère et d'autres caractères personnels), que les caractères des parents, dis-je, *se fusionnent toujours chez les hybrides*, dans toutes les parties de l'individu. Ainsi par exemple, comme l'a remarqué Focke, les métis de races de plantes de couleurs différentes sont ordinairement des fleurs panachées, tandis que les hybrides d'espèces de plantes de couleurs différentes, ont des fleurs d'une couleur uniforme intermédiaire. N'y a-t-il pas là une vérification remarquable du raisonnement qui nous a amenés à concevoir que, chez les hybrides, chaque molécule de chaque plastide somatique est à la fois des deux espèces considérées?

Puisque nous sommes en train de comparer les hybrides aux métis, rappelons-nous que les métis provenant de deux races A et B doivent avoir exactement les mêmes propriétés, que le mâle soit emprunté à l'une ou à l'autre des deux races, et que les seules différences qui peuvent exister, entre un métis de père A et de mère B et un métis de mère A et de père B, doivent tenir uniquement à la gestation, dont les conditions sont différentes dans une mère A et une mère B.

Quand il s'agit d'hybridation, les conditions ne sont pas les mêmes. Le *mulet*, par exemple, a dans chacune de ses molécules une moitié *mâle* de l'espèce âne et une moitié *femelle* de l'espèce cheval; le *bardot*, au contraire, a dans chacune de ses molécules une moitié *mâle* de l'espèce cheval et une moitié *femelle* de l'espèce âne; c'est-à-dire que dans le premier les molécules sont de la forme : $(a_m + a'_f)$ et que dans le second elles sont de la forme : $(a'_m + a_f)$. Et il n'y a aucune raison pour qu'il y ait identité entre ces deux groupements, de sorte que, indépendamment des différences qui pourront provenir de ce que le mulet a été fœtus dans un utérus de jument et que le bardot a été fœtus dans un utérus d'ânesse, il pourra y avoir d'autres différences tenant à la nature même de la molécule bardot et de la molécule mulet. Au contraire dans les métis, toutes les molécules étaient de la même forme $a = a\ + a_f$, quelle que fût la race à laquelle eût été emprunté le parent de tel ou tel sexe.

Comme nous aurons tout à l'heure à montrer que deux espèces susceptibles de croisement fécond résultent de la différenciation progressive de deux races distinctes d'une même espèce, il n'est pas inutile de faire ressortir toutes les différences profondes qui séparent les hybrides des métis.

69. — STÉRILITÉ DES HYBRIDES.

Nous avons constaté, par le raisonnement et l'observation, que l'uniformité doit être la règle dans les hybrides de première génération, de même que dans les métis de première génération dont les parents appartenaient à des races très différentes; il faudrait maintenant voir si le parallélisme avec les métis se poursuit dans la deuxième génération. Mais une particularité nouvelle s'oppose à cette vérification, c'est que les hybrides, provenant d'une union illégitime entre deux espèces différentes, sont normalement *stériles*.

Nous pouvons nous faire une idée de la raison de cette particularité, si nous réfléchissons que les produits sexuels mûrs ne se forment jamais que dans la génération à n chromosomes (Voir livre Ier, chap. V). Or nous avons été conduits à penser que cette génération à n chromosomes correspond à l'état *associé* de la matière vivante, c'est-à-dire à un état tel que la demi-molécule mâle et la demi-molécule femelle, qui agissent synergiquement dans les réactions de l'assimilation, soient accolées en une molécule unique, au lieu de former deux pôles distants comme les deux pôles d'une pile.

Or, remarquons que, dans un hybride, les deux demi-molécules complémentaires n'étant pas de même espèce, *il leur sera peut-être impossible de s'accoler en une molécule unique*, quoique leur action synergique, en tant que pôles distants, permette l'assimilation, la multiplication des substances à chacun de ces pôles. Mais alors, la génération à n chromosomes n'existera pas, puisqu'elle résulte précisément de l'état *associé*, dans lequel chaque demi-molécule mâle est accolée à une demi-molécule femelle.

Sans prétendre qu'il y ait là une explication définitive, cette remarque nous empêche de nous étonner trop de cette stérilité inattendue. Laissons donc maintenant les hybrides pour revenir aux produits des accouplements légitimes.

70. — AVANTAGES DE L'AMPHIMIXIE POUR L'ESPÈCE OU POUR LA RACE.

Darwin a reconnu que la reproduction sexuelle présente de grands avantages et qu'elle entretient, en particulier, la vigueur des individus; ses disciples ayant, avec Weismann, considéré l'amphimixie comme une source de variations, ont pensé aussi que l'amphimixie est utile en ce qu'elle favorise le progrès de l'espèce; cette dernière conclusion est tout à fait inadmissible avec ce que nous savons maintenant, que la fécondation, livrée au hasard (comme elle l'est dans la nature), a pour résultat de faire disparaître, au contraire, les propriétés aberrantes et de fixer le type moyen de l'espèce ou de la race.

Et c'est précisément là ce qui fait que les croisements empêchent les races de dégénérer, comme l'a remarqué Darwin, qui a été amené ainsi à condamner les unions consanguines. Dire qu'une race dégénère, c'est dire en effet qu'elle s'écarte du type normal adapté aux conditions locales d'existence. Or, si nous considérons une famille dans laquelle un hasard primitif a fait apparaître une propriété aberrante, (et ceci est vrai si cette propriété aberrante entre dans la catégorie de ce qu'on appelle les tares individuelles), si, d'autre part, cette propriété est transmise par les hasards de l'amphimixie à deux des enfants de cette famille, il sera évident que le résultat de l'union de ces deux enfants aura aussi dans son patrimoine cette propriété aberrante. Et si les fécondations entre descendants d'un même ancêtre se reproduisent pendant plusieurs générations, il pourra successivement apparaître par hasard, et se perpétuer normalement ensuite, des propriétés aberrantes de plus en plus importantes : la race dégénérera.

DISPARITION DES PROPRIÉTÉS ABERRANTES

Au contraire, dans une union croisée, le type moyen *adapté* se retrouvera toujours à peu près réalisé à chaque amphimixie, et c'est pour cela que les produits de ces unions croisées sont normalement vigoureux et bien adaptés.

Ainsi donc, l'utilité réelle de l'amphimixie pour une espèce est de faire disparaître les aberrances fortuites, les variations non adaptées. Ceci ne concerne évidemment pas les variations *adaptatives* acquises par un grand nombre d'individus à la fois sous l'influence des conditions de milieu, car ces variations acquises, l'étant par les deux sexes à la fois, sont au contraire transmises aux descendants, pour le plus grand avantage de la race dans les conditions nouvelles.

Je ne parle donc que des aberrances fortuites, non adaptées, résultant par exemple d'un hasard qui a créé une monstruosité.

Cet avantage de fécondations croisées périodiques

pour empêcher la dégénération des individus n'est-elle pas comparable, en quelque sorte, à l'utilité des karyokinèses successives dans les lignées cellulaires? Si la karyokinèse est bien, comme nous avons été amenés à le supposer, un phénomène sexuel, peut-être a-t-elle pour résultat de faire disparaître des variations fortuites ? Dans tous les cas, nous savons qu'une série de divisions successives sans karyokinèse, de divisions directes ou amitotiques, a normalement pour résultat la dégénération des cellules...

Il ne faut pas confondre cette utilité du croisement entre individus de familles différentes, avec la nécessité d'un phénomène sexuel capable de faire succéder l'état dissocié à $2\,n$ chromosomes à l'état associé à n chromosomes; qu'il y ait croisement ou non, la fécondation donne normalement naissance à l'état dissocié, mais il est possible que ce qu'on peut appeler la *tension de dissociation* (le quelque chose qui tient écartés les deux pôles de chaque molécule dans l'assimilation et qui décroît peut-être petit à petit,) soit plus considérable dans les unions croisées que dans les unions consanguines ; et cela constituerait un nouvel avantage du croisement...

71. — AGRÉGATS ET MOLÉCULES.

Nous avons vu que, dans les unions entre races très différentes d'une même espèce, on constate, à la première génération, une uniformité remarquable, qui se retrouve dans les hybrides provenant de deux espèces différentes, et cette remarque est en rapport avec la théorie transformiste qui veut que deux espèces voisines résultent d'une différenciation croissante de deux races d'une même espèce. Essayons de nous rendre compte de la manière dont deux espèces peuvent provenir de deux races, en nous en tenant, jusqu'à nouvel ordre, à la définition chimique de l'espèce cellulaire, à laquelle nous avons été conduits dans le premier livre.

Une espèce est caractérisée par un certain nombre de substances chimiquement définies, $a, b, c, d, e, f, g, h, i, j$, c'est-à-dire qu'une cellule de cette espèce aura une constitution représentée par la formule :

$$p \times (\alpha a + \beta b + \gamma c + \delta d + \varepsilon e + \zeta f + \eta g + \theta h + \iota i + \varkappa j)$$

formule dans laquelle, p, α, β..., ι, $\varkappa$, sont des coefficients numériques.

Nous avons donné le nom d'*agrégat* à l'ensemble des termes compris entre parenthèses, parce que cet ensemble de termes représente un mélange doué d'une propriété très spéciale, celle de conserver ses proportions dans le phénomène de l'assimilation.

Une race stable d'une telle espèce se composera de tous les individus qui se groupent autour d'un type moyen défini par certains coefficients : soit par exemple une première race définie par les coefficients ζ_1, η_1, θ_1, et une seconde race définie par les coefficients ζ_2, η_2, θ_2. Tous les types de la première race auront des coefficients ζ, η, θ, qui seront très voisins des nombres ζ_1, η_1, θ_1, et qui, par amphimixie, resteront toujours au voisinage de ces nombres, sans pouvoir s'en écarter jamais par une variation fortuite qui ferait dégénérer la race.

Si nous faisons un croisement entre les deux races considérées, nous obtiendrons, à la première génération des types très uniformes, qui auront, par exemple, comme coefficients, des nombres voisins de ζ_1, η_1, θ_1, mais, dans les générations ultérieures, apparaîtra d'abord un polymorphisme considérable, qui conduira petit à petit à un retour aux deux ancêtres, ainsi que nous l'avons vu précédemment.

Que faudra-t-il pour que la race $(\zeta_1, \eta_1, \theta_1)$ devienne une espèce? Il suffira qu'une substance nouvelle, chimiquement définie, soit introduite dans son patrimoine héréditaire, et cela aura lieu si les coefficients, au lieu d'être seulement *voisins* des nombres $\zeta_1, \eta_1, \theta_1$, au lieu d'osciller autour de ces nombres $\zeta_1, \eta_1, \theta_1$, leur deviennent *rigoureusement égaux*, par une application très longuement suivie de la loi du plus petit coefficient; cette loi ayant pour effet de faire disparaître à chaque fécondation toutes les variations fortuites, on voit que le type ayant rigoureusement pour caractère quantitatif $(\zeta_1, \eta_1, \theta_1)$ sera la limite vers laquelle tendent les oscillations qui se font autour de ce type à chaque fécondation. Si donc les conditions auxquelles ces coefficients déterminent l'*adaptation*, se conservent pendant un assez grand nombre de générations, il arrivera un jour que les nombres $\zeta_1, \eta_1, \theta_1$, seront rigoureusement les coefficients des substances f, g, h, dans tous les individus; autrement dit le groupement $(\zeta_1 f + \eta_1 g + \theta_1 h)$ sera devenu une véritable molécule de substance complexe nouvelle, que nous pourrons représenter par K_1.

De même la race, ayant pour caractère quantitatif des nombres oscillant autour de $\zeta_2, \eta_2, \theta_2$, pourra acquérir une substance nouvelle K_2 qui sera le groupement $(\zeta_2 f + \eta_2 g + \theta_2 h)$.

L'agrégat partiel à coefficients variables sera devenu une molécule à coefficients constants ; une propriété spécifique qualitative sera résultée de la fixation progressive d'une propriété quantitative de race.

Dans l'exemple que j'ai imaginé précédemment, j'ai restreint à trois coefficients la caractéristique du caractère de race; il est évident qu'il faut généraliser et que la même substance plastique peut entrer dans la constitution de deux ou plusieurs groupements quantitatifs caractéristiques, c'est-à-dire d'agrégats partiels conduisant, par fixation progressive des coefficients, à des molécules nouvelles chimiquement définies.

Au cours des phénomènes d'assimilation, l'agrégat à coefficients voisins du type moyen se conduira exactement comme la molécule dont les coefficients sont précisément ceux du type moyen, puisque l'assimilation multiplie tous les coefficients. Mais au moment où se produiront les maturations sexuelles, il n'en sera plus de même ; l'agrégat verra ses coefficients remaniés à chaque fécondation ; il ne se maintiendra pas, groupement unique, dans les plastides mêmes, mais se résoudra en ses éléments constitutifs, au moyen desquels, après la fécondation par un plastide de sexe opposé, se reconstituera un nouvel agrégat qui aura des coefficients nouveaux. Au contraire, la molécule $(\zeta_1 f + \eta_1 g + \theta_1 h)$ se divisera simplement en deux demi-molécules conservant leur groupement, savoir : $(\zeta_1 f_m + \eta_1 g_m + \theta_1 h_m)$ et $(\zeta_1 f_f + \eta_1 g_f + \theta_1 h_f)$, en d'autres termes, $(K_1{}_m)$ et (K_{1f}). A force de se reproduire sans remaniement, ces groupements sont devenus de véritables molécules chimiques.

Nous allons voir, par conséquent, la différence entre les métis et les hybrides : pour rendre le langage plus clair, remplaçons par des nombres nos coefficients $\zeta_1, \eta_1, \theta_1, \zeta_2, \eta_2, \theta_2$. Le premier groupement sera par exemple :

$$K_1 = 347 f + 221 g + 273 h,$$

le second :

$$K_2 = 231 f + 253 g + 216 h.$$

Plaçons-nous d'abord dans le cas où les deux races ne sont pas encore bien fixées : le patrimoine de la première sera (je ne tiens compte que de la partie de ce patrimoine qui comprend le groupement en voie de fixation) par exemple $(346 f + 219 g + 275 h)$, coefficients *voisins* de ceux de K_1 ; celui de la seconde sera $(233 f + 251 g + 217 h)$, coefficients voisins de K_2. Accouplons un élément de sexe quelconque de la première avec un élément de sexe opposé de la seconde (et supposons pour simplifier, ce qui d'ailleurs n'a jamais lieu, qu'il n'y ait qu'un agrégat de chacun en présence), nous aurons un œuf dont le patrimoine sera, à cause de la loi du plus petit coefficient : $(233 f + 219 g + 217 h)$. Au contraire, dans le cas où les races sont fixées au point de devenir des espèces, l'œuf contiendra la molécule panachée $(K_{1m} + K_{2f})$ ou $(K_{1f} + K_{2m})$ suivant que le mâle aura été choisi dans l'une ou l'autre des espèces.

C'est seulement dans le cas de la reproduction sexuelle que se manifestera la différence entre les races et les espèces, entre les agrégats et les molécules, puisque les premières se résolvent en leurs éléments dans les plastides mûrs, tandis que les secondes conservent leur structure de molécule construite. En période d'assimilation, les uns et les autres se multiplient également avec tous leurs caractères.

Cette transformation progressive d'agrégats en molécules sera très importante pour nous expliquer la formation des espèces.

Nous verrons aussi (§ 94) comment les remarques précédentes amènent à chercher le critérium de la spécificité commune dans la stérilité ou la fécondité des produits du croisement.

72. — DIVERS DEGRÉS DE MATURATION DES OVULES.

Pour établir la loi du plus petit coefficient, nous avons supposé que les deux éléments qui se conjuguent étaient parfaitement mûrs, c'est-à-dire que l'ovule ne contenait plus que des demi-molécules femelles, et le spermatozoïde que des demi-molécules mâles. Pour le spermatozoïde cela paraît avoir toujours lieu ; il est vraisemblable que la maturation mâle est toujours complétée pendant la transformation du spermatide en spermatozoïde. Au contraire, pour l'ovule, il y a des cas où, *certainement*, la maturation n'est pas totale au moment de la fécondation ; cela est indéniable par exemple chez les Abeilles, puisque le même ovule peut être fécondé ou se développer parthénogénétiquement.

Dans ce dernier cas, il reste une certaine quantité de molécules complètes dans l'ovule, à côté des demi-molécules femelles auxquelles viendront s'unir des demi-molécules mâles suivant la loi du plus petit coefficient. Un ovule peut se représenter par une somme de la forme :

$$p_1 \times (5a + 3b + 4c + 6d + 11e) + p_2 \times (5a_f + 3b_f + 4c_f + 6d_f + 11e_f),$$

et c'est seulement à la seconde partie de cette somme que s'appliquera la loi du plus petit coefficient lors de la fécondation par le spermatozoïde dont la structure est :

$$t \times (4a_m + 5b_m + 5c_m + 3d_m + 7e_m),$$

de sorte que l'œuf fécondé se représentera par la formule :

$$p_1 \times (5a + 3b + 4c + 6d + 11e) + 4ta + 3p_2 b + 4p_2 c + 3td + 7te.$$

On voit que, suivant la valeur de p_1, c'est-à-dire suivant la quantité de substance de l'ovule qui n'a pas été atteinte par la maturation femelle, les résultats de la fécondation de deux ovules par des spermatozoïdes identiques seront différents. Or ce n'est pas seulement chez l'Abeille, mais probablement dans un très grand nombre d'espèces animales, que les œufs fécondés sont plus ou moins complètement mûrs. Je laisse au lecteur le soin de tirer les conclusions raisonnées dans ces divers cas; les paragraphes précédents ont suffisamment montré de quelle manière les raisonnements peuvent être conduits; certains cas d'atavisme s'expliqueront par cette conservation d'une partie du patrimoine intégral de la mère dans le rejeton, et cela augmentera aussi les chances de différences congénitales entre frères.

En terminant ce chapitre je rappelle que toutes nos déductions relatives aux questions sexuelles ont, comme point de départ, une hypothèse qui, pour être logique, n'est pas démontrée. Mais cette hypothèse sera utile, jusqu'à plus ample informé, pour relier par un lien commode un grand nombre de phénomènes difficiles à expliquer.

CHAPITRE IX

LA DÉTERMINATION DU SEXE SOMATIQUE

73. LES SPORES ET LE SEXE DU PROTHALLE. — 74. SEXE GÉNITAL ET SEXE SOMATIQUE. — 75. EXPÉRIENCES SUR LA DÉTERMINATION DU SEXE SOMATIQUE. — 76. LA PARTHÉNOGÉNÈSE. — 77. LE SEXE DU PRODUIT DANS LA PARTHÉNOGÉNÈSE. — 78 LE POLYMORPHISME FEMELLE. — 79. LES MÂLES COMPLÉMENTAIRES. — 80. XÉNIE, TÉLÉGONIE, ETC. — 81. HYBRIDITÉ DE GREFFE. — 82. PSEUDOGAMIE.

73. — LES SPORES ET LE SEXE DU PROTHALLE.

Nous nous sommes occupés jusqu'à présent des éléments sexuels et du résultat de leur fusion dans l'acte de la fécondation ; mais il ne faut pas perdre de vue que les masses cellulaires à n chromosomes qui produisent les éléments sexuels sont, chez les animaux supérieurs au moins, parasites dans le *soma* d'un individu de la génération à $2n$ chromosomes.

Chez les Cryptogames vasculaires, il y avait, au moins dans les types inférieurs, indépendance complète des deux générations alternantes. La spore provenant de la Fougère donnait naissance à un prothalle isolé sur lequel apparaissaient, en des points différents, des éléments

FOUGÈRE.

génitaux mâles et des éléments génitaux femelles. Quelle est la raison pour laquelle les deux sexes opposés se manifestent en différents points du même prothalle? Nous l'ignorons totalement.

Les phénomènes se passent d'une manière légèrement différente chez les Presles; des spores identiques (en apparence du moins) donnent naissance à des prothalles différents dont les uns, plus petits, produisent uniquement des éléments génitaux mâles, les autres plus grands produisent uniquement des éléments génitaux femelles. Ici non plus, nous ne savons pas encore pour quelle raison tel ou tel sexe apparaît dans le prothalle issu de telle ou telle spore, mais, du moins, cette question est accessible à l'expérience; il sera possible de savoir, en faisant des cultures pures, d'abord si les spores sont réellement identiques comme elles le paraissent, c'est-à-dire si n'importe laquelle est capable, dans des conditions choisies, de donner un prothalle de n'importe quel sexe, ensuite quelles sont les conditions qui conduisent ces spores identiques à donner des prothalles mâles ou des prothalles femelles[1]. Il est évident que le problème se présente, dans ce cas des Presles, dépourvu de toutes les complications qui se présentent quand la génération à n chromosomes est parasite dans la génération à $2n$ chromosomes, et que la solution en sera plus directe et plus facile.

Nous ne pouvons pas soupçonner d'avance le résultat que donneront de telles recherches, mais il y aurait un cas où les expériences ne donneraient rien de positif, ce serait le cas où les spores de Presles, quoique très semblables les unes aux autres en apparence, seraient déjà

PRESLE.

---

1. Un de mes élèves poursuit en ce moment des observations dans cette voie.

rangées en deux catégories analogues à celles qui se
trouvent chez des Cryptogames vasculaires plus élevés en
organisation, et telles que les spores d'une catégorie
donnent fatalement un prothalle mâle, les autres fatalement un prothalle femelle. Nous pouvons espérer que
tel n'est pas le cas, car chez les espèces où le sexe du
prothalle est fatalement déterminé dans la spore, comme
chez les *Salvinia*, il y a entre les deux catégories de
spores une différence de taille très nettement constatable.
Ce sont les microspores (beaucoup plus petites) qui
donnent les prothalles mâles; les macrospores (beaucoup
plus grandes) donnent les prothalles femelles.

SALVINIA.

Une telle particularité est bien faite pour nous surprendre et nous plonge dans la plus grande perplexité.

Voilà deux spores, l'une grande, l'autre petite, qui ont
sans aucun doute le même patrimoine héréditaire et qui,
sans aucun doute aussi, n'ont aucun sexe ; chacun des
prothalles qui en proviennent possède des plastides
complets, sauf ceux qui deviennent des éléments génitaux,
et, dans l'un de ces prothalles, parce que la spore primitive était petite, tous les éléments qui mûrissent deviennent mâles! Ils deviennent au contraire tous femelles si
la spore primitive était grosse!

Il est vrai que le prothalle dérivant de la microspore
est petit et que le prothalle dérivant de la macrospore
est grand, et que les conditions de maturation dans chacun
d'eux peuvent, par là même, différer; mais il est possible
aussi qu'il y ait une autre particularité, non encore découverte jusqu'à ce jour, et que la différence entre les microspores et les macrospores ne soit pas seulement une différence de taille.

Cela est d'autant plus vraisemblable que la différence
de taille entre les microspores et les macrospores n'est
pas fortuite, mais semble résulter d'une cause qui agit au

cours de toutes les dernières divisions préparant la spore ; dans *Salvinia*, par exemple, il y a des *macrosporo-carpes* contenant des *macrosporanges* qui donnent des macrospores, et des *microsporocarpes* contenant des *microsporanges* qui donnent des *microspores* (fig. 72). Et nous sommes en droit de nous demander si une raison, ayant déjà un rapport plus ou moins éloigné avec la nature même du sexe, n'intervient pas pour différencier aussi profon-

Fig. 72. — Macrosporocarpe et microsporocarpe de Salvinia.

dément deux points d'une même plante ; nous sommes en droit de nous demander, en d'autres termes, si, outre la différence de taille, il n'y a pas déjà, à un certain point de vue entre les microspores et les macrospores, une différence de structure capable de préparer l'apparition de tel ou tel sexe...

C'est pour cela qu'il est essentiel de comparer le cas de la Fougère avec celui des Presles et celui des *Salvinia*.

Premier cas : chaque spore, identique à toutes les autres, donne un prothalle formé de plastides complets et en différents points duquel apparaissent des éléments mâles et des éléments femelles.

Deuxième cas : chaque spore est en apparence identique à toutes les autres et cependant (est-ce sous l'influence des conditions de milieu ?) une spore donne

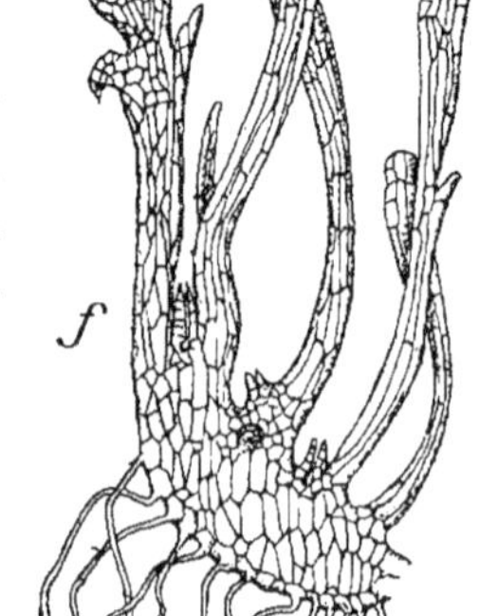

Fig. 73. — Prothalle mâle et prothalle femelle de Presle.

un petit prothalle qui, à côté de ses cellules complètes, ne produira que des éléments mâles, une autre spore donne un grand prothalle qui ne produira que des éléments femelles en fait d'éléments mûrs (fig. 73).

Troisième cas : les différences constatées entre les prothalles mâles et les prothalles femelles chez les Presles peuvent être prévues d'avance chez les *Salvinia*, à cause des dimensions différentes des spores qui fournissent ces prothalles.

Les cellules *qui ne mûrissent pas* dans le prothalle mâle de Presle ou de *Salvinia*, c'est-à-dire les cellules autres que celles qui donnent des éléments sexuels, sont-elles *différentes* des cellules correspondantes du prothalle femelle des mêmes espèces? Voilà une question à laquelle il nous est aujourd'hui tout à fait impossible de répondre. Elle se résoudra peut-être expérimentalement dans les expériences que j'ai précédemment annoncées.

74. — SEXE GÉNITAL ET SEXE SOMATIQUE.

Si nous sommes déjà si embarrassés pour les cas relativement simples où la génération à n chromosomes est douée d'une existence indépendante, que va-t-il arriver lorsque cette génération à n chromosomes sera parasite dans le soma de la génération à $2n$ chromosomes? Nous avons déjà vu précédemment que ce parasite génital influence profondément la morphologie et la physiologie de la génération hôte. Il peut se présenter différents cas dans le parasitisme génital.

Dans certaines espèces, les parasites génitaux d'un seul et même individu donnent des éléments mûrs *des deux sexes.* Cela a lieu, par exemple, chez les Escargots, les Vers de terre, les Sangsues. etc.. mais il y a quelques différences entre les cas de ces divers animaux.

Dans un Escargot (fig. 74, *gl. herm.*), par exemple, il existe une *glande génitale* unique en apparence, et qui produit à elle seule les éléments des deux sexes ; on l'appelle la glande hermaphrodite ; elle est plus ou moins comparable au prothalle d'une Fougère.

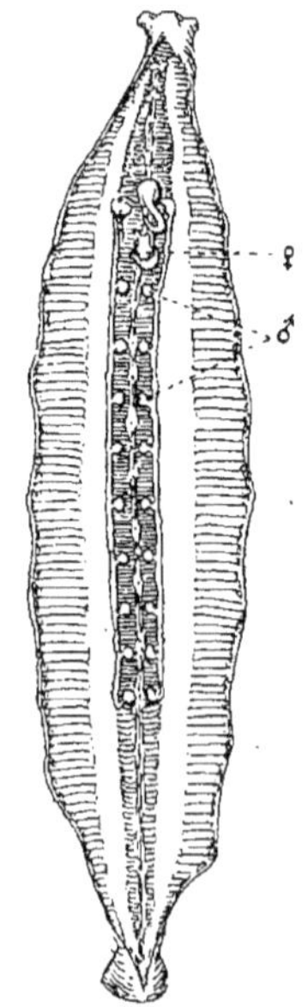

Dans une Sangsue (fig. 75), au contraire, il y a deux glandes génitales appelées *ovaires* et qui produisent uniquement des éléments femelles, tandis que plusieurs paires de *testicules* produisent uniquement des éléments mâles. Les ovaires sont, en quelque sorte, comparables à des prothalles femelles de Presles ou de *Salvinia*, les testicules étant comparables à des prothalles mâles des mêmes espèces.

Fig. 74. — Appareil génital de l'Escargot.

Dans le cas de l'Escargot comme dans celui de la Sangsue, on dit que l'animal, contenant, soit une glande hermaphrodite, soit des glandes des deux sexes, est *hermaphrodite.*

Il est intéressant de signaler que, dans le cas de la Sangsue, par exemple, c'est toujours aux mêmes points qu'apparaissent les ovaires, c'est toujours aux mêmes points qu'apparaissent les testicules, et cela permet de concevoir que le sexe du prothalle, qui apparaît en un point donné, est une conséquence des conditions spéciales réalisées en ce point.

Fig. 75. — Appareil génital de la Sangsue.

Chez la plupart des animaux supérieurs, *les sexes sont séparés*, c'est-à-dire que chaque individu ne contient à son intérieur que des prothalles d'un seul sexe ; on donne à l'individu le sexe des prothalles parasites en lui ; on dit un *oiseau mâle*, pour un oiseau qui ne contient comme glandes génitales que des glandes génitales produisant des spermatozoïdes ; on dit un *oiseau femelle* pour un oiseau qui ne contient comme glandes génitales que des glandes génitales produisant des ovules.

SEXES SÉPARÉS.

Certains naturalistes prétendent que l'état unisexué résulte d'un hermaphrodisme primitif auquel succède l'atrophie de tous les prothalles d'un sexe donné : cela est possible ; chez certains animaux comme le Crapaud, on trouve normalement, à côté d'un testicule franchement mâle, un résidu d'ovaire nettement femelle ; chez la Myxine, les glandes des deux sexes coexistent, mais chacune d'elles entre en fonctions à des périodes différentes de la vie, de sorte que l'animal, mâle pendant la première période de son existence, devient femelle pendant la dernière. Il est d'ailleurs généralement admis que, même chez les hermaphrodites les plus caractérisés comme tels, la maturité des produits mâles n'est pas synchrone de la maturité des produits femelles, ce qui fait que l'hermaphrodisme est successif, du moins au point de vue de la fonction reproductrice des parasites à n chromosomes.

HERMAPHRO- DISME SUCCESSIF.

Quoi qu'il en soit, si l'on admet que, *chez certains animaux*, l'état unisexué résulte d'un état hermaphrodite primitif, il n'est pas douteux que cela ne saurait être considéré comme une règle générale, l'exemple des Presles suffit à le prouver.

Normalement, chez les animaux supérieurs, il n'y a qu'un sexe, il n'y a qu'une catégorie de prothalles parasites dans le soma à $2n$ chromosomes, et nous avons vu plus haut combien ces prothalles parasites influent sur la morphologie et la physiologie de l'individu qui les contient; on reconnaît, à la simple inspection d'un individu d'une espèce, la nature des prothalles parasites à son intérieur; du moins cela a-t-il lieu, en général, grâce à des *caractères sexuels secondaires* extérieurs très visibles; ainsi l'Homme, le Cerf, le Lion, le Coq, etc... Mais chez le Hareng, chez le Pigeon, etc..., ces caractères secondaires sont à peu près nuls.

C'est à cause des grandes différences morphologiques qui séparent l'homme de la femme que le problème de la détermination du sexe a une importance pratique si considérable; son importance théorique est également très grande; voici comment se pose le problème :

Un œuf fécondé contient les deux sexes et, autant que nous avons pu en juger par nos études antérieures, contient les deux sexes en quantités égales, du moins quant à la partie réellement fécondée de l'œuf, à la partie formée de molécules complètes dont chacune contient une moitié mâle et une moitié femelle; or c'est cette partie qui assimile, c'est elle qui prend très vite toute l'importance. De l'assimilation par l'œuf fécondé résulte une masse croissante de substances vivantes, masse qui est le siège d'une *segmentation*, d'une division en cellules contenant, toutes, les deux sexes. Parmi ces cellules, un très grand nombre conserveront indéfiniment l'allure de cellules complètes et auront toujours $2n$ chromosomes; ce sont les cellules somatiques. D'autres, situées en des points très spéciaux du corps, prendront l'état associé et seront les cellules mères des produits génitaux.

De deux choses l'une :

1° Ou bien ces cellules à n chromosomes pourront, suivant le cas, produire indifféremment des éléments mâles et des éléments femelles (théorie de l'hermaphrodisme primitif) et, par conséquent, le sexe des éléments qui en dériveront n'est pas déterminé d'avance par la nature même de ces cellules: dans ce cas, s'il y a unisexualité, cet état résulte de la disparition des éléments capables de produire l'un des sexes. Et comme, dans deux individus différents, ce ne sera pas le même sexe qui disparaîtra, il faut admettre que chaque individu a en lui un pouvoir déterminatif du sexe des prothalles capable de vivre à son intérieur: ce serait donc le soma qui dirigerait l'apparition d'un sexe unique à son intérieur, le triomphe d'un sexe dans la lutte entre des prothalles de sexe différent dont l'un serait mieux adapté à vivre dans le soma considéré. Si cela était, il y aurait, entre le soma et le prothalle parasite, des relations bien curieuses, car, d'une part, le soma d'un mâle, par sa nature propre, serait la cause du triomphe du sexe masculin dans la lutte des prothalles, d'autre part, le prothalle mâle (ceci est évident à cause des expériences de castration) dirigerait la morphologie et la physiologie du soma, lui donnerait son sexe morphologique. En d'autres termes, il y aurait dans le soma une particularité qui forcerait ses prothalles parasites à être mâles, et cependant ce soma tiendrait sa morphologie de mâle, son sexe morphologique, de l'influence réciproque du prothalle sur lui.

*SEXE MORPHO-
LOGIQUE.*

2° Ou bien les cellules à *n* chromosomes seraient, dès leur apparition, déterminées d'avance dans le sens mâle, c'est-à-dire que, comme les microspores de *Salvinia*, elles ne pourraient donner que des éléments mâles, et alors, le *soma* n'aurait pas à intervenir dans la détermination du sexe; le sexe résulterait fatalement de la *nature* des cellules à *n* chromosomes qui ont apparu en un certain point du corps. Mais, de même que les cellules somatiques, ces cellules à *n* chromosomes dérivent de l'œuf initial et nous devons nous demander, lorsque nous voyons un seul sexe apparaître dans un être qui provient d'un œuf, si ce sexe unique était déjà déterminé dans l'œuf, ou bien s'il a été déterminé par les conditions qui ont agi sur l'embryon entre la bipartition de l'œuf et l'apparition des cellules à n chromosomes.

Jusqu'à présent, nous n'avons étudié l'amphimixie qu'au point de vue des *quantités* de substances qui se trouvent en présence dans la fécondation ; il y a peut-être dans la fécondation des phénomènes *physiques*, différents suivant les cas, et mettant l'œuf fécondé (indépendamment de son patrimoine héréditaire qui est réglé par ses coefficients quantitatifs) dans un état d'équilibre spécial capable de diriger ensuite l'apparition de tel ou de tel sexe dans l'individu qui en dérivera.

Toutes ces considérations montrent combien est compliqué le problème de l'apparition du sexe chez les êtres à prothalle parasite. L'expérience peut essayer de rechercher si le sexe est déterminé dans l'œuf ou par les conditions qui entourent le développement de l'œuf.

Supposons cette question tranchée dans le sens de la première alternative. Il faudra nous demander ensuite si cette détermination du sexe dans l'œuf tient à ce que cet œuf, tel qu'il est, produira un soma dans lequel seuls les éléments d'un sexe pourront prospérer (théorie de l'hermaphrodisme primitif), ou bien à ce que l'œuf donnera naissance à des cellules à n chromosomes qui ne peuvent (comme les microspores de *Salvinia*) produire que des éléments d'un seul sexe, et alors restera entière cette question de savoir pourquoi des cellules, contenant sûrement les deux sexes, sont condamnées d'avance à une maturation d'un sens déterminé.

Supposons, au contraire, que l'expérience nous montre l'influence de l'éducation sur l'apparition de tel ou tel sexe ; nous aurons encore à nous demander si l'éducation a produit un soma dans lequel un sexe seulement peut prospérer, ou bien si l'éducation a conduit à des cellules à *n* chromosomes comparables aux microspores de *Salvinia* et ne pouvant plus produire que des éléments d'un seul sexe.

On voit quel nombre formidable de points d'interrogation nous rencontrerions, même en supposant que des expériences sur des animaux à prothalle parasite nous aient conduits à savoir d'une manière certaine que le sexe est déterminé dans l'œuf ou résulte au contraire des conditions de l'éducation première. C'est pour cela que je crois très intéressant d'expérimenter d'abord sur les spores de Presles et d'une manière générale sur les espèces à prothalle libre. Et, s'il est résolu dans ce cas, le problème de la détermination du sexe nous conduira à la découverte de la nature même du sexe. La sexualité est un phénomène bipolaire, mais *quel* phénomène bipolaire? Même dans le cas le plus simple, dans celui du prothalle de Fougère, il y a toujours un moment où se pose cette question : pourquoi ici apparaît-il un élément mâle, pourquoi là-bas apparaît-il un élément femelle? Mais quand nous frottons un gâteau de résine avec une peau de chat, pourquoi apparaît-il ici de l'électricité positive, là de l'électricité négative? Ce serait déjà bien beau d'avoir établi un parallèle entre le sexe et un phénomène aussi mystérieux que celui de l'électrophore!

IL FAUT EXPÉRIMENTER SUR LES ESPÈCES A PROTHALLE LIBRE.

La question est un peu plus compliquée chez les plantes phanérogames. Là les prothalles femelles naissent dans la profondeur des tissus de certaines parties d'une feuille modifiée, appelée *carpelle*, et qui occupe une place, toujours la même, dans les verticilles floraux. Les microspores ou *grains* de pollen sont produits dans certaines parties d'une autre feuille modifiée, appelée *étamine*, et sont transportés, par le vent ou les insectes, à un endroit pourvu

PLANTES PHANÉROGAMES.

d'un liquide sucré sur lequel ils germent en donnant les prothalles mâles ou *tubes polliniques*. Le sexe de ces prothalles est toujours déterminé dans le grain de pollen, c'est-à-dire que ce grain de pollen, cellule asexuée par elle-même, donne fatalement naissance à des éléments mûrs de sexe masculin et de sexe masculin seulement. Il y a donc, dans le grain de pollen, un *quid proprium* qui rend fatal le sexe des éléments génitaux du tube pollinique. La nature de ce *quid proprium* nous est inconnue, mais nous pouvons faire à son sujet une remarque étayée sur les faits.

C'est toujours dans les *étamines*, c'est-à-dire dans des feuilles modifiées qui occupent une *certaine place* dans les verticilles floraux d'une fleur d'espèce donnée, que se forment les grains de pollen ; ces microspores germent *autre part* et emportent avec elles au point de germination le *quid proprium* qui détermine le sexe des éléments génitaux de leur prothalle ; mais nous devons penser que les grains de pollen, n'apparaissant jamais qu'en un point *bien déterminé* de la plante, doivent leur *quid proprium* à des conditions réalisées en ces points et non ailleurs. Les macrospores apparaissent, elles aussi, en un point bien déterminé de la plante, mais *comme elles germent à l'endroit même où elles se produisent*, et qu'elles donnent là des prothalles femelles parasites, nous sommes bien certains, il est vrai, que c'est une particularité réalisée à cet endroit même qui détermine le sexe femelle des prothalles, mais nous ne savons pas si cette particularité a donné aux macrospores le *quid proprium* qui suffisait à assurer la féminité du prothalle ultérieur, ou si cette particularité a influé sur le développement des prothalles issus des microspores et leur a donné le sexe femelle.

Quoi qu'il en soit, dans une fleur complète, nous sommes assurés que certaines conditions réalisées en un point précis, au niveau des étamines, déterminent la formation de microspores qui *ultérieurement* donneront des prothalles mâles en germant n'importe où, et que, d'autre part, d'autres conditions réalisées en un autre point précis, au niveau des carpelles, déterminent l'apparition en ce point de prothalles femelles.

Et cela nous indique l'existence d'un rapport entre la génèse des sexes et la topographie du point où se forment les microspores ou macrospores. Nous avions déjà fait une observation analogue pour la Sangsue et le Ver de terre, et cette observation est pleine d'intérêt.

TOPOGRAPHIE DU SEXE.

Il arrive que certaines fleurs deviennent incomplètes par disparition ou atrophie de l'un des éléments producteurs de spores ; quand ce sont les étamines qui avortent, la plante devient uniquement femelle ; quand ce sont les carpelles, la plante devient uniquement mâle. Mais, dans tous les cas, les endroits où se forment les organes femelles restent *homologues* de ceux où ils se forment dans une fleur complète. Il est arrivé qu'un jardinier a changé, en la transplantant, le sexe unique des fleurs d'une plante donnée, mais il ne faut pas croire que sous l'influence de cette transplantation, les parties qui donnaient des éléments femelles ont donné des éléments mâles ; les parties qui donnaient des éléments femelles ont avorté et d'autres parties, homologues de celles qui, dans les plantes à fleurs complètes, donnent des éléments mâles, se sont développées et ont donné des éléments mâles [1].

CHANGEMENT DE SEXE PAR TRANSPLANTATION.

Chez un certain nombre de plantes, les fleurs ne fournissent normalement que les spores déterminant un seul sexe ; il y en a qui donnent uniquement des microspores,

---

1. MOLLIARD aurait cependant observé un phénomène différent chez le Chanvre

d'autres qui donnent uniquement des macrospores ; on les appelle fleurs mâles et fleurs femelles ; puisqu'elles se produisent sur la même plante, c'est que cette plante est apte à donner indifféremment des fleurs mâles et des fleurs femelles et que le sexe d'une fleur résulte évidemment de conditions topographiques réalisées aux divers points du végétal. On donne le nom de végétal *monoïque* à un végétal qui produit des fleurs mâles et des fleurs femelles sur le même pied ; exemple, l'Aulne, le Coudrier, etc.

VÉGÉTAUX MONOÏQUES.

Chez le Peuplier ou le Saule, les fleurs mâles se trouvent toutes sur un pied, et il y a d'autres pieds qui donnent uniquement des fleurs femelles ; on dit que ces végétaux sont *dioïques*. Là il n'y a plus à tenir compte de conditions topographiques réalisées aux divers points de la plante ; partout où il se forme des spores, ce sont des spores du même type ; il y a donc, dans toute l'étendue d'un végétal mâle, par exemple, des conditions particulières qui déterminent le développement des étamines et l'avortement des carpelles. Mais ces conditions particulières peuvent tenir aux circonstances qui entourent le végétal, ainsi que le prouve l'observation de cette plante dioïque dont une transplantation changea le sexe. En coupant la tête d'un Papayer on change le sexe de ses fleurs.

VÉGÉTAUX DIOÏQUES.

Voilà des cas où le retentissement du soma sur les organes reproducteurs détermine *évidemment* le sexe des produits de ces organes ; il y a donc, dans certains cas, ce qu'on pourrait appeler un *sexe somatique* déterminant le *sexe génital*, ce qui n'empêche pas le sexe génital d'avoir lui aussi un effet sur le soma en déterminant l'apparition des caractères sexuels secondaires.

SEXE SOMATIQUE.

Il n'est pas inutile de récapituler les divers cas qui peuvent se rencontrer dans la nature au sujet du sexe et nous allons le faire en quelques lignes.

RÉCAPITULATION.

1° Prothalles non parasites :

(α) Spores sans aucune différenciation, donnant naissance à des prothalles hermaphrodites qui, en des points particuliers, donnent des éléments génitaux mâles, en d'autres points particuliers, des éléments génitaux femelles (Ex. Fougères).

(β) Spores sans aucune différenciation apparente, mais donnant (peut-être sous l'influence de conditions différentes) des prothalles unisexués (Presles).

(γ) Spores de deux catégories (microspores et macrospores) contenant en elles un *quid proprium* qui détermine fatalement le sexe du prothalle issu de chacune d'elles.

2° Nous allons retrouver, chez les animaux supérieurs et chez les végétaux phanérogames, des formations de prothalles parasites correspondant aux trois cas que nous venons d'étudier :

(δ) Êtres hermaphrodites ; il y en a de plusieurs types :

I. Êtres chez lesquels on peut considérer qu'il se forme des prothalles analogues à ceux du cas α (Ex. Escargot) ;

II. Êtres chez lesquels, *en des points différents* de l'organisme, mais toujours en des points bien déterminés, il apparaît des prothalles des types β ou γ, qui sont mâles ou femelles sous l'influence de conditions locales. Ceci a lieu chez les Sangsues et les Vers de terre, chez les plantes hermaphrodites et chez les plantes monoïques.

(ε) Êtres unisexués, chez lesquels il n'apparaît que des prothalles d'un seul sexe et chez lesquels il est vraisemblable qu'il y a un *sexe somatique*, c'est-à-dire un ensemble de conditions (résultant de la nature d'un soma asexué par lui-même), ensemble tel que seuls les prothalles d'un sexe donné peuvent prospérer à l'intérieur de ce soma. Ceci a lieu chez les animaux supérieurs et chez les plantes dioïques ; mais, dans certains cas, on constate une influence indéniable des conditions de milieu sur la réalisation de ce sexe somatique. La Myxine libre a un sexe somatique mâle ; elle devient femelle quand elle est parasite ; de même des plantes ont pu changer de sexe somatique quand on les a transplantées et, alors, on a pu constater que, sous l'influence de ce changement de sexe somatique, les prothalles de sexe nouveau ont pu se développer à l'exclusion des anciens.

Ce résumé nous permet de montrer la différence des problèmes qui se posent pour les Presles d'une part, pour les êtres supérieurs unisexués d'autre part ; dans le cas des Presles, nous avons à nous demander comment, avec des spores probablement identiques comme point de départ, nous obtenons tantôt un prothalle mâle, tantôt un prothalle femelle ; autrement dit, ce problème est celui de la détermination directe du *sexe génital*.

On pourrait s'exprimer avec plus de précision et dire qu'il apparaît, dans des prothalles asexués par eux-mêmes, un *sexe prothallique* (analogue du sexe somatique), ensemble de conditions qui déterminent la maturation des éléments sexuels dans tel ou tel sens. Le sexe prothallique serait différent aux différents points du prothalle de Fougère ; il serait uniforme dans le prothalle de Presles ou de *Salvinia*.

Ensuite, dans le cas de l'homme, par exemple, nous aurons à nous demander comment, d'un œuf fécondé qui contient les deux sexes, dérive un soma formé d'éléments asexués, mais doué de ce que nous avons appelé un *sexe somatique* donné, c'est-à-dire réalisant un ensemble de conditions tel que seuls les prothalles d'un sexe donné peuvent prospérer à son intérieur.

Ainsi, dans une microspore de *Salvinia* ou dans un grain de pollen, on peut dire que le *sexe prothallique* est déterminé d'avance ; de même, dans un œuf non fécondé d'Abeille, le *sexe somatique* du faux bourdon est déterminé

d'avance et, *par suite aussi*, le sexe génital. mais secondairement seulement. Si donc on prend le mot *sexe* dans le
sens très précis de *sexe génital*, les seuls éléments vraiment sexués sont les ovules et les spermatozoïdes ; ce
n'est que par abus que l'on prend l'habitude de dire que
l'œuf non fécondé de l'Abeille est un œuf mâle (parce qu'il
détermine fatalement un sexe somatique mâle) ou que le
grain de pollen est une spore mâle (parce qu'il détermine
fatalement un prothalle dont les éléments sexuels seront
mâles).

75. — EXPÉRIENCES SUR LA DÉTERMINATION DU SEXE SOMATIQUE.

Quoique la genèse du sexe somatique nous renseigne
moins directement sur la nature même des phénomènes
sexuels, on a entrepris de nombreuses expériences sur la
genèse de ce sexe somatique : cela tient à ce que, pour
l'histoire de l'homme, cette genèse a une importance considérable. Mais, en réalité, au point de vue scientifique,
de telles expériences ne nous avancent guère.

Les expériences de YUNG sur les têtards de Grenouille
(*Rana esculenta*) sont classiques, quoique n'ayant pas été
réalisées dans des conditions parfaites. Il s'est proposé de
savoir si le sexe somatique des individus était déterminé
dans l'œuf par les hasards de la fécondation, ou résultait
au contraire des circonstances à travers lesquelles s'effectuait le développement des individus ; en d'autres termes,
il s'agissait de savoir si le sexe somatique est dû à l'hérédité (propriétés de l'œuf) ou à l'éducation.

Il a opéré sur des têtards de Grenouille provenant
d'œufs fécondés artificiellement et constituant trois lots
distincts. Dans l'espèce *Rana esculenta* qu'il a étudiée, le

nombre moyen des femelles est, dit-il, d'environ 57 pour 100 individus. Au lieu de donner à ses trois lots de jeunes animaux la nourriture végétale qui leur est ordinaire, il nourrit le premier lot avec de la viande de bœuf et obtint 78 p. 100 de femelles ; il nourrit le second lot avec du poisson et obtint 81 p. 100 de femelles ; il nourrit le troisième lot avec de la viande de Grenouille et obtint 92 p. 100 de femelles, c'est-à-dire 92 femelles pour 8 mâles.

Quelques critiques qu'on puisse formuler à l'égard de la méthode expérimentale de YUNG, son résultat est très remarquable et prouve une influence indéniable de la nourriture sur la détermination des sexes. Avec une nourriture végétale, on aurait eu 43 mâles, avec de la viande de Grenouille on en a seulement 8 ; c'est donc que 35 individus, destinés dans les conditions normales de nutrition à devenir des mâles, sont devenus des femelles sous l'influence d'une nourriture choisie.

Il est donc évident que, pour ces 35 individus au moins, le sexe somatique n'était pas déterminé dans l'œuf. Mais il reste 8 mâles irréductibles dans les conditions de l'expérience et, à leur sujet, on peut penser aux faux bourdons dont nous parlerons tout à l'heure et dont le sexe somatique est fatalement déterminé dans l'œuf.

Il y aurait donc, dans les œufs de Grenouille, certains types moyens qui, sous l'influence de certaines conditions de nutrition, seraient capables de donner indifféremment le sexe somatique mâle ou femelle et quelques types extrêmes (les 8 de l'expérience de YUNG) qui, fatalement, donneraient toujours un sexe somatique déterminé, quelles que fussent d'ailleurs les conditions de l'éducation.

EXPÉRIENCES SUR DES CHENILLES. Chez des chenilles, Mme TRÉAT a annoncé le résultat suivant : « Si des chenilles sont enfermées et mises à la diète avant de devenir des chrysalides, les papillons ou phalènes qui en résultent sont mâles, tandis que ceux des chenilles de la même ponte fortement nourries sont femelles. »

Beaucoup d'expériences ont été faites sur des plantes dioïques ; on a recherché l'influence des conditions de température et de nutrition sur des lots de graines qui, dans des conditions normales, donnaient des proportions à peu près égales de mâles et de femelles. Les résultats de ces expériences sont assez peu nets, et il s'y présente une cause d'erreur due à ce que, dans la plupart des cas, on n'a pas fait la numération préalable des graines semées ; on ne sait donc pas si les conditions réalisées artificiellement ont favorisé la germination des graines qui devaient donner des plantes d'un sexe somatique déterminé, et ont ainsi majoré la proportion des individus de ce sexe sans avoir eu besoin d'influer directement sur l'évolution de la plante dans le sens de tel ou tel sexe somatique. En général, on a cru remarquer que les conditions favorables de nutrition, d'humidité et de température, déterminaient l'apparition du sexe féminin. MOLLIARD a cependant trouvé un résultat contraire chez le Chanvre quant à l'influence de la nutrition. Des pieds rabougris par des conditions fâcheuses ont manifesté une évolution dans le sexe femelle par la transformation des étamines en carpelles ; les fleurs mâles prenaient ainsi une forme hermaphrodite, et l'auteur a constaté dans ses cultures tous les degrés d'hermaphrodisme entre le type mâle pur et le type femelle pur.

Enfin l'on a fait de nombreuses observations sur les mammifères, mais ce groupe d'animaux est tout à fait défavorable à des recherches de cet ordre à cause de la gestation utérine pendant laquelle le sexe du fœtus se détermine toujours ; or il est bien difficile d'influer expérimentalement sur les conditions de vie intra utérine.

Une observation cependant est intéressante, c'est celle

qu'il est donné de faire sur les jumeaux dans l'espèce humaine et sur les portées multiples des femelles de mammifères. Dans une portée de Souris ou de Lapins il y a des individus de sexes différents, et cependant les conditions de nutrition dans un même utérus doivent être analogues. Il est donc assez vraisemblable que des différences préexistent dans les œufs fécondés, et que ce sont ces différences qui se manifestent par l'apparition de tel ou tel sexe somatique dans les différents embryons. On pourrait néanmoins dire que les conditions de nutrition réalisées aux différents points de l'utérus sont différentes et peuvent influer sur la détermination du sexe. Mais ordinairement, quand une femme a des jumeaux *vrais*, c'est-à-dire des êtres doués du même patrimoine héréditaire et provenant des deux premiers blastomères d'un œuf fécondé, *ils sont de même sexe*. Au contraire, quand il y a deux jumeaux provenant de deux œufs différents et qui, par conséquent, ne se ressemblent pas, ils sont souvent de sexe opposé ; ce qui tendrait à faire croire que la nature de l'œuf influe sur la détermination du sexe du produit. Nous allons trouver des cas où la détermination du sexe dans l'œuf est tout à fait fatale, lorsque nous étudierons la reproduction parthénogénétique.

76. — LA PARTHÉNOGÉNÈSE.

Nous avons déjà étudié la parthénogénèse à propos du nombre des chromosomes, nous allons maintenant l'étudier au point de vue des renseignements qu'elle peut nous donner sur la détermination du sexe somatique.

Les éléments parthénogénétiques, ou *parthénogonades*, sont des éléments reproducteurs analogues comme mode de formation à ceux que nous avons étudiés précédemment sous le nom d'éléments génitaux, mais qui ne sont pas atteints, complètement du moins, par la maturation sexuelle, qui ne deviennent pas incapables d'assimilation.

On observe la parthénogénèse, dans certaines conditions, chez des espèces qui, dans d'autres conditions, se reproduisent par une fécondation au moyen d'éléments sexuels incomplets. C'est donc que, dans ces conditions spéciales, la maturation n'atteint pas les *cytes* et que ces cytes restent des cellules complètes. Le nom de parthénogénèse donné à la reproduction sans maturation sexuelle vient de ce que l'on a comparé illégitimement à des *femelles vierges* (παρθένος) les individus dans lesquels les cytes ne mûrissent pas : nous verrons tout à l'heure ce qu'il faut penser de cette comparaison.

GEDDES et THOMSON ont distingué plusieurs cas de parthénogénèse ; en réalité il n'y a pas, entre ces divers cas, la moindre différence essentielle, mais il n'est pas mauvais de rappeler en quelques lignes ces dénominations adoptées par presque tous les auteurs :

α. *Parthénogénèse artificielle.* On a réuni sous cette dénomination des cas qui ne sont pas comparables ; d'abord des cas de fragmentation sans assimilation obtenus chez des ovules mûrs par le moyen de certains agents physiques ou mécaniques ; ensuite des cas de parthénogénèse véritable obtenus en arrêtant la maturation de l'ovule avant qu'elle soit terminée ; nous avons vu plus haut les intéressantes expériences de LOEB, DELAGE, etc.; nous n'y reviendrons donc pas en ce moment.

β. *Parthénogénèse occasionnelle.* C'est une parthénogénèse véritable, mais se produisant chez des individus d'une espèce qui n'est pas normalement parthénogénétique. Le Papillon du ver à soie, par exemple, peut donner accidentellement des parthénogonades ; c'est évidemment qu'il se produit alors, au niveau de l'ovaire, un phénomène analogue à celui de Loeb, qui suspend la maturation avant qu'elle soit complète.

7. *Parthénogénèse partielle.* Elle se produit, par exemple, chez la reine d'Abeilles. La reine, ayant été couverte par le faux bourdon au moment du vol nuptial, contient une réserve de spermatozoïdes dans un réceptacle, devant l'ouverture duquel passe l'ovule avant d'être pondu. Chose merveilleuse, ce réceptacle s'ouvre de manière à féconder les ovules que l'Abeille pond dans les cellules destinées à élever des reines et des ouvrières, mais reste fermé quand l'Abeille pond dans les cellules destinées aux mâles, *de telle manière que c'est un ovule non fécondé* qui devient le faux bourdon. Voila une chose admirable ; elle a été mise hors de doute par les expériences suivantes :

Dzierzon coupa les ailes d'une reine avant le vol nuptial ; elle ne fut donc pas fécondée et ne produisit que des faux bourdons.

Hensen fit féconder des reines d'Abeilles d'une variété allemande par de faux bourdons d'une autre variété italienne et obtint ainsi des femelles métisses à caractères empruntés aux deux variétés parentes, *mais des faux bourdons de variété allemande pure.* Enfin, lorsque par hasard les ouvrières, normalement stériles, pondent des ovules, comme leur fécondation est mécaniquement impossible, ces ovules ne donnent jamais que des faux bourdons.

Nous avons vu plus haut (§ 34) que cette parthénogénèse partielle est le résultat d'une maturation partielle de l'ovule ; les conditions sont telles, dans l'ovaire de l'Abeille, que la maturation commence toujours et n'aboutit jamais.

De telle sorte que l'élément reproducteur comprend deux parties : une partie qui est complètement mûre et qui peut jouer le rôle d'ovule par rapport à un spermatozoïde ; une partie qui se compose de molécules complètes et qui peut jouer le rôle de parthénogonade ; nous reviendrons tout à l'heure sur ce cas très intéressant au sujet de la détermination du sexe somatique dans l'œuf.

δ. *Parthénogénèse saisonnière.* Pendant la belle saison les Puces d'eau, *Daphnia pulex*, se reproduisent *exclusivement par parthénogénèse ;* alors il ne se produit jamais, dans aucun individu, ni ovule femelle ni spermatozoïde, uniquement des parthénogonades. A l'automne, le phénomène change : il apparaît des mâles vrais et des femelles vraies et la reproduction sexuelle ordinaire donne des œufs fécondés plus résistants que les parthénogonades et capables de passer l'hiver.

Chez les Pucerons, c'est la même chose ; on a pu compter l'été jusqu'à 14 reproductions parthénogénétiques successives, mais quand l'automne ramène le froid, la reproduction sexuelle recommence et fournit des œufs fécondés ou *œufs d'hiver* qui éclosent au printemps suivant. En maintenant, trois ou quatre ans, la température d'une étuve à un certain niveau, dans de bonnes conditions nutritives, Réaumur a pu obtenir plus de 50 générations parthénogénétiques successives. Au point de vue anatomique, les Pucerons parthénogénétiques diffèrent des femelles de la même espèce par l'absence d'organes génitaux accessoires.

ε. *Parthénogénèse juvénile.* Elle se manifeste quand les individus parthénogénétiques ont la forme anatomique de larves de l'espèce, considérée comme caractérisée par les individus sexués ; en réalité elle ne diffère en rien de la précédente, si ce n'est que les individus parthénogénétiques ressemblent, encore moins que chez les Pucerons, aux individus sexués ; mais il est vraiment peu scientifique de considérer la forme sexuée comme la seule adulte ; les cas de parthénogénèse juvénile (*progénèse, paedogénèse*) prouvent, au contraire, qu'il y a, dans les

espèces qui en sont douées, deux formes adultes différentes, une forme sexuée et une forme parthénogénétique.
La Cécidomye *Miastor* présente un cas bien caractéristique de parthénogénèse juvénile. L'individu parthénogénétique à forme de larve produit des parthénogonades
qui se développent à l'intérieur de son corps, et meurt
mangé par ses enfants; la même chose se passe dans
ceux-ci et ainsi de suite pendant plusieurs générations
dont les individus, toujours à forme de larve, sont de
plus en plus petits; enfin on arrive à de très petites
larves, qui sont cette fois de vraies larves, et se développent en formes sexuées mâles et femelles dont l'œuf
fécondé recommence la série que nous venons de
décrire.

ζ. *Parthénogénèse totale.* Chez certains Crustacés et
Rotifères on n'a jamais trouvé d'individu sexué; chez ces
êtres la reproduction parthénogénétique se serait donc
établie définitivement? Du moins la reproduction sexuée,
si elle a lieu, est très rare. Chez des Phasmes, R. DE
SINÉTY a constaté un cas analogue; ces animaux sont
doués d'une parthénogénèse partielle analogue à celle
des Abeilles, mais avec cette différence que la parthénogonade non fécondée donne une femelle; il peut donc y
avoir conservation de l'espèce sans fécondation; cependant de temps en temps on voit apparaître des mâles et
une fécondation.

77. — LE SEXE DU PRODUIT DANS LA PARTHÉNO-
GÉNÈSE.

La plupart des auteurs considèrent, à tort, les individus
parthénogénétiques comme des femelles, parce que, dans
certains cas, ces individus ressemblent plus à des

femelles qu'à des mâles; (il est vrai que dans certains cas aussi, il ne ressemblent ni à des mâles ni à des femelles, puisqu'on les a comparés à des larves). De cette convention, qui n'a rien de scientifique, on est parti pour tirer des conclusions au sujet de la détermination du sexe dans la parthénogénèse, et l'on a confondu constamment les conditions ambiantes qui déterminent l'apparition de la sexualité (mâles vrais et femelles vraies), avec les conditions qui déterminent l'apparition du sexe masculin, (parce

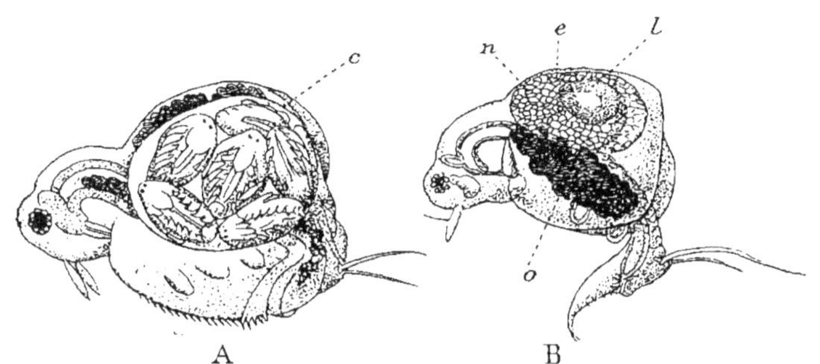

Fig. 76. — Forme parthénogénétique (A) et forme femelle (B) chez les Daphnies, d'après WEISSMANN.

A, *Moïna macropus* : c, cavité incubatrice remplie d'œufs d'été;
B, *Moïna rectirostris* : e. enveloppe de l'œuf (*ephippium*) comprenant une loge creuse (*l*) et un flotteur (*n*); o. œuf fécondé rempli de matières de réserve.

que l'on sous-entendait que le sexe féminin avait sans cesse existé pendant les reproductions parthénogénétiques).

Chez les Daphnies, par exemple, pendant toute la belle saison, il y a parthénogénèse et les individus qui se succèdent n'ont aucun sexe; au moment où les conditions deviennent plus mauvaises, il apparaît des *mâles vrais* et des *femelles vraies* ou femelles *éphippiales* (parce que leur dos porte quelque chose qui ressemble à une selle de cheval, *ephippium*). Le produit de l'accouplement des deux sexes est un œuf d'hiver, fort différent de la parthénogonade, et qui peut attendre le printemps sans mourir (fig. 76).

Malgré la différence très nette qui sépare les femelles éphippiales des individus parthénogénétiques, on les a confondus sous le nom commun de *femelles*. En réalité, nous n'avons le droit d'appeler un individu *femelle* que quand il donne des ovules, capables d'être fécondés par des spermatozoïdes.

La reine d'Abeilles est un cas intermédiaire; les éléments reproducteurs qu'elle fournit sont partiellement femelles, puisqu'ils sont fécondables, et partiellement parthénogénétiques, puisqu'ils peuvent se développer sans fécondation (V. § 34); nous devons donc dire que la reine est une femelle, mais une femelle chez laquelle les conditions sont telles que la maturation ne se complète jamais. Néanmoins, cette maturation se commence toujours dans le sens femelle, jamais dans le sens mâle; nous avons d'ailleurs remarqué précédemment que nous ne connaissons pas de cas où la maturation mâle soit incomplète.

Les œufs de la reine d'Abeilles, quand ils se comportent comme des parthénogonades, donnent toujours naissance à des mâles. Ceci est un fait acquis; voilà donc un cas où il est bien évident que le *sexe somatique* de l'individu est déterminé dans l'œuf. Et, chose bizarre, qui prouve bien que le *sexe somatique* n'a aucune relation *directe* avec le sexe génital, c'est l'œuf qui contient le moins de substance mâle qui détermine le sexe somatique mâle.

Si au contraire un spermatozoïde vient ajouter de la substance mâle à l'ovule partiellement femelle, l'œuf fécondé donne presque toujours[1] une reine ou une ouvrière. On ne saurait d'ailleurs tirer de cette constatation aucune conclusion générale puisque, d'après R. DE

LES REINES D'ABEILLES SONT DES FEMELLES PARTHÉNOGÉNÉTIQUES.

---

1. J. PÉREZ a signalé des cas où des œufs fécondés ont donné des mâles.

Sɪɴéᴛʏ, c'est le contraire chez certains Phasmes : ce sont les parthénogonades qui fournissent les femelles; les œufs fécondés au contraire donnent des mâles.

Ce cas de la parthénogénèse partielle est très spécial. Arrêtons-nous à l'exemple plus général des Puces d'eau.

Voici des Puces d'eau de l'espèce *Daphnia psittacea*. L'œuf fécondé de cette espèce donne naissance à un individu parthénogénétique P_1, qui pond des parthénogonades α_1. Chaque parthénogonade α_1 donne naissance à un individu parthénogénétique P_2 qui pond des parthénogonades α_2, et ainsi de suite, pendant fort longtemps, tant que les conditions alimentaires sont favorables. Nous avons vu plus haut, que chez d'autres animaux, les Pucerons, on a réussi, à une température constante, à faire durer quatre ans et plus ce mode de reproduction et à obtenir jusqu'à 50 générations parthénogénétiques successives.

De Kᴇʀʜᴇʀᴠé a observé la même chose chez les Daphnies en leur fournissant une nourriture abondante. Mais quand les conditions deviennent défavorables, la production des parthénogonades α cesse presque complètement et, au lieu d'individus parthénogénétiques P, il apparaît des mâles M, donnant des spermatozoïdes, et des femelles F (femelles éphippiales), donnant des ovules femelles qui, fécondés, donnent des œufs d'hiver.

Ainsi que nous l'avons fait remarquer précédemment, on a la funeste habitude de considérer comme des femelles les individus parthénogénétiques P_1 P_2... P_r, et l'on conclut des expériences de Réᴀᴜᴍᴜʀ, de ᴅᴇ Kᴇʀʜᴇʀᴠé, etc., que les mauvaises conditions de température et d'alimentation déterminent l'apparition des mâles, tandis qu'elles déterminent en réalité l'apparition de la sexualité, l'apparition d'individus sexués au lieu d'individus parthénogénétiques.

Supposons, pour fixer les idées, que chaque individu P

de *Daphnia psittacea* pond p parthénogonades. Au bout de r générations parthénogénétiques, le même œuf initial O aura donné un nombre énorme d'individus P, savoir :

$$P_1 + p\,P_2 + p^2\,P_3 + \ldots + p^{r-1}\,P_r.$$

Si c'est à ce moment que les conditions mauvaises font apparaître la sexualité, chacun des p^{r-1} individus P^r donnera naissance par une dernière génération parthénogénétique à des mâles M et des femelles F. Et, somme toute, l'œuf fécondé O aura donné lieu à un immense être hermaphrodite morcelé composé de la somme :

$$P_1 + p\,P_2 + p^2\,P_3 + \ldots p^{r-1}\,P_r,$$

augmentée encore de tous les mâles M et de toutes les femelles F qui proviennent des individus P_r. C'est dans les individus sexués de la $(r + 1)^{\text{ème}}$ génération qu'apparaîtront les produits génitaux sexués, spermatozoïdes et ovules vrais [1].

Si donc nous ne tenons pas compte de ce fait que *soma* dérivant de O est morcelé dans l'immense hermaphrodite considéré, nous voyons que le cas des Daphnies ne nous apprend rien de plus que le développement de la Sangsue ou du Ver de terre ; dans les deux cas un œuf donne naissance à un être hermaphrodite dont certains éléments, au bout d'un assez grand nombre de bipartitions, deviennent des spermatozoïdes et des ovules.

Aucune observation faite jusqu'à ce jour ne nous permet de savoir à quel moment précis se fait la détermination du sexe des individus M et F qui apparaissent à la

---

1. L'œuf résultant de la conjugaison de deux Infusoires sénescents donne de même un soma morcelé analogue. Le résultat, récemment annoncé par CALKINS, d'un retard dans la sénescence sous l'influence de certaines conditions de nutrition, est tout à fait identique à celui que RÉAUMUR a obtenu sur les Pucerons.

$(r + 1)^{\text{ème}}$ génération. Ces individus naissent-ils identiques, sans aucune différenciation dans le sens du sexe somatique, et sont-ce les conditions extérieures qui font apparaître ensuite dans les uns des prothalles mâles, dans les autres des prothalles femelles ? Ou bien les êtres parthénogénétiques P_r. déjà atteints par les mauvaises conditions ambiantes, pondent-ils des parthénogonades de deux types, les unes déterminant d'avance un sexe somatique mâle, les autres déterminant d'avance un sexe

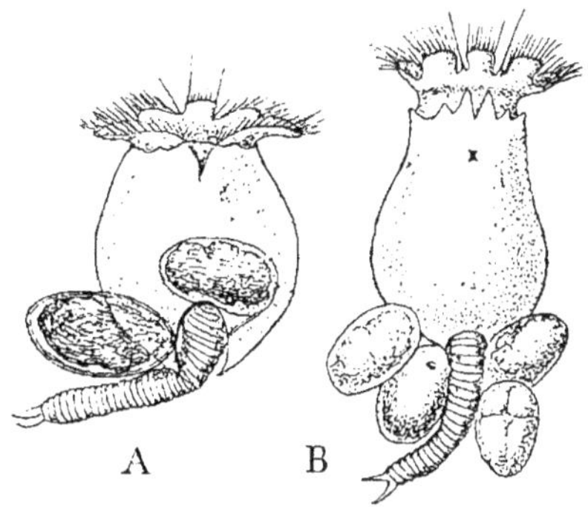

FIG. 77. — Formes pondeuses de mâles et pondeuses de femelles chez un Rotifère, *Brachionus urceolaris* (d'après Coux).

A, pondeuse d'œufs femelles, vue du côté ventral, avec, à l'intérieur, un œuf non mûr encore dans l'ovaire, et, à l'extérieur, un œuf renfermant un embryon développé.

B, pondeuse d'œufs mâles, vue du côté dorsal, avec, à l'extérieur, quatre œufs à divers états de développement.

somatique femelle ? Nous l'ignorons ; mais chez d'autres espèces d'animaux, dans lesquelles la parthénogénèse alterne avec la génération sexuée, nous sommes mieux renseignés, ainsi que nous allons le voir en étudiant un Rotifère, *Hydatina senta*.

Ce petit Rotifère est doué d'un dimorphisme sexuel très accentué. L'œuf fécondé O donne naissance à un individu qui, dans tous les cas, produit des parthénogonades, mais ces parthénogonades donnent toujours nais-

LE CAS DE HYDATINA.

sance à des individus sexués, c'est-à-dire que la parthénogénèse alterne *régulièrement* avec la génération sexuée.
Or, l'individu sexué a son sexe somatique déterminé
d'avance, non seulement dans la parthénogonade dont
il provient, mais encore dans l'être parthénogénétique
qui fournit ces parthénogonades ; c'est-à-dire qu'il y a,
provenant directement des œufs fécondés, deux types
d'individus parthénogénétiques : l'un dont toutes les parthénogonades donneront des mâles, l'autre dont toutes les
parthénogonades donneront des femelles ; on appelle les
premières des *pondeurs d'œufs mâles*, les secondes des
pondeurs d'œufs femelles. Appelons-les P_m et P_f. Supposons
que l'individu parthénogénétique P_m donne v mâles M,
l'œuf fécondé O qui lui a donné naissance a produit en fin
de compte un soma morcelé qui se compose de $(P_m + v\,M)$;
un autre œuf fécondé aurait, de même, donné naissance à
un soma morcelé $(P_f + v\,F)$, et ce sont ces deux somas
morcelés qui sont comparables à un homme et à une femme.

Une première différence avec le cas des Daphnies est
donc que, chez *Hydatina*, chaque œuf donne naissance à
un soma *unisexué*, et non à un soma hermaphrodite. Mais
nous ne savons pas si la propriété de pondre des parthénogonades donnant des mâles est déterminée dans
l'œuf fécondé qui produit P_m, ou si elle résulte des conditions du développement de ce pondeur d'œufs mâles. La
seule chose dont nous soyons sûrs, c'est que, dans la
parthénogonade, le sexe de l'individu sexué qui en dérivera
est déterminé d'avance, de même que dans l'œuf de
l'Abeille quand il se développe parthénogénétiquement.
Les pondeurs d'œufs mâles sont eux-mêmes spécialisés
d'une certaine façon, puisqu'ils ne donnent jamais que
des parthénogonades qui produisent des mâles.

Chez l'Abeille, la reine est comparable à un des pondeurs d'œufs mâles de certains Rotifères ; elle pond des par-

thénogonades qui toutes donnent, en effet, des mâles, sauf le cas d'une fécondation ; ce cas de l'Abeille va nous mettre sur la voie d'une remarque assez générale.

La parthénogonade, lorsqu'elle se développe seule, se compose en effet. chez l'Abeille, d'une partie seulement de l'œuf vierge pondu, la partie *complète.* Le reste, formé de substance incomplète femelle, sera incapable d'assimilation et disparaîtra ; or, dans ce cas, la parthénogonade donnera naissance à un faux bourdon.

Quand il y a fécondation. la partie complète de la parthénogonade s'additionne d'une nouvelle partie complète qui résulte de l'action du spermatozoïde sur la partie femelle de l'ovule incomplètement mûr. L'œuf fécondé contient donc toujours *une plus grande quantité de substance vivante* que la parthénogonade vierge. Or l'œuf fécondé donne, dans la règle, une femelle (qui devient reine ou ouvrière suivant les conditions de nutrition); les mâles provenant d'œufs fécondés sont très rares.

L'ŒUF PETIT DONNE ORDINAIREMENT UN MÂLE.

Ainsi donc, dans le cas de l'Abeille, l'œuf *plus gros* (je dis plus gros parce qu'il contient plus de substance vivante) détermine une femelle ; l'œuf *plus petit* détermine un mâle. Ceci se vérifie dans presque tous les cas dans lesquels nous connaissons une prédétermination du sexe somatique dans l'œuf. Par exemple les parthénogonades, que nous avons appelées *œufs mâles* chez les Rotifères, sont considérablement plus petites que celles que nous avons appelées *œufs femelles.*

Nous pouvons même aller plus loin : lorsque les prothalles vivent isolément, si leur sexe somatique[1] est déter-

---

1. Nous pouvons appeler sexe somatique du prothalle l'ensemble des conditions qui déterminent le sexe génital des éléments mûrs issus du prothalle: alors, quand nous parlons du sexe somatique d'un homme, par exemple, qui a un prothalle parasite, c'est un sexe somatique au second degré. Il est plus simple de conserver, pour les prothalles, l'expression de *sexe prothallique* que nous avons employée précédemment.

miné dans la spore d'où ils proviennent, les spores de l'espèce considérée sont de deux tailles différentes : il y a des *microspores* donnant des prothalles mâles, et des *macrospores* donnant des prothalles femelles.

Le sexe somatique femelle nous paraît donc appartenir en général à des agglomérations cellulaires provenant d'un plastide initial plus gros que celui d'où résultent les agglomérations mâles de même espèce, phénomène qui ne manquera pas d'être comparé à la différence de dimensions, si caractérisée ordinairement entre l'élément mûr du sexe mâle, ou spermatozoïde, et l'élément mûr du sexe femelle, ou ovule, qui est souvent mille fois plus gros.

Mais il y a des exceptions ; chez des Phasmes, par exemple, d'après R. DE SINÉTY, c'est la femelle qui provient de la parthénogonade vierge ; le mâle devrait son origine à un œuf fécondé.

Cette exception, et quelques autres analogues, n'empêchent pas que, dans la grande majorité des cas, le sexe somatique mâle résulte d'un plastide initial plus petit que celui d'où provient le sexe somatique femelle, mais l'exception nous conduit à remarquer que c'est là une *constatation* et non une *explication*.

Le *quid proprium*, qui existe dans le plastide initial et qui se transmet à toutes les parties d'un soma d'espèce unisexuée, s'accompagne généralement de conditions qui donnent à ce plastide initial un volume faible ou considérable, suivant que ce *quid proprium* détermine le sexe somatique mâle ou femelle. Mais ce n'est pas ce volume faible ou considérable qui constitue le *quid proprium* cherché.

Tout ce que nous avons dit, depuis le commencement de ce chapitre, nous amène à penser que le *quid proprium* en question doit être de nature *physique* et résulter, soit de la manière dont le spermatozoïde féconde l'œuf, soit de toute autre cause. Le moment où ce *quid proprium* se manifeste est plus ou moins tardif suivant les cas.

Il est très tardif chez la Fougère, puisque le sexe somatique du prothalle est indéterminé; c'est seulement en certains points bien déterminés de ce prothalle qu'apparraissent les conditions déterminant ici, l'apparition des anthérozoïdes, là celle des ovules.

Chez les Presles, il est un peu plus précoce, quoique probablement non déterminé dans les spores; il se détermine dès la germination de ces spores et l'on a des microprothalles mâles et des macroprothalles femelles.

Chez *Salvinia*, il est encore plus précoce, puisqu'il est déterminé, non seulement dans les spores, mais dans les sporanges qui donnent ces spores, et dans les sporocarpes qui contiennent ces sporanges.

Passons maintenant aux cas où les prothalles sont parasites.

Le cas de l'Escargot est analogue à celui des Fougères, celui de la Sangsue et celui des plantes hermaphrodites ou monoïques à celui des Presles ou des *Salvinia*. Mais, chez les êtres unisexués, la détermination du sexe somatique devient plus précoce; elle est réalisée dans l'œuf d'où proviendra le soma à $2\,n$ chromosomes chez l'Abeille; chez *Hydatina* elle est réalisée dans la génération qui *précède* la génération sexuée, puisque les produits de la parthénogénèse d'un individu issu de l'œuf fécondé sont certainement *tous mâles* ou *tous femelles*.

Il y a donc, on le voit, tous les passages entre la précocité extrême de la détermination du sexe somatique (*Hydatina senta*) et l'extrême retard de cette détermination (Fougère, Escargot).

Sans savoir encore quelle est la nature propre du sexe somatique, nous devons donc y voir une certaine *orientation*, probablement d'ordre physique, qui nécessite, lorsque la maturation se produit, l'apparition de tel ou tel sexe en un point donné, à l'exclusion de l'autre.

Lorsque le sexe somatique est déterminé dans l'œuf fécondé, il est probable que cette orientation résulte des conditions de la fécondation, mais il y a sûrement bien des cas où elle n'est produite que plus tardivement, en particulier quand les individus sont hermaphrodites. Dans certains cas d'ailleurs, cette orientation peut être changée après coup sous l'influence d'une variation des conditions ambiantes, ainsi que cela a lieu pour l'hermaphrodisme successif de la Myxine et pour les Papayers auxquels on coupe la tête.

78. — LE POLYMORPHISME FEMELLE.

Si c'est le *sexe somatique* qui dirige l'apparition du sexe génital dans les prothalles parasites, ce n'en sont pas moins les prothalles parasites qui donnent au soma à $2n$ chromosomes son *aspect* sexué; il ne faut pas confondre le *sexe somatique*, ensemble de conditions réalisées dans le soma et dirigeant l'apparition du sexe génital, avec le *sexe morphologique*, avec les *caractères sexuels secondaires*, résultat de l'influence morphogène des prothalles parasites sur le soma hôte.

Nous avons déjà étudié précédemment, dans le livre premier, ces caractères sexuels secondaires, et nous avons vu que la castration artificielle, ou parasitaire, les faisait disparaître plus ou moins complètement.

LE DEGRÉ DE VIRULENCE DU SEXE.

Il est utile de dire maintenant quelques mots sur certains cas de polymorphisme qui nous donneront une notion nouvelle, celle du *degré de virulence du sexe.*

Je ne veux pas parler du polymorphisme des Abeilles,

Fourmis, Termites ou Pucerons, polymorphisme d'un tout autre ordre, mais de celui dont un exemple a été signalé d'abord par Wallace sur des Papilionides des îles Malaises. Ces heureux papillons ont plusieurs formes de femelles, tandis que le mâle est toujours à peu près uniforme. Il peut y avoir jusqu'à cinq types de femelles, tellement différents que des entomologistes ont pu croire que c'étaient des espèces distinctes. Représentons-les par les lettres A, B, C, D, E. Ces cinq types forment une série analogue aux séries paléontologiques, dans lesquelles les différences spécifiques sont régulièrement étagées. Supposons-les placés en ordre, A représentant le type le moins éloigné de celui du mâle, E le plus éloigné ; les trois types intermédiaires B, C, D s'intercaleront comme les barreaux d'une échelle entre ces deux types extrêmes, de manière à graduer les différences qui les séparent.

Voilà donc un papillon qui a cinq espèces de femmes ; c'est, pensera-t-on, comme si un homme avait une femme blanche, une jaune, une noire et une rouge ? *pas le moins du monde ;* ainsi que Wallace le fait remarquer, si un homme avait ces femmes de diverses couleurs, il donnerait avec chacune d'elles des produits métissés qui tiendraient de la race spéciale de leur mère.

Au contraire, le papillon en question peut donner, avec l'une quelconque des cinq femmes que la nature lui a accordées, avec la femelle C par exemple, soit des mâles qui ressemblent à leur père, soit des femelles qui appartiennent à l'un quelconque des cinq types, A, B, C, D, E. Ces cinq types ne représentent pas en effet des races différentes, mais seulement des degrés différents dans la virulence de ce que Patrick Geddes a appelé la *diathèse sexuelle.*

Cette expression se comprend d'elle-même, puisque nous savons que le parasitisme des prothalles à n chromosomes a, sur la morphologie et la physiologie des somas hôtes, un retentissement indéniable. Au point de vue du sexe, il n'y a que deux catégories de prothalles parasites : les prothalles donnant des éléments mâles et les prothalles donnant des éléments femelles; tous les prothalles mâles semblent comparables par leurs effets[1] : nous avons vu d'ailleurs que, dans la règle, les éléments sexuels mâles mûrissent toujours *complètement*.

Il n'en est pas de même des éléments femelles; nous savons que, suivant les cas, la maturation femelle s'arrête à un stade plus ou moins avancé. Rien d'étonnant donc à ce que, suivant les cas, les prothalles capables de donner des ovules plus ou moins mûrs aient, au point de vue de la *diathèse sexuelle*, une *virulence* différente. Ce serait cette virulence variable qui se traduirait par des types différents A, B, C, D, E; et le fait de la reproduction par une femelle du type C, de femelles des types A, B, C, D, E, prouve seulement que le degré de virulence du sexe n'est pas héréditaire.

Remarquons immédiatement que cette virulence variable n'a rien à voir avec la capacité reproductive des femelles; c'est pour cela que le polymorphisme des papillons de WALLACE est tout différent de celui qui existe, par exemple, entre les reines d'Abeilles et les ouvrières stériles.

Dans l'espèce humaine, nous trouvons quelque chose d'équivalent à ce qui se passe chez les Papilionides; non pas qu'il y ait cinq types distincts de femmes, mais il y a tous les passages au point de vue morphologique entre les femmes qui sont « fabriquées comme des hommes » et celles qui ont au plus haut point les caractères de leur

---

1. Il est possible en effet que le polymorphisme des mâles, quand il existe, soit dû à une toute autre cause.

sexe. Et les différences sont encore plus accentuées dans les caractères physiologiques et psychologiques qui sont sous la dépendance de la diathèse sexuelle (Voir l'appendice, § 117).

79. — LES MÂLES COMPLÉMENTAIRES.

Chez certaines espèces, normalement hermaphrodites, il apparaît quelquefois ce qu'on appelle des *mâles complémentaires;* cette particularité a été signalée par DARWIN chez les Cirripèdes, par exemple. C'est donc que, normalement, l'œuf fécondé de ces animaux ne détermine pas de sexe somatique, puisque les prothalles mâles et femelles peuvent coexister dans le soma, mais que, cependant, de temps en temps, sous l'influence de certaines conditions, un sexe somatique mâle se trouve réalisé.

On peut raconter la chose autrement et dire que, chez ces espèces, il n'y a pas de sexe somatique femelle; le sexe somatique mâle existe comme dans les espèces unisexuées, mais dans les conditions où un soma permet à des prothalles femelles de mûrir. il permet aussi à des prothalles mâles de coexister avec eux.

Remarquons que l'on ne trouve jamais, chez des espèces normalement hermaphrodites, des femelles complémentaires, c'est-à-dire que, s'il y a des espèces où, le sexe somatique mâle existant. le sexe somatique femelle est remplacé par un hermaphrodisme indifférent, il n'y en a pas ou, le sexe somatique femelle existant, le sexe somatique mâle soit représenté par cet hermaphrodisme indifférent.

Cela prouve qu'il y a, à un certain point de vue, moins de différence entre un soma indifférent et un soma à sexe somatique femelle qu'entre un soma indifférent et un soma à sexe somatique mâle.

Et ceci s'ajoute à ce que nous avons déjà remarqué que, dans certains cas de parthénogénèse, l'individu parthénogénétique ressemble plus à une femelle qu'à un mâle. Il y a là une remarque assez générale; le bourgeon femelle de Coudrier ressemble bien plus à un bourgeon asexué que ne le fait un chaton mâle, etc. C'est pour cela que tant d'auteurs parlent de *femelles parthénogénétiques* et confondent les conditions qui, dans une espèce primitivement parthénogénétique, font apparaître la *sexualité* avec celles qui déterminent l'apparition du sexe somatique mâle.

80. — XÉNIE, TÉLÉGONIE, ETC.

A propos de ces influences morphogéniques des parasites sexuels, nous devons signaler en passant les phénomènes curieux connus sous le nom de *xénie*, *télégonie*, etc. Une fleur d'une race A étant fécondée par du pollen d'une race B, le fruit qui résulte de cette fécondation est intermédiaire aux fruits de race A et de race B ; on dit qu'il y a *xénie*.

Que s'est-il passé? Les embryons, qui résultent de la fécondation et qui se développent dans l'ovaire pour donner des graines, sont de race *métisse*. Or le fruit est une *galle* développée, dans les tissus de la plante de race A, par les embryons parasites; la galle tirant ses caractères, d'une part de la nature de l'hôte, d'autre part de la nature du parasite, il est tout simple que l'embryon métis donne une galle différente de celle qu'eût produite un embryon pur de race A. Il est naturel aussi que, cet embryon métis ayant quelques caractères de la race B, la galle qu'il produit se rapproche par certains points de la galle produite dans un tissu de race B par un embryon de race B, c'est-à-dire du fruit normal de la race B.

La *télégonie* est un phénomène plus délicat; c'est ce qu'on appelle l'*influence du premier mâle*, qui a couvert une femelle, sur les produits ultérieurs de cette femelle, dans les espèces où il y a gestation utérine. En réalité, il ne faut pas dire influence du premier *mâle*, mais influence du premier *père*, car si le premier accouplement a été infécond, il n'y a pas télégonie.

Voici donc le schéma du phénomène : une femelle de race A est fécondée par un mâle de race B et porte, dans son utérus, un produit métis de race A × B. Si, ultérieurement, la même femelle est fécondée par un mâle de race A, elle donne quelquefois des produits qui ont certains caractères de la race B.

C'est que, pendant la longue durée de la gestation première, la femelle et son fœtus ne formant qu'un individu au point de vue de la corrélation générale, l'unification dont nous avons constaté la genèse précédemment, tend à se faire dans le patrimoine héréditaire de l'ensemble, c'est-à-dire que le fils A × B prend quelques propriétés de la mère A, et la mère A quelques propriétés du fils A × B. Ainsi, la mère qui a porté le fils A × B n'est plus, après la gestation, de race pure A, mais a quelques propriétés de la race B et pourra les transmettre à ses enfants ultérieurs. C'est ainsi que deux vieux conjoints, ayant eu plusieurs enfants, arrivent à se ressembler, parce que la mère emprunte aux fœtus successifs qu'elle porte quelques-unes des propriétés que ces fœtus tiennent du père. Si la ressemblance n'est pas plus frappante, c'est que le squelette s'oppose à la manifestation morphologique des propriétés acquises par la mère sous l'influence de ces gestations successives.

LA MÈRE ACQUIERT PARTIELLEMENT LA RACE DU FILS.

81. — HYBRIDES DE GREFFE.

Ce phénomène d'unification du patrimoine héréditaire nous amène à dire quelques mots des hybrides de greffe. Un Néflier greffé sur une Aubépine forma un arbre dans lequel il y avait trois parties distinctes : la base du tronc émettait des branches d'Aubépine pure ; le sommet, des branches de Néflier pur, et la région de la soudure des branches, dans lesquelles des fleurs de Néflier étaient réunies en une inflorescence d'Aubépine ; ces derniers rameaux, unissant les caractères des deux plantes soudées, étaient des hybrides de greffe.

Il est vraisemblable que ces rameaux sont provenus d'un bourgeon dans lequel le patrimoine héréditaire du Néflier se trouvait juxtaposé à celui de l'Aubépine ; si ces deux arbres sont réellement des *espèces* différentes, il n'y a rien de plus à dire, si ce n'est que l'hybridation de greffe est un phénomène différent de l'hybridation sexuelle ; mais, si ces deux arbres sont seulement des races d'une même espèce, nous devons penser qu'il s'est produit, dans les cellules mixtes, une unification des deux patrimoines héréditaires, et par conséquent un type *métis* analogue aux métis de fécondation.

82. — PSEUDOGAMIE.

Nous avons déjà dit quelques mots des phénomènes de pseudogamie. En voici un exemple célèbre :

Gaertner a saupoudré avec du pollen de *Melandryum noctiflorum* des fleurs femelles de *Melandryum rubrum*;

les grains de pollen ont germé et les fleurs femelles ont donné des graines de *Melandryum rubrum*, pures de tout croisement. C'est que la maturation femelle, qui se serait produite dans les ovules de la plante étudiée, a été arrêtée par la présence des substances mâles des tubes polliniques; l'ovule n'a pas mûri et est devenu un ovule parthénogénétique.

De tels faits sont peut-être plus fréquents qu'on ne le croit dans les fleurs hermaphrodites dont les étamines sont mûres avant le pistil.

LIVRE III

ONTOGÉNIE ET GÉNÉALOGIE

CHAPITRE X

LA VIE ET LA MORT.

83. LES GRANDES LIGNES DU DÉVELOPPEMENT INDIVIDUEL. — 84. MILIEU INTÉRIEUR. — 85. ORGANE ET FONCTION. — 86. ORGANES SENSORIELS. — 87. SYSTÈME NERVEUX. — 88. LA FONCTION CRÉE L'ORGANE. — 89. DÉVELOPPEMENT INDIVIDUEL. — 90. ÉTAT ADULTE. — 91. LA LOI DE SERRES. — 92. VIEILLESSE ET MORT. — 93. L'INDIVIDU. — 94. INDIVIDUALISATION PROGRESSIVE DES COLONIES.

83. — LES GRANDES LIGNES DU DÉVELOPPEMENT INDIVIDUEL.

Dans les deux premiers livres, nous nous sommes occupés d'abord des phénomènes chimiques de la vie élémentaire, puis des manifestations figurées à l'intérieur de la cellule; nous avons ensuite étudié la reproduction des êtres pluricellulaires au moyen d'une cellule détachée de ces êtres, et nous avons recherché quelles relations existent, surtout dans la reproduction sexuée, entre le patrimoine héréditaire de l'œuf et les patrimoines héréditaires du ou des parents; mais nous avons intentionnellement laissé de côté l'étude des phénomènes par lesquels l'œuf produit un individu nouveau; en d'autres termes, nous avons réservé la question de l'évolution individuelle que la plupart des auteurs confondent, à tort, avec celle de l'hérédité. Nous devons maintenant nous occuper de cette évolution individuelle dans laquelle nous assisterons à des phénomènes très curieux.

POINT DE VUE PHYSIOLOGIQUE ET POINT DE VUE EMBRYOLOGIQUE. Pour étudier cette évolution individuelle, nous pouvons nous placer à deux points de vue : d'abord un point de vue, que l'on peut appeler global ou physiologique, qui consistera à nous demander, à chaque instant, comment la vie est entretenue dans chacune des formes transitoires qui séparent l'œuf de l'adulte. Le développement individuel n'est, en effet, intéressant, que tant que la mort ne survient pas, et ceci nous amène à définir d'abord, d'une manière précise, ce qu'on appelle la *vie* et la *mort* dans une agglomération pluricellulaire.

Nous nous placerons ensuite au second point de vue, au point de vue embryologique, c'est-à-dire que nous étudierons les conditions mécaniques de la production des formes embryonnaires successives : comment l'œuf se divise en deux blastomères, puis comment se divisent ces deux blastomères pour en donner quatre, et ainsi de suite; c'est-à-dire que nous nous préoccuperons de savoir comment la forme embryonnaire suivante dérive fatalement de la forme embryonnaire précédente.

Enfin, au point de vue tant physiologique qu'embryologique, nous recherchons comment des éléments histologiques aussi différents que des os, des muscles et des épithéliums, dérivent, par bipartitions successives, d'un ancêtre commun, l'œuf.

84. — MILIEU INTÉRIEUR.

Du moment qu'une agglomération cellulaire est formée et limitée par un contour, quelques-uns des éléments de cette agglomération, dits éléments superficiels, sont seuls en contact direct avec le milieu ambiant.

Dans ce qu'on appelle la profondeur des tissus, les éléments dits profonds baignent dans un liquide appelé milieu intérieur de l'individu ; dans ce milieu intérieur, les éléments profonds, et peut-être aussi les éléments superficiels par leur face

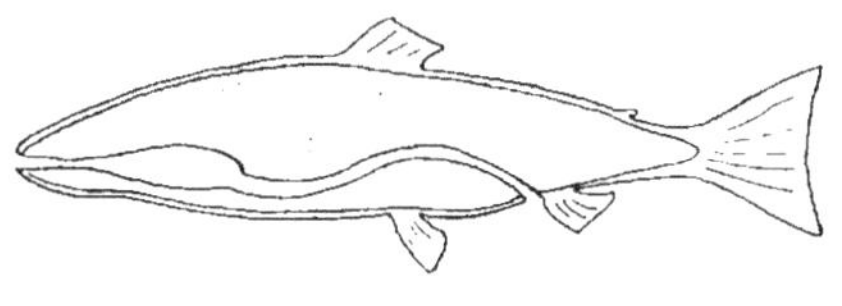

Fig. 78.

profonde, puisent leurs substances Q et déversent leurs substances R. Ce milieu intérieur, contenant une grande abondance de cellules, est de dimensions très restreintes par rapport à la masse cellulaire qu'il contient. Aussi la vie élémentaire manifestée des éléments doit-elle, à chaque instant, modifier profondément le milieu intérieur. Si ce milieu n'était pas renouvelé, tous les éléments histologiques se trouveraient bientôt à la condition n° 2 et seraient atteints par la mort élémentaire ; or, nous ne devons pas considérer comme vivant un être pluricellulaire dont les éléments ne sont pas eux-mêmes doués de vie élémentaire. Aussi, pour que nous déclarions vivante une agglomération, il faudra que des échanges constants soient établis entre son milieu intérieur et le milieu ambiant à travers telle ou telle partie de sa surface, et c'est même à ce mouvement perpétuel d'échanges, à ce renouvellement constant du milieu intérieur que nous devons donner le nom de *vie*.

Remarquons immédiatement que cet échange molaire, établi entre le milieu intérieur et le milieu ambiant, correspond au mouvement molaire d'échanges qui s'établissait de même entre le protoplasma et le milieu chez les êtres unicellulaires. Mais, chez les êtres pluricellulaires, il y a, pour ainsi dire, des mouvements molaires d'échanges à deux degrés, d'abord entre le protoplasma de chaque cellule et le milieu intérieur, puis entre le milieu intérieur et le milieu ambiant. Néanmoins, de même que chez les êtres unicellulaires, c'est toujours, en fin de compte, l'activité chimique intraprotoplasmique qui nécessite et détermine les mouvements d'échanges avec le milieu.

Tandis que, chez un être unicellulaire, les réactions chimiques intraprotoplasmiques déterminent naturellement, par un simple phénomène de diffusion et d'osmose, les échanges nécessaires avec le milieu, et que, par conséquent, il n'y a aucune complication surajoutée à la vie élémentaire manifestée du protoplasma, il n'en est pas de même chez les êtres supérieurs. Entre chaque élément histologique et le milieu intérieur, c'est bien l'activité chimique intraprotoplasmique qui, par un simple phénomène d'osmose, entretient le mouvement d'échanges, mais pour ce qui est de l'échange entre le milieu intérieur et le milieu extérieur, les choses ne sont plus aussi simples. C'est toujours par des phénomènes d'osmose que se font ces échanges, mais il faut qu'ils soient préparés par certaines actions d'ensemble de l'animal lui-même; ces actions d'ensemble qui résultent toujours, en fin de compte, de l'activité chimique intraprotoplasmique, sont ce qu'on appelle *les fonctions vitales* de l'individu.

Il y a donc, dans l'être pluricellulaire, un mécanisme appelé *coordination*, tel que les activités chimiques intraprotoplasmiques des divers tissus, en même temps qu'elles nécessitent le renouvellement du milieu intérieur, produisent par leur activité synergique les mouvements d'ensemble qui préparent ce renouvellement.

Cette notion nouvelle établit une différence de complexité entre les êtres supérieurs et les êtres unicellulaires. Par exemple, l'activité de certains tissus, dans l'animal, produit la circulation qui brasse le milieu intérieur; l'activité d'autres tissus détermine la locomotion par laquelle l'individu se déplace en tout ou en partie, et, en particulier, saisit les aliments qu'il introduit dans son tube digestif où une fonction spéciale, la digestion, prépare l'introduction osmotique de substances Q dans le milieu intérieur.

85. — ORGANE ET FONCTION.

L'activité d'un être supérieur est quelque chose d'extrêmement complexe; la coordination du mécanisme est admirable. Aussi, pour la décrire, sommes-nous obligés de la décomposer plus ou moins conventionnellement en des activités partielles que nous appelons les fonctions. Mais, en réalité, cette décomposition n'est jamais que conventionnelle, et il est impossible de séparer *complètement* les diverses fonctions les unes des autres.

Parmi ces fonctions, quelques-unes sont indispensables au renouvellement du milieu intérieur, d'autres ne sont pas directement en rapport avec ce renouvellement, telle, par exemple, la parole articulée chez l'homme; mais, néanmoins toutes les fonctions d'une espèce sont, plus ou moins directement, utiles à la conservation de la vie chez les individus de cette espèce, dans les conditions où ils se trouvent.

On donne le nom d'*organe* à l'ensemble de tous les éléments histologiques qui collaborent à l'exécution d'une fonction. On voit donc que la définition de l'organe est purement physiologique. Mais le fonctionnement d'un organe emprunte normalement telle ou telle partie que l'on peut décrire à part dans la description anatomique de l'individu ; par exemple, la préhension emprunte le secours de la main, d'où l'erreur souvent répétée que la main est l'organe de la préhension. Certaines parties de la main font partie de l'organe du tact, etc. Une même partie du corps appartient normalement à plusieurs organes, de sorte qu'il devient difficile, étant donnée une partie quelconque du corps, de lui attribuer une fonction ; c'est toujours la difficulté qui résulte de l'absence de parallélisme entre l'anatomie et la physiologie.

LE FONCTIONNEMENT D'UN ÉLÉMENT.

Considérons donc un élément histologique quelconque. Quand dirons-nous que cet élément histologique fonctionne ? La plupart des auteurs parlent du fonctionnement des éléments sans s'être entendus sur ce que cela signifie. Un élément histologique n'est jamais au repos chimique, sauf dans les cas très spéciaux des animaux qui, comme les Rotifères, peuvent être conservés à l'état de dessiccation. Chez un animal en train de vivre, il y a toujours activité chimique dans tous les éléments. Il est donc absurde de parler du repos de ces éléments. L'activité chimique d'une cellule est réalisée à la condition n° 1 ou à la condition n° 2, et il n'y a aucune raison, *a priori*, pour que l'un de ces deux modes d'activité produise plus de travail extérieur que l'autre. Ce qui n'empêche pas que les auteurs ont, avec CLAUDE BERNARD, considéré comme

L'AXIOME DE LA DESTRUCTION FONCTIONNELLE.

un axiome que toute activité, se manifestant extérieurement par un travail dans un élément histologique, était une activité à la condition n° 2. La condition n° 1 n'était réalisée que pendant le repos apparent ; autrement dit, on admettait *a priori* que le plastide, à la condition d'assimilation, était incapable de travail extérieur, et que ce travail extérieur ne pouvait résulter que d'une destruction des substances vivantes. Or, la vie se manifestant uniquement à nous, observateurs, par le travail extérieur qu'elle produit, toutes les manifestations de la vie résultaient en réalité de destructions ou de phénomènes non vitaux et, par conséquent, Claude Bernard était logique dans son erreur lorsqu'il émettait ce paradoxe : *La vie, c'est la mort*.

Toute erreur aurait été évitée si l'on avait pris la peine de s'entendre sur le mot fonctionnement. Si ce mot était synonyme d'activité, tous les éléments histologiques d'un individu en train de vivre fonctionneraient sans cesse, puisqu'ils ne sont jamais au repos. Il est logique de dire qu'un élément histologique fonctionne, quand l'organe dont il fait partie exécute précisément la fonction par laquelle cet organe est défini. Tous les éléments de l'organe de la *préhension* fonctionnent pendant que l'individu *prend*, mais, comme nous le faisions remarquer tout à l'heure, il n'y a pas d'élément histologique qui n'appartienne qu'à un seul organe.

Serait-il donc possible que le fonctionnement de l'élément, défini par le fonctionnement d'un premier organe, fût différent du fonctionnement de l'élément, défini par le fonctionnement d'un second organe? Serait-il possible, par exemple, que tel élément du bout du doigt fût à la condition n° 2, pendant l'acte de la préhension, et à la condition n° 1 pendant l'exercice du tact?

Dans un organisme adapté, il est évident que, dans le fonctionnement normal d'un organe, aucun élément de cet organe ne peut être à la condition n° 2, sans quoi le fonctionnement répété de cet organe détruirait son adaptation et aussi celle des autres organes qui se servent d'éléments appartenant au premier. Il est donc bien certain que, dans un organisme adapté, un élément histologique, qui fait partie normalement de plusieurs organes, est forcément à la condition n° 1, quand n'importe lequel de ces organes fonctionne. Nous serions arrivés au même résultat si nous nous étions donné la peine d'appliquer le principe de la sélection naturelle à la lutte pour l'existence entre les éléments d'un même organisme, comme nous l'avons fait précédemment pour établir l'hérédité d'un caractère acquis [1].

L'ASSIMILATION FONCTIONNELLE.
Nous sommes donc amenés à une définition simple. Nous dirons qu'*un élément histologique fonctionne quand il est à la condition n° 1*. Cette définition nous permet de fixer le langage, mais elle nous permet aussi d'établir des conclusions pour les cas où nous savons déterminer, par l'observation directe, quel est l'état de fonctionnement de certains tissus. Pour un élément musculaire, par exemple, nous savons que c'est la contraction; pour un élément glandulaire, nous savons que c'est la sécrétion; eh bien! les considérations précédentes nous permettent d'affirmer que le muscle qui se contracte et la glande qui sécrète sont à la condition n° 1. C'est ce que j'ai appelé *l'assimilation fonctionnelle*. Il est immédiatement évident que cette loi nous conduit directement au premier principe de LAMARCK, du développement des organes par l'habitude.

86. — ORGANES SENSORIELS.

Des fonctions s'exécutent dans un animal adapté à des conditions de milieu. Comment ces fonctions sont-elles en rapport avec les objets extérieurs à l'individu? Le milieu dans lequel baigne l'animal peut évidemment agir sur toute la surface de son corps, mais, s'il n'y avait rien

---

1. Voir *Évolution individuelle et hérédité* (pages 101-104).

de particulier dans le mécanisme de ce corps, ses réactions aux excitations du milieu seraient purement locales. Le résultat de ces excitations se généralise parce que, d'une part, certaines parties de la surface du corps sont spécialisées de manière à être très fortement impressionnées par les phénomènes extérieurs, et que, d'autre part, il existe dans l'animal des éléments, doués d'une certaine conductibilité, qui transportent d'un point à un autre le résultat des impressions périphériques.

Les parties spécialisées de la surface sont les surfaces sensorielles; les éléments conducteurs sont le système nerveux.

Les surfaces sensorielles se composent de cellules particulières, capables d'être impressionnées par certains agents physiques ou chimiques. Les agents physiques qui peuvent impressionner les surfaces sensorielles sont les vibrations lumineuses (vue), les vibrations sonores (ouïe), les pressions au contact et la chaleur (tact). Les agents chimiques peuvent nous impressionner soit à l'état de solution dans un liquide (goût), soit à l'état de diffusion dans un gaz (odorat). La manière dont les impressions sont reçues par les cellules sensorielles peut être différente dans les différents cas. S'il est vraisemblable que les substances chimiques et les radiations lumineuses agissent directement sur les phénomènes moléculaires intraprotoplasmiques, il est vraisemblable aussi que les vibrations sonores et les pressions au contact n'agissent sur ces phénomènes moléculaires que secondairement, en influençant d'abord les phénomènes molaires d'échanges (Voir livre premier) Quoi qu'il en soit, le résultat définitif est toujours le même : une action chimique.

87. — SYSTÈME NERVEUX.

Des cellules sensorielles que nous venons de définir partent des filaments conducteurs qui sont des prolongements des cellules nerveuses. L'ensemble des cellules nerveuses et de leurs prolongements (fig. 79) constitue le système nerveux dont l'étude est du ressort de la physiologie. Indiquons donc seulement les particularités générales de ce système qui nous permettront de comprendre la nature du fonctionnement animal.

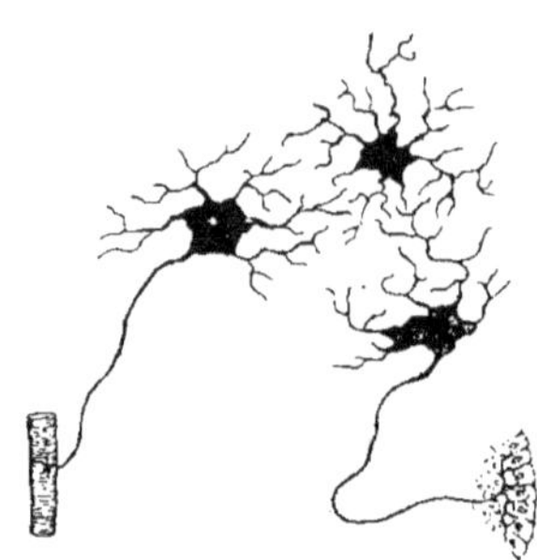

Fig. 79. — Schéma du système nerveux.

Une cellule nerveuse est une masse protoplasmique ayant le plus souvent de très nombreux prolongements formant une véritable chevelure. L'un de ces prolongements, que l'on appelle le cylindraxe, et qui est quelquefois très long, vient plonger ses ramifications ultimes dans la substance d'un élément sensoriel ou d'un élément moteur suivant les cas. Tous les autres prolongements de la cellule nerveuse ne plongent dans aucune cellule, ne sont en continuité de substance avec aucune cellule, mais il y a *contiguïté*[1] entre les prolongements d'une cellule nerveuse et ceux des cellules nerveuses voisines, et l'on conçoit aisément que, *si sous l'influence de*

RELATIONS DE CONTIGUÏTÉ.

---

1. Depuis quelques années, la plupart des physiologistes ont admis, sur la foi de RAMON Y CAJAL, cette discontinuité des cellules nerveuses. On tend aujourd'hui à admettre que les chevelures des neurones sont continues les unes avec les autres. La distribution de l'influx dans un centre nerveux se fera toujours, dans ce cas, suivant les points de moindre résistance, mais, si l'on admet la continuité, la résistance variera avec l'épaisseur des filaments, et non plus avec la distance qui sépare deux filaments contigus.

telle ou telle condition, les prolongements des cellules nerveuses se contractent ou se distendent, les relations de contiguïté des cellules voisines se modifient. C'est là la particularité très importante qui a souvent fait attribuer au système nerveux des fonctions d'essence supérieure.

On donne le nom de centre nerveux à une accumulation de cellules nerveuses contiguës dont les unes sont, par leurs cylindraxes, en continuité avec des éléments sensoriels, les autres avec des éléments moteurs (muscles, glandes, etc.).

Ceci posé, qu'une impression venant de l'extérieur modifie le chimisme d'un élément sensoriel, les racines cylindraxiles qui baignent dans cet élément seront également impressionnées, et, grâce à la nature spéciale du cylindraxe, cette impression se transmettra à la cellule nerveuse correspondante; c'est ce qu'on appelle l'influx nerveux centripète.

Quelle est la nature de cet influx nerveux? Est-ce un phénomène physique, est-ce un phénomène chimique par combinaisons et décompositions successives? Nous ne le savons pas encore. Ce qu'il y a de certain, c'est que cet influx nerveux, arrivé dans une cellule d'un centre, se transmet aux cellules voisines par les points de moindre résistance, suivant l'état de contiguïté résultant de la disposition des prolongements cellulaires au moment considéré. En d'autres termes, la distribution d'un influx d'origine donnée dans un centre nerveux ne peut être prévue par quelqu'un qui ne connaît pas exactement l'état de tous les prolongements cellulaires à ce moment précis.

Parmi les cellules centrales qui reçoivent une portion de cet influx, quelques-unes sont en relation, par leurs cylindraxes, avec des éléments musculaires, par exemple. Or, chose que nous n'aurions pu prévoir, d'après l'étude des seuls Protozoaires, les éléments musculaires, même baignant dans un milieu parfaitement propice, ne sont à la condition n° 1 que s'ils reçoivent un influx nerveux. Il arrivera donc que, sous l'influence lointaine d'une impression reçue par une surface sensorielle, certains éléments moteurs entreront en fonctionnement. Tel est, dans ses grandes lignes, le résumé du *réflexe* ou réaction générale d'un organisme aux impressions venues de l'extérieur. Il est évident que le résultat terminal du *réflexe* dépendra de l'état du centre nerveux au moment où y est arrivé l'influx centripète. Or l'état du centre nerveux varie sans cesse. Il arrivera donc que le même individu pourra réagir *différemment* deux fois de suite à un même stimulus extérieur. Nous verrons plus loin que c'est là l'origine de l'illusion de la liberté.

ILLUSION DE LA LIBERTÉ.

Revenons maintenant sur la définition des fonctions animales. Si je prends avec ma main un objet placé devant moi, j'exécute la fonction de préhension et l'on voit que cette fonction résulte d'abord de l'impression, exercée sur mon œil par les radiations émanées de cet objet, puis de la conduction de cette impression à travers mes centres nerveux, tels qu'ils étaient à ce moment précis, jusqu'aux muscles de mon bras et de ma main qui se sont contractés à l'arrivée de cet influx. L'organe de la préhension se compose, dans le cas considéré, de tous les éléments histologiques qui, depuis l'œil jusqu'à la main, ont collaboré à cette opération.

DÉFINITION GLOBALE DE LA FONCTION.

88. — LA FONCTION FAIT L'ORGANE.

Dans le dernier paragraphe, je me suis efforcé de donner le schéma d'un fonctionnement ou d'un réflexe sans séparer les phénomènes centripètes des phénomènes centrifuges. Il est très utile de conserver cette manière de

parler, lorsque l'on veut étudier l'adaptation d'un organisme à son milieu. Or, ce n'est pas ce que l'on fait généralement. Au lieu d'employer le langage physiologique,
on emploie généralement le langage psychologique qui,
nous le verrons plus loin, lui est parallèle, mais attribue
une importance exagérée à la distribution de l'influx nerveux dans les centres. Cette distribution s'accompagne
en effet de *conscience*, et lorsque, par le moyen de cette conscience, nous en suivons la marche dans notre propre cerveau (perception, association d'idées, détermination), nous
ne pouvons nous empêcher de croire qu'il y a, entre les
phénomènes centripètes et les phénomènes centrifuges,
une interruption remplie par d'autres phénomènes qui
semblent différer essentiellement des phénomènes de conduction. C'est là une illusion; mais notre langage s'en
ressent, et, localisant dans nos centres nerveux une espèce
de divinité active, nous disons que cette divinité reçoit
des renseignements par les nerfs centripètes et envoie
des ordres par les nerfs centrifuges. C'est en se confor-
mant à cette coutume que LAMARCK a fait intervenir le *besoin*
(le sentiment du besoin) comme cause active des actes des
individus, et qu'il a restreint la définition du fonctionnement
à l'ensemble des actes centrifuges résultant d'une volition
(voyez § 112). Il est infiniment préférable de ne pas
décomposer ainsi artificiellement les réflexes, et de définir
la fonction d'une manière très générale, comme nous
l'avons fait dans le paragraphe précédent.

Supposons donc un individu adapté à des conditions
données d'existence. Cela veut dire que, dans ces conditions d'existence, le mécanisme de cet individu réalise précisément sans cesse le renouvellement de son milieu intérieur.

Considérons donc l'une des fonctions particulières
dans lesquelles nous avons l'habitude de décomposer

conventionnellement ce renouvellement. Si les conditions changent quelque peu, de deux choses l'une : ou bien cet animal mourra, ou bien l'organe, qui accomplissait précédemment la fonction en question, l'accomplira de nouveau dans des conditions nouvelles. Mais les conditions étant nouvelles, la fonction sera différente et définira un organe différent. La fonction s'accomplissant un grand nombre de fois de suite, l'organe qu'elle définit se fixera progressivement dans la structure de l'individu, et c'est ainsi que l'on pourra dire que la fonction a créé l'organe, ce qui revient à dire, en réalité, que la fonction définit l'organe, et que, cette fonction se répétant souvent, l'organe qu'elle définit se construit progressivement par assimilation fonctionnelle. Évidemment le nouvel organe se composera de parties préexistantes dans l'organisme, mais il arrivera que, de ces parties préexistantes, quelques-unes se développeront particulièrement pendant que d'autres entreront en régression.

Supposons, par exemple, qu'un bouleversement géologique ait asséché une mer. La plupart des animaux adaptés à la vie aquatique mourront : ceux-là ne nous intéressent pas ; mais si quelques-uns s'adaptent aux nouvelles conditions d'existence, ce sera évidemment parce que leurs parties préexistantes permettront le renouvellement du milieu intérieur dans ces nouvelles conditions. La locomotion, par exemple, dépend d'abord du mode de connaissance du milieu extérieur, ensuite des parties capables d'opérer le déplacement du corps. L'organe de la vue, primitivement adapté à la vision dans l'eau, s'adaptera à la vision dans l'air. La locomotion proprement dite, qui s'effectuait dans l'eau au moyen de nageoires, s'effectuera sur terre, soit au moyen de certaines parties des nageoires préexistantes, soit au moyen de telle ou telle autre partie du corps. Il en résultera évidemment, au bout de quelque temps, une transformation morphologique de l'individu par développement de certaines parties et atrophie de certaines autres. Nous aurons à revenir plus loin sur cette question, à propos de l'interprétation lamarckienne de la formation des espèces.

Au cours de la vie d'un individu, il ne se produit pas en général de cataclysme géologique, mais, si les conditions d'existence ne varient pas dans de si vastes proportions, il n'en est pas moins vrai qu'elles varient sans cesse et que, par conséquent, à chaque instant de la vie individuelle, des fonctions momentanées définissent des organes momentanés. La vie d'un individu est donc quelque chose de très complexe, sauf dans le cas de certains parasites qui ont besoin de conditions extrèmement spéciales, et meurent fatalement dès que ces conditions sont modifiées. On peut donner, d'une manière générale, le nom d'*intelligence* à la propriété qui fait que l'animal fonctionne différemment dans des conditions différentes, et l'on voit que, cette définition étant admise, il est bien difficile de dénier cette propriété à un animal quelconque vivant en liberté.

Les fonctions successives définissent des organes successifs. Si une fonction est souvent répétée, l'organe qu'elle définit se fixe progressivement dans l'individu et devient un mécanisme instinctif. On donne le nom d'*instinct secondaire* à un instinct acquis par un individu. Ce mécanisme devient un *instinct primaire* lorsqu'il se fixe dans l'hérédité de l'espèce. Tous les instincts, primaires ou secondaires, sont donc des mécanismes juxtaposés dans l'individu, et c'est au moyen de ces mécanismes préexistants que s'accomplissent les fonctions nouvelles. Nous reviendrons sur cette question à propos de la psychologie.

(399)

89. — DÉVELOPPEMENT INDIVIDUEL.

Si les conditions extérieures sont sans cesse variables pendant la vie d'un individu, les conditions intérieures ne le sont pas moins pendant la période de développement individuel. Ce développement se faisant par épigénèse, c'est-à-dire par addition constante de parties nouvelles aux parties préexistantes, il est évident que l'addition de ces parties nouvelles modifie sans cesse le mécanisme. Au cours de l'évolution individuelle, nous avons donc à considérer deux phénomènes distincts : d'abord l'épigénèse en elle-même, c'est-à-dire l'addition constante de parties nouvelles aux parties préexistantes, sous l'influence de l'assimilation (addition de parties nouvelles qui, évidemment, dépend de la disposition et de la structure intime des parties préexistantes) ; ensuite le fonctionnement à chaque instant, c'est-à-dire l'adaptation, à chaque instant, du mécanisme individuel aux conditions ambiantes. Si des développements individuels se produisent pendant un grand nombre de générations dans des conditions semblables, les deux phénomènes que nous venons d'étudier séparément, épigénèse et adaptation, finissent par devenir parallèles, c'est-à-dire que l'évolution individuelle, dirigée par l'hérédité, est à chaque instant adaptative. Le mécanisme de l'hérédité des caractères acquis, que nous avons étudié au livre II, suffit à nous rendre compte de l'établissement de ce parallélisme, car nous n'avons jamais supposé, dans tous nos raisonnements, que l'individu fût adulte.

PARALLÉLISME DU FONCTIONNEMENT ET DE L'ÉPIGÉNÈSE.

Au point de vue de l'évolution individuelle, il est généralement possible de diviser l'existence d'un être en plusieurs parties distinctes.

Chez certaines espèces, l'abondance du vitellus nutritif, ou le développement de l'œuf comme parasite à l'intérieur d'une cavité maternelle, font que, pendant les premiers stades du développement, l'individu ne se sert que d'une partie très restreinte de ses mécanismes; l'embryon humain dans l'utérus, ou l'embryon de poulet dans sa coque, ne se servent ni de leurs yeux, ni de leurs poumons, ni de leurs articulations, et, par conséquent, si ces différents mécanismes se produisent au cours de l'épigénèse, c'est uniquement parce que ces mécanismes, acquis par les ancêtres, se sont fixés progressivement dans l'hérédité de l'espèce. On ne saurait supposer en effet qu'il y a adaptation à chaque instant de parties qui ne fonctionnent pas. On peut donc dire que, pendant ce développement parasitaire, l'intelligence est nulle.

Il n'en est plus de même à l'éclosion. Une fois libre, le jeune individu se trouve en effet en lutte avec des conditions variables à chaque instant et s'adapte, par conséquent, à chaque instant, au moyen de ces mécanismes préexistants. L'individu n'est considéré comme né viable que s'il possède, précisément au moment de son éclosion, les mécanismes nécessaires à ces adaptations successives.

La durée de la vie parasitaire au début de l'évolution est variable avec les espèces. Dans des groupes relativement voisins il y a, à ce point de vue, des différences très grandes. Chez les Crustacés, par exemple, l'Écrevisse, provenant d'un œuf à vitellus très abondant, éclot à une forme voisine de l'adulte, tandis que le *Penæus* accomplit à l'état libre des transformations très nombreuses (fig. 80).

Au cours de l'évolution individuelle de certaines espèces, il se produit fatalement, à l'état libre, des transformations correspondant à des changements de conditions de vie, et que l'on appelle des *métamorphoses*. Chez les Batraciens (fig. 81), par exemple, la larve qui sort de l'œuf est

adaptée à la vie aquatique et respire par des branchies ;
mais pendant cette existence aquatique, l'épigénèse, dirigée

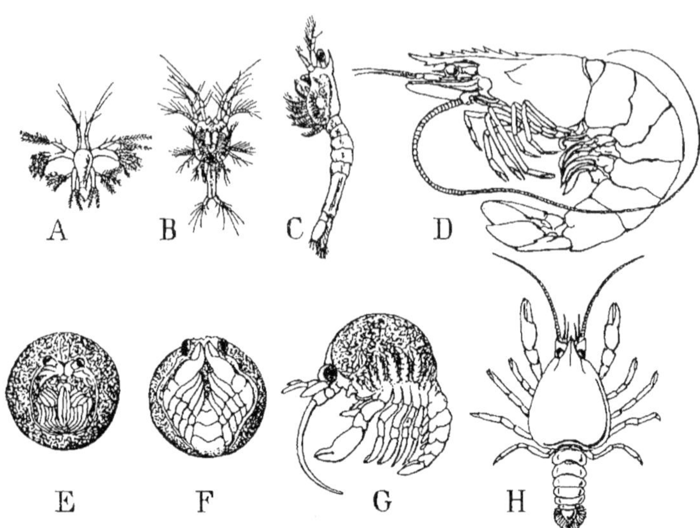

Fig. 80. — Développement de deux Crustacés (d'après Fritz Müller et Huxley).
A, B, C, D, formes larvaires de *Peneus;* E, F, G, H, formes larvaires d'*Astacus.*

par l'hérédité et indépendante des conditions momentanées d'existence, construit dans l'animal des parties qui

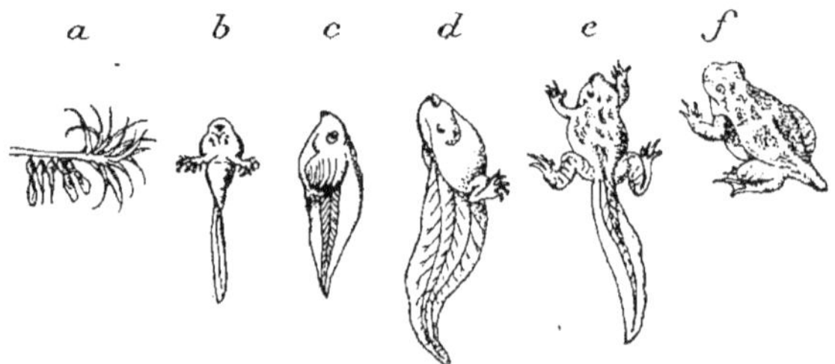

Fig. 81. — Métamorphoses de la Grenouille.
(En *a*, on voit plusieurs très jeunes têtards rassemblés près d'un rameau végétal.)

ne seront utilisables que dans la vie aérienne (les poumons, par exemple), de même exactement que, dans l'em-

bryon parasite du poulet, l'épigénèse construisait des poumons qui ne pouvaient servir que dans la vie libre.

Petit à petit donc, sous l'influence de cette épigénèse, la larve de Batracien se trouve adaptée à la vie aérienne ; elle change alors de manière de vivre et perd des parties devenues inutilisables, la queue entre autres ; c'est ce qu'on appelle une métamorphose, ce mot étant réservé aux transformations dans lesquelles il y a disparition de parties préexistantes. Le fœtus humain, à l'éclosion, subit donc une métamorphose, puisqu'il perd toutes les parties relatives à la vie parasitaire. Les métamorphoses des Insectes sont un peu différentes et semblent déterminées par le développement interne des prothalles.

90. — ÉTAT ADULTE.

On dit qu'un individu est adulte lorsque l'épigénèse a cessé chez lui. Il n'en est pas moins capable de s'adapter à des conditions variées d'existence (intelligence). Dans certains cas, l'état adulte paraît lié à la maturité sexuelle, mais il y a des adultes asexués ; il serait par exemple tout à fait illogique de refuser la dénomination d'adulte aux individus parthénogénétiques : c'est ce que font cependant certains auteurs dans les cas dits de *progénèse* (voyez plus haut, § 76).

Certains êtres peuvent être considérés comme susceptibles d'avoir deux états adultes, suivant les conditions extérieures ; tels sont, par exemple, les *Axolotls* qui peuvent vivre indéfiniment et se reproduire avec des branchies externes, ou se transformer en Amblystomes, si on change leurs conditions de milieu. On peut dire que cela tient à ce que la forme Amblystome n'est pas encore suffisamment fixée dans l'hérédité spécifique, puisque l'épigénèse.

résultant de cette hérédité, ne détermine pas fatalement l'apparition de la forme Amblystome, avant que soient réalisées les conditions auxquelles cette forme est adaptée.

Il en était tout autrement du têtard, par exemple, chez lequel apparaissaient les organes de la Grenouille pendant qu'étaient réalisées les conditions de la vie de têtard. On peut dire que nous voyons, chez l'Amblystome, l'apparition d'une espèce nouvelle, non encore fixée dans le patrimoine héréditaire et qui coexiste avec la forme ancestrale *Axolotl*.

UNE ESPÈCE EN VOIE DE FIXATION.

91. — LA LOI DE SERRES.

Ce cas de l'Amblystome nous met sur la voie de l'interprétation du fait, signalé par SERRES, en 1842, sous cette forme : « l'embryologie est la répétition de l'anatomie comparée », et repris ensuite par FRITZ MÜLLER qui, en y ajoutant une part d'hypothèse, a énoncé le principe : « l'ontogénie reproduit la phylogénie ».

Nous voyons en effet l'Amblystome provenir, au cours du développement individuel, de son ancêtre l'Axolotl. Si nous pouvions remonter jusqu'à l'œuf par une série continue de formes ancestrales, le principe de FRITZ MÜLLER serait évident. Il n'est malheureusement qu'approché ; car à mesure que les espèces ont acquis des caractères nouveaux, leur patrimoine héréditaire s'est modifié. C'est donc un patrimoine héréditaire *différent* qui a dirigé les premières formes de l'épigénèse, et, pour être voisines des formes anciennes, ces formes dirigées par un nouveau patrimoine héréditaire n'en sont pas moins différentes. La loi de SERRES explique la même chose sous une autre forme. Supposons en effet que les descendants d'un même ancêtre se soient arrêtés, suivant les conditions d'existence, à des stades différents de l'évolution spécifique. tous ces descendants formeront un groupe zoologique homogène, et il est bien certain que les espèces inférieures de ce groupe ressembleront à des formes larvaires des espèces supérieures du même groupe. De sorte que la série des formes larvaires de l'être le plus élevé reproduira l'anatomie comparée du groupe.

Mais si les premiers stades du développement sont devenus parasitaires, il est évident que, dans ces nouvelles conditions d'équilibre, les formes ancestrales seront profondément modifiées. Or, dans tous les œufs, quels qu'ils soient, il y a toujours une accumulation plus ou moins grande de matière nutritive, de sorte que les tout premiers stades des développements actuels ne sauraient être considérés que comme représentant de très loin les formes ancestrales disparues.

92. — VIEILLESSE ET MORT.

Dès qu'un individu est adulte, il commence à vieillir. On peut même dire qu'il vieillit depuis qu'il est né, mais tant que l'épigénèse fabrique des parties nouvelles, on convient de dire que l'individu se développe. Dans l'individu adulte, les tissus sont tantôt au repos, tantôt en fonction, c'est-à-dire qu'ils sont alternativement à la condition n° 2 et à la condition n° 1. Ordinairement, lorsque la condition n° 2 est réalisée dans un milieu contenant des substances alimentaires, la destruction de substances plastiques qui en résulte produit des matières de réserve, des graisses par exemple. C'est ainsi qu'un muscle qui fonctionne peut s'atrophier en tant que muscle, mais peut grossir en tant que masse en s'infiltrant de graisse. Bou-CHARD a même constaté que, dans certaines conditions, des

Chiens ont augmenté de poids sans être nourris, parce que les composés, résultant de la destruction des substances plastiques, étaient plus lourds que ces substances et restaient dans les tissus. Cette production de réserves à la condition n° 2 ne produit pas dans l'organisme des dépôts indestructibles. Vienne en effet la condition n° 1, et ces matières de réserve seront employées comme substances Q dans l'assimilation. Les obèses peuvent maigrir par l'exercice en consommant leurs réserves.

FATIGUE ET SOMMEIL. Parmi les produits accessoires de la condition n° 1, il y a également certaines substances R solubles qui peuvent être éliminées de l'économie. Nous avons vu plus haut que l'accumulation de ces substances R dans un membre produit la *fatigue locale*, que leur accumulation dans toute l'économie produit la *fatigue générale*.

La fonction d'*excrétion* débarrasse l'organisme de ces substances R; elle est plus ou moins active chez les différentes espèces : chez l'Abeille ouvrière, par exemple, elle est tellement active que ces animaux ne sont jamais fatigués et ne se reposent jamais. Chez l'homme, au contraire, l'excrétion est insuffisante pour débarrasser l'organisme des substances R accumulées pendant le fonctionnement diurne; il y a fatigue générale le soir, et l'empoisonnement, qui en résulte pour les cellules nerveuses, détermine le sommeil pendant lequel l'excrétion continue et débarrasse l'organisme. Si cela ne se produit pas, les substances R accumulées peuvent nuire à l'individu en déterminant ce qu'on appelle le *surmenage*.

MÉCANISME DU VIEILLISSEMENT. Ainsi donc les substances R solubles sont éliminées au fur et à mesure de leur production. Il n'en est pas de même des substances R insolubles, les substances tendineuses et osseuses, par exemple. Ces substances se formant sans cesse pendant le fonctionnement et, ne se détruisant jamais pendant le repos, encroûtent progressivement l'économie et déterminent le *vieillissement*. Les muscles des vieux animaux sont beaucoup plus coriaces, à cause de l'accumulation de substances tendineuses ; mais ce n'est pas en général dans les muscles que cet encroûtement devient nuisible à l'organisme : l'encroûtement des parois des vaisseaux est plus dangereux, parce que ces vaisseaux, devenus plus fragiles, peuvent se rompre ; *on a l'âge de ses artères* [1].

Lorsque, sous l'influence de l'accumulation du squelette encroûtant, l'individu a vieilli, il a plus de chances d'être victime d'un accident qui détruise sa coordination, mais cette destruction peut survenir à tout âge ; c'est ce qu'on appelle *la mort*.

Il faut bien s'entendre sur la définition de ce mot, si l'on veut parler rigoureusement.

La vie, avons-nous dit, est le renouvellement du milieu intérieur ; ce renouvellement ne se produit normalement que grâce à la coordination. La coordination est l'agencement du mécanisme individuel, grâce auquel toutes les activités élémentaires des cellules du corps (activités qui nécessitent précisément le renouvellement du milieu intérieur,) ont pour résultat total d'assurer le renouvellement de ce milieu. Un être est donc dit vivant quand il est coordonné, et l'on peut définir la vie par la coordination, aussi bien que par le renouvellement du milieu intérieur qui est la manifestation de cette coordination. On pourra, en conséquence, définir la mort de deux manières, soit par la suspension du renouvellement du milieu intérieur, soit par la destruction de la coordination.

DEUX
DÉFINITIONS
DE LA VIE.

Si on accepte la première définition, un Rotifère desséché est mort, quoique sa coordination ne soit pas détruite, ainsi que le prouve la réviviscence après immer-

---

1. Voir F. Le Dantec, *L'Individualité* (Pourquoi l'on devient vieux).

sion. Si, d'autre part, on définit la vie par la coordination, la destruction de cette coordination pourra ne pas suspendre le renouvellement du milieu intérieur, si les lésions peuvent se guérir. Quand on coupe une Hydre en plusieurs morceaux, on détruit la coordination, mais les mouvements molaires d'échanges continuent dans chaque tronçon qui redevient une Hydre complète. Parlant rigoureusement, on ne peut dire qu'un individu est mort que lorsque tout ses éléments histologiques sont atteints par la mort élémentaire. Or, quand il s'agit de l'homme, nous avons l'habitude de dire que la mort a lieu lorsque nous avons constaté une destruction certaine de la coordination, mais si cette destruction résulte d'un accident, comme l'embolie, par exemple, qui n'a détruit aucun élément essentiel de la coordination, une opération chirurgicale peut en déterminer la guérison. Si donc on veut que la mort réponde à l'idée que l'on s'en fait généralement sous l'empire de vieilles théories, il ne faut dire qu'un être est mort que lorsque tous ses éléments histologiques sont atteints par la mort élémentaire.

L'OPÉRATION DE LA MORT.

93. — L'INDIVIDU.

La remarque que nous venons de faire au sujet de l'Hydre, qui ne meurt pas quand on la coupe en plusieurs morceaux, ne peut manquer de surprendre ceux qui ont l'habitude de chercher l'équivalent de l'homme dans tous les êtres vivants. L'homme est en effet doué d'une *personnalité*, d'une *individualité* que chacun de nous constate en lui-même, et dont nous étudierons la nature au chapitre de la psychologie. Lors donc que nous parlons d'une Hydre dont les morceaux continuent à vivre, nous nous demandons instinctivement quelle est la personnalité qui se continue dans les divers êtres ainsi formés. C'est certainement de cette considération anthropomorphique qu'est née la question de l'individualité chez les êtres vivants. Il est non moins évident que nous ne pouvons résoudre cette question au point de vue psychologique en dehors de notre propre espèce. Or, un homme coupé en morceaux ne donne pas plusieurs hommes.

Si l'Hydre a un *moi*, ce qui est probable, que devient ce moi quand on le coupe en morceaux? Se continue-t-il dans tel ou tel tronçon? Voilà la forme absurde sous laquelle nous nous posons d'abord la question de l'individualité, et la simple constatation de cette absurdité, dans le cas des êtres que l'on multiplie en les coupant en morceaux, devrait suffire à nous prouver que nous nous trompons quand nous considérons notre personnalité comme une chose durable. Nous verrons en effet que notre *moi* est actuel et extemporané; il est à chaque instant la représentation, dans un langage spécial, de l'état général de notre corps à cet instant précis. Seulement, comme les variations de notre corps sont lentes et continues, les variations de notre *moi* sont également continues, et c'est pour cela que nous croyons qu'il est durable. Il subit cependant de sérieuses interruptions dans le sommeil, et surtout dans la condition seconde. Eh bien! si l'Hydre a un *moi* qui résulte comme le nôtre de l'état actuel de son corps, il apparaît, dans chaque tronçon de l'Hydre coupée, un *moi* nouveau qui se transforme progressivement à mesure que se transforme le tronçon considéré. Et l'on voit ainsi que le mot individu, même défini par la personnalité consciente, n'est pas pour cela quelque chose de forcément indivisible.

Comme il nous est impossible de pénétrer dans la subjectivité d'une Hydre ou d'une Étoile de mer, nous pourrions disserter indéfiniment sur la personnalité consciente de ces êtres sans avoir jamais à craindre d'être contredits par les faits. Il faut donc tâcher de donner au mot individu une signification *objective*.

Au point de vue objectif, ce que nous appelons individu, dans l'espèce humaine, c'est l'ensemble de l'agglomération cellulaire issue d'un œuf; encore sommes-nous bien gênés dans le cas où cette agglomération prend la forme d'un monstre double. Cette simple difficulté nous met en garde contre la définition qui comprendrait sous le mot individu toute agglomération issue d'un œuf. La difficulté sera encore bien plus grande dans les espèces qui, comme certains Cœlentérés, ont des agglomérations qui s'accroissent pour ainsi dire indéfiniment par bourgeonnement de parties nouvelles. La considération du patrimoine héréditaire nous permettra de donner de l'individu une définition satisfaisante. Ce patrimoine héréditaire est ordinairement[1] commun à tous les éléments d'une agglomération issue d'un œuf; mais, si ce patrimoine héréditaire détermine à l'avance tel caractère morphologique de l'agglomération, il ne détermine pas toujours la forme totale de l'agglomération. Je m'explique : le patrimoine héréditaire d'une Hydre, par exemple, détermine bien la forme de l'Hydre, mais pas la forme de l'agglomération d'Hydres issues du bourgeonnement de la première. Il est commode d'appeler individu d'une espèce donnée la plus haute unité morphologique qui soit définie

---

1. Ordinairement, mais pas toujours; dans un vieux plant de Lierre, par exemple, les rameaux *dressés* aux extrémités des branches ont des feuilles et un port différent du reste de la plante; or une bouture faite avec l'un de ces rameaux donne une plante nouvelle qui conserve ces particularités locales (forme de feuilles, port dressé), et cela semble bien prouver que le patrimoine héréditaire est modifié dans la partie choisie comme bouture. Le Lierre est d'ailleurs une colonie et non un individu.

dans le patrimoine héréditaire. Dans une colonie d'Hydres, par exemple, c'est l'Hydre qui est l'individu, l'agglomération totale étant une colonie d'individus.

94. — INDIVIDUALISATION PROGRESSIVE DES COLONIES.

C'est surtout dans les groupes inférieurs du règne animal (et aussi dans toute l'étendue du règne végétal) que l'on voit se former, par *bourgeonnement*, des colonies dont la forme n'est pas prévue et définie par le patrimoine héréditaire. Dans certains cas, l'individu défini par le patrimoine héréditaire, se réduit à une simple cellule, ainsi que cela a lieu chez les Protozoaires et les Bactéries, par exemple; alors, quand il y a agglomération d'individus, cette agglomération est forcément une colonie. Mais il peut arriver que, sous l'influence de certaines conditions de vie, des rapports fixes s'établissent entre un certain nombre d'individus voisins de la colonie, et que ces rapports deviennent héréditaires; alors l'unité morphologique, définie dans le patrimoine héréditaire, se compose de l'ensemble résultant de ce groupement d'individus plus simples. La signification du mot individu a changé dans l'espèce considérée, qui est, d'ailleurs, devenue ainsi une nouvelle espèce. J'ai étudié longuement ailleurs[1] la question de l'individualisation progressive des colonies; je ne fais donc que la résumer brièvement ici :

D'abord, des colonies de cellules deviennent des agglomérations cellulaires à forme fixe et héréditaire; quand ces colonies prennent la forme de *gastrula* (nous étudierons plus loin cette forme à propos de la segmen-

____

1. Voir LE DANTEC, *L'Unité dans l'Être vivant*, pp. 131-139.

tation de l'œuf des Métazoaires), elles sont le point de départ d'un animal supérieur ou Métazoaire. Mais la *gastrula*, unité morphologique d'ordre plus élevé que la cellule, peut elle-même bourgeonner des gastrulas, comme la cellule bourgeonnait des cellules; ce bourgeonnement peut se faire dans une direction toujours la même, et l'on a alors des associations linéaires de gastrulas comme dans les Vers, les Arthropodes, etc.; ou bien il se fait dans tous les sens, et l'on a alors des associations ressemblant à des plantes (colonies des Polypes hydraires ou coralliaires, etc...).

Une nouvelle individualisation peut se produire dans ces associations de gastrulas, de manière que l'individu, défini dans une espèce par le patrimoine héréditaire, comprenne, soit une série linéaire de 21 gastrulas (Crustacés malacostracés), soit une association étoilée de 5 gastrulas ou davantage (Échinodermes, Coralliaires, etc...). Les Vertébrés eux-mêmes seraient le résultat d'une association individualisée, d'une série linéaire primitivement comparable à un ver annelé; c'est la théorie du *polyzoïsme* humain de Durand de Gros et Edmond Perrier.

Il est facile de comprendre comment cette individualisation progressive d'une série linéaire d'individus peut puissamment aider au perfectionnement des mécanismes animaux. C'est une catégorie toute particulière des *caractères acquis* dont nous étudierons le rôle dans le prochain chapitre, consacré à la formation des espèces.

Avant de quitter cette question de l'individualité, il faut signaler le polymorphisme des individus d'une même colonie.

Ce polymorphisme se manifeste dans une agglomération sans que, pour cela, le patrimoine héréditaire varie dans toute l'étendue de cette agglomération, et ceci est facile à comprendre.

D'abord, dans une association composée de plusieurs individus, les conditions locales peuvent être différentes pour chaque individu, de sorte que chacun d'eux prenne des formes différentes sous l'influence de conditions différentes, malgré la communauté des patrimoines héréditaires.

De plus, nous avons déjà constaté l'influence morphogène des prothalles parasites à n chromosomes. Or, dans certaines colonies, il y a des individus sexués à côté d'individus asexués; rien d'étonnant à ce que des différences morphologiques existent entre ces individus, malgré l'identité du patrimoine. Par exemple, dans les colonies d'Hydraires, les individus asexués ont la forme d'Hydres et les individus sexués celle de Méduses. Il peut arriver que, dans certaines colonies, l'individu sexué soit d'un ordre plus élevé que l'individu asexué, et provienne de l'individualisation d'une agglomération de parties ressemblant à des individus asexués; la chose est discutable chez les Méduses; elle ne l'est pas chez les Phanérogames. Une fleur correspond morphologiquement à une agglomération à forme fixe de parties ressemblant aux individus asexués de la plante. Gœthe avait déjà signalé cette particularité. L'individu asexué d'un végétal est l'entre-nœud muni d'une feuille et d'un bourgeon axillaire; la fleur est beaucoup plus complexe. Il y a même des cas où l'inflorescence s'individualise : chez les Synanthérées, par exemple, l'individu sexué se compose d'un grand nombre de parties régulièrement disposées et ressemblant à des fleurs simples des autres familles végétales.

CHAPITRE XI

LA FORMATION DES ESPÈCES.

95. L'ESPÈCE. — 96. LA VARIATION. — 97. CINÉTOGÉNÈSE ET PHYSIOGÉNÈSE. 98. VARIATION RÉTROGRADE ET VARIATION RÉGRESSIVE. — 99. HOMOMORPHIE ET HOMOPHYLIE. — 100. LE RÔLE DES TYPES LES MOINS DIFFÉRENCIÉS. — 101. MIMÉTISME. — 102. LA SÉLECTION SEXUELLE. — 103. L'APPARITION DE LA VIE.

95. — L'ESPÈCE.

La plupart des auteurs ne séparent pas la question de la définition de l'espèce de cette autre question que les enfants sont, par hérédité, de même espèce que leurs parents. Cuvier a défini l'espèce : « la collection de tous les êtres organisés descendus l'un de l'autre ou de parents communs, et de ceux qui leur ressemblent autant qu'ils se ressemblent entre eux ».

CONTRADICTION ENTRE LA DÉFINITION DE CUVIER ET LE TRANSFORMISME.

Si l'on acceptait la définition de Cuvier, il deviendrait impossible d'affirmer l'identité spécifique de deux individus sans connaître leur histoire; de plus comment faire accorder cette définition avec le problème transformiste ? Voici en effet comment se poserait ce problème avec la définition de Cuvier : « Nous appelons êtres de même espèce des êtres qui descendent d'un ancêtre commun, et nous voulons démontrer que beaucoup d'espèces actuellement vivantes descendent d'un ancêtre commun, autrement dit, *que des êtres d'espèces différentes sont de même espèce* ».

Il faut séparer la *définition* de l'espèce de la *démonstration* de la transmission héréditaire de l'espèce; il faut surtout que cette transmission héréditaire (qui n'est que probable, quoique se manifestant normalement toujours pendant une observation de courte durée) ne serve pas à la définition.

Pour les êtres unicellulaires, nous avons été conduits précédemment à définir l'espèce par la qualité des substances chimiques dont le mélange constitue la matière vivante de la cellule. Les propriétés individuelles des diverses cellules de l'espèce unicellulaire considérée sont dues aux *proportions* du mélange, et l'on peut, par conséquent, définir la cellule, parmi toutes les cellules de son espèce, au moyen d'une liste de coefficients quantitatifs. La variation que l'on observe normalement, au cours des multiplications de ces êtres unicellulaires dans nos bouillons de culture, est une *variation quantitative;* les Bactéridies charbonneuses, qui dérivent d'une Bactéridie initiale, ont des différences de *virulence* qui traduisent ces variations quantitatives résultant d'une alternative des conditions n° 1 et n° 2.

Mais il n'est pas impossible que ces Bactéridies charbonneuses subissent, dans d'autres conditions, des *variations qualitatives;* cela peut se réaliser de deux manières différentes ainsi que nous l'avons vu plus haut :

1° Procédé brutal, et qui est vraisemblablement très rare, il peut disparaître, par destruction *totale* au cours d'une condition n° 2, l'une des substances constitutives de la cellule. Si l'ensemble des autres substances est susceptible d'assimilation, il restera donc une cellule d'une *espèce nouvelle*, différant de la première par l'absence d'une substance constitutive.

Pour nous, observateurs, cette variation qualitative se caractérisera par le fait qu'aucune *variation quantitative* ultérieure ne pourra ramener au type primitif l'individu qui en a été l'objet. La transformation sera définitive. Au contraire, quand il s'agissait d'une simple variation dans les coefficients, nous pouvions toujours nous proposer, par des alternances convenables de certaines conditions n° 2 avec la condition n° 1, de reconstituer la proportionnalité primitive avec plus ou moins de précision; c'est ce que nous obtenions dans les expériences de retour à la virulence.

Il n'en est pas de même dans le cas d'une autre variation obtenue par Chamberland et Roux, la variation qui rend la Bactéridie *asporogène*. Cette variation diffère de la variation de virulence par plusieurs points : d'abord, tandis que les variations de virulence étaient innombrables et se séparaient les unes des autres par des différences graduées, la variation qui mène à l'état *asporogène* est *unique*. Il y a des Bactéries sporogènes et des Bactéries asporogènes, mais il n'y a pas de degré intermédiaire à ces deux états. Ensuite, depuis que les Bactéries asporogènes ont été obtenues, et il y a de cela quelque trente ans, on n'a pu arriver à leur restituer la faculté sporogène par les expériences les plus variées; la propriété asporogène est acquise définitivement sans espoir de retour, fait qui se comprend très bien, si cette particularité résulte de la disparition totale d'une substance vivante dans les Bactéridies charbonneuses; il y a eu alors variation spécifique; la Bactéridie asporogène, quoique susceptible elle aussi de variations quantitatives de virulence, est une *espèce* différente de la Bactéridie sporogène; mais c'est une espèce plus simple, ayant, non pas acquis, mais plutôt *perdu* une propriété, et si nous ne connaissions pas d'autres variations qualitatives, nous ne pourrions pas comprendre l'évolution *progressive* des espèces. Heureusement, nous en connaissons d'autres, que nous avons déjà étudiées précédemment, et que nous allons rappeler maintenant.

2° Par suite d'une variation quantitative qui se précise de plus en plus sous l'influence de conditions restant longtemps les mêmes, il peut arriver que telle partie d'un agrégat ait des coefficients presque constants, qui se maintiennent d'abord au voisinage de certains nombres précis et qui finissent par devenir égaux à ces nombres précis, (et ceci est, nous l'avons vu, facilité par l'amphimixie). Alors, cette partie de l'agrégat est devenue une *molécule* nouvelle qui ajoute sa *qualité* aux autres qualités préexistantes de la cellule, et qui, en particulier, au moment de la maturation sexuelle, se maintient à l'état de *molécule nouvelle*, se divise en deux *demi-molécules nouvelles* au lieu de se résoudre en toutes les molécules séparées qui constituaient primitivement l'agrégat.

Ce nouveau mode de variation qualitative est très différent du premier, d'abord en ce qu'il fixe une adaptation à des conditions précises, au lieu de résulter d'une destruction fortuite, ensuite parce qu'il réalise vraiment une progression de l'espèce. C'est donc surtout à lui que nous ferons allusion, quand nous nous occuperons de la variation qui prépare l'évolution progressive.

La notion de *patrimoine héréditaire* nous permet de transporter, dans le domaine des êtres complexes pluricellulaires, la définition de l'espèce à laquelle nous sommes arrivés pour les êtres simples; si, en effet, malgré l'hétérogénéité apparente des éléments histologiques d'un individu, il y a identité de patrimoine entre tous ces éléments, nous pouvons dire que l'individu est de *l'espèce* de *l'œuf* dont il provient, et nous ramenons ainsi la définition de l'espèce chez les Métazoaires et les Métaphytes, à la définition de l'espèce cellulaire.

Mais immédiatement une question se pose :

LE MOMENT PRÉCIS DE LA TRANSFORMATION D'UNE RACE EN ESPÈCE. Un individu est le résultat de deux facteurs, l'hérédité et l'éducation ; le plus souvent l'éducation manifeste son influence morphogène en respectant le patrimoine héréditaire de l'individu, c'est-à-dire que tous les caractères de l'individu sont bien des caractères acquis, mais qu'il n'y a pas de *propriétés acquises*. Dans ce cas, il n'y a aucune difficulté, le patrimoine héréditaire se transmet intégralement de l'œuf à tous les éléments histologiques.

Au contraire, quand l'individu doit s'adapter à des conditions nouvelles pour son espèce, il y a acquisition de propriétés nouvelles, modification du patrimoine héréditaire; il est vrai que, le plus souvent, au cours d'une vie individuelle, cette acquisition de propriétés nouvelles est purement quantitative, c'est-à-dire que l'adaptation à des conditions nouvelles produit une variation *dans l'intérieur de l'espèce*. Dans ce cas encore, il n'y a aucune difficulté, l'individu reste de l'espèce de l'œuf qui l'a produit.

Mais si cette adaptation à des conditions devenues constantes se répète pendant un très grand nombre de générations, il peut arriver qu'elle se fixe progressivement (surtout sous l'influence de l'amphimixie), au point de se traduire par la construction d'une molécule nouvelle dans l'agrégat à coefficients indécis qui représentait le patrimoine héréditaire. Alors il y aura changement d'espèce, mais ce changement sera tout à fait inappréciable, parce qu'il résultera de la fixation progressive d'une race à coefficients de plus en plus précis.

Quand dirons-nous alors qu'a lieu effectivement le changement? Évidemment cela nous sera assez difficile s'il s'agit d'une espèce à reproduction agame ; s'il s'agit d'une espèce à reproduction sexuelle, nous dirons que le changement d'espèce a eu lieu, la première fois que la molécule nouvelle se maintiendra à l'état *synthétique*, à l'état *construit*, au moment de la maturation sexuelle. Certainement, ce n'est pas par une analyse chimique, impossible encore de nos jours, que nous nous en apercevrons, mais nous pourrons nous en apercevoir au moyen d'une expérience d'amphimixie. L'accouplement d'un être de l'espèce nouvelle avec un être d'une variété de l'espèce précédente, donnera un hybride et non un métis. Et ce simple raisonnement nous conduit à nous servir de l'amphimixie comme critérium des différences spécifiques.

L'AMPHIMIXIE, CRITÉRIUM DE L'ESPÈCE.

Si les raisonnements que nous avons faits, au livre précédent, sont solides, nous devrons considérer les hybrides comme toujours stériles et les métis comme féconds. Ainsi nous considérerons le Cheval et l'Ane comme étant de deux espèces distinctes, parce que les mulets sont stériles, tandis que le Lapin et le Lièvre nous paraîtront être des races d'une même espèce (les habitudes, le genre de vie suffisent à maintenir les différences de race entre les Lièvres et les Lapins) parce que les *Léporides* sont féconds. Pareillement, nous considérerons aussi tous les hommes comme étant de même espèce, parce que les mulâtres ne sont pas stériles. Et cela nous amènera à restreindre le nombre des espèces admises par les botanistes, puisque, d'après les jardiniers, tant d'êtres considérés comme hybrides sont féconds !

La définition qualitative de l'espèce, par les substances chimiques constitutives, se ramène aisément à la définition qualitative par la description morphologique à cause du retentissement de la chimie sur la morphologie. Et, dans des conditions constantes, nous reconnaîtrons des êtres de même espèce à ce que, dans leur description, nous ne rencontrons que des différences quantitatives.

Il faut cependant conserver la définition chimique comme étant la seule précise; sous l'influence de certaines actions extérieures, il peut se produire des variations morphologiques très considérables : un monstre anencéphale n'en est pas moins de l'espèce humaine. Mais il y a surtout des différences très considérables qui tiennent aux influences morphogènes des produits sexuels (différences entre l'Hydre et la Méduse, entre la Daphnie ephippiale et la Daphnie parthénogénétique, entre la Bonellie et son mâle), ou encore, à des variations dans *l'état* des substances vivantes (différences entre la Fougère et son prothalle et, d'une manière générale, entre la génération à n chromosomes et la génération à $2n$ chromosomes).

En dehors de ce *polymorphisme spécifique*, dont les causes sont toujours plus ou moins apparentes, il y a, dans les divers types représentatifs d'une même espèce, une *continuité* fort remarquable, ce qui se comprend très bien à cause des différences *quantitatives* qui peuvent varier à l'infini. De Candolle considérait l'espèce comme la collection des individus qui forment un ensemble continu, séparé, par des discontinuités, d'avec les autres espèces. Cela ne peut pas servir de définition, puisque nous ne pourrions, dans ce cas, considérer comme étant de même espèce deux individus quelconques connus seuls. De plus, nous avons vu que les espèces nouvelles sont en réalité la limite vers laquelle tendent les races qui se spécialisent de plus en plus, de sorte qu'il y aurait continuité entre deux espèces différentes dérivant l'une de l'autre.

Et même, dans une seule espèce, il peut se faire qu'il n'y ait pas continuité, au moins si l'on s'en tient aux types actuellement vivants, car ces types peuvent se grouper en diverses races bien distinctes, c'est-à-dire se

(420)

rassembler autour de divers types quantitatifs moyens : par exemple, les Lapins et les Lièvres pourraient être d'une même espèce, quoique nous ne rencontrions jamais dans la nature un seul type de passage entre ces deux formes vivantes ; ce sont peut-être des espèces futures, c'est-à-dire des races en train de devenir des espèces, mais la fécondité des Léporides nous amène cependant à les considérer comme étant encore d'espèce identique. Et d'ailleurs, si nous comprenons qu'une espèce puisse provenir de la fixation progressive des caractères quantitatifs d'une race, cela ne nous permet pas d'affirmer que cette fixation progressive conduira toujours à la construction d'une molécule nouvelle qui ne se détruise pas à la maturité sexuelle. Il y a peut-être des races très spécialisées qui ne seront jamais des espèces.

Tenons-nous en donc à la définition chimique. Le plus souvent, nous ne pouvons connaître directement les différences spécifiques, mais nous les devinons sous les manifestations morphologiques, et le croisement amphimixique est un critérium précieux. Cependant, au goût et à l'odeur nous (et surtout les Chiens, les Fourmis, etc...) pouvons reconnaître l'espèce d'un animal, mais nous distinguons aussi au goût le Lapin du Lièvre, et le Mouton d'Algérie du pré-salé.

96. — LA VARIATION.

Tout ce que nous avons appris jusqu'ici nous permet d'affirmer qu'il se manifeste chez les êtres vivants des variations de différents ordres ; or, c'est justement sur la nature des variations que les deux grandes écoles transformistes ne sont pas d'accord.

Les *néo-darwiniens* considèrent la variation comme

VARIATION DARWINIENNE. entièrement livrée au hasard ; l'adaptation n'a lieu qu'*après coup*, sous l'influence de la sélection naturelle qui, d'un *trop grand nombre* d'individus portant des variations dans différents sens, conserve seulement ceux qui se trouvent, par hasard, propriétaires de caractères avantageux dans les conditions ambiantes. Ces naturalistes attribuent d'ailleurs à l'amphimixie le rôle principal dans la production des variations. C'est ainsi que DARWIN a commencé son admirable livre de l'*Origine des espèces* par des considérations sur la sélection artificielle, au moyen de laquelle les éleveurs accumulent, dans l'hérédité de leurs élèves, les qualités les plus avantageuses au point de vue de la valeur marchande de ces élèves. Nous avons vu précédemment que cette accumulation de caractères par sélection artificielle conduit à la production, non de races stables, mais de variétés aberrantes instables, et c'est probablement pour avoir choisi ce point de départ que le grand naturaliste anglais a passé à côté de la véritable solution du problème, donnée cependant avant lui par LAMARCK.

VARIATION LAMARCKIENNE. Les *néo-lamarckiens*, au contraire, considèrent la variation comme directement adaptative, c'est-à-dire qu'ils pensent que chaque être, considéré isolément, s'adapte pour son propre compte aux conditions nouvelles de milieu. Cela n'empêche pas d'ailleurs qu'ils fassent intervenir aussi la sélection naturelle pour expliquer la conservation des individus les mieux adaptés. Mais ils n'admettent pas que l'amphimixie soit la source principale des variations ; ils croient au contraire que l'amphimixie a pour résultat, comme nous l'avons vu plus haut, de fixer les types moyens en faisant disparaître les variations fortuites.

Ces deux manières de voir sont tellement opposées l'une à l'autre que l'on peut s'étonner de les voir sou-

(422)

tenir avec tant d'ardeur par des savants de grande expérience. En réalité, les uns et les autres conservent leur
manière de voir parce qu'ils choisissent toujours dans la
nature les faits qui lui sont favorables. A la base de toute
la discussion il y a un postulatum non exprimé, mais qui
est faux et qui vicie tous les raisonnements, c'est que la
variation est comparable à elle-même chez tous les êtres ;
or, cela n'est pas vrai. Il y a des êtres chez lesquels la
variation est, si j'ose m'exprimer ainsi, *darwinienne*, et
d'autres chez lesquels elle est *lamarckienne*; c'est-à-dire
que, chez certains êtres, la variation est due à des causes
qui n'ont aucun rapport direct avec les conditions de la
vie de l'espèce dans le milieu considéré ; chez d'autres, au
contraire, la variation est directement adaptative. Quand
on prend un exemple dans le premier groupe, on donne
raison aux darwiniens ; quand on le prend dans le second,
on donne raison aux lamarckiens. Il n'y a pas de loi générale et nous allons le comprendre bien facilement.

Chez la Bactéridie charbonneuse, nous avons compris
la variation à la condition n° 2, pour des causes purement chimiques, et il aurait fallu attribuer à ces plastides
des propriétés bien extraordinaires pour oser prétendre
que ces variations rendaient directement la Bactéridie
plus apte à prospérer dans les conditions ambiantes ;
autrement dit, si nous avions longtemps cultivé une Bactéridie dans un milieu donné, en supprimant artificiellement sans cesse toutes les Bactéridies nouvelles sauf une
seule, il n'y aurait eu aucune raison pour que, à la fin de
notre expérience, cette Bactéridie unique fut plus adaptée
que la première aux conditions extérieures; les raisons de
la variation n'avaient aucun rapport direct avec l'adaptation. Ce n'est que lorsqu'un grand nombre de Bactéridies
variaient à la fois dans divers sens au sein d'un milieu
hétérogène, que la sélection naturelle, *agissant après coup,*

conservait les mieux adaptées et déterminait ainsi une adaptation secondaire, résultant cette fois directement des conditions ambiantes. Dans l'explication d'un tel phénomène, les lamarckiens semblent devoir renoncer à leur système[1].

L'ACCORD ENTRE LES DEUX ÉCOLES. Il n'en est plus de même pour les mécanismes pluricellulaires doués de coordination. Ces mécanismes ne sont pas comparables à une Bactéridie charbonneuse unique, mais bien à un vase contenant un grand nombre de plastides dont chacun est comparable à une Bactéridie charbonneuse.

Or, par suite de la sélection sans cesse agissante, tous les plastides, qui se multiplient dans un vase de culture, sont à chaque instant adaptés *après coup*, ainsi que nous venons de le voir, aux conditions réalisées dans le vase; si ce vase est le corps d'un Mouton vivant, cette adaptation après coup produit une augmentation de virulence pour la Bactéridie quand le Mouton meurt, ou une immunité du Mouton quand ce sont les plastides du Mouton qui l'emportent sur la Bactéridie; que ce soit l'un ou l'autre des phénomènes qui se produise, c'est évidemment toujours une adaptation après coup, *un phénomène darwinien*. Or, dans le cas où c'est le Mouton qui résiste, si, au lieu d'envisager les cellules du Mouton prises une à une, on envisage le Mouton tout entier comme un individu, on voit que ce Mouton, individu unique, a acquis une adaptation individuelle directe, une *adaptation lamarckienne* à la résistance contre le charbon.

DEUX POINTS DE VUE. Rien n'est plus intéressant que de se placer successivement à ces deux points de vue différents, le point de vue cellulaire et le point de vue métazoaire. Dans le pre-

---

1. Nous verrons cependant tout à l'heure que, chez certains plastides, il peut exister une coordination capable de déterminer une auto-adaptation.

mier cas, on raconte le phénomène en langage darwinien ;
il y a adaptation après coup, par *tri* de variations fortuites ; dans le second cas, on raconte le phénomène en
langage lamarckien, car il est bien évident que, si un
Mouton unique a été immunisé par une inoculation de
vaccin, il a bien acquis lui-même l'immunité ; il n'a pas
été trié après coup sur un grand nombre de Moutons dont
les uns sont morts et dont les autres se trouvaient par
hasard réfractaires ; c'est sûrement un cas d'*auto-adaptation*.

Cet exemple de l'immunité est excellent pour mettre
d'accord les deux interprétations adverses ; elles sont
bonnes l'une et l'autre, mais le phénomène lamarckien,
phénomène unique d'ensemble, résulte d'un grand nombre
de phénomènes cellulaires darwiniens.

Encore, dans ce cas de l'immunité, la condition de
milieu à laquelle s'adapte le Mouton, l'infection charbonneuse, peut paraître bien spéciale, puisqu'elle est réalisée
à l'intérieur de l'animal et, par conséquent, attaque *directement* les éléments histologiques du Mouton. Il est facile
de montrer que la variation de ces éléments histologiques
pourra être dirigée indirectement, par une sélection
darwinienne après coup, sous l'influence de conditions
extérieures, nécessitant une modification de la coordination individuelle, et retentissant, par suite, sur les conditions de vie des éléments constitutifs à l'intérieur de
l'individu. Nous avons déjà exposé ces considérations
très délicates à propos de l'hérédité des caractères acquis,
et nous avons vu que c'est précisément le retentissement
intérieur d'un nouveau fonctionnement qui constitue le
mécanisme de cette acquisition de propriétés nouvelles.
Nous savons en effet que le langage darwinien est assez
précis pour nous permettre de raconter un phénomène
sans connaître les détails de ses différentes phases ; il
nous serait bien difficile de dire en quoi consiste, pour tel

élément du foie d'un Mouton, *l'aptitude* à vivre dans un animal ayant telle modification dans ses allures générales, mais du moment que nous concevons qu'une telle aptitude puisse exister (retentissement du molaire sur le moléculaire) *nous sommes sûrs* que les éléments l'acquerront par le procédé darwinien, et cela nous permet d'escamoter une difficulté qui, sans ce langage admirable, serait entièrement insurmontable.

Considérons donc un mécanisme coordonné dans des conditions de milieu; les conditions changent : ou bien l'animal meurt, et alors cela ne nous intéresse pas, ou bien il survit, et cela prouve que sa coordination précédente peut se modifier de manière à continuer, dans ces conditions nouvelles, le renouvellement de son milieu intérieur. Le fonctionnement nouveau dans ces conditions nouvelles (Voir plus haut § 88) développe certaines parties et en atrophie d'autres, de telle sorte que l'allure générale de l'animal devient *différente*. Par suite, les conditions d'existence à son intérieur sont modifiées, et il ne faut pas croire que ce puissent être les mêmes éléments histologiques qui, adaptés à la forme précédente, se contentent de combler les vides de la nouvelle par une prolifération convenable; il y a sélection par des conditions nouvelles et acquisition d'un patrimoine héréditaire nouveau, phénomène lamarckien d'auto-adaptation qui provient d'un phénomène darwinien d'adaptation par tri après coup. Voilà donc les deux théories d'accord.

97. — CINÉTOGÉNÈSE ET PHYSIOGÉNÈSE.

Dans l'exemple que nous venons de schématiser, il y a eu retentissement des conditions de milieu, d'abord sur le fonctionnement d'ensemble de l'organisme, puis, par suite du jeu de la coordination, retentissement secondaire sur les conditions de vie histologique à l'intérieur de l'organisme. Cope a donné le nom de *cinétogénèse* aux modifications qui ont cette origine. Ce mot, qui signifie *acquisition de caractères par le mouvement*, implique donc un jeu initial de la coordination; la cinétogénèse produit des variations qui sont forcément *auto-adaptatives*, d'où le nom de *automorphoses* que leur a donné Ed. Perrier.

Un individu a beau être coordonné, il n'en est pas moins susceptible de subir certaines modifications qui interviennent séparément sur ses tissus, sans mettre en jeu la coordination; telle serait, par exemple, une intoxication des éléments histologiques par l'alcool; chacun des éléments serait touché par cette intoxication, exactement de la même manière que s'il était seul. Les variations de cet ordre sont du même ordre que celles dont nous étions témoins dans la Bactéridie charbonneuse; elles ne mettent pas le mécanisme en branle, elles sont directement chimiques et nullement auto-adaptatives; Cope a appelé ces variations, variations par *physiogénèse*. Ed. Perrier a donné aux caractères qui en résultent la dénomination d'*allomorphoses*.

Chez certains êtres, dans lesquels la coordination est peu élevée et permet une sorte d'existence isolée (sauf cependant les nécessités de la corrélation) à toutes les parties de l'individu, il n'y aura guère que physiogénèse; cela aura lieu, par exemple, chez les végétaux, chez les Bactéries, etc.; c'est pour cela que ces êtres sont d'excellents exemples pour les champions de la théorie darwinienne; ce sont des êtres à variation fortuite et non directement adaptative, c'est-à-dire que, si une variation se produit dans les individus, il y aura ensuite tri après coup entre des individus nombreux doués de variations dans des sens différents.

PHYSIOGÉNÈSE DARWINIENNE ET CINÉTOGÉNÈSE LAMARCKIENNE.

(427)

Les mêmes variations seront possibles chez les êtres coordonnés, c'est-à-dire que, même chez les animaux supérieurs, il pourra y avoir des variations fortuites entre lesquelles choisira une sélection ultérieure; mais il pourra y avoir aussi, chez ces êtres, variation cinétogénétique auto-adaptative, et c'est à ces variations que seront dus les perfectionnements les plus admirables des organismes. Il ne faudrait pas croire que cette faculté d'auto-adaptation ne puisse exister que chez les êtres supérieurs pluricellulaires; il suffit que les êtres jouissent d'une coordination réelle, pour qu'une action cinétogénétique soit possible; la division en cellules n'est pas en effet nécessaire à la coordination; la cellule n'est pas l'élément ultime sur lequel la variation darwinienne a de la prise, et l'on peut répéter, pour l'ensemble des agrégats qui constituent un Protozoaire supérieur, un Hypotriche par exemple, ce que nous avons dit pour l'ensemble des cellules qui constituent un Mouton.

CINÉTOGÉNÈSE DES PROTOZOAIRES.

La conclusion de tout ceci est que, s'il y a des cas où certainement la variation darwinienne ne peut expliquer les phénomènes, s'il y a des cas où se manifeste certainement une variation lamarckienne, nous n'avons pas le droit d'affirmer que, même chez le plus humble des êtres unicellulaires, une variation auto-adaptative soit impossible; mais chez beaucoup d'êtres, la sélection après coup suffit à nous expliquer ce qui se passe; il est donc inutile de faire intervenir le phénomène plus compliqué de l'auto-adaptation.

D'une manière générale, quand on veut se rendre compte de l'origine d'un caractère qui ne fait pas partie d'un mécanisme très délicat, le système des néo-darwiniens est suffisant. Il n'en est plus de même quand il s'agit d'une particularité de coordination; pour les darwiniens, en effet, il faut que cette particularité ait apparu une première fois par hasard, et nous devons avoir une foi bien robuste pour accorder cette origine fortuite à l'œil de l'homme ou à l'instinct du *Sphex*; autant vaudrait admettre que l'homme ou le *Sphex* ont apparu en une fois, par hasard...

L'exemple des articulations d'un Vertébré est très intéressant pour mettre en parallèle l'interprétation darwinienne et l'interprétation lamarckienne. Le poussin sort de son œuf avec de nombreuses articulations, toutes munies de ce qu'il faut pour permettre des mouvements faciles. Pour les darwiniens, chacune de ces articulations a dû apparaître une première fois par hasard, et l'on peut se demander alors comment il se fait qu'elles se ressemblent tant; les lamarckiens, au contraire, prenant l'exemple des pseudarthroses qui se construisent quand un fémur, sorti de sa cavité cotyloïde, vient s'appuyer en un endroit nouveau du bassin, nous montrent que les articulations se construisent d'elles-mêmes, sous l'influence du fonctionnement; or, un caractère acquis pouvant se fixer dans le patrimoine héréditaire, nous concevons que le jeune poussin, dont les ancêtres ont construit successivement leurs articulations par auto-adaptation, sorte de sa coque avec toutes ses articulations parfaitement constituées.

DARWIN, il est vrai, admettait l'hérédité des caractères acquis, mais les néo-darwiniens l'ont niée avec WEISMANN, ce qui revenait à rendre impossible la transmission des auto-adaptations; il n'y avait plus que les caractères fortuits qui pouvaient être hérités. WEISMANN lui-même est revenu sur cette négation, et il est à penser que sous peu la querelle des lamarckiens et des darwiniens n'aura plus qu'un intérêt historique.

C'est surtout pour les instincts que le système des néo-darwiniens était défectueux; quelques-uns de ces instincts sont purement merveilleux, et il fallait admettre qu'ils

LES
ARTICULATIONS.

LES INSTINCTS.

(429)

avaient apparu une première fois par hasard ! Pour les lamarckiens, au contraire, les instincts nous apparaissent comme le résultat de la fixation progressive d'actes intellectuels, ce qui revient, si l'on se reporte à ce que nous avons dit précédemment (§ 88) des actes intellectuels, à dire qu'ils résultent (comme tous les mécanismes du corps) d'adaptations progressivement fixées. Nous verrons d'ailleurs bientôt, à propos de la psychologie, que les instincts ont, comme tous les autres mécanismes du corps, un substratum physique, et que, par conséquent, il est inutile d'étudier à part l'origine des instincts.

Disons néanmoins encore une fois que leur origine est sûrement toujours cinétogénétique.

98. — VARIATION RÉTROGRADE ET VARIATION RÉGRESSIVE.

Dans l'adaptation d'un organisme à des conditions nouvelles, il y a transformation de l'organisme, soit par développement de certaines parties, soit par atrophie d'autres parties ; si donc, au lieu de considérer l'organisme dans son ensemble, on s'arrête à la considération d'une partie qui s'atrophie dans l'adaptation étudiée, on peut dire qu'il y a, *pour cette partie*, variation régressive. Par exemple, un Crustacé vivant dans l'eau a des appendices (fig. 82) possédant une partie ambulatoire qui lui permet de marcher sur le fond et une partie aplatie ou natatoire qui lui permet de nager ; si les vicissitudes géologiques amènent ce Crustacé à vivre sur terre, il ne se servira plus que des parties ambulatoires de ses appen-

Fig. 82. — Un appendice de Crustacé avec une partie ambulatoire et une partie natatoire (α).

dices et les développera d'autant, tandis que la partie natatoire inemployée entrera en *régression*.

Il n'y a pour ainsi dire pas de variation adaptative qui ne comporte un certain phénomène de régression. C'est pour cela que la définition du *progrès* est si difficile; en réalité, le progrès, à chaque instant, c'est l'adaptation, et, à ce point de vue, une Douve du foie est comparable à un Mammifère. Mais j'attire l'attention sur le fait que l'on confond quelquefois la *variation régressive* avec la *variation rétrograde*.

La variation rétrograde serait une variation par laquelle un individu, ayant été adapté à des conditions nouvelles et se trouvant ramené aux conditions antérieures de vie de son espèce, reprendrait la forme antérieure de son espèce, reviendrait au type d'un ancêtre. Il n'est pas besoin de réfléchir beaucoup pour s'apercevoir que la variation rétrograde doit être très rare si même elle a jamais lieu. En effet, quand un être s'adapte à des conditions nouvelles, il le fait au moyen des *outils* qu'il a à sa disposition; quand il retourne aux conditions antérieures de vie de ses ancêtres, il est *différent* de ce qu'étaient les ancêtres de ces ancêtres, lorsqu'ils se sont précédemment adaptés eux-mêmes à ces conditions antérieures; il s'adapte donc en se servant d'outils différents et le résultat de son adaptation est différent.

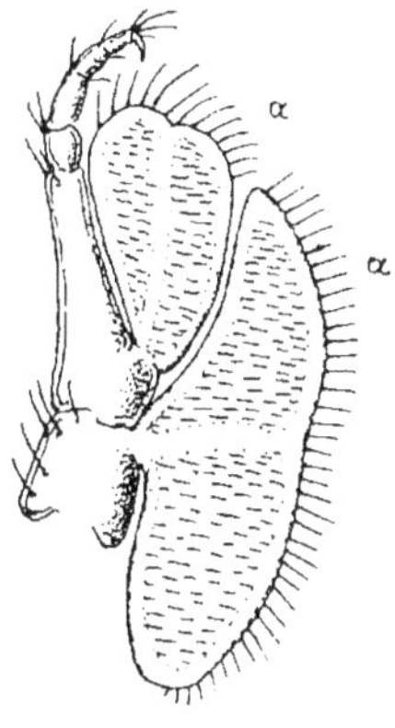

Fig. 83. — Appendice d'un Crustacé nageur; α, parties natatoires.

Reprenons l'exemple de nos Crustacés de tout à l'heure. Ils provenaient d'ancêtres plus franchement nageurs et dont les appendices (fig. 83) se sont transformés, quand ils ont quitté la vie pélagique, pour marcher sur le fond et restreindre leurs mouvements natatoires; ils ont obtenu ainsi des appendices analogues à ceux de la figure 82, avec une partie ambulatoire dure et une partie natatoire réduite. Amenés ensuite à vivre hors de l'eau, ils ont développé encore leur partie ambulatoire et leur partie natatoire a à peu près disparu (fig. 84). Si, après cette transformation, ils sont obligés de revenir à la vie pélagique, de nager beaucoup, ils nageront forcément avec les outils qu'ils possèdent, avec leurs appendices (fig. 84) et ces appendices prendront une forme de rame aplatie (fig. 85) qui ne res-

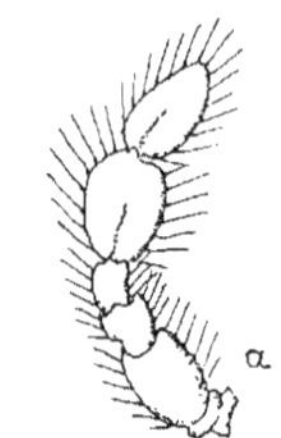

Fig. 85. — Ré-adaptation à la vie nageuse.

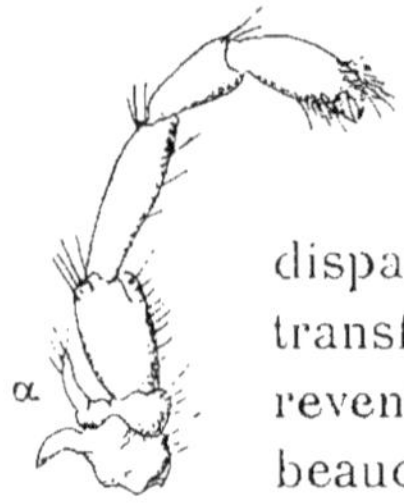

Fig. 84. — Patte de Crustacé marcheur. α, partie nata-toire réduite.

semble en rien à l'appendice ancestral des ancêtres péla-giques (fig. 83) et qui ne lui est même pas *homologue*. Nous employons là un mot nouveau dont la définition nécessite un paragraphe spécial.

99. — HOMOMORPHIE ET HOMOPHYLIE.

Considérons la série des formes ancestrales d'une espèce donnée qui a subi de nombreuses vicissitudes. Si nous comparons deux formes successives de cette série, les variations seront toujours assez faibles pour que nous puissions trouver, dans la description de l'une d'elles, toutes les *parties* de la description de la forme précédente, avec seulement des différences quantitatives; nous en tenant à la description morphologique, nous pourrons donner les mêmes noms aux parties correspondantes; soient A, B, C, etc..., ces noms. La variation survenue entre la pre-mière forme et la seconde se manifestera, par exemple, en ce que A de la deuxième est beaucoup plus petit que A de la première et que, au contraire, B de la deuxième est beaucoup plus grand que B de la première; mais comme toutes les parties A, B, C, seront reconnaissables, aussi bien dans la première forme que dans la deuxième, nous pourrons employer les mêmes noms pour décrire les deux formes, et nous dirons que les parties auxquelles nous donnons les mêmes noms dans les deux formes sont *homologues*. Cela n'empêchera pas d'ailleurs que la partie A de la deuxième forme pourra jouer un rôle différent de celui que jouait la partie *homologue* de la première forme. Les homologies n'ont rien à voir avec les fonctions; A qui était un appendice ambulatoire dans la première forme, pourra être natatoire ou respiratoire dans la seconde; nous déclarerons ces deux parties homologues, parce qu'il sera évident pour nous que l'une est la représentation de l'autre, avec de simples différences quantitatives.

Par exemple, les appendices, figurés dans les figures 82, 83, 84, sont, dans leur ensemble, homologues.

Il n'y a, en général, aucune difficulté à établir l'homologie entre les parties de deux formes successives de l'histoire d'une espèce, parce que, de l'une à l'autre de ces formes, aucune partie n'a complètement disparu. Au contraire, si l'on compare des formes de l'histoire d'une espèce, que séparent de nombreuses variations intermédiaires, il peut arriver que des parties aient totalement disparu et que l'homologie ne puisse plus s'établir.

Comparons, par exemple, l'appendice de la figure 83 avec l'appendice figuré en 85. Ces deux appendices sont, dans leur ensemble, natatoires; mais la palette natatoire de la figure 85 n'est pas homologue de la palette natatoire α de la figure 83. Encore avons-nous supposé que α a laissé dans l'appendice 84 une petite trace témoin, ce qu'on appelle un organe rudimentaire, mais il peut arriver que cette trace elle-même disparaisse. Alors l'appendice

de la figure 85 sera *analogue*, comme fonction, à la partie
α de l'appendice de la figure 83, mais il ne lui sera plus
homologue. Il pourra néanmoins arriver à lui ressembler
beaucoup par *convergence*, parce qu'il joue le même rôle ;
on dira alors qu'il lui est *homomorphe*, tandis que c'est
le petit rudiment α qui lui est *homophyle*. Les *homomorphies*
résultent de convergences fonctionnelles ; les *homophylies*
sont indépendantes de la fonction et constituent un témoin
dans la descendance.

Il va sans dire qu'une homomorphie pourra se conserver ensuite à titre purement morphologique, sans que
l'identité fonctionnelle, cause de la ressemblance primitive, subsiste ; l'appendice de la figure 85 pourra, par
exemple, redevenir ambulatoire ; il restera homomorphe
de α de la figure 83.

Les vicissitudes de l'histoire d'une espèce font donc
qu'il est très difficile d'établir l'homologie des parties de
deux types ancestraux éloignés l'un de l'autre.

Dans tout cet exposé, j'ai admis que je pouvais comparer les formes successives des ancêtres d'une même
espèce ; malheureusement, nos collections paléontologiques sont trop pauvres ; mais cette comparaison, nous
la faisons sans cesse entre des formes actuelles, qui sont
descendues d'un ancêtre commun à travers des vicissitudes différentes, et dans lesquelles, par conséquent, se
sont développées ou atrophiées des parties différentes.
C'est pour établir la parenté entre ces formes qu'il est
utile de se rendre compte des homomorphies et des homophylies [1], car, si des homophylies indiquent une descendance commune, les homomorphies indiquent seulement

---

1. On dit que deux parties sont homophyles, chez deux êtres actuellement
vivants, quand elles sont homophyles à une même partie d'un ancêtre commun ;
on dit qu'elles sont homomorphes si elles ressemblent, par adaptation fonctionnelle, sans être homophyles, à une même partie d'un ancêtre commun.

une adaptation à des conditions analogues d'existence.

Par exemple, l'œil de l'homme et l'œil du Poulpe sont homomorphes et non homophyles et, malgré leur grande ressemblance, n'indiquent aucune parenté entre l'homme et le Poulpe [1].

100. — LE ROLE DES TYPES LES MOINS DIFFÉRENCIÉS.

Toutes les considérations que nous venons de passer en revue nous montrent que ce qu'il y a de plus important, dans la formation des espèces, c'est une série d'adaptations à des circonstances nouvelles; que ces adaptations soient darwiniennes ou lamarckiennes, le résultat est le même, mais il faut faire, au sujet de ces adaptations successives, une remarque que COPE [2] a nettement formulée et qu'il a appelée : *the law of the unspecialized.*

Il suffit de jeter un coup d'œil sur ce que nous savons de la phylogénie des espèces, pour remarquer que les lignes de descendance n'ont pas été continues, mais peuvent être représentées sous forme d'un système dichotomique, d'un arbre généalogique.

En d'autres termes, le point de départ d'une série progressive de formes dans une période géologique n'a pas été un type terminal d'une série progressive de l'âge précédent, mais un type très antérieur à ce type terminal et, par suite, moins différencié. Ainsi, ce ne sont pas les plantes supérieures qui ont donné naissance au règne animal, mais bien les formes inférieures de Protophytes qui ne se distinguent pas des Protozoaires. L'homme ne

LES ARBRES
GÉNÉALOGIQUES.

---

1. J'ai très longuement développé la manière dont on peut étudier les homomorphies et les homophylies, en vue de la classification, dans *L'Unité dans l'Être vivant*, livre V.

2. COPE, *The primary factors of organic evolution*, p. 172, sq.

descend pas d'une quelconque des espèces de singes existant aujourd'hui, mais d'un ancêtre de ces singes. Parmi les animaux, ce ne sont pas les Arthropodes ou les Mollusques, types spécialisés, qui présentent la plus étroite parenté avec les Vertébrés, mais bien les simples Vers ou les Tuniciers. Dans les Vertébrés, ce ne sont pas les Poissons les plus élevés en organisation (Actinoptérygiens) qui présentent le plus de ressemblance avec la classe immédiatement supérieure des Batraciens, mais bien les types beaucoup moins spécialisés de l'époque dévonienne (Rhipidoptérygiens). Les types modernes de Batraciens (Salamandres, Grenouilles) n'ont pas fourni le point de départ des Reptiles, point de départ que l'on trouve dans les anciens Stégocéphales qui sont ichtyoïdes. Les Reptiles de l'époque permienne nous montrent des types ichtyoïdes (Pélycosauriens, Cotylosauriens), desquels on peut faire descendre nettement les Mammifères... Ainsi donc, les types, hautement développés ou spécialisés d'une période géologique, n'ont pas été les parents des types des périodes ultérieures, qui sont descendus au contraire des types les moins spécialisés de la période précédente.

SPÉCIALISATION ET FRAGILITÉ Cette loi remarquable s'explique par le fait que les types spécialisés d'une période ont été généralement incapables de s'adapter aux conditions nouvelles qui caractérisaient l'avènement d'une nouvelle période. Les changements de climat et de nourriture, conséquences des perturbations de la croûte terrestre, ont rendu l'existence impossible à beaucoup d'espèces, difficile à beaucoup d'autres. De tels changements ont souvent été particulièrement sévères pour les espèces de grande taille qui avaient besoin d'une grande quantité de nourriture. Il en est résulté pour ces espèces, la dégénération ou l'extinction. D'un autre côté, les animaux et les plantes, qui avaient des besoins moins spéciaux, ont survécu. Par exemple, les plantes qui n'avaient pas besoin de conditions absolument déterminées de sol, de température et d'humidité, ont plus facilement survécu aux perturbations géologiques que celles qui ne pouvaient se passer de ces conditions déterminées. Des animaux omnivores ont pu survivre là où mouraient ceux qui avaient besoin d'une nourriture spéciale ; les espèces de petite taille pouvaient survivre à une diminution de ressources dont mouraient les grandes espèces. MARSH a observé que les lignes de descendance des Mammifères ont pris naissance dans les formes de petite taille...

Il ne faut pas conclure de la loi précédemment exposée que chaque période a été peuplée par les formes les plus simples de la période précédente. Des progrès certains ont été effectués et des individus hautement différenciés se sont développés graduellement et ont résisté victorieusement aux révolutions géologiques, mais ce n'a pas été *les plus spécialisés* de leurs âges respectifs. Ils ont présenté une combinaison de progrès effectif et de plasticité qui leur a permis de s'adapter à des conditions nouvelles.

Ne pourrait-on pas appliquer cette loi *of the unspecialized* aux éléments anatomiques qui constituent les animaux supérieurs ? Seuls les éléments reproducteurs qui sont les moins spécialisés, adaptés aux conditions les moins rigoureusement déterminées, peuvent résister à un changement de milieu aussi considérable que celui qui résulte de la sortie hors de l'organisme auquel ils appartenaient. Tous les tissus différenciés meurent ; les éléments reproducteurs peuvent vivre par eux-mêmes.

101. — MIMÉTISME.

Parmi les phénomènes de variation observés sur les diverses espèces, quelques-uns sont particulièrement favorables à la discussion des théories darwiniennes et lamarckiennes; ce sont les faits de *mimétisme* [1], c'est-à-dire de *ressemblance* entre les animaux et d'autres objets.

Il est indéniable que, dans la plupart des cas bien connus, cette ressemblance est avantageuse pour les individus qui en sont doués; ou bien ils ont la couleur de leur milieu, et sont par conséquent moins facilement aperçus de leurs ennemis; ou bien ils ressemblent à des objets non comestibles (morceaux de bois, feuilles mortes, etc.), ce qui les garde d'être mangés; ou bien ils ressemblent à des animaux ayant mauvais goût, ce qui les protège de même; ou bien encore, ils ressemblent à des animaux dangereux, ce qui les rend terribles même quand ils sont tout à fait inoffensifs.

Donc, dans tous ces cas si différents, le caractère *d'utilité* est manifeste, et par conséquent l'explication darwinienne du mimétisme est admissible. Il n'y a pas de doute que les individus, doués d'un mimétisme très parfait, sont avantagés par rapport aux autres, et que par conséquent la sélection naturelle doit conserver les ressemblances si elles sont acquises une première fois par hasard.

Reste à savoir s'il est admissible que le *hasard* produise des ressemblances aussi extraordinaires. Quand il ne s'agit que de la couleur du milieu, il n'y a là rien d'étrange, mais quand un Papillon arrive à ressembler à une tête de Chouette, et à y ressembler d'une manière tel-

---

1. J'ai étudié longuement ces phénomènes dans *Lamarckiens et Darwiniens.*

lement fidèle, que même les taches de lumière des yeux
de la Chouette sont représentées sur les ailes du Papillon,
on peut se demander s'il n'y a pas là autre chose qu'un
simple hasard.

Les animaux, qui ont un système de coloration variable *HOMOCHROMIE*
soumis au système nerveux et qui peuvent adopter à *PASSAGÈRE DES*
volonté la couleur des objets sur lesquels ils se trouvent *CAMÉLÉONS.*
(Caméléons, Rainettes, etc...), nous mettent sur la voie d'une
explication lamarckienne de ces ressemblances extraordinaires ; le mimétisme ne serait, dans ces cas au moins,
que le résultat d'une imitation prolongée et fixée dans
l'hérédité. Ici encore l'explication lamarckienne nous
permet d'obvier à l'insuffisance du hasard.

102. — SÉLECTION SEXUELLE.

L'explication darwinienne ne recherche pas la genèse
des variations et se borne à constater leur utilité dans
telle ou telle condition ; DARWIN devait donc être amené
à se poser des questions inquiétantes au sujet des caractères qui paraissent, non seulement inutiles, mais même
nuisibles à leurs porteurs dans la lutte pour l'existence.
Convaincus que nous sommes de la légitimité du principe
de sélection naturelle (qui n'est que l'expression d'une
vérité évidente pouvu qu'on définisse l'aptitude après
coup), nous ne nous poserions pas ces questions ; DARWIN
se les est posées et les a résolues élégamment en décou-
vrant un nouveau facteur de l'évolution des espèces,
l'amour des femelles pour ce qui est beau.

Pourquoi le Cerf a-t-il ce bois très gênant qui l'empêche de fuir à travers les fourrés ? Pourquoi le Rossignol
a-t-il cette admirable voix qui attire la Chouette ou le
Hibou ? Parce que les femelles, libres de choisir le mâle

qui les féconde, se laissent séduire par celui qui a les
attraits les plus captivants. Et ainsi, les mâles les plus
beaux, s'ils sont exposés par leur beauté à de plus nombreux dangers, ont aussi plus de chances de se reproduire et de transmettre aux mâles de la génération suivante leurs caractères sexuels secondaires.

Mais la beauté des fleurs, d'où vient-elle ? Si les fleurs
étaient réellement hermaphrodites, on ne comprendrait
guère cette beauté ; mais en réalité, il n'y a pas auto-fécon-
dation chez les plantes ; il faut que le pollen aille d'un
végétal à l'autre, et les insectes aident à ce transport en
allant visiter les fleurs les plus belles et les plus odorantes
pour y puiser le nectar. La beauté des fleurs et leur
parfum ont donc pour effet d'assurer leur fécondation en
attirant les insectes ; et cette simple observation établit
entre les variations du règne animal et celles du règne
végétal des relations imprévues. WALLACE a pris la peine
de montrer que, dans certains pays, l'allongement du tube
des fleurs est corrélatif de celui de la trompe des Papillons ; il y a là une mine inépuisable d'observations très atta-
chantes.

103. — L'APPARITION DE LA VIE.

Nous comprenons maintenant l'évolution progressive
des espèces : l'hérédité des caractères acquis en est le
facteur principal. Un homme, mécanisme admirable, provient d'un ancêtre plus simple qui a acquis et fixé, dans son
patrimoine héréditaire, des propriétés nouvelles, sous
l'influence de conditions nouvelles ; cet ancêtre plus
simple provenait lui-même d'un ancêtre plus simple
encore, et ainsi de suite indéfiniment, en remontant le

cours des époques géologiques, pendant des milliers et des milliers de siècles...

Nous ne pouvons pas nous figurer cette série de transformations successives, mais nous en comprenons le mécanisme, et nous arrivons à penser que tous les êtres actuels dérivent, par une évolution incessante, d'êtres initiaux infiniment simples, plus simples que les plus simples des êtres actuels.

Comment ont apparu ces êtres initiaux? Nous ne le savons pas, mais tout individu, qui n'est pas sous l'empire d'idées préconçues, se dira évidemment que ces *composés spéciaux* se sont formés comme les autres composés non vivants, lorsque les éléments de leur synthèse se sont trouvés réunis dans des conditions convenables. Quelles sont ces conditions spéciales? Aucun savant n'a encore essayé de les déterminer sérieusement, et il est vraisemblable qu'on arrivera à faire de la matière vivante quand on se le proposera réellement. Il est bien certain, si l'on y arrive, que la substance produite ne ressemblera à aucune de celles que nous connaissons aujourd'hui et qui résultent d'une évolution de plusieurs milliers de siècles.

Beaucoup de gens s'imaginent à tort que PASTEUR a démontré l'impossibilité de cette synthèse de substance vivante, de ce que l'on appelle vulgairement la *génération spontanée*. Rien n'est moins exact. PASTEUR, par des expériences très bien conduites, a détruit une erreur accréditée avant lui, et qui consistait à croire que, dans un bouillon quelconque, il se formait spontanément toujours des êtres vivants; de même RÉDI avait montré que les vers ne naissent pas directement de la viande, mais proviennent d'œufs qui y sont déposés par les mouches. Il était d'ailleurs peu logique d'admettre une synthèse de la substance vivante si facile qu'elle dût se produire *partout et toujours*, dans un milieu contenant des aliments. PAS-

TEUR a montré que, en employant certaines précautions, on peut mettre certains milieux à l'abri de l'envahissement par la vie ; voilà tout.

Tant qu'on n'aura pas fabriqué de la substance vivante, personne n'aura le droit d'affirmer que la synthèse de cette substance a eu lieu sous l'influence de circonstances particulières et sans intervention extra-naturelle. Mais quoi qu'on en ait dit, personne n'a le droit non plus d'affirmer que cette synthèse est impossible[1] ; on a long-temps affirmé que les corps de la chimie organique n'étaient pas susceptibles de synthèse artificielle ; maintenant on en fabrique tous les jours de nouveaux.

---

1. Lord KELVIN et d'autres savants ont pensé que la vie avait pu être transportée de planète en planète, et la grande résistance de certains organismes à des froids, du même ordre que celui des espaces interplanétaires, permet de donner à cette opinion quelque vraisemblance. Mais à quoi cela nous avance-t-il dans le problème de l'origine de la vie ? Étant donné l'état primitif de tous les mondes, il faut toujours que la vie ait apparu quelque part, et son apparition dans Mars n'est pas plus facile à comprendre que son apparition sur la Terre.

CHAPITRE XII

LA DIFFÉRENCIATION HISTOLOGIQUE DES MÉTAZOAIRES.

104. — LA MULTIPLICATION CELLULAIRE. — 105. LA FORMATION DE LA GAS-
TRULA. — 106. LA PRÉDÉTERMINATION DANS L'ŒUF. — 107. LA DIFFÉREN-
CIATION CELLULAIRE.

104. — LA MULTIPLICATION CELLULAIRE.

Tout être vivant provient d'un plastide initial ; ce plastide assimile et se divise lorsqu'il a atteint certaines dimensions limites, mais, chez les êtres pluricellulaires, les diverses cellules qui dérivent de ce plastide initial restent adhérentes les unes aux autres. L'évolution individuelle d'un être pluricellulaire se ramène donc, au point de vue purement descriptif, à une prolifération de cellules.

Nous avons, jusqu'à présent, étudié la formation des individus, sans nous préoccuper des détails de l'épigénèse, et c'est en effet seulement lorsqu'on se place au point de vue de l'ensemble de l'être que l'on peut acquérir des notions générales ; ainsi nous avons compris la formation des espèces et le parallélisme de l'ontogénie avec la phylogénie, sans nous arrêter à l'étude de la segmentation de l'œuf. Maintenant, nous allons aborder cette question plus spéciale en nous servant des notions précédemment acquises.

Mais, quoique présentant un très grand intérêt, cette question de la segmentation de l'œuf cesse de faire partie du cadre de la biologie générale et entre dans celui de la biologie descriptive. Je me contenterai donc d'en

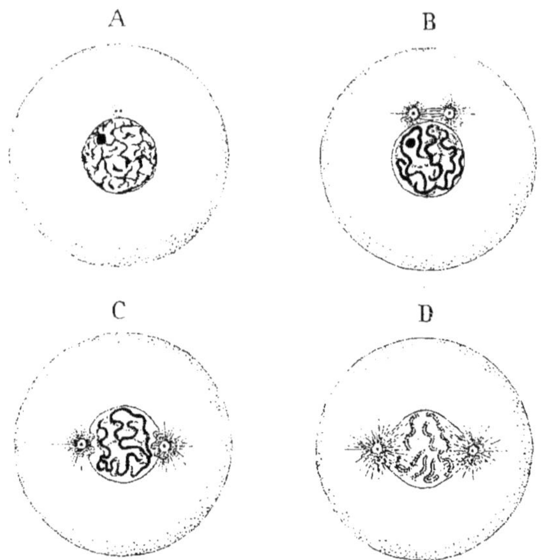

Fig. 86. — Phénomènes cytoplasmiques de la prophase (d'après Wilson).

signaler les grandes lignes, et j'en réserverai l'étude plus complète pour une autre publication.

D'une manière générale, quand une cellule quelconque se divise en deux, dans une agglomération cellulaire, la manière dont se fait cette division est déterminée par la position que prennent les centrosomes au moment de la métaphase; or cette position dépend de deux facteurs dont l'un est la position qu'occupait le centrosome unique au début de la prophase, et l'autre, plus complexe, l'ensemble des conditions mécaniques réalisées dans la cellule, soit par le milieu ambiant, soit par les cellules voisines.

Cette formule s'applique à son tour à la division des deux cellules qui dérivent de la précédente ; or le premier facteur dont nous venons de parler, savoir la position du centrosome unique au début de la prophase, résultera dans chacune de ces deux cellules de la manière dont s'est accomplie la karyokinèse précédente, et ainsi de suite ; on voit donc que, si les conditions ambiantes ne changent pas, on peut considérer, comme déterminées d'avance par la première karyokinèse, les positions successives des différentes cellules qui résulteront de la segmentation.

On peut faire encore une autre remarque générale, c'est que, dans une agglomération cellulaire, une cellule, qui se divise, ne se divise pas comme si elle était seule ; les mouvements molaires d'échange avec le milieu (mouvements molaires desquels résulte, nous l'avons vu, l'établissement de l'équilibre à l'intérieur), sont influencés par les cellules voisines : en d'autres termes, tel élément cellulaire qui, isolé d'une agglomération, donnerait naissance à une agglomération semblable à la première, ne produira, à la place qu'il occupe dans l'agglomération, qu'un certain nombre de cellules qui prendront une place plus ou moins restreinte dans l'individu. On n'a donc pas le droit de croire, *a priori*, qu'une cellule qui, considérée à un moment de la segmentation d'un œuf, produira seulement *une partie* d'un individu, n'aurait pas été capable, dans d'autres conditions, de produire un individu tout entier. Nous étudierons tout à l'heure les expériences qui ont été faites à ce sujet. Arrêtons-nous, pour le moment, à une description très schématique des phénomènes de la segmentation qui sont communs aux Métazoaires.

105. — LA FORMATION DE LA GASTRULA.

Les premiers phénomènes de la segmentation diffèrent dans les différentes espèces ; ils diffèrent surtout à cause des quantités variables de vitellus nutritif qui sont loca-lisées dans les œufs ; voici quelques types de segmentation :

La figure 87 repré-sente les différentes phases de la segmen-tation d'un œuf dans lequel les divers blasto-mères sont égaux et restent égaux pendant longtemps ; la forme F,

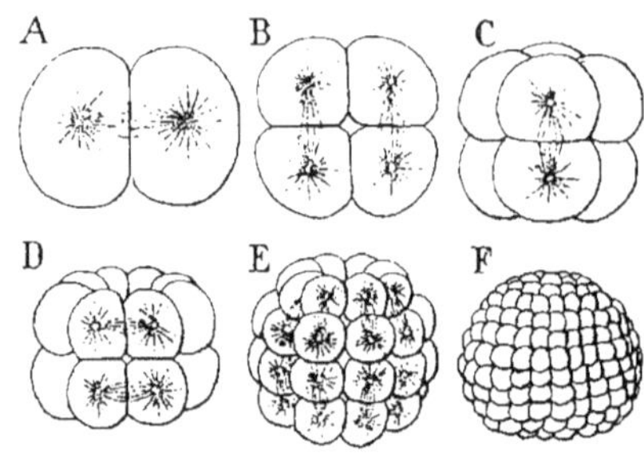

FIG. 87. — Segmentation de l'œuf de *Synapta* (d'après SELENKA).

ou *blastula*, est une grande sphère creuse presque régu-lière. On remarquera que dans ce type les blastomères vont en décroissant de volume du stade 2 au stade 4, du stade 4 au stade 8, etc..., ce qui fait que, si l'on n'avait pas connais-sance d'autres phénomènes biolo-giques, on pourrait se demander s'il y a là une multiplication de la substance vivante par assimilation, ou une simple fragmentation. En réalité, c'est simplement parce que chacun des blastomères successifs contient seulement une moitié, un quart, un huitième du *vitellus* non encore employé, que leur dimension diminue ; mais nous

DIVERS MODES DE SEGMENTATION.

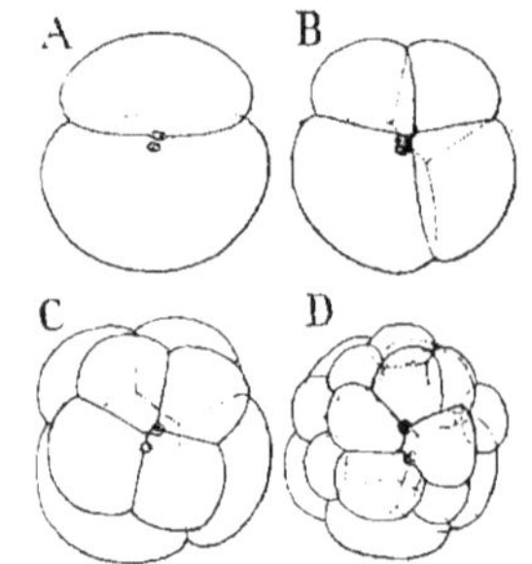

FIG. 88. — Segmentation de l'œuf de *Nereis* (d'après WILSON).

avons tout lieu de croire qu'ils s'équivalent plus ou moins

au point de vue de la quantité de leurs substances plastiques.

Dans un autre type (fig. 88) la distribution du vitellus dans l'œuf est hétérogène ; la segmentation donne lieu à

des blastomères inégaux dès l'origine, à cause des quantités inégales de vitellus que reçoit chacun d'eux ; au stade à huit blastomères, il y a quatre petites cellules et quatre grosses cellules, et les différences se maintiennent fort longtemps dans la suite des bipartitions.

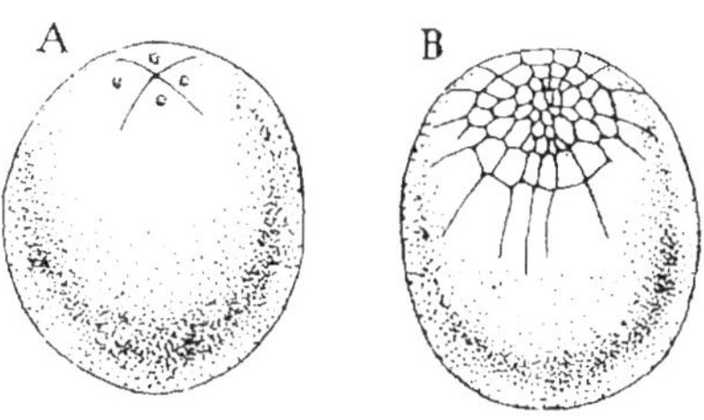

Fig. 89. — Segmentation de l'œuf de *Loligo* (d'après Watasé).

La distribution du vitellus est encore plus hétérogène

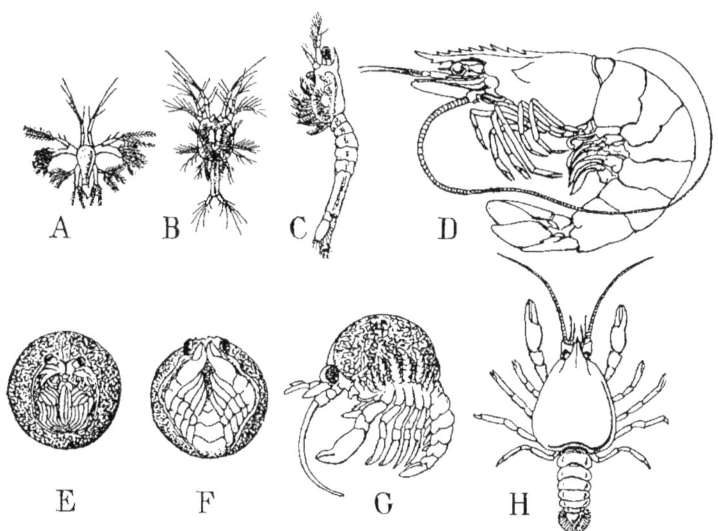

Fig. 90. — Développement de deux Crustacés (d'après Fritz Müller et Huxley). A, B, C, D, formes larvaires de *Penæus;* E. F, G, H, formes larvaires d'*Astacus.*

dans un autre type (fig. 89), tellement même que l'on peut se demander si le vitellus fait partie de la cellule œuf, est incorporé à son protoplasma, ou lui est seulement juxtaposé. Les blastomères à contour visible semblent former une lame, une calotte à la surface de la masse vitelline dont ils se nourrissent; on dit alors qu'il se forme un blastoderme.

Je signale seulement ces divergences très considérables ; il ne faudrait pas s'exagérer leur importance. Rappelons-nous la comparaison que nous avons faite plus haut, du développement du *Penæus* avec celui de l'Écrevisse. Le premier sort de l'œuf sous forme de *Nauplius* et prend ensuite, dans la mer, les formes successives et libres de *protozoé, zoé, mysis*, etc. La seconde, dont l'œuf possède un vitellus abondant, subit dans l'œuf la totalité de son épigénèse et éclot avec toutes ses parties spécifiques bien développées ; cette différence énorme dans

PŒCILOGONIE.

le mode de développement n'empêche pas néanmoins que le *Penæus* adulte soit, comme l'Écrevisse adulte, un malacostracé décapode à 21 segments; on pourrait imaginer un *Penæus* qui donnerait des œufs à gros vitellus et dont les jeunes naîtraient avec leur forme définitive. GIARD a signalé des cas de *pœcilogonie* dans certaines espèces : des œufs pourvus de quantités différentes de vitellus donnent, à travers des phases différentes de développement, des

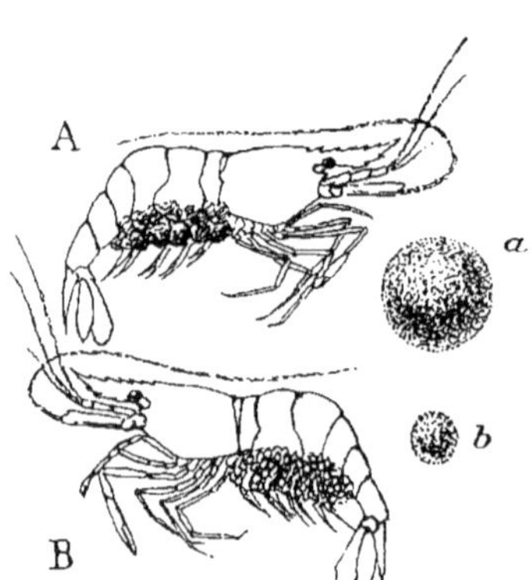

Fig. 91. — La pœcilogonie chez *Palæmonetes varians* LEACH (d'après GIARD).

A, femelle adulte d'eau douce (Naples); B, femelle adulte d'eau saumâtre (Wimereux); *a*, œuf du type d'eau douce de grandeur comparative; *b*, œuf de type saumâtre.

résultats identiques. La conclusion de tout cela est que, tant que le squelette n'a pas pris une importance exagérée, tout finit toujours par s'arranger, et les embryons arrivent

TOUT FINIT PAR S'ARRANGER.

à prendre ce qui est vraiment leur forme spécifique d'équilibre.

C'est pour cela qu'il ne faut pas attacher trop d'importance aux diverses formes de segmentation qui résultent de la présence dans les œufs d'un vitellus plus ou moins abondant. Une fois le vitellus digéré, si le squelette n'a pas encore eu le temps de fixer les formes, l'animal a la structure qu'il aurait acquise s'il avait eu un patrimoine héréditaire identique avec une quantité moindre de vitellus, c'est-à-dire à travers des phénomènes différents de segmentation. Et en effet, il n'y a aucun parallélisme entre la classification des êtres par les formes de l'adulte et celle que l'on pourrait en faire d'après les modes de segmentation...

Arrêtons-nous au cas où les choses sont le moins déformées, à celui où il y a le moins de vitellus, au cas de la segmentation régulière de la figure 87. La *blastula*, ou sphère creuse, ne peut grandir indéfiniment en restant telle, parce qu'il faut que son contenu reste sans cesse plein de liquide ; or le liquide n'y pénètre qu'avec une vitesse proportionnelle à la surface, et le volume d'une sphère croît proportionnellement au cube du rayon, tandis que sa surface croît plus lentement ; l'augmentation de volume est donc trop lente et la sphère *s'invagine* comme un ballon d'enfant qui est crevé (fig. 92). On dit alors qu'il y a formation d'une *gastrula*.

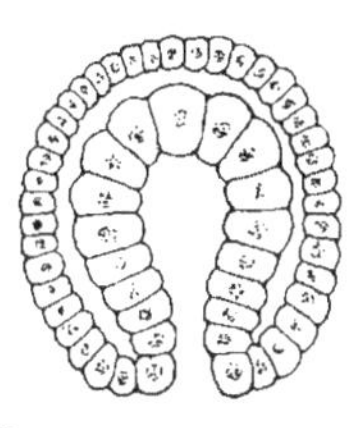

Fig. 92. — Une gastrula par invagination.

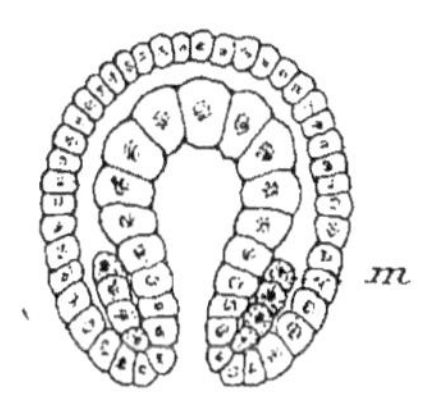

Fig. 93. — L'apparition du feuillet moyen (*m*).

De nouvelles cellules prennent naissance entre les deux couches de la gastrula, et on a ainsi une masse cellulaire à trois feuillets (fig. 93).

Cette forme à trois feuillets se retrouve, avec plus ou

moins d'évidence, dans toutes les segmentations des œufs
de Métazoaires, même quand l'abondance du vitellus donne
à ces segmentations un aspect tout à fait différent du précédent. Et cela prouve une fois de plus que, avec plus ou
moins de rigueur, les choses finissent toujours par
s'arranger; l'état d'équilibre tend toujours
à être celui qu'il serait s'il n'y avait pas eu
de vitellus dans l'œuf. La figure 94 représente une gastrula à trois feuillets dont le
feuillet interne est formé de trois ou quatre
grosses cellules pleines de vitellus... Ces
quelques considérations très succinctes
suffisent à nous préparer à l'étude de la
question de la prédétermination dans l'œuf
et de l'équivalence des blastomères; elles nous permettent
même de prévoir les résultats de ces expériences, et de
comprendre que ces résultats ne soient pas tous con-
cordants.

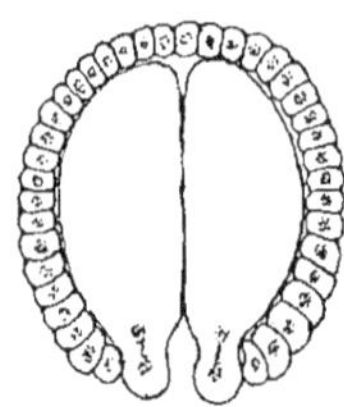

Fig. 94. — Gastrula
épibolique.

106. — LA PRÉDÉTERMINATION DANS L'ŒUF.

Considérons un œuf quelconque qui se segmente dans
des conditions normales, et supposons que cet œuf soit
fixé d'une manière quelconque de manière à conserver
toujours la même orientation. Nous verrons se substituer
progressivement à l'œuf un groupe de blastomères, puis
un embryon (fig. 95). L'embryon, en particulier, aura une
extrémité postérieure et une extrémité antérieure, des
tissus différents aux différents points, et toutes ces parties
distinctes dérivent évidemment de l'œuf, par assimilation
de ses réserves et des matières alimentaires empruntées
à l'extérieur.

Supposons que nous ayons divisé l'œuf par deux plans

imaginaires fixes, xy, $x'y'$ et que nous suivions ce qui se passe dans chacun des quatre dièdres formés par ces deux plans. Devons-nous penser que toutes les parties

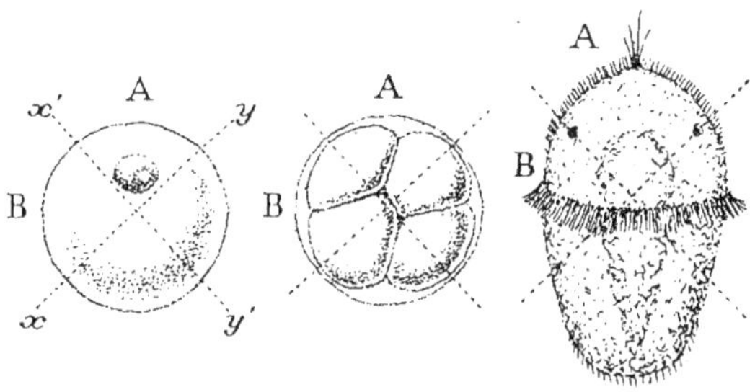

Fig. 95.

produites dans le dièdre yy' de l'embryon proviennent particulièrement des parties comprises dans le dièdre yy' de l'œuf? Évidemment, la question ainsi posée vient de l'ancienne théorie de l'*homunculus*, de la théorie de la *préformation* de l'adulte dans l'œuf.

Aujourd'hui la théorie de l'homunculus est abandonnée, mais la théorie des particules représentatives, qui

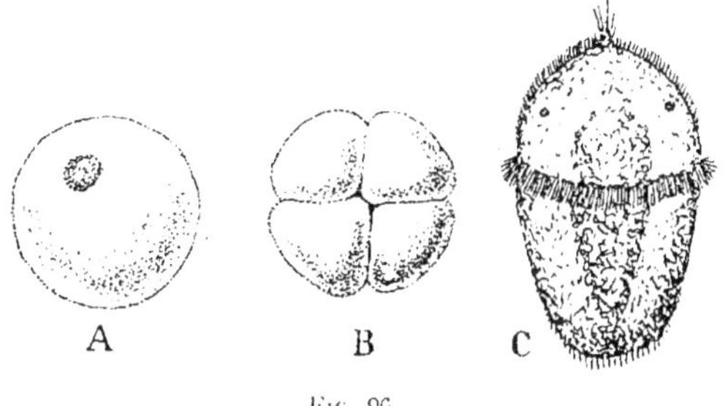

Fig. 96.

s'y est substituée. laisse le problème intact. L'œuf (fig. 96) se divise en 4 blastomères dans lesquels se *distribuent* les particules représentatives des diverses parties de l'adulte qui doivent provenir de chacun d'eux. Chacun des 4 blastomères doit donc contenir la détermination du quart correspondant de l'adulte qui en proviendra, et par conséquent, si l'un d'eux, isolé de l'ensemble, est néanmoins capable de continuer à se développer, il doit donner un quart d'embryon. Ce problème est accessible à l'expérience et nombreuses sont en effet les expériences qui ont été faites à ce sujet depuis quelques années ; on les appelle expériences sur les *préembryons*.

EXPÉRIENCES SUR LES PRÉEMBRYONS.

Comme on devait s'y attendre, et comme nous allons nous l'expliquer tout à l'heure, les résultats ont été différents chez des espèces différentes ; quelques-uns ont *paru* donner une démonstration de la théorie de la prédétermination ; d'autres, plus nombreux, ont montré au contraire que cette théorie est certainement erronée.

Nous essaierons de montrer que, dans les cas où cette prédétremination *paraît* exister, c'est pour des raisons tout autres que celles de la distribution, aux divers blastomères, de groupes différents de particules représentatives.

Les différentes expériences ont été faites par des procédés divers ; ou bien on a isolé l'un de l'autre tous les blastomères au stade 2, au stade 4, au stade 8, etc., et cet isolement a été obtenu par des moyens expérimentaux différents sur lesquels je ne m'étendrai pas ici : ou bien on a détruit expérimentalement un ou plusieurs blastomères d'une agglomération, laissant ainsi un édifice incomplet ; ou bien on a incomplètement divisé un préembryon, sans arriver à l'isolement complet de ses blastomères ; ou bien on a déplacé un blastomère par rapport aux autres ; ou bien, enfin, on a réussi à souder ensemble des œufs ou des blastomères préalablement isolés. Il est évident que tous ces procédés expérimentaux peuvent donner des renseignements précieux ; je vais grouper les résultats au point de vue de la conclusion qu'ils *paraissent* fournir, et sans me préoccuper du procédé par lequel ces résultats ont été obtenus, car les phénomènes dépendent de l'espèce étudiée et non de la manière dont elle a été soumise à l'expérience.

D'abord, les résultats les plus favorables à la théorie de la prédétermination ont été obtenus chez les Cténophores et chez le Gastéropode *Ilyanassa obsoleta*. Chez *Ilyanassa*, par exemple, il y aurait, au stade 16, quatre grosses cellules ou macromères et douze petites ou micromères dans un préembryon normal; si, par isolement dans les premiers stades, on obtient un blastomère qui représente la moitié ou le quart de l'ensemble, ce blastomère produit, au stade qui correspond au stade 16, une masse de un macromère et trois micromères, si le blastomère initial était le quart, une masse de deux macromères et six micromères si le blastomère initial était la moitié de l'ensemble (CRAMPTON).

Malheureusement ces préembryons morcelés ne survivent pas.

Chez les Cténophores, au contraire, on obtient des larves beaucoup plus avancées; l'un des blastomères, isolé au stade 2, donne naissance à une demi-larve qui n'a que quatre côtes au lieu de huit; si, au

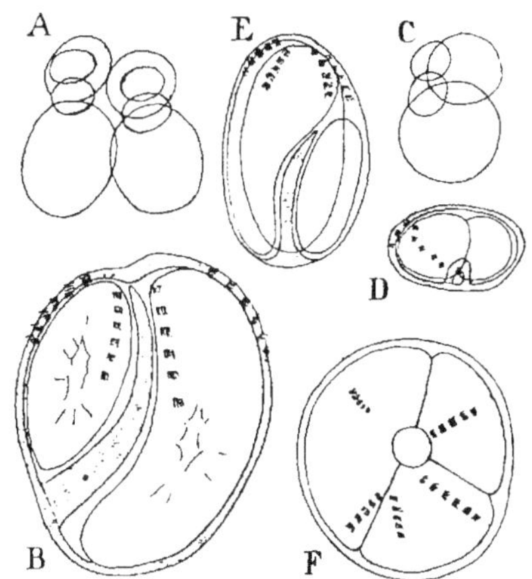

Fig. 97. — Larves partielles du Cténophore *Beroe* (d'après DRIESCH et MORGAN).

A. moitié du stade 16, d'où résulte la demi-larve B; C, quart du stade 16, d'où résulte le quart de larve D; E, F, deux aspects d'une larve partielle.

stade 4, on sépare l'un des blastomères, il donne un quart de larve, avec deux côtes seulement, tandis que l'ensemble des trois blastomères restants donne une larve *complémentaire* à six côtes ; un blastomère du stade 8 donne un huitième de larve... Ce qu'il y a de plus curieux au sujet de ces larves partielles, c'est qu'on trouve normalement, dans la nature, des Cténophores n'ayant que quatre côtes, ce que Chun a attribué au secouage des œufs pendant les tempêtes (opération analogue à celle par laquelle on obtient expérimentalement des blastomères isolés dans les laboratoires). Mais il ne faut pas manquer de remarquer que ces *larves partielles* de Cténophores ne sont partielles qu'en apparence, à *l'extérieur ; les organes internes sont complets chez eux*, ce qui nous prouve que, même dans les cas les plus favorables à la prédétermination, il reste encore des faits qu'elle n'explique pas.

Des résultats analogues aux précédents ont été obtenus chez les Ascidies et chez certains Batraciens, mais il n'y a pas accord entre les expérimentateurs. Les plus favorables à la prédétermination, par exemple, les résultats de Roux sur la Grenouille, sont passibles d'une grosse objection ; l'expérimentateur a bien obtenu, chose très remarquable, des demi-embryons, et même des demi-embryons *droits* ou *gauches,* en partant de l'un des deux blastomères du stade 2, *mais ces demi-embryons ont fini par se transformer en embryons entiers*, ne différant que par leur taille plus petite des embryons normaux.

Le même phénomène se manifeste d'une manière plus précoce encore chez les Échinodermes. Chez ces animaux, les blastomères isolés du stade 2 ou du stade 4 ont fourni des demi-blastulas ou des quarts de blastulas, mais l'apparence incomplète de ces blastulas a disparu bientôt et elles sont devenues des larves *plus petites*, mais complètes et normales. Une observation est particulièrement intéressante : si l'on réussit à isoler d'une part tous les macromères, d'autre part tous les micromères d'un préembryon, cela n'empêche pas qu'il y ait, dans les deux cas, formation de gastrulas normales, mais plus petites, fait qui est tout à fait opposé à la théorie de la prédétermination.

Ainsi donc, dans toutes les expériences précédentes, *les choses finissent toujours par s'arranger* plus ou moins, comme nous le constations déjà au paragraphe précédent à propos du vitellus, sauf peut-être chez les Cténophores où l'apparence *extérieure* reste celle d'une larve partielle et chez *Ilyanassa*, où les larves meurent trop tôt.

Dans un dernier groupe d'animaux, chez *Amphioxus*, chez *Hydractinia* et chez différentes Méduses, les choses n'ont même pas besoin de s'arranger ultérieurement, car elles ne se dérangent pas. Un blastomère quelconque, isolé du stade 2 ou du stade 4, voire même du stade 8 ou du stade 16, donne immédiatement une larve d'apparence normale, exactement comme si ce blastomère était un *petit œuf*.

Là donc il est bien évident que la prédétermination n'existe pas, et que chacun des blastomères est, au point de vue de ses capacités reproductrices, équivalent à l'œuf entier. Mais, les larves, résultant de blastomères isolés aux divers stades, sont *plus petites* que les larves normales; de plus, leur évolution s'arrête plus tôt. Un des blastomères du stade 8 de l'*Amphioxus* ne dépasse pas le stade blastula.

Chez les Oursins, d'après DRIESCH, un blastomère du stade 2 ou 4 va jusqu'à la forme *pluteus;* un blastomère du stade 8 donne une gastrula qui commence à se transformer en *pluteus;* un blastomère du stade 16 une simple gastrula; enfin, un blastomère du stade 32 ne dépasse pas la forme de blastula. Ce nanisme des larves, résultant des blastomères isolés, et cet arrêt dans leur développement, ne sont pas pour nous étonner.

RÉSULTATS
FAVORABLES
A L'INDIFFÉ-
RENCE.

(155)

Nous avons en effet remarqué, au paragraphe précédent, que, pendant les premiers stades de la segmentation, le préembryon ne grossit pas; il vit sur ses réserves. La quantité de vitellus comprise dans un blastomère du stade 2 (dans un cas de segmentation égale) est la moitié de la quantité totale du vitellus de l'œuf; l'embryon qui en provient doit donc être de demi-taille jusqu'au moment où il commence à pouvoir emprunter par lui-même de la nourriture à l'extérieur; si, avec sa provision de réserves, il peut atteindre le degré d'évolution dans lequel cet emprunt est possible, il continue de vivre et peut devenir adulte; si, au contraire, cette provision de réserves est épuisée avant qu'il soit capable de se nourrir aux dépens du milieu, il est condamné à mort et son évolution s'arrête; cela explique tous les phénomènes que nous venons d'étudier, quant au nanisme et à l'arrêt du développement des embryons provenant de blastomères très réduits.

 Au point de vue de la prédétermination elle-même, que faut-il conclure de tous les résultats que nous venons de passer en revue? Évidemment, que cette prédétermination n'existe pas.

Cette conclusion est évidente et immédiate pour les animaux comme l'*Amphioxus* et les Méduses, et il serait bien extraordinaire que des différences aussi importantes que celle de l'absence ou de la présence d'une prédétermination existassent chez des animaux aussi voisins que l'*Amphioxus* et les Ascidies par exemple. Nous sommes en présence ici d'un phénomène analogue à celui que nous avons déjà signalé précédemment, à propos de la régénération des membres coupés chez les animaux. Un Triton régénère sa patte, une Grenouille ne la régénère pas? Devons-nous donc croire que la forme spécifique, caractéristique de la composition chimique chez le Triton, ne l'est pas chez la Grenouille? Certainement non; seulement il y a des différences entre ces animaux si voisins, au point de vue de l'importance du squelette, comme facteur des conditions d'équilibre. Dans les expériences chez les préembryons, nous allons constater quelque chose d'analogue. Arrêtons-nous par exemple à l'expérience de CHABRY sur les Ascidies (fig. 98). Il pique le blastomère (ombré sur la figure) et le détruit, mais les cloisons cellulaires persistent et jouent un rôle dans la direction du phénomène ultérieur; or précisément chez les Ascidies, les membranes cellulaires

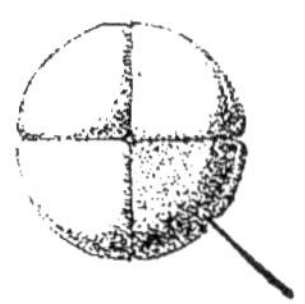

FIG. 98.

peuvent être encroûtées d'une substance très résistante, la tunicine ou cellulose animale. Le squelette du préembryon au stade 4 peut donc influencer les divisions ultérieures et la distribution des cellules qui proviendront de ces divisions; mais petit à petit, le rôle de ce squelette deviendra de moins en moins important par rapport à la masse de l'agglomération cellulaire, et alors, comme nous avons constaté que cela a lieu, *les choses finiront par s'arranger.*

J'ai commencé par donner cette interprétation grossière et simpliste, quoique me rendant parfaitement compte de son insuffisance, parce qu'elle conduit naturellement à l'interprétation réelle qui résulte de la considération du *squelette intracellulaire,* ou, si l'on préfère, de la rigidité différente des protoplasmas chez les espèces différentes. Considérons, par exemple, un blastomère au stade 4. Ce blastomère est déjà au stade 4 depuis quelque temps quand l'opérateur le sépare de ses congénères; il est donc certain que la présence des trois blastomères voisins a déjà exercé son influence sur la distribution des éléments kinétiques qui préparent la karyokinèse suivante; tel centrosome sera par exemple légèrement dévié dans telle direction, car nous savons, à n'en pouvoir douter, que, dans une agglomération cellulaire, les éléments voisins ont une influence sur la manière dont se prépare une karyokinèse dans un élément donné.

Isolons maintenant le blastomère considéré; si son protoplasma est bien fluide, n'est pas encombré d'un squelette rigide (comme celui qui se manifeste par exemple dans la figure achromatique à la fin de la karyokinèse) l'ensemble des éléments kinétiques contenus à son intérieur prend bientôt la position d'équilibre qui résulte du nouvel état des échanges molaires réalisés entre cet élément et le milieu; toute trace des modifications réalisées précédemment sous l'influence du voisinage des autres blastomères disparaît; le blastomère isolé devient ce qu'il aurait été s'il avait toujours été isolé, et il se comporte comme un petit œuf.

Si, au contraire, la rigidité du protoplasma rend la cellule paresseuse à manifester les conséquences de son nouvel état d'équilibre, les modifications déjà produites dans son intérieur se conservent et retentissent sur les divisions ultérieures, exactement comme si les autres blastomères étaient toujours à leur place primitive; la division du blastomère isolé est exactement ce qu'elle eût été s'il avait conservé sa place dans le préembryon. La disposition des éléments kinétiques dans les deux cellules nouvelles résulte donc de la disposition préexistante des éléments kinétiques dans le blastomère isolé, et cette disposition préexistante amène, par suite, quelque chose de spécial dans la disposition du stade à quatre blastomères provenant de ce blastomère isolé.

Ces quatre blastomères ayant une disposition différente de celle qu'ils auraient acquise, dans le cas où le blastomère isolé dont ils proviennent aurait été comparable à un petit œuf, c'est-à-dire n'aurait conservé aucune trace de sa position primitive dans le préembryon, cette disposition différente influe sur les divisions ultérieures. Dans le cas d'une *rigidité absolue*, un blastomère du stade 4 produirait exactement, rigoureusement ce qu'il eût produit en restant à sa place primitive, c'est-à-dire le quart d'un embryon : dans le cas d'une rigidité nulle, il produirait au contraire un embryon complet, mais quatre fois plus petit que l'embryon normal. En réalité, il n'y a jamais rigidité absolue, ni rigidité tout à fait nulle, et les choses finissent toujours par s'arranger, plus ou moins tôt suivant les cas, c'est-à-dire que la trace de la position primitive du blastomère initial, dans le premier préembryon, disparaît plus ou moins vite ; elle disparaît tout de suite chez l'*Amphioxus* et chez les Méduses, bientôt chez les Oursins, tardivement chez les Ascidies, plus tardivement encore chez les Cténophores où elle laisse toujours, dans les cas connus, une trace extérieure [1].

Ainsi envisagées, les expériences que nous venons de relater sont toutes d'accord contre la théorie de la prédétermination. Les autres expériences relatives au même sujet donnent des résultats analogues : la soudure de deux éléments isolés a donné, dans certains cas, suivant que la soudure était plus ou moins complète, des monstres doubles qui finissaient par s'unifier, ou même des êtres primitivement simples, mais de taille double. Un résultat identique a été obtenu dans le cas de séparation incomplète des blastomères. Wilson a obtenu des gastrulas doubles ou triples d'*Amphioxus* (fig. 99); Schultze a obtenu des embryons bicéphales de Grenouille (fig. 100).

On comprend aisément ces résultats en comparant les deux cas extrêmes : 1° une séparation complète des deux pre-

EXPÉRIENCES DE SOUDURE.

SÉPARATION INCOMPLÈTE DE BLASTOMÈRES.

---

1. Peut-être même y a-t-il lieu de se demander si, chez les Cténophores, les larves incomplètes, trouvées dans la mer, proviennent bien d'un isolement de blastomères par le secouage des flots, ou s'il n'y a pas, chez ces êtres, une *autre forme* d'équilibre possible.

miers blastomères aurait donné deux individus complets
et distincts (c'est le cas des vrais jumeaux dans l'espèce
humaine); 2° une sépa-
ration nulle eût donné un
individu unique. Si la
séparation a été incom-
plète dans une région,
la région caudale, par
exemple, sera unique
tandis que la région cé-
phalique sera double.

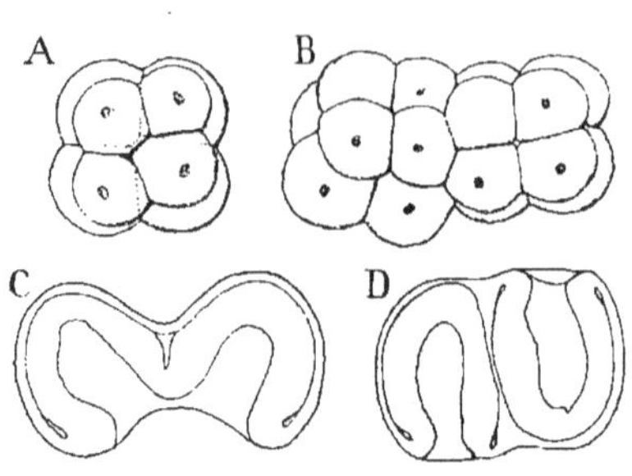

Fig. 99. — Expériences de Wilson sur les préembryons d'*Amphioxus.*

A, segmentation du blastomère isolé (identique à
celle d'un œuf.)
B, segmentation double provenant d'une séparation
partielle au stade 2 et conduisant aux gastrulas
doubles C et D.

Les faits, résultant
du déplacement d'une
cellule dans un préem-
bryon, sont également
contraires à la théorie
de la prédétermination; des cellules qui, normalement,
auraient fait partie de l'endoderme, sont devenues sans
peine des cellules exo-
dermiques.

Ainsi donc, tous les
renseignements, que
nous pouvons tirer de
l'étude expérimentale
des préembryons, sont
en faveur de la conclu-
sion que nous avons tirée
précédemment de l'étude
de l'hérédité et surtout
de l'hérédité des carac-
tères acquis : le patri-
moine héréditaire est

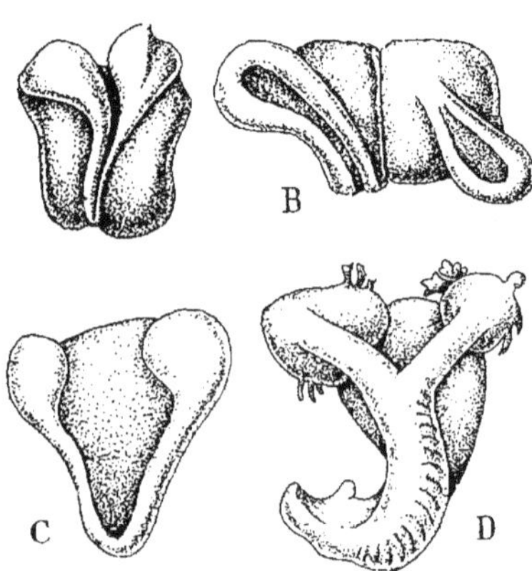

Fig. 100. — A. B. C, doubles embryons de Grenouille provenant des expériences de Schultze :
D, têtard à deux têtes (d'après Schultze).

commun à tous les éléments d'un organisme; si l'un
d'eux est susceptible de développement isolé, il donne

naissance à un individu doué de ce patrimoine héréditaire, et qui, tôt ou tard, suivant que les influences rigides sont plus ou moins importantes, finit par prendre la forme spécifique de l'espèce considérée. Vouloir nier ce résultat, à cause des expériences de CHABRY sur les Ascidies, ce serait prétendre qu'un morceau de feuille de Bégonia ne reproduit pas effectivement un Bégonia parce que, dans les premiers stades, l'agglomération cellulaire, qui provient de ce morceau de feuille, est très différente de la plantule provenant de l'œuf fécondé. Une fois que les influences perturbatrices ont disparu, la masse individuelle prend sa forme d'équilibre normale, quels qu'aient été ses débuts, pourvu qu'il ne subsiste pas trop de squelette préexistant ou précoce.

107. — LA DIFFÉRENCIATION CELLULAIRE.

Malgré l'identité du patrimoine héréditaire, les divers éléments histologiques qui, chez un animal, proviennent de l'œuf, n'en sont pas moins notablement différents. Un élément musculaire diffère profondément d'un élément nerveux ou d'un élément épithélial, et ces différences ne sont pas seulement manifestées par la forme des cellules, mais aussi par leur mode d'activité. De quel ordre sont ces différences ? Nous ne le savons pas. Sont-ce des différences dans l'état physique ? Cela serait assez difficile à admettre à cause de la différence des excréta chimiques de ces éléments ! Si ce sont des différences d'ordre chimique, elles doivent respecter le patrimoine héréditaire. Or il n'est pas impossible[1] que des variations quantitatives se produisent dans des élé-

---

1. Voir *L'Unité dans l'être vivant*, chap. x.

ments, tout en respectant un caractère quantitatif préexistant. Peut-être aussi n'y a-t-il pas réellement variation quantitative, mais seulement modification dans la nature des substances accessoires, non vivantes, qui encombrent les agrégats aux divers points de l'organisme, suivant les conditions particulières réalisées en ces points. A toutes ces questions, rien ne nous permet encore de répondre. Nous ne connaissons pas le mécanisme de la différenciation cellulaire, mais le principe de Darwin nous permet de parler d'adaptation, d'aptitude, sans connaître la nature de cette adaptation, de cette aptitude, et ainsi, nous concevons la formation de la coordination par l'épigénèse sans en connaître les détails intimes. Dans l'état actuel de la science, le langage global ou synthétique est seul possible pour la narration des faits de biologie.

Cependant, une question pratique se pose au sujet de ces éléments histologiques différenciés. Leur différenciation, qui résulte tant de l'épigénèse dirigée par une hérédité précise que de l'adaptation fonctionnelle aux conditions topographiques du point considéré, est-elle définitive? Ne peut-elle pas changer si les conditions changent? Certains auteurs ont pensé que des leucocytes, par exemple, peuvent, dans certains cas se transformer en éléments fixes du tissu conjonctif! Il ne faudrait pas rapprocher cette manière de voir des prétendues évolutions rétrogrades dont nous avons fait justice plus haut. Les éléments des tissus d'un même individu sont tous doués du même patrimoine héréditaire et sont, par conséquent, de la même espèce; c'est donc par un abus de langage que les partisans de la différenciation *définitive* des éléments histologiques, disent qu'ils croient à la *spécificité* des divers types cellulaires. Le Dr Bard, qui défend cette théorie de la spécificité cellulaire, s'appuie sur des observations, faites en particulier dans le cas de tumeurs, et d'où il veut conclure à la prédétermination de tous les éléments qui peuvent provenir d'une cellule donnée au cours du développement. On peut raisonner sur ces observations comme nous l'avons fait précédemment sur les résultats des expériences au sujet des préembryons. La régénération des membres coupés semble un argument bien fort contre la théorie de la différenciation définitive des éléments histologiques. Je me contente d'indiquer ici cette question qui, spéciale aux êtres supérieurs, n'entre pas dans le cadre de la biologie générale ; d'ailleurs, je le répète, les documents que nous possédons à ce sujet sont loin d'être complets.

Après cette courte incursion sur le domaine de la différenciation histologique, nous devons dire également quelques mots d'une question dont ne sauraient se désintéresser les biologistes, l'existence de la conscience chez les êtres vivants. Nous étudierons donc, dans l'*Appendice* qui suit, les fondements biologiques de la psychologie, et nous montrerons, en même temps, quelles sont les conquêtes biologiques qui peuvent être utiles à l'étude des sociétés, en d'autres termes, comment la biologie peut être utile à la sociologie.

PSYCHOLOGIE ET SOCIOLOGIE

CHAPITRE XIII

PARALLÉLISME DE LA PSYCHOLOGIE ET DE LA PHYSIOLOGIE

108. LE DÉTERMINISME ET LE LANGAGE PSYCHOLOGIQUE. — 109. LA CONSCIENCE. — 110. ASSIMILATION ET MÉMOIRE ÉLÉMENTAIRE. — 111. LES ÉPIPHÉNOMÈNES. — 112. DÉFINITION DE LA VOLONTÉ EN LANGAGE PHYSIOLOGIQUE ET EN LANGAGE PSYCHOLOGIQUE.

108. — LE DÉTERMINISME ET LE LANGAGE PSYCHOLOGIQUE.

Nous avons fait toute l'étude objective des êtres vivants sans nous rappeler que nous sommes nous-mêmes des êtres vivants; quand nous avons parlé des hommes, il a toujours été question des hommes sujets d'étude, et non des hommes observateurs. Et nous avons pu raconter les actes des animaux ou des hommes, sans faire intervenir autre chose que des agents physiques ou chimiques; nous nous sommes astreints en effet à faire la narration synthétique ou globale des événements sans les décomposer en événements intermédiaires, et nous avons vu qu'avec cette précaution, en définissant les fonctions d'une manière très complète et les organes par les fonctions, le langage darwinien, appliqué aux éléments des tissus, nous a permis de comprendre l'adaptation sans faire d'hypothèse.

Lamarck n'employait pas ce langage synthétique; il ne pouvait oublier ce qu'il savait de son fonctionnement personnel d'homme, et il appliquait aux animaux le langage analytique qui est le langage humain; aussi était-il obligé de faire intervenir, dans la détermination des actes des animaux, une personnalité consciente, et quand on fait intervenir cette personnalité dans le langage, on est bien près de croire qu'elle est quelque chose à part, quelque chose qui dirige les mouvements de la matière et n'en dépend pas. Lamarck n'a pas commis cette erreur, du moins explicitement, mais le chef des néo-lamarckiens d'Amérique, Cope, s'est laissé aller à ce sujet à des considérations qui n'ont rien de scientifique[1].

LANGAGE GLOBAL ET LANGAGE PSYCHOLOGIQUE.

Je suis conscient; je perçois des renseignements sur les phénomènes extérieurs, je les enregistre et les discute, puis j'agis d'après ces renseignements : voilà le langage humain. Il *divise* chacune des fonctions de l'homme en trois phénomènes distincts : le phénomène centripète, le phénomène central et le phénomène centrifuge. Par comparaison avec moi-même je divise également en trois parties un fonctionnement quelconque d'un animal quelconque; je parle de cet animal comme je parlerais de moi-même, si j'étais à sa place. Et ce langage seul me conduit à croire à l'existence d'un *pouvoir*

---

1. Voir *Lamarckiens et Darwiniens.* Paris, F. Alcan, 1900.

central dans l'animal considéré. C'est ce pouvoir central qui reçoit et enregistre les renseignements; c'est lui qui prend une détermination; c'est lui qui donne les ordres d'exécution, d'après les renseignements reçus et la détermination prise. Dans les trois phrases que je viens d'écrire, ce pouvoir central est le sujet actif des verbes *reçoit, prend, donne;* il devient pour nous quelque chose de mystérieux et de puissant.

Quand je parle de moi-même, j'attache une importance particulière à la partie centrifuge de mon activité, à celle qui exécute les ordres du pouvoir central localisé en moi, et c'est cette activité partielle que je divise généralement en *fonctions* Il y a là une erreur, car une fonction comprend des phénomènes centripètes, des phénomènes centraux et des phénomènes centrifuges; quand je supprime, dans cette fonction, les deux premières catégories de phénomènes, je suis naturellement obligé de les remplacer par quelque chose, et je les remplace en effet par un principe immatériel hypothétique que je localise en moi, et que je suppose capable de *créer du mouvement.* C'est cette manière de raisonner qui me fait croire à la *liberté* de ce principe immatériel que j'appelle *moi* et auquel je prête gratuitement la faculté *de créer des commencements absolus.* En réalité, ces prétendus commencements absolus ne sont que la conséquence des activités centripètes et centrales dont mon langage néglige de faire mention; ce sont des continuations et non des commencements : je suis un transformateur de mouvement et non un créateur de mouvement.

Voilà le danger du langage psychologique, ou langage humain, substitué au langage physico-chimique ou physiologique, dont nous nous sommes servis jusqu'à présent pour faire l'étude objective des activités animales. Quand nous nous servions de ce premier langage, nous constations seulement, chez l'animal, un ensemble de réactions à des impulsions venues de l'extérieur et nous remarquions que cet ensemble de réactions différait avec la nature des animaux étudiés. Chaque animal transforme le mouvement suivant sa nature, comme cela a lieu pour tous les mécanismes de nos industries; mais, ce qui différencie l'animal d'avec la plupart de ces machines, c'est qu'il se modifie sans cesse, sous l'influence de son activité même, et que, par conséquent, il transforme *différemment*, à des moments différents, parce que sa nature est différente. Et il y a un grand danger, au point de vue de la rigueur du langage, à conserver le même nom à une série de machines différentes; c'est parce que nous négligeons de tenir compte des variations de l'individu que, devant ses réponses variables à des excitations fixes, nous le croyons soustrait aux lois constantes de la mécanique. En y réfléchissant, nous voyons cependant que tout, dans l'activité de l'animal, est *déterminé* par sa structure *actuelle* et par les conditions ambiantes, mais le langage psychologique est si commode, si familier, que nous oublions volontiers le déterminisme pour croire à la liberté. L'erreur fondamentale est de donner un nom à un individu, et de lui conserver ce nom à travers des transformations successives. Ceci admis, commettons cette erreur sans oublier que nous l'avons commise, et adoptons le langage psychologique.

109. — LA CONSCIENCE.

Je suis conscient; *je* vois, *j*'entends, *je* suis au courant de certains mouvements qui se passent autour de *moi*. *Je* sais, d'autre part, que mon corps est constitué comme celui d'un autre homme ou d'un animal, et *je* connais la nature des mouvements qui, de l'extérieur, viennent impressionner *ma* surface et donner naissance à *mes* fonctionnements. Ces mouvements sont, par exemple, des mouvements vibratoires de l'air (son) ou de l'éther (lumière). Ils frappent *mes* surfaces sensorielles et donnent naissance à des influx nerveux qui traversent *mes* centres, suivant un chemin que détermine leur état actuel et se répartissent ensuite dans *mes* parties motrices. *Je* décris tout cela fort aisément, mais comment se fait-il que *je* le sache, que *je* sois un centre conscient de cette activité incessante? Comment se fait-il aussi que *je* continue à être *moi* à travers tous ces changements incessants?

A cette question on a longtemps répondu par une hypothèse simpliste : *je* suis un pur esprit, ayant précisément comme propriétés toutes les particularités que je viens d'énumérer, et *je* suis étroitement uni au corps que j'appelle *mon* corps, au point d'être tenu au courant de tout ce qui se passe en lui ; c'est ce *moi*, pur esprit, qui discute les renseignements perçus et donne les ordres d'exécution. Et quand notre corps meurt? Eh bien! ce n'est pas difficile : ce pur esprit se sépare de notre corps qui ne peut plus lui être utile, et il continue à vagabonder à travers les espaces. Et quand notre corps naît? Ce pur esprit se trouve créé brusquement, au moment où le spermatozoïde fécondant l'ovule, détermine notre patrimoine héréditaire. Ce pur esprit est tout simplement le sujet des verbes avec lesquels nous racontons les activités de notre personne dans le langage psychologique. C'est une manière de parler, et une manière de parler si commode qu'on ne l'abandonnera pas de longtemps...

Il y a d'ailleurs une grande difficulté à parler de la conscience, car le langage humain tout entier a comme point de départ l'existence même de cette conscience et la croyance à la personnalité absolue de celui qui parle.

LA CONSCIENCE
PUR ESPRIT.

(469)

De plus, pour expliquer une chose, il faut la comparer à quelque chose, et il paraît bien difficile de comparer l'existence de notre conscience à l'un des phénomènes objectifs que nous observons hors de nous, et dont nous ne savons pas s'ils sont ou ne sont pas conscients.

Nous pouvons cependant définir la *conscience*, la propriété qu'a notre corps *d'être au courant de sa structure actuelle;* cela suffit pour que nous soyons au courant, secondairement, de certains faits qui se passent autour de nous, à cause du retentissement, sur notre structure, de ceux des événements extérieurs qui peuvent impressionner nos surfaces sensorielles. Ainsi donc, l'homme n'est pas seulement un transformateur de mouvements, il est encore conscient des transformations qui s'opèrent en lui. Mais, comment se fait-il que cette conscience soit une chose *continue*, c'est-à-dire se perpétue dans le temps, à travers les changements matériels incessants de notre corps? En réalité, nous n'avons aucune raison d'admettre que la conscience est continue; c'est, avons-nous dit, la propriété qu'a notre corps d'être au courant de sa structure *actuelle*.

Mais, dira-t-on, nous sommes également au courant des choses passées?

Parce que certaines choses passées ont laissé des traces dans notre structure actuelle; nous sommes au courant de ces choses passées, tant que les traces matérielles qu'elles ont laissées en nous n'ont pas disparu; mais notre conscience ne connaît jamais qu'un état présent de notre corps. Ce qu'elle connaît est différent quand l'état présent de notre corps est différent; de là à penser que la conscience n'est qu'un *reflet intérieur* de l'état structural de notre corps, il n'y a pas loin. Mais cette expression, *reflet intérieur*, est défectueuse, car elle est empruntée à une comparaison avec un phénomène physique tout différent.

CONSCIENCE
DE L'ÉTAT
STRUCTURAL
ACTUEL.

(470)

Je le répète, il est impossible de comparer la conscience à autre chose qu'à elle-même et nous devons dire : notre conscience, c'est la conscience de l'état structural de notre corps.

Notre vie psychique, c'est donc une série de consciences différentes des états structuraux successifs et différents de notre corps ; mais comme ces états structuraux se succèdent d'une manière continue, il n'y a que des variations continues dans notre conscience, c'est-à-dire qu'il n'y a pas, en général, une divergence considérable entre l'ensemble de notre conscience présente et l'ensemble de notre conscience du moment immédiatement précédent, dont une grande partie se trouve encore représentée, par conséquent, dans l'état structural actuel de notre corps. Il y a cependant des cas où un changement brusque se produit dans l'état structural de notre corps, et nous sommes alors victimes d'une illusion : nous croyons être un autre individu. En réalité, nous sommes un autre individu à chaque instant successif de notre vie, mais, en général, les traces que les événements passés ont laissées dans notre structure nous font connaître ces événements passés tels qu'ils se sont réellement passés. Au contraire, s'il y a un changement brusque dans notre état structural, nous connaissons *autre chose* que les événements passés auxquels nous avons réellement assisté (sommeil, condition seconde). Ces altérations de la personnalité sont même la meilleure preuve à l'appui de cette opinion, que notre conscience n'est que la traduction, dans un certain langage, de la structure actuelle de notre corps. Et puisque notre conscience est liée aussi intimement à notre structure, nous devons penser qu'elle *appartient* à notre structure même ; or, nous sommes formés de corps connus en chimie : le carbone, l'hydrogène, l'azote, etc. ; nous devons donc penser que les corps de la chimie ont en eux-mêmes les éléments de notre conscience et que, à mesure que notre corps se construit avec des atomes. notre conscience se construit aussi avec les éléments de conscience appartenant à chaque atome. Cela posé, nous n'avons plus à comparer la conscience à autre chose qu'à elle-même; nous constatons des synthèses d'éléments de conscience parallèlement à des synthèses d'éléments de matière. Le langage devient facile et clair.

110. — ASSIMILATION ET MÉMOIRE ÉLÉMENTAIRE.

L'homme (ou l'animal, car si la conscience est en relation avec les phénomènes structuraux de l'homme, elle doit également se manifester chez l'animal dans lequel les phénomènes structuraux sont analogues) est en activité chimique constante; c'est grâce à cette activité chimique constante qu'il a une conscience différente à chaque instant différent de son activité; c'est grâce à cette activité chimique constante que *se gravent* en lui les répercussions des événements ambiants, et qu'il retient quelque chose de ces événements dans ses consciences ultérieures. Ce n'est que grâce à cette activité chimique incessante que la conscience a un intérêt; un homme qui serait immuable dans le monde n'aurait, à chaque instant, qu'une répercussion extemporanée des événements extérieurs; il n'en connaîtrait même *rien*, car on ne peut juger de la nature d'un mouvement que par la comparaison de plusieurs positions successives du mobile; la lumière, le son, sont des mouvements, et une connaissance extemporanée de la position d'un corpuscule vibrant ne nous renseigne pas sur la nature de la vibration qu'il exécute; il n'y a pas de connaissance extemporanée; la connaissance ne provient que de la comparaison d'une succession de phéno-

PAS DE CONNAISSANCE POUR UN ÊTRE IMMUABLE.

mènes. Un homme qui serait immuable ne connaîtrait donc rien.

Un corps de la chimie brute ne connaît rien quand il est au repos : il n'y a pas de connaissance sans changement. Or, quand un corps de la chimie brute est l'objet d'un changement, il change *trop ;* il se détruit en tant que composé défini, et c'est précisément là, au point de vue objectif, la différence essentielle entre un corps brut et un corps vivant (Voir livre premier). Au point de vue de la conscience, il en est de même ; la manifestation de la conscience est extemporanée dans une molécule qui se détruit : la sensation moléculaire est extemporanée ; à cette rupture d'équilibre, qui entraîne une transformation chimique, succède un nouveau repos pendant lequel il n'y a plus connaissance. Au contraire, dans des molécules vivantes en voie d'assimilation, à une molécule donnée succèdent des molécules identiques qui *la continuent,* et dans lesquelles se continue l'activité chimique ; les réactions vitales sont continues, les réactions de la chimie brute sont extemporanées. Pendant une série de réactions vitales continues, un mouvement lumineux peut se terminer, une vibration calorifique s'accomplir ; il y a, dans la conscience du protoplasma vivant, une accumulation de connaissances successives ; il y a *mémoire élémentaire,* conséquence de l'assimilation.

RÉACTIONS VITALES ET RÉACTIONS BRUTES.

Ainsi donc, la différence fondamentale, que nous avons signalée au point de vue objectif entre les corps vivants et les corps bruts, est précisément corrélative d'une différence fondamentale au point de vue subjectif, différence que nous pouvons exprimer en disant que, en dehors de l'assimilation, la notion de temps n'existe pas, et par conséquent non plus la notion de mouvement ni celle d'espace ; la connaissance du corps brut se réduit à une connaissance extemporanée de son existence.

NOTION DE TEMPS.

J'ai longuement étudié ailleurs [1] la construction de la conscience des êtres supérieurs, construction parallèle à celle de leur corps. Je voulais signaler seulement ici comment s'établit ce parallélisme entre la psychologie et la physiologie, et je me bornerai à étudier l'illusion de la *volonté* pour montrer les différences du langage physiologique et du langage psychologique ; avant d'y arriver, je veux dire quelques mots d'une expression que j'ai employée autrefois, après Huxley et Maudsley, et que beaucoup ne paraissent pas avoir bien comprise.

111. — LES ÉPIPHÉNOMÈNES.

La croyance au principe immatériel dirigeant les actions des hommes était si répandue naguère, qu'on confondait la question de son existence avec celle de la conscience elle-même ; quand l'homme connaît, c'est, dans cette ancienne théorie encore acceptée par beaucoup, le principe immatériel situé à son intérieur qui connaît. Mais en même temps qu'on attribuait à ce principe immatériel la faculté de connaître, on lui attribuait aussi la faculté d'agir, de produire des commencements absolus. Lorsque le progrès des sciences amena à conclure au déterminisme des actes animaux et humains, il fallut déposséder ce prétendu principe immatériel de son pouvoir miraculeux ; mais le langage était créé, et le mot conscience impliquait pour beaucoup de personnes la faculté de diriger les actions des animaux. Or le déterminisme impliquait une absence totale d'intervention extramatérielle

<hr>

1. Voir *Le déterminisme biologique et la personnalité consciente.* Paris, F. Alcan, 1897.

dans ces actions ; ces actions n'étaient que des transformations de mouvement, opérées par des machines variables à chaque instant et suivant leur état actuel. Les animistes objectèrent aux déterministes que, en supprimant l'âme humaine principe de mouvement, ils supprimaient en même temps la conscience humaine, dont cependant l'existence est évidente à chacun de nous. C'est pour faire le départ entre la conscience *témoin* et la conscience *directrice d'actions*, que les déterministes imaginèrent l'expression de conscience *épiphénomène*. Toutes les propriétés que nous connaissons à la matière sont des propriétés actives, capables d'intervenir dans les transformations de mouvement ; mais il fallait attribuer en même temps à la matière une propriété d'un autre ordre, celle de se connaître elle-même. Ainsi la matière, obéissant aux lois naturelles sans pouvoir jamais y contrevenir, est au courant, à chaque instant, de son existence propre ; quand la matière est organisée en forme d'animal, elle continue à obéir aux lois naturelles, mais elle a en outre conscience de son existence sous forme d'animal et, connaissant sa structure actuelle, elle connaît, du monde, ce qui, du monde, agit sur sa structure actuelle. Le mot *épiphénomène* a été imaginé pour rappeler que cette conscience de la matière n'a aucune qualité directrice, qu'elle est seulement témoin dans chaque molécule de l'existence même de cette molécule ; aujourd'hui ce mot n'a plus besoin d'être conservé ; il était utile seulement pour parler aux gens qui n'admettent pas une conscience passive, et lui attribuent une faculté directrice dont nous allons maintenant faire l'étude, la *volonté*.

112. — DÉFINITION DE LA VOLONTÉ EN LANGAGE PHYSIOLOGIQUE ET EN LANGAGE PSYCHOLOGIQUE.

Ainsi que nous l'avons vu, et nous le reverrons d'ailleurs en détail quand nous étudierons l'instinct, l'homme ou l'animal, considéré à un moment quelconque de son existence, est une association de mécanismes dont les uns sont adultes (mécanismes héréditaires ou acquis par une habitude prolongée), les autres non (mécanismes intellectuels).

COUP D'ŒIL D'ENSEMBLE SUR NOTRE MÉCANISME. Le fonctionnement de ces mécanismes est essentiellement de nature chimique, quoique, le plus souvent, il ne se manifeste à nous que par des résultats physiques ou mécaniques. Les éléments constitutifs des mécanismes sont les tissus. Il y a des tissus d'ordre inférieur et d'ordre supérieur, au point de vue de la coordination générale qui constitue la vie individuelle.

Le tissu nerveux seul est d'ordre supérieur à ce point de vue : il unit et commande les autres dont le fonctionnement serait sans lui, purement local.

Le rôle principal du tissu nerveux est la *conduction*. Rappelons que ce tissu se compose d'éléments histologiques appelés *neurones*, corps cellulaires isolés, munis de prolongements protoplasmiques très nombreux et très ramifiés, mais ayant, à un moment considéré, une forme et une délimitation *précises*. La manière dont le corps réagit, à un moment donné, à une excitation donnée, est uniquement sous la dépendance de l'état précis du système nerveux au moment considéré ; la modification d'un seul prolongement protoplasmique d'un seul neurone peut modifier du tout au tout la nature de la réaction individuelle. Tout le système de conduction à travers le système nerveux dépend, en effet, des rapports de contiguïté existant entre deux neurones voisins ; le courant conducteur, quelle que soit d'ailleurs sa nature, ne passera donc que là où la résistance ne sera pas assez grande pour l'arrêter. Donc, étant donnée, à un moment précis, une excitation locale *d'une intensité déterminée*, le courant nerveux résultant suivra un chemin, peut-être souvent bifurqué et dispersé, mais *rigoureusement tracé* par l'état actuel du système nerveux. Or, ce qui caractérisera la réaction de l'organisme à l'excitation donnée, c'est la situation topographique des éléments histologiques dans lesquels vient se terminer le courant causé par cette excitation. Songez maintenant au nombre formidable des neurones humains, et à la complexité inouïe de leurs prolongements protoplasmiques ; songez aussi que tout cet ensemble inextricable n'est

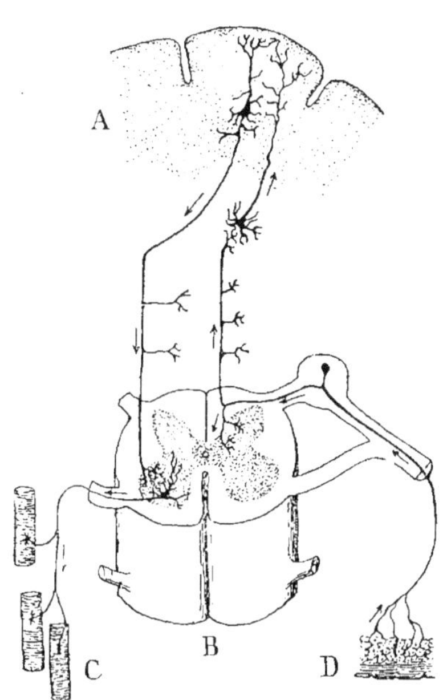

Fɪɢ. 101. — Schéma de la marche des incitations motrices volontaires et des excitations sensitives conscientes (d'après Raᴍon ʏ Cᴀᴊᴀʟ).

A, région psycho-motrice de l'écorce cérébrale ; B, moelle épinière ; C, fibres musculaires ; D, peau.

jamais au repos chimique, qu'il est sans cesse le siège de phénomènes nutritifs, commandés par la nature des courants qui le traversent et par la nature du milieu dans lequel baignent ses éléments : songez, enfin, que, par toutes ses terminaisons superficielles, le système nerveux reçoit sans cesse, de conditions ambiantes sans cesse variables, des excitations variant sans cesse en nature et en intensité, et vous concevrez que la variété des réactions humaines soit infinie ! Bien plus, vous aurez peine à croire qu'un homme puisse faire deux fois la même chose, ce qui, comme je le disais tout à l'heure, rend impossible une démonstration expérimentale de l'existence de la liberté absolue.

Il y a cependant des parties définitivement fixées dans le système nerveux ; ces parties sont, il est vrai, sans cesse modifiées par des phénomènes conductifs et nutritifs, mais leurs rapports réciproques n'en sont pas changés ; ils constituent la partie adulte du système, ce qu'on appelle les *centres inférieurs*. Qu'une excitation quelconque mette en mouvement l'un de ces centres, si l'intensité de l'excitation est faible, le mouvement provoqué dans le centre considéré ne pourra pas vaincre la résistance qui le sépare des centres supérieurs, et son énergie se dispersera, par des voies fixes, dans un domaine fixe de l'économie. La réponse de l'organisme à la même excitation sera toujours la même ; un étranger pourra la *prévoir*, l'ayant constatée une fois.

Mais que l'intensité de l'excitation augmente, une portion du courant passera dans les centres supérieurs, et, ces centres étant essentiellement variables, *non adultes*, ce qui se passera dépendra naturellement de l'état précis du système au moment précis où l'influx y arrive. Le même influx, arrivant une seconde plus tard, aurait pu se répartir dans un domaine topographique tout différent. Un étranger ne pourra jamais prévoir, dans ce cas, la réponse de l'organisme à l'excitation donnée ; il lui semblera que *l'organisme est **libre** de faire ce qu'il **veut***.

Le domaine fixe ou adulte du système nerveux individuel s'accroît chaque jour ; un chemin *souvent* suivi dans la partie variable des centres peut, sous l'influence de l'assimilation fonctionnelle, s'y fixer d'une manière

(478)

plus ou moins définitive (habitude, instinct secondaire), et rester fixé désormais sous l'influence de l'entretien par un fonctionnement suffisant: mais il peut aussi disparaître s'il est négligé (désuétude). Donc, quand on parle du domaine variable ou intelligent du système nerveux, il faut bien spécifier qu'il est question de ce domaine *au moment même* où l'on parle. Cela posé, il est bien facile de définir une *volition* : il y a **volition** dans un organisme chaque fois qu'un courant nerveux, provenant d'une excitation quelconque, traverse des parties non adultes du système nerveux, chaque fois, par conséquent, qu'un étranger ne peut en prévoir le résultat, et doit croire que l'organisme considéré est *libre* de faire ce qu'il *veut*. Voilà une définition purement physiologique de la volition.

VOLITIONS.

Le résultat d'une volition peut être de trois natures distinctes : 1° le courant terminal vient aboutir à des éléments histologiques d'ordre inférieur (muscle, glande, etc.) et en détermine le fonctionnement spécial ; il y a alors *exécution* proprement dite; 2° le courant terminal vient aboutir à une autre partie du système nerveux en état de fonctionnement et en arrête le fonctionnement; on dit alors qu'il y a *inhibition;* 3° le courant terminal vient se perdre dans la partie non adulte des centres nerveux supérieurs, et y détermine des modifications par assimilation fonctionnelle (*résidus*)[1]; l'existence de ces modifications ou résidus interviendra naturellement ensuite (tant qu'ils n'auront pas disparu par désuétude) dans l'établissement des courants d'une volition nouvelle qui traversera les mêmes parties des centres nerveux.

Il est bien évident que ces trois résultats différents

---

1. Ce mot *résidu* est classique: il a l'inconvénient de donner une image inexacte des faits.

d'une volition pourront coexister, le courant capricieux de l'influx devant se bifurquer un grand nombre de fois au hasard des résistances ; dans le cas d'une excitation de faible intensité, le troisième résultat pourra se produire seul ; il semblera à un étranger que l'organisme n'a pas réagi ; mais, dans le cas d'une excitation très forte, l'un des deux premiers résultats se produira forcément. Une émotion douloureuse détermine la sécrétion lacrymale (exécution), ou même l'arrêt du cœur (inhibition) ; mais quelquefois, lorsque le chemin parcouru dans le cerveau a eu de nombreuses bifurcations, l'une d'elles arrive à contremander le résultat de l'autre par inhibition ; par exemple, malgré une émotion douloureuse, il pourra arriver que l'organisme retienne ses larmes.

Jusqu'à présent, nous ne sommes pas sortis du domaine de la physiologie objective ; nous pourrions y rester et faire néanmoins une étude complète des volitions, mais nous nous priverions ainsi, de gaieté de cœur, d'un moyen d'investigation puissant que l'on appelle l'observation interne. Lorsque, en effet, comme nous l'avons vu tout à l'heure, il semble à un étranger que l'organisme est *libre* de faire ce qu'il *veut*, l'organisme considéré est lui-même victime de la même illusion. Cela tient à ce que les phénomènes moléculaires de l'assimilation sont accompagnés, nous l'avons vu, d'épiphénomènes de conscience ; la totalité de ces épiphénomènes à un moment considéré s'appelle *état de conscience* ; c'est *ÉTATS DE CONSCIENCE.* elle qui tient l'organisme au courant de la topographie actuelle de son système nerveux ; il suffit, pour concevoir cette mise au courant, de se rendre compte que la sensation moléculaire prend, dans la conscience totale, une valeur en rapport avec la situation topographique du point où a lieu la réaction dont elle est l'épiphénomène (énergie spécifique). Je ne reviens pas sur ces considérations que j'ai développées ailleurs[1] ; j'ai montré aussi pourquoi les réflexes, qui ne traversent pas les parties non adultes du cerveau, sont à peu près inconscients, et pourquoi il y a une sorte de parallélisme entre les volitions et les opérations conscientes[2]. Parlant rigoureusement, nous devons dire que, pas plus que l'observateur étranger, l'organisme ne peut prévoir absolument tout ce qu'il fera, mais il est tenu au courant à mesure qu'il agit ; cependant, il y a certaines choses qu'il sait d'avance, c'est le rôle que joueront ultérieurement dans son mécanisme, tant qu'ils n'auront pas disparu, les *résidus* résultant de la volition actuelle. En effet, par suite même de la valeur *topographique* de la sensation moléculaire, chaque fois qu'un courant nerveux mettra en activité le résidu de la volition actuelle, il éveillera l'état de conscience *même* qui a accompagné la formation de ce résidu, et, dans notre illusion que nos états de conscience *déterminent* nos actes (alors qu'ils n'en sont que le reflet), nous croirons agir en vertu de ce qu'a *appris* à notre conscience personnelle la formation du résidu considéré.

Nous pouvons maintenant comprendre la valeur des différentes opérations que les auteurs distinguent dans une volition en se servant de documents objectifs et subjectifs à la fois : excitation, perception, association d'idées, détermination, exécution. *ANALYSE D'UNE VOLITION.*

Excitation se comprend sans peine ; *perception* se rapporte à la situation topographique du point où l'excitation détermine les premières sensations conscientes (énergie spécifique) ; à partir de ce point, le courant suit une marche tortueuse, plus ou moins complexe, et crée des résidus nouveaux ou en éveille d'anciens (*associations*

---

1. *Le déterminisme biologique*, chap. vi. Paris, F. Alcan, 1897.
2. *Id.*, pages 130 et sq.

d'idées), pour arriver enfin à un ou plusieurs points des centres, dont la situation topographique définit la *détermination* à laquelle *s'arrête* la volition, parce que c'est en ces points qu'elle quitte les centres conscients pour se propager dans une voie purement mécanique d'exécution ou d'inhibition.

Nous avons l'illusion qu'une faculté spéciale de notre individu, *la volonté*, a le pouvoir de *diriger* les chemins suivis depuis la perception jusqu'à la détermination ; autrement dit, nous attribuons à notre volonté à peu près toute la partie consciente de nos volitions.

LA VOLONTÉ, CARACTÈRE INDIVIDUEL.

Voilà une définition suffisante de la volonté ; on voit qu'il n'y a pas plus de volonté absolue qu'il n'y a de liberté absolue, ce qui fait que l'on peut parler indifféremment de l'illusion de la volonté ou de l'illusion de la liberté[1]. Mais si l'on entend le mot volonté au sens que nous venons de spécifier, son étendue est une propriété qui nous est personnelle, c'est un *caractère de notre individualité*. Comme tous les caractères individuels, la volonté variera donc en étendue d'un individu à un autre ; elle pourra varier dans le même individu avec l'âge (évolution de la volonté), ou sous l'influence de causes morbides (pathologie de la volonté).

On comprendra mieux la définition précédente de la volonté, si l'on passe en revue les différentes variétés de volontés normales ou pathologiques[2].

Les caractères individuels sont morphologiques ou physiologiques ; on met à part, dans ces derniers, les caractères psychologiques qui n'en sont qu'un cas particulier. De même que les autres caractères individuels, les

---

1. On m'a reproché d'avoir confondu ces deux illusions, dans *Le Déterminisme biologique;* j'avoue ne pas comprendre en quoi elles diffèrent.

2. Voir Th. Ribot, *Les Maladies de la volonté.*

caractères psychologiques oscillent, dans une espèce donnée, autour d'un type moyen qu'on appelle le type normal de l'espèce. Le pigment est plus ou moins répandu chez les hommes ; il y a des individus moyens qui sont châtains, d'autres, extrêmes, sont très blonds ou très bruns. Ce ne sont que des différences de *quantité*. J'ai essayé d'établir précédemment que tous les caractères individuels sont quantitatifs[1]. De même pour la volonté.

Il y aura des types à volonté étendue, d'autres à volonté restreinte. De plus, ces variations quantitatives de la volonté pourront porter sur les différentes parties de la volition. Parmi les parties différentes de la volition, les unes sont variables et il me semble que les auteurs devraient limiter à ces parties variables la volonté propre ; la plupart y introduisent aussi l'excitation.

On distinguera donc des types chez lesquels l'excitation sera plus ou moins forte, d'autres chez lesquels la perception sera plus ou moins nette, l'association d'idées plus ou moins compliquée et rapide, la détermination plus ou moins précise et énergique, etc... On voit qu'il y aura ainsi une très grande variété dans les types de volonté, de même qu'il y a une très grande variété dans les types de physionomie.

Les types extrêmes, trop éloignés du type moyen, seront des monstres, des cas tératologiques. Les plus nettement caractérisés d'entre eux sont les idiots, les imbéciles, chez lesquels l'association d'idées est presque nulle ; chez ces êtres, il n'y a pour ainsi dire pas de volition ; le système nerveux est, de bonne heure, à peu près adulte ; une excitation donnée conduit fatalement à une exécution déterminée ; il n'y a pas de volonté. Naturellement, il y a beaucoup d'intermédiaires entre ce cas

PATHOLOGIE DE LA VOLONTÉ

------

1. Voyez aussi *Évolution individuelle et hérédité*.

extrême et le type moyen. Les impulsifs sont des êtres chez lesquels certaines excitations qui, chez les individus moyens, éveillent une association d'idées permettant de différer l'exécution, produisent au contraire fatalement cette exécution. Un être peut être impulsif pour une certaine catégorie d'excitations et type moyen pour les autres ; il peut même quelquefois être amené, après coup, à corriger l'acte impulsif fatal précédemment accompli, etc. Il y a des milliers de gradations.

A l'autre extrémité de l'échelle, nous trouvons au contraire les abouliques ; quelques-uns le sont par défaut d'excitation : ce ne sont pas des abouliques vrais ; un aboulique est celui chez lequel la volition, partie d'une excitation déterminée, n'arrive jamais jusqu'à l'exécution. Il n'y a pas d'abouliques absolus, car leur mort serait fatale ; mais il y en a chez lesquels l'influx, parti d'une excitation donnée, se disperse dans un trop grand nombre de directions et aboutit, soit à un grand nombre de déterminations contradictoires (irrésolus), soit à une détermination unique non suivie d'exécution. Ces derniers sont les plus curieux. Le cas de COLERIDGE est célèbre et cité partout. Il y a d'autres cas tératologiques ; je ne puis les passer en revue ici.

En dehors de ces cas tératologiques, il y a pour la volonté, comme pour les autres caractères physiologiques de l'individu, des états pathologiques momentanés ; ces états pathologiques seront évidemment différents suivant qu'ils résulteront de l'amoindrissement ou de l'exagération de telle ou telle partie des volitions :

(excitation, perception), anesthésie ;

(association d'idées), idée fixe[1] ;

---

[1]. L'idée fixe est le résultat du tracé accidentel, dans une partie non adulte du système nerveux, d'un chemin fixe par lequel passent toutes les volitions

(détermination), irrésolution ;

(exécution), aboulie pathologique ou, au contraire, impulsion irrésistible, etc...

Le plus souvent, ces états pathologiques sont le résultat d'intoxications : alcool, opium, poisons résultant de la maturité génitale (puberté, menstrues), de la grossesse, des dyspepsies, etc...

On considère aussi quelquefois, comme devant s'étudier avec les maladies de la volonté, les phénomènes de suggestion qui arrivent à remplacer la volonté d'un individu par celle d'un autre ; je ne ne sais pas jusqu'à quel point cela est logique ; l'homme agit toujours sous l'influence des conditions extérieures ; dans les cas de suggestion, il arrive seulement qu'un individu étranger joue, dans les conditions extérieures du suggestionné, un rôle prépondérant ; on arriverait, dans cette voie, à considérer que la volonté de l'élève est anéantie par celle du maître dont il suit les préceptes.

SUGGESTION.

Cette question des maladies de la volonté est d'autant plus troublante qu'elle touche à la responsabilité criminelle ; n'oublions pas que la volonté, comme tous les caractères individuels, est le produit partie de l'hérédité et partie de l'éducation, et que, pour les types moyens au moins, l'éducation peut corriger l'hérédité ; quand cette correction n'a pas eu lieu dans la mesure du possible, la responsabilité de l'individu est diminuée, mais celle de l'éducateur est augmentée d'autant, et l'on est en droit de lui reprocher une dangereuse et coupable négligence.

---

qui, en dehors de l'existence de ce chemin, eussent suivi une route variable et éveillé une association normale d'idées ; il est quelquefois facile, quelquefois impossible, de détruire ce chemin fixe.

CHAPITRE XIV

LA LIBERTÉ ET L'ÉGALITÉ CHEZ LES ANIMAUX[1]

113. L'APPLICATION DE LA BIOLOGIE A LA SOCIOLOGIE. — 114. LE PROBLÈME DE LA LIBERTÉ. — 115. LES INSTINCTS. — 116. LA LIBERTÉ DANS LES SOCIÉTÉS ANIMALES. — 117. L'ÉGALITÉ.

113. — L'APPLICATION DE LA BIOLOGIE A LA SOCIOLOGIE.

Après cette étude très rapide des rapports qui doivent être établis entre la psychologie et la physiologie, disons quelques mots, pour terminer, des applications possibles de la biologie à la sociologie.

Combien de fois n'a-t-on pas proposé à notre admiration l'impeccable ordonnance des sociétés d'Abeilles, la résignation, le dévouement incessant des ouvrières et tant d'autres particularités qui seraient en effet profondément admirables, *si les Abeilles étaient des hommes?* Il nous

---

1. Ces quelques considérations sociologiques ont été publiées dans la *Revue philosophique* (1903); je les reproduis ici en leur laissant leur forme primitive d'article, au lieu de les traduire dans le langage plus sévère d'un traité. On comprendra aisément que, pour parler actuellement de sociologie, on ne puisse prétendre à la netteté et à la précision d'une science exacte déjà ancienne.

est bien difficile de ne pas nous placer au point de vue humain pour juger de la quantité d'abnégation réelle qu'exigent certains devoirs sociaux de la part des animaux qui les accomplissent, et nous avons quelque honte à constater que nous honorerions comme des saints ceux de nos congénères qui se conduiraient envers notre société comme le font, envers la leur, les modestes habitants de la ruche ; on a donné le prix de vertu à une femme stérile qui avait élevé les enfants de sa voisine, et c'est là l'histoire courante des mouches à miel... Si les Abeilles étaient capables de nous observer (ce qui n'a d'ailleurs pas lieu), elles admireraient peut-être aussi certains actes humains que nous exécutons sans effort et sans héroïsme et qui exigeraient, de leur part, le dévouement le plus invraisemblable, le renoncement le plus méritoire à de chères prérogatives. On ne peut apprécier le mérite que si l'on connaît la valeur véritable du sacrifice ; tel hyménoptère trouvera réalisées les conditions parfaites du bonheur dans ce qui nous paraîtrait, à nous hommes, un esclavage intolérable. Si donc nous voulons tirer un enseignement de l'étude d'une société animale, nous devons commencer par nous enquérir, autant que l'observation nous le permet, de la nature et des instincts des êtres qui la composent, de manière à pouvoir ensuite nous mettre dans la peau de l'un d'eux, en observant les faits et gestes de ses camarades, plutôt que de nous attendrir sur le désintéressement d'une assemblée humaine qui agirait de la même manière et de la proposer comme exemple à nos congénères humiliés : « Si personne, dit Rabelais, les blasme (les femmes enceintes) de soy faire rataconniculer ainsi sus leur graisse, veu que les bestes sus leurs ventrées n'endurent jamais le masle masculant, elles répondront que ce sont bestes, mais elles sont femmes ».

NÉCESSITÉ DE SE PLACER AU POINT DE VUE DES ÊTRES OBSERVÉS.

(487)

114. — LE PROBLÈME DE LA LIBERTÉ.

Les trois mots, dans lesquels nous résumons les désiderata d'une société humaine parfaite, sont inscrits depuis plus d'un siècle au fronton de nos édifices publics : liberté, égalité, fraternité. Proposons-nous d'étudier la valeur de ces trois mots, en nous plaçant successivement au point de vue de l'homme et des animaux les mieux connus. Nous commencerons par le premier, « liberté », qui nous conduira à des réflexions sur la signification générale de l'*instinct*.

Il faut employer le mot *liberté* avec beaucoup de circonspection si l'on veut dire des choses précises, car c'est un mot dont on a singulièrement abusé; n'a-t-on pas vu récemment deux partis politiques opposés énoncer tous deux, au nom de la liberté, des réclamations exactement contraires ?

LA LIBERTÉ ABSOLUE.

Et d'abord, on doit distinguer la liberté au sens philosophique et la liberté au sens social, mais il ne faut pas oublier que, si ce mot a été employé pour représenter un certain état des individus vivant en société, c'est parce qu'on croyait autrefois pouvoir lui attribuer, au sens philosophique, une valeur absolue. Quelques philosophes le croient encore ; Renouvier enseigne que l'homme est susceptible de commencements absolus, ce qui équivaut à dire qu'il est capable d'introduire, dans le monde, quelque chose qui n'y était pas. Que ce quelque chose soit de la matière, personne ne le soutient : le contraire est trop évident; mais ceux qui croient aux principes immatériels admettent, avec Renouvier, que l'homme peut créer, à un moment quelconque, un quelque chose d'immatériel capable d'influencer la matière préexistante. Les déterministes pensent au contraire que l'homme est une machine à transformer le mouvement, exactement au même titre qu'un métier Jacquart ou une machine Gramme; il transforme suivant son état actuel, et, comme son état actuel change à chaque instant, il transforme différemment à des moments différents, tandis que la machine Gramme transforme sans cesse de la même manière; en outre, pour les déterministes, les variations mêmes de l'état actuel de l'homme résultent uniquement des transformations de mouvement précédemment effectués en lui, sans l'intervention d'aucun agent capricieux soustrait aux lois de la mécanique, tandis que les autres philosophes admettent au contraire l'influence d'un tel agent capricieux dans le réglage et même dans la mise en train de la machine humaine à chaque instant de la vie. J'ai longuement discuté cette question ailleurs[1]; j'ai montré en particulier que le seul argument des partisans du libre arbitre, savoir : « j'aurais pu, dans telle circonstance, agir autrement », n'est pas susceptible d'une démonstration expérimentale, puisque le moment passé ne peut plus se retrouver. Je continue donc à croire, avec les déterministes, que la liberté absolue n'est qu'une illusion, et je n'ai pas à me préoccuper de rechercher si les conditions de la vie sociale peuvent entraver quelque chose qui n'existe pas.

La définition suivante de la liberté au sens philosophique sera sans doute admise par tout le monde : « faculté qu'a l'animal d'agir à chaque instant *pour des raisons qui sont en lui* ». Les vitalistes accepteront cette formule parce qu'elle est écrite en langage vitaliste, le seul qui soit aujourd'hui à notre disposition, et ils pourront même y voir l'équivalent de l'affirmation de Renouvier; en effet, nous conservons à l'animal une même dénomi-

DÉFINITION GÉNÉRALE DE LA LIBERTÉ.

---

1. Voir, par exemple, *Le Conflit*, pages 186 à 204.

nation, malgré les changements constants dont il est l'objet, ce qui facilite la croyance en une sorte de divinité immuable siégeant à son intérieur et chargée de choisir la détermination du moment avant de donner l'ordre d'exécution. Traduite en langage déterministe, cette formule devient au contraire ceci : l'animal, mécanisme variable, est à chaque instant le siège d'une transformation de mouvements qui se manifeste extérieurement par ce qu'on appelle l'*acte* de l'animal au moment considéré. Cet acte extérieur s'accompagne d'une variation invisible du mécanisme, de telle manière que, un instant plus tard, dans des circonstances en apparence identiques, le même animal (qui n'est plus *le même* que de nom) agira différemment. L'animal est tenu au courant, partiellement au moins, des transformations invisibles de son mécanisme, c'est-à-dire qu'à chaque état physique du corps correspond un « état de conscience » qui en est la description plus ou moins complète. Il ne se produit pas, à tous les instants, d'acte extérieur visible, c'est-à-dire que, pendant un certain laps de temps le résultat des transformations internes de mouvements se traduit, pour un observateur étranger, par l'apparence du repos ; mais les variations du mécanisme ne s'en continuent pas moins sans relâche, accompagnées d'états de conscience correspondants ; de sorte que, quand se produira de nouveau un acte extérieur, l'animal seul sera partiellement au courant des conditions dans lesquelles cet acte aura lieu et pourra seul en prévoir, plus ou moins[1], la nature. C'est ce que nous exprimons en disant que l'animal agit *pour des raisons qui sont en lui*, car nous donnons le nom de *raisonnement* à l'enchainement d'une série d'états de conscience successifs.

Cela posé, tous les actes de l'animal (résultantes visibles

---

1. En réalité, cette prévision n'est jamais que partielle et contingente.

des transformations de mouvements (qui ont lieu en lui), toutes les variations successives du mécanisme (raisonnement, préparation des actes ultérieurs) dépendent évidemment de la nature même de l'animal, et ne peuvent, par suite, sortir de certaines limites ; c'est pour cela que l'étude de l'*instinct* est inséparable de celle de la liberté au sens philosophique.

115. — LES INSTINCTS.

Étudier l'instinct, cela revient en réalité à « décomposer en éléments *conventionnels* le fonctionnement général de l'organisme ». Sous le nom de volonté, on réunit un ensemble particulier de ces éléments conventionnels, mais il est évident que c'est après coup, et non *a priori*, que l'on a pu envisager à ce point de vue la « puissance intérieure » de la définition de Littré[1]. Le mot *volonté* est un héritage d'une époque où l'on croyait à l'existence d'un principe moteur de l'homme et des animaux, et il faut un effort considérable pour donner de ce mot une définition adéquate au déterminisme actuellement admis. Il en est de même des mots « instinct » et « intelligence » que l'on opposait l'un à l'autre quand on admettait sans discussion la *liberté absolue* de l'être vivant ; on veut les conserver aujourd'hui, parce qu'ils sont dans le langage et que, *par conséquent*, ils signifient quelque chose, mais il est bien certain qu'on devra les faire passer au lit de Procuste pour les mettre d'accord avec une théorie essentiellement différente de celle dont ils sont nés. Voici, par exemple,

INSTINCT ET INTELLIGENCE, MOTS SURANNÉS

---

1. « La volonté est, dit Littré, la puissance intérieure par laquelle l'homme, et aussi les animaux, se déterminent à faire ou à ne pas faire. »

empruntée au petit « Dictionnaire Larousse » de 1892, la définition de l'instinct :

« Sentiment intérieur indépendant de la réflexion, qui dirige les animaux dans leur conduite; chez l'homme, premier mouvement qui précède la réflexion. — L'instinct est un don particulier aux animaux qui les porte à exécuter certains actes sans avoir la notion de leur but, à employer des moyens toujours les mêmes sans jamais chercher à s'en créer d'autres, ni à connaître les rapports qui existent entre les moyens et le but. L'*instinct* diffère de l'*intelligence* en ce que celle-ci, émanation de la Divinité, réside essentiellement dans la variabilité des moyens qu'elle emploie, tandis que dans l'instinct tout est aveugle, nécessaire et invariable; c'est pour ainsi dire une habitude innée et héréditaire sans aucune altération. Il y a donc une immense différence entre l'instinct des animaux et l'intelligence de l'homme. L'homme peut s'instruire et profiter de ce qu'ont fait les autres avant lui; les animaux en sont incapables; l'expérience que l'un d'eux pourrait parfois acquérir n'est utile qu'à celui-là seul et ne peut être mise à profit par les autres. Tout ce que l'homme sait faire est le produit de l'étude et de la réflexion; les animaux n'étudient ni ne réfléchissent jamais. Leur habileté ne vient pas d'eux, mais du Créateur qui l'a mise en eux sans qu'ils le sachent. Ainsi, une hirondelle n'a pas besoin d'étudier ni de réfléchir pour construire son nid; elle le fait tout naturellement et sans l'avoir jamais appris. Les hirondelles d'aujourd'hui ne font pas mieux leur nid que celles d'autrefois; elles travaillent sans pouvoir s'en empêcher, sans prévoyance et sans intelligence. »

A en croire cette définition, il n'y a aucune difficulté à distinguer l'instinct de l'intelligence; malheureusement, toutes les affirmations qu'elle contient sont fausses, et étaient déjà reconnues fausses à l'époque où elle a été

publiée, quarante ans après le livre de Darwin, vingt ans
après celui de Romanes! Et cependant, aujourd'hui encore,
quand, dans le grand public, on parle d'instinct et d'intelligence, c'est à une définition de cette nature que l'on se
reporte; ce sont les mots doués de cette acception que
l'on emploie dans les discussions! Au lieu d'essayer d'en
donner une définition adéquate à l'état actuel de la science,
il serait plus logique d'avouer franchement qu'ils ont été
employés par suite d'une conception erronée des phénomènes vitaux et de les supprimer; mais quand un mot a
pour lui une longue prescription, il est indestructible.

Nous devons donc nous résigner à les conserver et
essayer, comme pour le mot *volonté*, de réunir sous ces
deux rubriques les phénomènes qui s'écartent le moins
de ceux dont on leur attribuait autrefois la représentation; mais il est impossible que la correspondance s'éta-
blisse exactement.

Romanes a donné une définition de l'instinct qui a été
généralement admise :

« L'instinct est, chez l'homme ou chez les animaux,
une opération mentale ayant pour but un mouvement
adapté, *antérieur à l'expérience individuelle*, à laquelle la
connaissance du rapport entre les moyens et la fin n'est
pas nécessaire, et qui s'accomplit d'une manière uniforme,
dans les mêmes circonstances chez tous les individus de
l'espèce. »

Le même auteur déclare intelligent tout organisme
« capable de tirer parti de son expérience »; « la raison
ou intelligence est la faculté qui préside à l'adaptation
intentionnelle des moyens au but. Par conséquent, elle
implique la connaissance consciente du rapport entre les
moyens et la fin, et peut fonctionner dans des circonstances
aussi nouvelles pour l'individu que pour l'espèce. » Et,
cela posé, il démontre en s'appuyant sur des documents

DÉFINITIONS
DE ROMANES.

d'une valeur scientifique incontestable, que : « l'on doit classer l'intelligence animale dans la même catégorie que l'intelligence humaine et, sous peine d'inconséquence flagrante, nous ne saurions méconnaître ou mettre en doute l'évidence en faveur de l'une et admettre les mêmes preuves en faveur de l'autre ».

Sauf les gens imbus d'un esprit de système, personne ne conteste plus aujourd'hui la légitimité de ces conclusions, et cependant les dictionnaires répandent encore dans la foule les notions que j'ai reproduites plus haut.

DÉFINITIONS EN LANGAGE PHYSIOLOGIQUE. Les définitions de ROMANES sont écrites dans un langage psychologique; j'ai essayé de donner de l'instinct et de l'intelligence des définitions purement physiologiques, comme je l'ai fait tout à l'heure pour la volonté, en étudiant *objectivement* le mécanisme des opérations humaines, et j'ai posé la question de la manière suivante [1], m'efforçant de traduire la pensée de ROMANES :

« 1° La réponse de l'organisme à une excitation extérieure donnée est toujours la même, pour un individu déterminé, quelles que soient et les circonstances concomitantes et les particularités qu'a présentées, jusqu'au moment considéré, l'organisme étudié; autrement dit, ce que fait l'animal, dans une circonstance déterminée, ne dépend aucunement de ce qu'il a fait jusque-là; on a alors affaire à une manifestation vitale instinctive.

« 2° Ou bien, au contraire, étant donné un animal que l'on excite d'une certaine manière, on ne peut prévoir quelle sera la réponse de son organisme, parce que cette réponse dépend des circonstances concomitantes, et aussi de tout ce que l'animal a fait jusque là depuis sa naissance. On a alors affaire à une manifestation vitale intelligente; l'ensemble de toutes les conditions qui détermi-

---

1. *Le déterminisme biologique,* p. 55.

nent la réponse de l'organisme est tellement complexe, dans ce second cas, que l'organisme seul peut prévoir *lui-même* ce qu'il fera, et par suite, de quelles causes il le fera, tandis que tout observateur étranger à lui est, a ce sujet, dans l'ignorance la plus complète : d'où l'illusion des actes volontaires. »

Et je suis arrivé, après quelques considérations que l'on trouvera exposées au chapitre précédent, à cette définition physiologique :

« L'instinct est l'ensemble des facultés d'un organisme qui dépendent du fonctionnement de parties adultes du système nerveux ; l'intelligence est l'ensemble des facultés d'un organisme qui dépendent du fonctionnement de parties modifiables de ce système. »

On voit que j'ai été amené à établir, ici encore, une topographie du système nerveux, parallèle à celle qui m'a servi pour la définition de la volonté ; il y a dans l'établissement de cette topographie quelque chose de factice, et l'on devait le prévoir, puisqu'il s'agissait d'exprimer, en langage physiologique, une différence de catégorie entre deux ordres de phénomènes qui ne diffèrent pas essentiellement. Non seulement cette délimitation est factice, elle a en outre un caractère éminemment provisoire à cause de la loi d'*habitude* de LAMARCK. Tel acte, en effet, qui a d'abord pu être considéré comme intellectuel, prend, s'il est exécuté souvent, un caractère instinctif, en ce sens que le chemin, qui correspond à sa détermination, *se trace définitivement* dans les centres nerveux, ajoutant ainsi une partie adulte aux parties déjà invariables ; l'exemple le plus vulgaire de cette transformation en acte machinal, d'une opération raisonnée d'abord, est la naissance des *tics ;* combien de personnes disent « n'est-ce pas ? » ou « par exemple » à chaque phrase ?

Les instincts acquis par habitude sont appelés instincts

INSTINCTS
SECONDAIRES.

secondaires; lorsqu'ils sont acquis pendant une longue suite de générations, ils peuvent devenir héréditaires et se transformer ainsi en instincts primaires ou innés, communs à tous les êtres d'une même variété. C'est même là l'origine de tous les instincts primaires, dont l'existence était si mystérieuse, et que le dictionnaire cité plus haut expliquait en disant : « leur habileté ne vient pas d'eux, mais du Créateur qui l'a mise en eux sans qu'ils le sachent. »

L'admirable phénomène de la transmission héréditaire des caractères acquis suffit à faire comprendre l'existence de « mouvements adaptés antérieurs à l'expérience individuelle ». Ces mouvements adaptés, antérieurs à l'expérience individuelle des individus actuels, sont postérieurs à l'expérience individuelle de leurs ancêtres, et, si l'on envisageait l'histoire d'une espèce depuis le stade monérien jusqu'à l'état présent, en considérant toutes les générations successives comme les diverses étapes de la vie d'un individu unique, tous les instincts proviendraient de mouvements intellectuels fixés par une longue habitude. Cette simple considération suffit à montrer combien est factice et, au fond, peu importante, la différence établie par le langage entre l'instinct et l'intelligence.

INSTINCT ET MÉCANISME.

La définition de Romanes, disant que l'instinct est une opération mentale, met en dehors de lui tous les mécanismes dépendant de réflexes simples ; cela fait une division encore plus factice que celle à laquelle nous nous sommes précédemment arrêtés, car la manière dont les caractères organiques s'acquièrent, et se fixent dans l'hérédité, est la même, que ces caractères intéressent directement la conscience, ou qu'ils ne l'intéressent pas. Une articulation, par exemple, qui apparaît aujourd'hui dans le jeune poulet, avant même qu'il soit sorti de l'œuf, a été acquise autrefois. par l'ancêtre de ce poulet, exactement comme la propriété de dormir perché.

J'accepterais donc volontiers la définition extrèmement synthétique que donne LITTRÉ des instincts : « aptitudes que l'on remarque chez les animaux » en y ajoutant seulement : « et chez l'homme ». Et je reviens ainsi à ce que je disais en commençant : « l'homme, ou l'animal, est une association de mécanismes dont les uns sont adultes, les autres non ». Voilà à quoi se ramène, quand on veut aller au fond des choses, la question de l'instinct et de l'intelligence.

Si l'on réserve la dénomination d'*actes* aux manifestations extérieures du fonctionnement de l'organisme, il n'y a pas, à proprement parler, d'acte purement intellectuel, car l'exécution de l'acte se fait toujours au moyen de mécanismes adultes, associés de telle ou telle manière par l'association d'idées qui a précédé cette exécution, ainsi que je l'ai expliqué en détail au commencement de l'étude de la volonté.

La partie non adulte du cerveau jouera donc le rôle de mécanisme adaptateur des instincts aux circonstances, mais, même dans le cerveau, il y aura des parties adultes (correspondant, par exemple, aux choses qu'a *apprises* l'individu), des résidus dont l'éveil entraînera précisément l'évocation mentale des conditions dans lesquelles ces résidus ont été acquis. De sorte que le cerveau lui-même pourra être considéré isolément comme un mécanisme ayant une partie instinctive et une partie intellectuelle; non seulement son fonctionnement ne pourra être déterminé que par l'influx centripète venant des surfaces sensorielles du corps [1], et ne pourra s'objectiver que

---

1. Ou par une réaction chimique se produisant au niveau des cellules cérébrales elles-mêmes.

par la production d'influx centrifuges allant vers les parties motrices du même corps, mais, même en dehors de
ces phénomènes extracérébraux, les opérations purement
mentales seront, comme les opérations corporelles, formées d'éléments *préexistants, innés* ou *acquis.*

LIMITATION DU FONCTIONNEMENT SPÉCIFIQUE.

Indépendamment donc des opérations effectives, qui
sont limitées par la nature même des mécanismes composant le corps, les opérations mentales seront également limitées par la nature des mécanismes composant le cerveau et
par la variabilité restreinte de l'agencement possible de
ces mécanismes. En d'autres termes, de même que l'Abeille
ne peut agir que comme une Abeille et est, par exemple,
incapable de ramper comme un Ver de terre ou d'adhérer
au rocher comme une Patelle, de même l'Abeille ne peut
penser qu'avec un cerveau d'Abeille et d'une manière toute
différente, par conséquent, de la manière dont pense une
Pieuvre ou un Crapaud.

C'est là une chose indiscutable, mais c'est aussi une
chose qu'il nous est bien difficile de nous figurer, surtout
parce que nous avons la conviction héréditaire que la
pensée est quelque chose d'éminemment libre et indépendant du corps; il nous faudra bien des générations de
rationnalisme pour que ces notions erronées disparaissent de notre mécanisme cérébral. Nous ne pouvons
nous empêcher de nous mettre dans la peau des êtres
que nous observons, et de commettre ainsi une erreur
anthropomorphique évidente; sans doute, cela a un bon
côté en nous empêchant de refuser aux animaux les qualités essentielles dont nous nous reconnaissons pourvus,
et il n'y a pas de meilleur procédé pour mettre au pied du
mur ceux qui nient l'intelligence des animaux : « Songez
aux raisonnements que vous auriez à faire pour agir
comme eux. » Mais il faut se défier du piège de ce langage; Darwin lui-même ne l'a pas évité : « On regarde

ordinairement comme instinctif, dit-il, un acte accompli
par un animal, surtout lorsqu'il est jeune et sans expérience, ou un acte accompli par beaucoup d'individus, de
la même manière, sans qu'ils sachent en prévoir le but,
alors que nous ne pourrions accomplir ce même acte
qu'à l'aide de la réflexion et de la pratique. » Nous ne le
pourrions même pas toujours avec de la réflexion et de
la pratique; nous ne pourrions pas imiter la marche de la
Sangsue, parce que nous avons un corps d'homme et un
cerveau humain et non un corps de Sangsue et un système
nerveux d'Hirudinée.

Nous ne saurons jamais ce que pense une Sangsue ou
une Abeille, mais nous avons le droit de conclure par analogie, maintenant que nous connaissons le rapport établi
entre notre mentalité et la structure de notre cerveau, que
la mentalité d'une Hirudinée ou d'un Hyménoptère est
aussi différente de la nôtre que l'est de notre corps le
corps de ces petits animaux. Pensent-ils en dehors des
cas où ils agissent? Nous devons le croire, à moins de
supposer leur cerveau plus perfectionné que le nôtre au
point de vue du rendement, et incapable des volitions de
troisième nature dont j'ai parlé plus haut : « quand le courant terminal vient se perdre dans la partie non adulte des
centres nerveux supérieurs, et y détermine des *résidus* qui
seront les éléments des raisonnements ultérieurs ». Il est
probable que les cerveaux des Abeilles se meublent de
résidus comme les nôtres, mais ces résidus sont différents
des nôtres, parce que les organes des sens des Abeilles
sont différents des nôtres et leurs cerveaux aussi. Donc
leurs pensées, leurs raisonnements, résultant d'une agglomération de résidus différents dans un cerveau différent,
sont différents. Ce qui n'empêche pas que nous leur prêtons nos désirs et nos aspirations; nous nous émerveil-
lons que les ouvrières ne se reposent jamais, comme si

nous étions sûrs qu'elles ont besoin de repos, et nous les admirons de travailler sans cesse au lieu de jouir d'un *far niente* qui leur serait peut-être intolérable.

Les opérations purement mentales, celles qui ne sont connues que de l'individu même qui en est le siège, résultent de mouvements cérébraux qui ne transmettent pas d'ordres au mécanisme général de l'être; mais ces opérations créent des résidus plus ou moins fugitifs, plus ou moins stables, suivant que la même opération a été réalisée une seule fois ou répétée souvent. Parmi ces résidus, quelques-uns sont essentiels au fonctionnement ultérieur de l'organisme; par exemple, la connaissance du monde ambiant, telle qu'elle résulte des renseignements apportés par les organes des sens. Il est évident que si ces renseignements étaient erronés, il en résulterait pour l'individu un danger de mort; la sélection naturelle a donc prise sur ce genre d'opérations mentales, et c'est ainsi que les parties du cerveau en relation avec es organes des sens sont disposées d'une manière à peu près identique chez tous les individus d'une même espèce et leur donnent à tous des renseignements exacts.

Mais il peut aussi se faire, dans les cerveaux, des opérations mentales qui ne sont aucunement en rapport avec l'extérieur et qui, par suite, n'ont aucune influence directe sur la conservation de la vie des êtres. Chez les êtres doués de la parole articulée, les résultats de ces opérations mentales peuvent se traduire ensuite extérieurement sous forme de langage, et il est même certain que le plus grand nombre des opérations mentales de l'homme a rapport à la parole articulée. Cette parole articulée, étant le moyen par lequel les divers individus d'une société entrent en relation, est par là même utile à la conservation de leur vie, au moins dans une certaine mesure, et c'est pour cela que tous les individus doivent apprendre à dire certaines choses de la même manière. En dehors de cette nécessité sociale, l'emploi, fait à tort et à travers, de la parole articulée, ne présente aucun danger pour les êtres ; dire des bêtises n'est pas mortel ; c'est pour cela qu'on en dit tant, la sélection naturelle n'ayant aucune prise sur ce genre d'activité de l'homme.

Une activité analogue existe-t-elle chez les animaux autres que l'homme ? Nous ne le saurons jamais, mais il est probable en tout cas que, dans les espèces dépourvues de la parole articulée ou d'un moyen de correspondance équivalent (les fourmis se disent peut-être des choses très intéressantes dans leur mimique muette), cette activité purement mentale est infiniment plus restreinte. C'est, à mon avis, la parole articulée seule, qui a développé progressivement le cerveau humain au point d'établir, entre son volume et celui du cerveau des singes, cette différence si remarquable.

C'est aussi à la parole articulée qu'a été dû le perfectionnement progressif des actions humaines, par suite de l'appui prêté par tous les individus d'une société à chacun d'entre eux ; c'est grâce à la parole articulée qu'il est si facile de transmettre aux enfants la synthèse des résultats, accumulés au cours des générations dans l'expérience de leurs aînés.

Mais c'est aussi à la parole articulée que sont dues les divagations philosophiques sur des mots représentant des choses qui n'existent pas, divagations dont l'homme est plus fier que de toutes ses conquêtes sur la nature, et de l'existence desquelles il conclut à sa supériorité sur tous les animaux. J'ai étudié précédemment, dans un autre ouvrage [1], le mécanisme de l'imitation, faculté plus ou moins répandue dans le règne animal. C'est à cette faculté d'imitation que sont dues les *comparaisons*, par lesquelles l'homme cherche à s'expliquer la nature des choses, comparaisons dont quelques-unes sont logiques, d'autres illégitimes. Mais ne sortons pas de notre sujet.

Parmi les opérations purement mentales, il y en a quelques-unes que nous appelons des *désirs* [2]. Les désirs sont composés de *résidus* et, comme les résidus sont *spécifiques*, c'est-à-dire résultent de la nature des organes des sens et du cerveau de l'espèce chez laquelle on les étudie, les *désirs* sont également spécifiques, c'est-à-dire qu'ils sont limités à un certain cadre pour une espèce déterminée ; on pense généralement le contraire, pour l'homme du moins, ainsi que l'expriment les vers célèbres :

> Borné dans son pouvoir, infini dans ses vœux,
> L'homme est un dieu tombé qui se souvient des cieux.

C'est là une des nombreuses illusions qui résultent de l'emploi du langage articulé ; on crée un mot par une comparaison illégitime, par une interprétation erronée d'un fait, puis on croit que ce mot représente quelque chose, et on l'emploie pour s'exprimer à soi même un *désir !* Combien de prétendus désirs qui représentent des phrases vides et rien de plus ? Deux amants, par exemple, arrivés à la réalisation de leur rêve, souhaitent « que ce moment délicieux s'éternise, se fixe, dure des années ». Si les choses se *fixaient* à un moment donné, il n'y aurait plus de lumière, de chaleur, de vie, de douleur, de joie, etc...

---

1. *L'Unité dans l'Être vivant*, ch. XI, p. 286.
2. Les désirs peuvent résulter de besoins ; Lamarck a établi le rôle du besoin dans la formation des espèces. Voir plus haut, § 88 et § 108.

Mais ce *souhait* peut se formuler et l'on se paie de mots. Qui n'a pas souhaité un jour être un oiseau et voler dans les airs? C'est oublier que le *moi* résulte d'une synthèse actuelle et exprimer une absurdité[1].

De même que l'homme est borné dans son pouvoir, il est borné dans ses vœux par sa nature d'homme, quoique cependant il puisse souhaiter plus de choses qu'il n'en peut réaliser, comme, par exemple, de prendre la lune avec les dents: les animaux, qui ne sont pas doués du langage articulé, sont dans le même cas, mais ils ont en moins toutes les *aspirations*, purement verbales, qui servent de thème aux poètes; ils sont, en cela, plus sages que nous. Chaque espèce animale a des possibilités spécifiques et des désirs spécifiques. Heureux ceux dont les désirs n'excèdent pas les possibilités!

La prétendue liberté des individus est donc limitée, d'abord, par la nature même des individus; le poisson ne peut pas vivre hors de l'eau, le Ver de terre ne peut pas voler et serait bien à plaindre s'il était « amoureux d'une étoile »; l'Anémone de mer doit, bon gré mal gré, rester attachée au rocher (mais peut-elle souhaiter nager?). La liberté se réduit à la faculté qu'a l'être d'agir *suivant sa nature*, pour des raisons qui naissent en lui *suivant sa nature*, sous l'influence des circonstances ambiantes, et entre lesquelles il a l'illusion de pouvoir choisir, par suite d'associations d'idées qui résultent de la structure de son cerveau et de la disposition actuelle de résidus, formés précédemment en lui, *suivant sa nature*, sous l'influence de conditions antérieures.

Mais, même à cette liberté déjà bien restreinte, de nouvelles entraves peuvent encore s'ajouter provenant des conditions de milieu; une Guêpe, prise sous un verre, ne

LIBERTÉ ET MÉCANISME.

---

1. Voir *Le Conflit*, pages 141 à 147.

peut pas sortir et s'envoler dans les airs, bien qu'elle en ait le désir fort légitime ; un poisson, tiré de l'eau par un pêcheur, ne peut plus respirer ni nager et est condamné à mort par les circonstances, tandis que la Guêpe de tout à l'heure n'était condamnée qu'à l'emprisonnement. Nous allons étudier maintenant qu'elles sont les restrictions apportées à la liberté individuelle par la vie en société.

116. — LA LIBERTÉ DANS LES SOCIÉTÉS ANIMALES.

Les animaux qui vivent isolément à la surface de la terre sont, par cela même qu'ils vivent et se sont conservés jusqu'à notre époque, adaptés aux conditions de milieu dans lesquelles ils se trouvent placés ; c'est-à-dire que le renouvellement constant de leur milieu intérieur, (alimentation, respiration, etc...) résulte normalement du fonctionnement de leur mécanisme dans les conditions considérées. Un Loup, par exemple, vit dans un bois qui contient assez de gibier pour sa consommation ; il est doué d'organes des sens qui lui permettent de découvrir sa proie, d'organes locomoteurs qui lui permettent de l'atteindre à la course, d'organes masticateurs qui lui permettent de l'étrangler et de la manger, etc..., il vit donc dans des conditions où ses appétits naturels trouvent leur satisfaction ; c'est ce qu'on entend en disant qu'il est libre. Nous le considérons comme moins libre si d'autres Loups lui font concurrence, si des chasseurs le poursuivent comme il poursuit lui-même le gibier, surtout s'il est pris au piège, ce qui entraîne fatalement sa mort, à moins qu'on ne s'avise de le conserver et de le nourrir en cage, auquel cas il ne jouit plus que d'une liberté restreinte, d'abord parce qu'il ne peut plus satisfaire ses goûts vagabonds, ensuite parce que la possibilité, pour

*INFLUENCE
D'UN INDIVIDU
ÉTRANGER.*

lui, de s'alimenter, dépend des caprices d'un individu autre que lui-même.

En réalité, c'est toujours à une formule analogue que l'on pense quand on parle de restrictions apportées à la liberté d'un individu : on veut dire que le mécanisme d'un individu étranger intervient dans les déterminations de l'individu considéré. Mais ce n'est là qu'un langage conventionnel, ou, si l'on veut, une nouvelle acception du mot liberté. En effet, la liberté étant définie, comme nous l'avons fait plus haut, la faculté qu'a l'animal d'agir suivant sa nature pour des raisons qui naissent en lui suivant sa nature, sous l'influence des circonstances ambiantes, cette faculté toute relative persiste quelles que soient les circonstances ambiantes et par conséquent aussi quand, dans ces circonstances ambiantes, est comprise l'intervention d'un individu étranger. Nous prendrons donc désormais le mot liberté dans cette acception nouvelle que LITTRÉ définit de la manière suivante : « condition de l'individu qui n'est soumis à aucun maître ».

La liberté ainsi définie ne saurait exister complètement que chez les êtres vivant isolément ; toute association la restreint ; seul celui qui n'a à compter que sur lui-même pour satisfaire à tous ses besoins, peut être considéré comme entièrement libre. Le Requin est libre ; le Pilote, qui l'accompagne pour se nourrir de ses reliefs, ne l'est pas ; encore y aurait-il beaucoup à discuter à ce sujet, car si la nature du Pilote est de suivre le Requin, le petit poisson ne fait aucunement violence à ses inclinations personnelles en se condamnant à accompagner le squale. Je le disais en commençant, l'emploi du mot liberté est dangereux, car il est bien peu précis ; en prenant au pied de la lettre la définition à laquelle nous venons d'arriver, on trouverait qu'aucun animal n'est libre, à cause de la lutte pour l'existence qui le force à compter avec d'autres

*LIBERTÉ
AU SENS
SOCIOLOGIQUE.*

animaux, sauf peut-être le lion du désert ou l'aigle isolé sur un sommet...

ASSOCIATION D'ESPÈCES DIFFÉRENTES.

Ce sont précisément les nécessités de la lutte pour l'existence qui ont été le point de départ des associations entre animaux de même espèce ou d'espèces différentes; sans nous préoccuper de la genèse même de ces associations, nous pouvons en constater de nombreux exemples autour de nous.

Les animaux domestiques acceptent de l'homme une protection contre les intempéries et les carnassiers, protection qu'ils trouveraient aujourd'hui bien difficilement en eux-mêmes; ils renoncent, en échange, à une partie de leur libre arbitre et se laissent conduire par nous. Dans une telle association il y a avantage réciproque, et l'on ne peut pas dire que, dans l'état actuel des choses, les êtres asservis souffrent de leur asservissement; il en a peut-être été autrement d'abord, mais une grande suite de générations captives a détruit l'humeur vagabonde des premiers bestiaux, et y a substitué une docilité qui n'exige plus la moindre abdication; aujourd'hui, il est de la nature du Bœuf d'être le domestique de l'homme, comme il est de la nature du Pilote de suivre le Requin à travers les mers...

L'association de l'homme et du Bœuf se comprend sans peine; le Bœuf est protégé par l'homme contre les carnassiers, contre le froid et la pluie; l'homme profite du travail du Bœuf, consomme le lait de la vache et n'est jamais, pour la nourriture, en compétition avec ces animaux qui ne mangent que de l'herbe.

ASSOCIATION D'ÊTRES DE MÊME ESPÈCE.

Il est plus difficile de concevoir les raisons primitives de l'association d'êtres de même espèce. En effet, les êtres d'une même espèce ont des besoins communs, et doivent par conséquent se trouver en concurrence plus immédiate *entre eux* qu'avec les animaux d'espèces différentes.

On dit vulgairement que les Loups ne se mangent pas
entre eux mais, comme beaucoup d'autres adages que la
tradition a consacrés, cette affirmation est parfaitement
erronée; quand plusieurs Rats se trouvent enfermés ensemble et privés de nourriture, les plus forts mangent
les plus faibles, comme cela arriva à nos congénères du
radeau de la Méduse. UGOLIN mangea ses enfants!

DARWIN a montré que la concurrence vitale est d'autant
plus considérable entre deux êtres que ces deux êtres
sont plus voisins. Si, cependant, des êtres d'une même
espèce arrivent, en s'associant pour lutter contre les éléments et contre les autres espèces, à s'assurer plus de
nourriture qu'il ne leur en faut, la concurrence vitale cesse
entre ces êtres et leur association devient utile; peut-être
des petits, issus d'un même couple, ont-ils commencé la
série de ces associations entre individus de même espèce;
on a écrit là-dessus bien des pages sans avoir tranché
la question.

Dans tous les cas, il est vraisemblable que des êtres
d'une même espèce, doués par conséquent des mêmes
organes, aient, quand ils ne sont pas en concurrence
pour la nourriture, plus de facilité à s'entendre pour une
action commune que des êtres d'espèces différentes. Peut-
être y a-t-il aussi une certaine joie, pour des animaux, à
se trouver réunis à des êtres semblables, ayant, par
exemple, même odeur... Il est bien difficile d'attribuer une
utilité réelle à la vie en bande des poissons comme les
Sardines ou les Harengs; il semble au contraire que ces
animaux auraient plus d'avantage à se disperser; ils trouveraient une nourriture plus abondante et seraient même,
semble-t-il, moins exposés à leurs ennemis. Là, nous
sommes réduits à des hypothèses. Il n'est pas impossible
que la *peur*, une peur irraisonnée et déraisonnable, y soit
pour quelque chose; on a surtout peur de ce qu'on ne

comprend pas, et rien ne peut paraître moins incompréhensible à un être qu'un être qui lui ressemble; il se peut donc que les espèces pusillanimes, celles qui ne peuvent résister que par la fuite aux attaques de leurs ennemis, éprouvent un certain bien-être à se trouver disposés en groupes de nombreux individus semblables. Pour les bancs de poissons, je ne vois pas d'autre interprétation de la vie en troupes. Pour les oiseaux il n'en est plus tout à fait de même; les Corbeaux disposent des vigies qui veillent à la sécurité de ceux qui dorment; ici il y a division du travail, et nous aurons à étudier longuement cette question tout à l'heure.

Je fais de ma fenêtre, en Bretagne, une observation presque quotidienne et qui me paraît fort intéressante. Quand le vent est à l'ouest, tous les oiseaux de la baie se réunissent, après la pêche à marée basse, dans une petite crique située à la pointe *est* de l'île Bihan, et assez près de moi pour qu'avec une longue-vue je puisse suivre leurs mouvements jusque dans leurs moindres détails. Dès que la mer est assez haute et entoure l'île, je les vois arriver par petits groupes, les Goélands sans rien dire et les Courlis en poussant leur cri si caractéristique. Évidemment il y a *rendez-vous* là, pour le repos à l'abri du vent; les Goélands se couchent tous, la tête vers l'ouest, le ventre sur le sable chaud; les Courlis restent dressés sur leurs longues pattes dans l'eau peu profonde au bord de la grève, et ils demeurent immobiles, des heures entières, à lisser leurs plumes avec leur bec et à chercher leur vermine. Leur sécurité me confond; certainement, ils *savent* que l'île Bihan, peu sûre à marée basse quand nous pouvons y aller à pied sec, est maintenant inaccessible à l'homme, au chien et au renard. Je ne les vois jamais se battre entre eux, et je ne trouve pas sans intérêt que les Courlis et les Goélands, espèces très différentes et qui sont sans cesse en concurrence dans la baie, à marée basse, vivent ici en parfaite intelligence. Cela tient probablement à ce que la baie leur fournit plus de nourriture qu'il ne leur en faut; les êtres repus sont volontiers pacifiques.

Mais quelle est la cause de leur rassemblement? Il y a une quinzaine d'îles dans la baie, et dans chacune d'elles ils trouveraient le même confort et la même sécurité. De plus, il ne me paraît pas qu'ils placent jamais de vigie; alors quoi? Ils ont du plaisir à vivre ensemble? Mystère. Peut-être aussi, comme un poltron devient brave en compagnie d'un autre poltron, éprouvent-ils une grande joie à se trouver entourés de visages connus; peut-être enfin, espèrent-ils que si un ennemi menace brusquement leur sécurité, ils auront la chance de voir tomber le mauvais sort sur le voisin, tandis que, s'ils étaient seuls...!

Tous les raisonnements, que nous pouvons faire au sujet des causes du rassemblement des animaux en troupes, seront forcément entachés de l'erreur anthropomorphique, car, ce que nous essayons de découvrir quand nous nous livrons à cette étude, ce sont les mobiles qui, dans les conditions où vivent les animaux considérés, amèneraient des hommes à se rassembler, ou, en d'autres termes, les mobiles qui pourraient déterminer le rassemblement de ces animaux, si chacun d'eux sentait et pensait comme un homme. Il est donc bien probable que nous nous tromperons.

Cependant, dira-t-on, étant donné que l'habitude de vivre par bandes est commune à un grand nombre d'espèces animales, nous sommes en droit de penser que cette habitude vient d'une propriété commune à ces espèces, et comme nous appartenons nous mêmes à une espèce sociale, nous pouvons trouver en nous la raison véritable de l'association. Cette manière de voir serait défendable, si nous appartenions aux premières générations humaines qui ont vécu en société ; depuis lors, le fait même que nous avons vécu en société, a modifié nos organismes ; un grand nombre d'habitudes, devenues héréditaires, ont donné de nouveaux caractères à notre espèce, et aujourd'hui, la véritable raison pour laquelle il nous est impossible de ne pas vivre en société, c'est que nos ancêtres ont sans cesse vécu de cette manière ; il est impossible à un homme du xxᵉ siècle de se placer, pour raisonner, dans la peau d'un homme de la race de Spy ou de Cro-magnon.

Renonçons donc à trouver, en nous mêmes, les raisons pour lesquelles tant d'animaux vivent par troupes et bornons-nous à étudier les sociétés animales telles que nous pouvons les observer aujourd'hui.

DIVERS DEGRÉS DANS L'ASSOCIATION. — La première chose qui nous frappe quand nous commençons cette étude, c'est la grande différence qui existe entre les diverses sociétés ; nous trouvons, pour ainsi dire, tous les états intermédiaires entre le rassemblement fortuit, dans lequel chaque individu reste autonome, et l'association parfaite, dans laquelle les individus ne sont plus que des parties d'un mécanisme commun. Dans ce dernier cas, nous constatons, dans l'espèce, un *polymorphisme* tout à fait curieux, et qui se trouve en relation évidente avec la division du travail social ; nous aurons à revenir longuement sur ce polymorphisme, quand nous nous occuperons de l'*égalité*, mais nous pouvons dès maintenant diviser les sociétés animales en deux catégories : 1° celles dans lesquelles les individus adaptés à des fonctions différentes sont morphologiquement différents ; 2° celles dans lesquelles (sauf les différences sexuelles sur lesquelles nous reviendrons à propos de l'égalité) tous les individus sont morphologiquement semblables.

Il faut cependant remarquer que le polymorphisme animal n'est pas toujours, ostensiblement du moins, en rapport avec la division du travail, ni même avec l'état social. WALLACE a découvert, dans les îles Malaises[1], des Papillons qui, pour un type unique de mâle, présentaient jusqu'à 4 et 5 types différents de femelles, et il a fait au sujet de ces types de femelles une remarque fort intéressante : le type n'est pas héréditaire : c'est-à-dire que si l'on représente par A, B, C, D, E, les 5 types de femelles, le mâle pourra avoir, de la femelle C par exemple, des filles qui auront l'un quelconque des cinq types existant dans l'espèce. Cette remarque peut se transporter dans le domaine du polymorphisme social; les individus différents de la société animale ont *les mêmes parents;* il n'y a pas de classe de parias ayant, héréditairement transmise, une forme qui condamne aux durs travaux; chacun tient sa forme du hasard de sa naissance et doit, à sa forme accidentelle, un sort très différent de celui d'un frère doué différemment.

Je laisse de côté les associations dans lesquelles les individus ne sont pas morphologiquement séparés les uns des autres, mais font partie d'une masse cellulaire commune; on donne à ces associations le nom de colonies, et leur étude, fort intéressante pour comprendre la genèse des organismes supérieurs, ne présente aucun avantage pour la compréhension des phénomènes sociaux.

Je prendrai donc de préférence des exemples dans les groupes élevés en organisation, comme les Arthropodes et les Vertébrés.

Les Abeilles, les Fourmis, les Termites, sont célèbres ; leurs sociétés ont été étudiées par de nombreux observateurs et chantées par des poètes. En particulier, les ouvrières d'Abeilles ont été mille fois proposées à l'admiration des hommes. Au contraire les faux bourdons

---

1. Voir § 78.

sont considérés comme des types de paresseux gourmands et malpropres. Cette admiration et ce mépris seraient justifiés, si les Abeilles étaient des hommes ; un jouisseur improductif est moins sympathique qu'un travailleur désintéressé, parce que le dernier renonce, de gaieté de cœur, à des joies qu'il pourrait goûter, s'il le voulait, et préfère se rendre utile, tandis que le premier serait capable de travailler et reste oisif. Mais le faux bourdon n'est pas capable de faire du miel, pas plus que l'ouvrière n'est capable de rester inactive ; l'un et l'autre agissent suivant leur nature ; l'ouvrière trouve ses joies dans la promenade affairée autour des fleurs odorantes, dans la construction géométrique du palais de ses jeunes sœurs, etc...; le faux bourdon trouve les siennes dans l'oisiveté et la gourmandise jusqu'au jour du vol nuptial ; il n'y a dans la ruche aucune coercition apparente. A-t-on jamais vu des ouvrières essayer de forcer les faux bourdons au travail ? Elles savent trop bien qu'ils en sont incapables ; leur utilité est autre.

Lequel des deux est le plus libre, du faux bourdon ou de l'ouvrière ? Ils le sont également ; chacun agit d'après sa structure, ou, comme on dit souvent, obéit à ses instincts. L'ouvrière n'a pas à réfréner un désir égoïste qui la pousserait à se gaver du miel accumulé dans la ruche : elle n'a pas ce désir.

C'est que la société des Abeilles, telle que nous la connaissons aujourd'hui, est une *société adulte*, dans laquelle chacun est parfaitement adapté à la fonction qu'il doit remplir et ne saurait ni en remplir, ni même en désirer une autre.

 Il paraît probable, d'après ce que nous savons de la manière dont s'est produite l'évolution des espèces, et surtout d'après ce qui se passe chez d'autres Hyménoptères moins parfaitement sociaux, que l'état actuel de la ruche a été obtenu progressivement et non tout d'un coup. Probablement, quand le travail a été distribué autrefois à des individus encore peu spécialisés, ayant encore des appétits variés et des aptitudes variées, il y a eu des compétitions et des conflits ; probablement aussi des coercitions ont été nécessaires : à ce moment là, la vie en société restreignait la liberté individuelle. Puis, peu à peu, les différents types d'associés se sont précisés, par suite d'une accoutumance progressive à des fonctions toujours les mêmes, et ont fini par devenir héréditaires, c'est-à-dire que, dans l'espèce Abeille, il y a aujourd'hui trois types d'individus, les faux bourdons, les reines et les ouvrières, ayant tous les trois des aptitudes différentes et des fonctions différentes, exactement adéquates à leurs aptitudes. Si un œuf donne naissance à une ouvrière, l'individu qui en sort a les goûts de l'ouvrière, et accomplit sans aucun regret sa besogne incessante ; voila donc une liberté absolue (au sens où nous l'avons défini précédemment, et non au sens philosophique, cela s'entend) qui provient d'un asservissement assez prolongé pour avoir rendu héréditaire le tempérament d'esclave. Personne ne surveille les ouvrières quand elles vont dans les champs en fleurs à la recherche du nectar et du pollen, et cependant elles manifestent une activité fébrile, jamais interrompue.

Comparez-les aux Éléphants domestiqués de l'Inde et de l'Indo-Chine : vous trouverez une différence extrêmement évidente. L'un de ces Éléphants était dressé à transporter des pièces de bois et à les ranger en tas réguliers ; il s'acquittait de cette besogne maussade, et certainement contraire à ses goûts, avec un déplaisir qu'il ne cherchait pas à dissimuler ; il grognait tout le temps, ce qui ne l'empêchait pas de continuer son service, tant qu'il était sous l'œil de son cornac. Mais dès que, pour une raison ou pour une autre, le surveillant devait s'écarter, l'Éléphant déposait sa pièce de bois, s'asseyait sur son derrière et, s'armant d'une branche feuillue, s'occupait à chasser ses mouches avec une satisfaction visible. Dès que le cornac reparaissait, l'intelligent animal reprenait son madrier et allait en grognant le porter là où il fallait.

Voilà la différence entre l'obéissance obligatoire à un ordre donné par un étranger et le travail libre commandé par l'instinct même de celui qui travaille. Je crois qu'on aurait beau faire porter des madriers par des Éléphants pendant des centaines de générations, leurs descendants n'arriveraient pas pour cela à trouver que le plus grand bonheur est de fabriquer des tas de bois ; mais d'autres opérations, plus adéquates à la nature des Éléphants, pourraient peut-être se fixer à la longue dans leur instinct, comme cela a dû avoir lieu pour les ouvrières d'Abeilles.

Il faut bien remarquer qu'une condition essentielle pour que tout le travail d'une société soit distribué ainsi à des individus parfaitement adaptés à leur fonction, est que ce travail se compose d'un nombre *restreint* d'opérations bien précises. C'est ce qui a lieu pour la ruche.

Tout autre serait évidemment le cas d'une société composée d'animaux aussi complexes que les hommes. Quelqu'admiration que nous puissions avoir pour l'Abeille constructrice d'alvéoles, nous ne pouvons nous empêcher de constater que son cerveau, comparé à celui de l'homme, est un mécanisme très rudimentaire ; l'Abeille sait exécuter avec précision un petit nombre d'opérations parfaitement définies ; l'homme normal a des aptitudes, plus ou moins parfaites, mais extrêmement nombreuses et, si une éducation appropriée peut développer de préférence telle ou telle de ces aptitudes, cela n'empêche pas les autres de continuer à exister, quoiqu'à un degré moindre, dans son organisme. En outre, au contraire de ce qui se passe chez les Abeilles, tous les hommes sont bâtis à peu près sur le même modèle et ont, par conséquent, les mêmes aspirations et les mêmes désirs. Ce qui est le bien-être pour l'un est également le bien-être pour l'autre, et il serait tout à fait illégitime de nous offrir comme exemple la société des Abeilles.

Un écrivain célèbre a récemment soutenu, pour plaisanter, je pense, que l'existence des castes était une bonne chose pour le bonheur de l'humanité. Son raisonnement se résumait à peu près à ceci que, l'hérédité pouvant fixer les caractères acquis, si le même métier était exercé, dans une famille, pendant plusieurs générations consécutives, les descendants de cette famille devenaient plus aptes à exercer ce métier et, par conséquent, éprouvaient moins de peine à s'y consacrer et y étaient plus habiles. Ainsi, de même qu'il y a des Abeilles fabriquantes d'alvéoles, de même il y aurait des hommes cordonniers nés, des hommes pêcheurs à la ligne nés, des hommes magistrats nés. C'est là un agréable paradoxe. L'hérédité est déjà quelque chose d'assez admirable pour qu'on ne s'avise pas de lui prêter une puissance encore plus grande. Je disais tout à l'heure que si, pendant cent générations, on forçait des Éléphants à transporter des madriers et à les mettre en tas, cette occupation n'arriverait pas néanmoins à être fixée dans l'organisme de l'Éléphant.

LES CASTES HÉRÉDITAIRES.

Pour qu'un caractère *puisse* devenir héréditaire (encore ne le devient-il pas forcément, même dans ce cas), il faut que ce caractère soit complètement fixé dans l'organisme des parents; si ce caractère est relatif à l'exécution d'une certaine opération, il faut donc que cette opération soit devenue tout à fait *instinctive* (instinct secondaire), ce qui n'a jamais lieu pour aucun métier humain, l'accomplissement de ce métier exigeant toujours, même pour les

CE QUI PEUT ÊTRE HÉRÉDITAIRE.

métiers les plus simples et les plus longtemps exercés, une part incontestable d'intelligence. Ce n'est donc jamais l'aptitude au métier qui peut être héréditaire, mais seulement, peut-être, quelques caractères physiques résultant de l'exercice du métier, comme les gros bras des forgerons et les mollets des coureurs. Et ceci n'est pas une affirmation gratuite. Une expérience prolongée pendant des siècles nous en donne la preuve : je veux parler de l'expérience du langage articulé.

La différence entre l'homme qui sait parler français et celui qui sait parler anglais est à peu près du même ordre que celle qui sépare le cordonnier du tailleur d'habits ; or chacun sait qu'un enfant issu d'une famille, dans laquelle on n'a parlé que français depuis quatre siècles, apprend *aussi facilement* l'anglais que sa langue maternelle. La seule différence qui puisse se manifester héréditairement, entre les descendants de familles anglaises et de familles françaises (et cette différence correspondrait à un caractère du même ordre que celle qui sépare les bras des forgerons des bras d'une autre catégorie d'hommes), est relative aux éléments de la phonation et non à l'idiome parlé. Le descendant d'une race qui a un langage rauque, aura une voix plus gutturale, mais il ne parlera pas héréditairement la langue de ses ancêtres, pas plus que les petits enfants du tonnelier de Nuremberg n'eussent su, sans l'apprendre, fabriquer des tonneaux, même si leur honnête grand-père avait réussi à marier sa fille à un ouvrier de sa corporation.

Ce qui peut être transmis héréditairement à la suite d'une longue habitude, ce sont donc quelques traits généraux de l'organisation, et non la capacité d'exercer un métier ou même une aptitude plus grande à l'apprendre. En particulier, ce qu'on appelle plus spécialement « le caractère » des individus, peut être modifié à la longue par des conditions de vie restant identiques pendant plusieurs générations. C'est ainsi que l'asservissement prolongé à des maîtres barbares peut développer chez l'homme une passivité et une couardise qui deviennent à la longue des caractères de race. On se demande comment il se fait, qu'au moyen âge, les serfs n'aient pas plus souvent tué leurs seigneurs ; quand par hasard, exaspérés, ils ont tenté un effort collectif, les hommes d'armes en sont assez facilement venus à bout en les menaçant du fouet.

Mais, cependant, le fait même qu'ils ont été quelquefois exaspérés, qu'ils ont éprouvé des mouvements de révolte et de rage impuissante, démontre qu'ils n'étaient pas encore adaptés définitivement à leur misérable condition. Peut-être, si le sort des serfs n'avait pas été amélioré avant dix ou quinze siècles d'esclavage, en seraient-ils arrivés, non seulement à obéir sans se plaindre, mais même à ne plus pouvoir souhaiter une condition autre que la servitude ; ç'aurait été une race d'esclaves ne songeant pas à souffrir de son esclavage, comme les Bœufs et les Chiens.

Heureusement, une particularité essentielle de la génération humaine s'oppose à la réalisation d'une race aussi abâtardie : c'est le mélange obligatoire des sexes pour la reproduction ; d'où les phénomènes de variation individuelle presqu'infinie, et aussi les faits d'atavisme qui peuvent faire naître accidentellement, au milieu d'esclaves résignés, un individu qui a retrouvé le caractère de ses ancêtres libres. Nous avons étudié en détail cette question de l'*amphimixie;* rappelons-la en quelques mots pour montrer son rôle très important en sociologie.

Revenons aux Abeilles. Elles sont également douées de la génération sexuelle, mais dans des conditions très particulières. On peut dire que la mère sait fabriquer

RÉSULTATS DE LA REPRODUCTION SEXUELLE

(517)

trois catégories de petits, mais ce ne sont pas les hasards du mélange du spermatozoïde et de l'ovule qui classent les produits dans ces trois catégories. La manière même dont s'effectue la fécondation permet de comprendre qu'il y ait entre les œufs fécondés des différences très minimes. Le mâle fournit une fois pour toutes à la femelle, pendant le vol nuptial, une provision de spermatozoïdes qui, nés en même temps, ne sont peut-être pas très différents. Cette provision est accumulée dans le réceptacle séminal et, ensuite, lorsque la reine fécondée pond, ses œufs passent devant l'ouverture du réceptacle ; quand l'ouverture est bouchée, l'œuf sort sans imprégnation ; quand elle est ouverte, l'œuf reçoit au contraire un élément mâle. Donc, déjà deux catégories d'œufs : les œufs vierges donnent des mâles qui, résultant d'une parthénogénèse, doivent être à peu près tous semblables entre eux ; les œufs fécondés peuvent donner des reines s'ils sont pondus dans une grande loge et abondamment nourris, ou des ouvrières s'ils sont pondus dans une loge de moyenne taille. Entre les ouvrières issues d'une même reine, il y a peut-être quelques différences individuelles dues aux rapports de quantité de l'ovule et du spermatozoïde qui se sont fondus ensemble, mais outre que, comme nous l'avons remarqué plus haut, il y a beaucoup de chances pour que les spermatozoïdes diffèrent peu les uns des autres, les différences d'origine amphimixique sont, si elles existent entre les ouvrières, tout à fait négligeables par rapport à celles qui les séparent des mâles, résultant d'une parthénogénèse, et des reines, résultant d'un gavage méthodique. La condition de l'individu dans la ruche dépend du fait qu'il est mâle, reine ou ouvrière, mais les diverses ouvrières ont une condition analogue. On peut d'ailleurs remarquer que l'ouvrière doit être considérée comme le type obtenu par perfectionnement

progressif et qui se reproduit normalement par amphimixie, tandis que le mâle a une naissance irrégulière, et
que la reine est transformée en monstre par trop de nourriture.

Rien d'analogue chez les mammifères et en particulier
chez l'homme. Chacun de nous provient d'une fécondation, d'un mélange d'élément mâle et d'élément femelle, et
deux fécondations, faites à plusieurs années d'intervalle,
peuvent donner, avec les mêmes parents, des résultats
très dissemblables. Ce n'est pas ici le lieu de discuter les
caprices de l'hérédité amphimixique; on sait que les
enfants peuvent ressembler, soit uniquement à leur père,
soit uniquement à leur mère, soit un peu à chacun d'eux,
soit même ni à l'un ni à l'autre. On sait aussi que le
hasard peut faire réapparaître, dans un jeune homme, le
type d'un de ses ancêtres assez éloignés (atavisme).

Et cette similitude atavique n'est pas purement extérieure; elle peut comprendre les goûts, les aspirations,
les aptitudes. En résumé, lorsque deux individus humains
s'unissent, personne ne peut prévoir ce que seront les produits de leur union. LAMARCK nous a enseigné que, pour
qu'un caractère acquis fût héréditaire, il fallait qu'il fût
commun aux deux sexes, mais cette condition n'est pas
suffisante. L'enfant qui va naître peut avoir des caractères
propres, des caractères de son père, d'autres de sa mère,
d'autres de tel ou tel ancêtre plus ou moins éloigné. La
variabilité des produits d'une union humaine est illimitée,
ainsi qu'on s'en rend compte facilement, en faisant une
numération approchée des ancêtres différents dont provient
chacun de nous. J'en ai fait le calcul, dans la *Revue philosophique* [1] : en supposant qu'il n'y ait pas eu entre nos
ascendants de mariage consanguin, chacun de nous des-

---

1. Les néo-darwiniens et l'hérédité des caractères acquis, *Rev. phil.*, 1899.

cend d'un nombre d'individus qui, il y a huit siècles, s'élevait à *quatre milliards*. Autant vaut dire que tout le monde descend de tout le monde, et que, par conséquent, lorsqu'un enfant va naître, on doit s'attendre à un nombre infini de possibilités pour les ressemblances.

Ce raisonnement n'est pas valable pour les races qui, depuis un très grand nombre de générations, ont été uniquement le siège d'unions consanguines comme l'a été longtemps la race juive, par exemple. Mais déjà, pour les serfs du moyen âge, les conditions étaient différentes ; ils étaient d'origines très variées, et par conséquent l'amphimixie localisée entre eux n'aurait pas facilement donné des produits coulés dans le même moule.

Nous ne pouvons pas savoir ce qu'aurait donné une prolongation du servage, puisque, heureusement, cette prolongation n'a pas eu lieu, et nous devons seulement nous enquérir des possibilités humaines actuelles, telles qu'elles résultent de l'histoire du monde et des lois de l'hérédité.

Les différences très accentuées entre les frères issus d'un même couple, différences que tout le monde constate et qui se rapportent aussi bien à la forme physique qu'au caractère, aux goûts et aux aptitudes, rendent illusoire toute comparaison avec la condition des Abeilles. Chaque homme est un individu distinct, construit sur un modèle spécial, avec des caractères qui lui sont propres, et d'autres qu'il tient, suivant les hasards de l'amphimixie, de tel ou tel de ses ascendants ; il est donc tout à fait peu logique de chercher à établir une formule générale qui convienne à l'humanité tout entière. Et cependant, il y a quelque chose de commun à tous les hommes ; c'est précisément ce quelque chose de commun qui fait qu'on les réunit dans une même espèce [1], mais si la composition *qualitative*

---

1. Voyez plus haut la définition de l'espèce, § 95.

est la même pour tous, il y a entre les individus des diffé-rences *quantitatives*. Tous les hommes ont un nez, une bouche, des pieds, une volonté, une mémoire; mais si Jean a le nez droit, la bouche large, le pied plat, la mémoire courte et la volonté faible, Jacques peut avoir le nez camus, la bouche étroite, le pied cambré, la mémoire longue, la volonté énergique; d'où, dans des conditions identiques et malgré leur identité spécifique, des diver-gences inévitables dans les actes de Jean et de Jacques.

Dans des conditions identiques, également, il pourra coûter beaucoup à Jean d'être forcé de faire ce qui plai-rait au contraire à Jacques.

Or, la vie en société, si elle procure de grands avan-tages, crée aussi des obligations qui sont inscrites dans ce qu'on appelle *la loi*. On pourrait penser que, vivant en société depuis un nombre immense de générations, l'homme a fini par s'adapter à la vie sociale au point de porter en lui-même, héréditairement, toutes les restric-tions apportées par la loi à la liberté individuelle. MAE-TERLINCK, pour expliquer l'obéissance passive que nous admirons chez les Abeilles et qui ne nécessite jamais aucune coercition, fait intervenir une puissance mysté-rieuse qu'il appelle *l'esprit de la ruche*, et à laquelle obéis-sent sans murmurer ouvrières, reines et faux bourdons; fiction charmante qui permet de raconter aux hommes les choses les moins humaines de la vie des Abeilles et qui en donne une explication poétique. En réalité, l'esprit de la ruche, c'est l'hérédité précise, accumulée dans chaque cerveau d'abeille, et qui dicte aux ouvrières le devoir des ouvrières, aux reines le devoir des reines. Ainsi que nous le disions plus haut, on peut considérer les sociétés d'Abeilles comme des sociétés adultes, dans lesquelles chaque individu est exactement adapté par son hérédité à la fonction précise qu'il doit remplir; de sorte que jamais

L'ESPRIT DE LA RUCHE.

l'accomplissement d'un devoir n'est pénible, chacun ne désirant rien en dehors de ce qui est précisément sa part d'activité sociale.

Y a-t-il chez l'homme quelque chose d'analogue? Oui, sans aucun doute, mais à un degré beaucoup moindre, et pour des raisons qu'il est facile de comprendre. D'abord le devoir de l'homme a été plus variable, dans les diverses circonstances de son histoire, que ne l'a été celui de l'Abeille. L'uniformité de la vie des Abeilles a rendu facile la fixation, dans l'instinct héréditaire, de tous les devoirs sociaux sans exception. L'homme au contraire a été soumis à des lois variables dans des circonstances variables, et cela, surtout parce que les choses possibles à l'homme sont beaucoup plus nombreuses que les choses possibles à l'Abeille. C'est parce qu'il est *beaucoup plus intelligent* (au sens défini précédemment) que l'Abeille que sa société est *beaucoup moins parfaite* que celle de l'Abeille.

Et cependant, il y a, chez l'homme, des traces héréditaires indiscutables de l'accomplissement du devoir social pendant de longues générations; elles se résument dans ce que nous appelons la *conscience morale*, ensemble *héréditaire* d'un certain nombre de *résidus* qui interviennent aujourd'hui, avec plus ou moins de poids, dans toutes nos déterminations. Cette conscience morale est commune, sauf des différences d'intensité, à tous les hommes d'une même race; elle provient de tout ce qu'il y a eu de réellement commun à tous, dans les devoirs imposés par les lois sociales aux ancêtres de cette race.

LA CONSCIENCE MORALE.

Naturellement elle est différente chez des races différentes qui ont pu, dans le cours des âges, être soumises à des lois différentes. L'anthropophagie, honorée chez certaines peuplades, est une des choses qui nous causent le plus d'horreur.

Naturellement aussi, les croyances ancestrales, la religion, ayant joué un rôle prépondérant dans l'établissement des lois aux diverses époques de l'histoire de l'homme, notre conscience morale a conservé, au moins de celles de ces religions qui ont longtemps régné chez nos ancêtres, des traces indélébiles ; or les croyances se modifient à mesure que progresse la science ; certaines données, considérées naguère comme fondamentales, sont aujourd'hui reconnues fausses, de sorte que notre conscience morale, héritage de générations plus ignorantes, se trouve quelquefois en contradiction avec la logique.

C'est là la plus grande source de dissensions entre les philosophes. Ceux qui considèrent notre conscience morale comme la voix intérieure d'une divinité logée en nous, admettent ses indications sans vouloir même les discuter. Et cependant, le fait que cette conscience morale dicte des ordres différents à des hommes de races différentes, devrait, semble-t-il, suffire à démontrer qu'elle est simplement le résultat héréditaire de mœurs différentes, longuement conservées chez des races isolées les unes des autres. Cela est logique, mais diront les partisans de la tradition, quand il s'agit de morale, la logique perd ses droits. Aussi bien, tout le monde n'a pas l'esprit scientifique, et beaucoup de gens préfèrent une jolie erreur à une vérité ardue. Les hommes sont tous différents !

Quoi qu'il en soit, une conscience morale existe en chacun de nous, jouant le rôle de « l'esprit de la ruche » de Maeterlinck. Quand ce charmant poète observe chez les Abeilles une chose qui lui paraît en contradiction avec leur intérêt personnel (entendu au point de vue humain), il fait intervenir *l'esprit de la ruche* pour expliquer les actions désintéressées. Si Micromégas, observant les hommes au moyen d'une grosse loupe, les voyait agir au rebours de leur intérêt immédiat, comme la conscience morale n'est pas visible, il imaginerait peut-être aussi un « esprit de la société », analogue à l'esprit de la ruche de MAETERLINCK et doué comme lui du pouvoir de se faire obéir sans coercition apparente.

Malheureusement, si, dans une société adulte comme celle des Abeilles, la conscience sociale répond d'une manière satisfaisante à toutes les questions que lui posent les individus, si, surtout, l'accumulation d'hérédités précises fait qu'aujourd'hui chaque Abeille ne *désire* faire que justement ce qu'elle *doit* faire et jouit d'une liberté sociale absolue, il n'en est pas du tout de même chez les hommes.

Non pas que l'obéissance aux ordres de la conscience morale ne soit accompagnée d'une joie réelle ; nous connaissons au contraire la *satisfaction du devoir accompli* qui doit ressembler au bonheur des Abeilles ouvrières, mais nous avons d'autres aspirations qui l'emportent souvent en intensité sur les ordres de notre conscience morale, et de plus, notre conscience morale dérive d'antécédents trop peu uniformes pour ne pas hésiter sur beaucoup de points. C'est pour cela que, si l'esprit de la ruche suffit aux Abeilles, la conscience morale ne suffit pas à l'humanité ; il faut en outre, pour que la société puisse continuer d'exister, que les individus dont elle se compose soient astreints à obéir à des lois. Ces lois sont faites par des hommes et, par conséquent, sont sujettes à l'erreur ; aussi doivent-elles être modifiées de temps en temps, à mesure qu'on leur a trouvé des défauts ; et c'est justement parce que les lois ont varié, au cours de l'histoire et ont été suivies différemment par nos différents ancêtres, que nos consciences morales actuelles sont si différentes les unes des autres.

L'application de la loi, et les moyens de coercition qui l'accompagnent, sont supportés avec peine par les individus, parce que ce sont des entraves au fonctionnement normal de leur mécanisme individuel; aussi les anarchistes, qui sont essentiellement individualistes, souhaitent-ils la suppression de ces entraves; mais ils prétendent, à tort, que l'homme actuel est mûr pour vivre en société sans lois coercitives, ce qui n'a jamais été aussi faux qu'en ce moment. Aujourd'hui en effet, notre conscience morale contient l'héritage de douze à quinze siècles de christianisme, et, dans cet héritage, beaucoup de préjugés que réprouve notre logique depuis que la science a dévoilé les erreurs du dogme.

Pour que l'homme devînt tel que les anarchistes prétendent qu'il est aujourd'hui, il faudrait qu'une législation définitive fût adoptée et appliquée à tous sans exception pendant un grand nombre de siècles; mais il faudrait aussi que cette législation fût entièrement adéquate à la nature de l'homme, de manière à pouvoir, petit à petit, pénétrer par habitude dans son hérédité. Alors les hommes seraient guidés par leur conscience morale comme les Abeilles par l'esprit de la ruche; chacun désirerait, à chaque instant, faire précisément ce qu'il devrait faire : ce serait le bonheur des mouches à miel. Et, si la législation avait été faite de manière à favoriser la production des substances nécessaires à l'humanité, la société, riche et prospère, dépourvue de mécontents, serait enfin une vraie république.

Ceci s'est réalisé chez les Abeilles; est-ce possible chez l'homme? L'expérience seule permettrait de l'affirmer et, si on l'entreprenait, nous n'en verrions pas les résultats. Ce qui risquerait de faire avorter le plan, c'est que, comme je le disais plus haut, l'homme est beaucoup plus intelligent que l'Abeille; il a, en particulier, une tendance à discuter les lois qu'on lui applique, et il faudrait que ces lois fussent en accord avec les exigences de la logique la plus rigoureuse, pour ne pas risquer d'être un jour remaniées et remplacées par d'autres. Or, qui de nous se croit capable de faire des lois intangibles? On y arrivera peut-être par une série d'efforts, et alors l'humanité sera en marche vers le bonheur des Abeilles, mais il est évident que ces lois doivent viser l'avantage de la collectivité et non celle de l'individu. C'est par suite d'une obéissance prolongée aux lois *définitives* de la collectivité que les individus sont susceptibles de devenir réellement libres dans une société prospère. L'individu actuel a, à cause des variations et des hésitations de ses ancêtres, des aspirations trop personnelles et trop capricieuses pour que la loi puisse favoriser ces aspirations sans détriment pour la société; c'est en visant au bonheur de la société que l'on arrivera au bonheur des individus, mais quelle formule employer? Ceux qui croient l'avoir découverte sont bien heureux!

Laissons de côté ces considérations, un peu utopiques, il faut bien le dire, et revenons à l'état actuel de la liberté humaine. Il existe des lois plus ou moins bonnes, plus ou moins justes, et qui se modifieront sans cesse à mesure qu'on reconnaîtra leurs défauts, pourvu que leur confection ne soit pas accaparée par un parti qui profite précisément de ces défauts. Tant qu'une loi est acceptée par la majorité des membres d'un groupe, l'obéissance à cette loi est rendue obligatoire par l'emploi de moyens de coercition; elle restreint donc, dans une certaine mesure, la liberté individuelle, en échange des avantages qu'elle procure aux individus; ces entraves apportées au fonctionnement normal du mécanisme humain sont plus ou moins pénibles, suivant le caractère personnel, caractère qui provient beaucoup de l'hérédité et sensiblement aussi de l'éducation. L'influence de l'hérédité est évidente lorsque l'on considère les enfants d'une même famille qui ont reçu une même éducation, et dans lesquels au contraire les hasards de l'amphimixie ont pu faire réapparaître des caractères ancestraux tout différents. Tel enfant aura la nature humble et obéissante d'un de ses aïeux qui était serf, tandis que son frère ressuscitera le caractère indomptable d'un féroce potentat : au premier, l'existence de lois restreignant la liberté individuelle ne causera aucun ennui; il sera au contraire fort aise de se sentir protégé sans avoir besoin de se défendre lui-même, tandis que son frère rongera sans cesse son frein, et, s'il n'est dompté par une éducation sévère, fera comme le « Rolla » de Musset :

> ...Il vécut au soleil sans se douter des lois,
> Et jamais fils d'Adam, sous la sainte lumière,
> N'a, de l'est au couchant, promené sur la terre
> Un plus large mépris des peuples et des rois.

Les poètes proposent à notre admiration ces individualités insubordonnées, mais elles sont plus agréables à rencontrer dans les livres que dans la rue.

Combien de centaines de générations, dirigées par des lois vraiment adéquates à la nature de l'homme, faudra-t-il pour que la production fortuite d'un de ces personnages extra-sociaux devienne une curiosité rarissime? Nous retombons dans l'utopie.

Dans l'état actuel des choses, la conscience morale de l'homme est insuffisante pour lui dicter, sans cesse, ce qui est en rapport avec les lois actuellement admises et qui ont beaucoup d'éléments factices; l'application de la loi apporte donc des entraves au fonctionnement de l'organisme, tel qu'il résulte de sa structure héréditaire; mais comme l'homme agit toujours *pour des raisons qui sont en lui*, il suffit de lui inculquer de bonne heure la connaissance des lois et le sentiment de l'obéissance qui

ROLE DE L'ÉDUCATION.

leur est due, de telle manière que les *résidus* provenant de cette éducation viennent s'ajouter à ceux que lui fournit son hérédité; ainsi, les *raisons qui sont dans l'homme* le pousseront à agir conformément aux lois de son pays et il n'éprouvera pas, de ce fait, une contrainte trop pénible; il sera, à la fois, un bon citoyen et un homme heureux, *contentus sua sorte*, en route vers l'état des mouches à miel...

LA LIBERTÉ DE CONSCIENCE.

Une des parties du fonctionnement de son organisme, dans laquelle l'homme tolère le plus difficilement l'ingérence d'une volonté étrangère à la sienne, c'est celle qui se traduit par les croyances religieuses; la liberté de conscience a été réclamée de tout temps, comme un bien suprème, comme une prérogative plus précieuse que toutes les autres. Cela tient à ce que l'homme est plus fier de ses tendances métaphysiques que de ses conquêtes scientifiques, nous l'avons déjà vu, et nous le verrons sans cesse en étudiant l'histoire humaine.

L'homme naît avec une tendance héréditaire au mysticisme; les découvertes de la science sont trop récentes, et toutes les terreurs, qui provenaient chez nos ancêtres des phénomènes qu'ils *ne comprenaient pas*, font encore partie du patrimoine qu'ils nous ont transmis avec d'autres tares et des qualités. Ce sera le grand bienfait de la science d'avoir guéri l'humanité de *la peur*. La religion, quelle qu'elle soit, c'est la culture du mysticisme héréditaire de l'homme; c'est une interprétation des phénomènes extérieurs qui, au lieu de s'appuyer sur les conquêtes récentes de la science, fait appel à des conceptions surannées et illogiques, respectées seulement parce qu'elles ont été le fruit de l'imagination de nos ancêtres, qui étaient beaucoup plus ignorants que nous. Dès qu'un enfant sait parler, avant, par conséquent, qu'il soit capable d'apprendre même le rudiment des choses scientifiques, on lui enseigne le catéchisme qui, en quelques heures, « le rend plus savant que les plus illustres philosophes[1] ». On lui bourre la cervelle d'un tas de mots vides de sens, mais, comme il est très jeune encore, il arrive à croire que ces mots représentent quelque chose; ce quelque chose devient même ce à quoi il tient le plus, et, une fois adulte, il est prêt à endurer les pires tortures plutôt que d'admettre que le monde n'a pas été créé, tel que nous le connaissons aujourd'hui, par un « pur esprit » qu'on appelle Dieu. « Pourquoi, d'ailleurs, ne le croiriez-vous pas, dirait RABELAIS? Pour ce, dictes-vous, qu'il n'y a nulle apparence. Je vous dis que pour cette seule cause vous le devez croire en foy parfaite. Car les Sorbonnistes disent que foy est argument des choses de nulle apparence. »

Apprendre aux enfants l'« origine du monde ! » (?) avant qu'ils puissent comprendre le moindre raisonnement scientifique, c'est introduire volontairement dans leur cerveau un certain nombre de résidus indestructibles, qui feront ensuite partie intégrante de leur personnalité; c'est leur imposer quelque chose dont ils ne peuvent pas encore discuter la valeur logique et dont, plus tard, ils ne se débarrasseront pas, les choses de la foi étant indépendantes de tous les raisonnements. Ils arriveront même, s'ils ont quelque souci de satisfaire leur bon sens, à se démontrer à eux-mêmes le bien fondé de ce qu'on leur a raconté quand ils étaient jeunes, et ils tiendront à leur foi plus qu'à tout, parce que la foi fait précisément partie de ce qui, dans le cerveau est, comme nous l'avons vu plus haut, à l'abri de la sélection naturelle.

La liberté de conscience ne se réduit pas au droit de

---

1. *Lettre pastorale de l'évêque de Belley*, 1902.

penser ce qu'on peut (je dis ce qu'on peut, et non ce qu'on veut, car on pense ce que les instructeurs de la jeunesse ont enseigné, et on ne peut plus penser autre chose; il est d'ailleurs impossible de faire penser aux gens autre chose que ce qu'ils pensent, à moins de les convaincre par des arguments qui substituent de nouveaux résidus aux anciens, ce qui est fort difficile quand les premiers résidus datent de l'enfance). La liberté de conscience comprend en outre le droit d'exprimer publiquement ce qu'on pense.

Le bavardage étant la plus importante des occupations humaines, on use largement de cette liberté, et les discussions qui en résultent dégénèrent ordinairement en querelles terribles parce que, je le répète, l'homme tient, plus qu'à tout autre chose, aux divagations irraisonnées de son cerveau. On a vu des individus qui, sans cela, n'auraient pas été méchants, s'entretuer parce qu'on leur avait enseigné, quand ils étaient petits, des absurdités différentes. Étant donné le fanatisme inhérent à certaines convictions, il peut donc être dangereux d'autoriser partout les conversations sur des sujets religieux, et il y a beaucoup de bonnes compagnies dans lesquelles les discussions de cet ordre sont interdites, uniquement parce qu'on ne veut pas voir les invités se donner des coups de poing. Quant aux conférences, elles ne présentent pas le même danger, étant donné que les auditeurs qui s'y rassemblent savent d'avance qu'on leur y dira ce qu'ils veulent entendre dire; ce ne sont pas les mêmes gens qui vont écouter le père OLLIVIER et SÉBASTIEN FAURE. Tout le monde est d'accord; on est enchanté de sa soirée et tout prêt à recommencer.

Malheureusement, les convictions ardentes entraînent généralement un fanatisme dangereux et un désir insurmontable de faire des prosélytes, de sorte que, quand, dans un pays, une opinion religieuse est commune à la majorité des habitants, on veut l'imposer à la minorité qui résiste de toutes ses forces. Si l'on voulait cependant se donner la peine de remarquer que les opinions religieuses se contractent, à peu près exclusivement, dans la plus tendre enfance, et qu'il est ensuite presqu'impossible de s'en débarrasser par le raisonnement, on n'en serait pas aussi fier, et surtout on ne voudrait pas les imposer à tout le monde, renouvelant ainsi l'histoire du renard qui avait la queue coupée.

A cette question de la liberté de conscience se lie étroitement celle de la liberté d'enseignement. De même que les Goélands aiment à se réunir sur une même plage, parce qu'ils se ressemblent, de même les êtres imbus de certaines convictions religieuses ont du plaisir à les retrouver semblables chez leurs voisins, et, comme ces convictions s'inoculent dans le jeune âge, ils réclament la liberté de les inoculer au plus grand nombre d'enfants possibles. Mais on peut se demander *à quel âge* l'homme commence à avoir droit à cette liberté qu'il réclame à grands cris; car, si ce droit commence de bonne heure, la société peut intervenir pour protéger celui des enfants que l'on inféode ordinairement à telle ou telle religion, en profitant de ce que leur raison n'est pas encore ouverte, et en faisant luire à leurs yeux émerveillés l'avantage incontestable de devenir immédiatement plus savants que les grands philosophes. Il est curieux que les Anglais, qui poussent le respect de la liberté individuelle jusqu'à ne pas vouloir rendre la vaccine obligatoire, donnent tout de même à leurs enfants une instruction religieuse dont le résultat est bien plus durable que celui de la vaccine.

Aux époques théocratiques, alors que la loi sociale n'était que l'écho d'un système religieux, il était naturel que l'on apprit aux enfants les parties essentielles de ce système religieux. Il n'en est plus de même aujourd'hui, puisque l'on voit des gens hésiter entre leur devoir et leur foi.

Mais, dira-t-on, et c'est là un cliché courant, toute conviction est respectable. L'erreur aussi est respectable, ainsi que la faiblesse et toutes les infirmités humaines. On éprouve un respect plein de pitié devant la douleur d'un individu. On est joyeux au contraire en constatant sa joie ; la vérité est comme la joie : elle rayonne, elle est à tout le monde et par conséquent n'a pas besoin de respect, tandis que l'erreur est personnelle comme les écrouelles. On tient d'ailleurs beaucoup plus à ses erreurs qu'aux vérités reconnues. Si l'on avait contesté à Pascal la légitimité des propositions d'Euclide, il aurait souri ; si on lui avait contesté un point de dogme, il aurait désiré, *in petto*, faire brûler son contradicteur.

Le respect le plus réel de la liberté des individus consisterait à élever les enfants en dehors de tout système religieux, à s'avouer franchement que leur raison est encore trop peu développée pour qu'ils puissent aborder les grands problèmes de la cosmologie avec quelque critique, et à leur enseigner uniquement, pour développer leur raison, les vérités indiscutables, comme celles des mathématiques, de la géographie, de l'anatomie, etc.

Plus tard, ils seraient peut-être à l'abri, grâce à cette éducation saine, de toute tendance métaphysique ; mais dans tous les cas, s'ils arrivaient à se poser quelques questions extra-humaines, ils auraient plus de chances de comprendre leur erreur.

Il est bien certain, aujourd'hui, que toutes les religions, quelles qu'elles soient, ont donné à l'homme des explications erronées et enfantines ; elles se sont propagées parce qu'elles étaient à la portée des plus naïfs et qu'on en a nourri les enfants; aujourd'hui que leur insignifiance est reconnue, on demande, au nom de la liberté, le droit de continuer à en faire la base de l'éducation; c'est vouloir donner trop d'importance au respect de l'erreur. La société, qui, en échange de l'obéissance aux lois, protége les individus, a également le devoir de protéger les enfants contre cette sophistication prématurée de leur cerveau. Les partisans de l'éducation religieuse auront beau jeu quand même, car les religions ont encombré toutes les langues aujourd'hui usitées, et il faut bien apprendre aux enfants à parler...

La fable raconte qu'un vieux crabe reprochait à un jeune crabe de marcher de travers : « montre-moi à marcher droit » lui répondit le jeune crabe. Les hommes sont tout le contraire du vieux crabe; ils désirent que leurs enfants pensent de travers, comme eux-mêmes.

Aussi bien, le fabuliste a outrepassé ses droits, en prêtant au vieux crabe cette indignation devant la marche oblique de son fils; le crabe, qui marche de travers, agit *crabeusement*, comme dirait MAROT[1], et par conséquent doit plutôt trouver ridicule que l'on marche droit ; mais nous prêtons volontiers nos goûts et nos jugements aux crabes.

En résumé, la liberté des hommes, c'est-à-dire la faculté qu'a chacun d'eux d'agir, à chaque instant, pour des raisons qui sont en lui, sera restreinte par la loi, tant que cette loi ne sera pas assez profondément entrée dans son organisme pour faire partie, précisément, des *raisons* de ses déterminations individuelles. Certains animaux, comme les Abeilles, nous paraissent avoir obtenu cette

---

1. Secouru m'as fort *lioneusement*,
    Or secouru seras *rateusement*.

(MAROT, Fable du lion et du rat.)

adaptation définitive à une vie sociale désormais invariable ; on dit que, dans d'autres espèces, il n'en est pas de même et que la coercition y est encore nécessaire, comme chez l'homme ; qui de nous n'a pas éprouvé une sensation de terreur en entendant raconter l'histoire de ces tribunaux de Corneilles qui s'assemblent dans un champ pour une condamnation et une exécution capitale ? Les hommes arriveront-ils jamais à l'état social des mouches à miel ? Ce serait à souhaiter pour leur bonheur ; malheureusement ils sont trop intelligents.

117. — L'ÉGALITÉ.

La seule égalité qui soit possible, dans une société dont les individus sont naturellement tous dissemblables, c'est que chacun jouisse de la même quantité de liberté ; ce que l'on exprime ordinairement en disant : « la loi est la même pour tous » ; d'où il résulte précisément que les hommes jouissent de libertés inégales, puisque, nous l'avons vu, l'obéissance à la loi entrave profondément le fonctionnement normal des uns et est, au contraire, pour les autres, agréable et douce.

Il est fort intéressant de constater que la notion de l'égalité existe chez tous les hommes, malgré l'observation quotidienne de l'inégalité naturelle des individus. C'est même cette notion de l'égalité qui, dans notre conscience morale, déjà imbue héréditairement de la croyance au bien, au mal, au beau *absolus*, fait naître le sentiment, également anthropomorphique, du juste et de l'injuste ; le mot *équité* provient du latin *æquitas*, égalité.

L'inégalité est la loi de la nature ; ce sont toujours les Loups qui mangent les Moutons et le contraire, qui devrait se produire « par un juste retour des choses d'ici-bas » n'arrive jamais. De sorte que les Moutons vivent dans une terreur constante, même aujourd'hui qu'ils n'ont plus guère à craindre les Loups dans nos bergeries ; et cela doit gâter singulièrement les joies qu'ils éprouvent en broutant l'herbe des coteaux.

L'inégalité qui résulte des caractères spécifiques est héréditaire. Le Loup et la louve donnent naissance à de petits Loups qui conserveront sur les petits du Bélier et de la brebis la supériorité physique dont jouissaient leurs parents. Il est donc bien certain que, si les hommes avaient regardé en dehors de leur espèce, ils n'auraient pas cru à une loi d'égalité absolue qui n'existe pas. Mais l'homme a pris de bonne heure l'habitude de se considérer comme en dehors des autres animaux et, quand il a rêvé l'égalité de ses congénères, il n'a jamais pensé que cette égalité pût s'étendre aux Chevaux et aux Chiens, ce qui était d'ailleurs spécifiquement impossible ; cette seule constatation suffit à prouver que la notion de justice est purement anthropomorphique. DARWIN a montré que, en dehors des sociétés animales, la véritable loi de la nature est la loi du plus fort, « ego nominor Leo », ou, au moins, du mieux adapté aux circonstances ambiantes.

Mais il est tout à fait illogique d'étendre à l'intérieur de l'espèce les constatations opérées quand il s'agit d'espèces distinctes. S'il est indéniable qu'il y a des différences entre deux individus considérés de l'espèce humaine, différences qui sont quelquefois assez considérables pour faire penser à celles qui séparent le Loup du Mouton, ces différences ne se transmettent pas fatalement aux enfants de ces deux hommes.

L'inégalité qui résulte des caractères individuels n'est pas héréditaire, grâce à l'amphimixie qui produit sans cesse des être nouveaux doués de caractères personnels. Si les hommes se reproduisaient parthénogénétiquement, l'enfant aurait tous les caractères de son progéniteur et, par conséquent, hériterait de son infériorité ou de sa supériorité ; heureusement le mélange obligatoire des sexes rétablit la balance à chaque génération.

Les hommes sont qualitativement identiques, mais diffèrent par les quantités de chacune des qualités héréditaires ; quand un enfant va naître, personne ne peut prévoir quels seront ses coefficients personnels ; le fils d'un abruti pourra être un grand homme, le fils d'un homme de génie un imbécile. Il est donc bien certain que, si les hommes ne vivaient pas en société, les enfants n'hériteraient pas de la *condition* que déterminaient, chez leur père, ses aptitudes personnelles ; celui qui serait plus apte dominerait là où son père, moins bien doué, avait obéi.

Si l'on réfléchit longuement, on constate que la seule formule acceptable de l'égalité parmi les hommes serait la suivante : « chacun remplira dans la société le rôle auquel le destinent ses aptitudes ; les aptitudes *n'étant pas héréditaires*, le rôle joué par le parent dans la société n'interviendra *en rien* dans l'attribution à l'enfant de son rôle social personnel ». Nous avons fait depuis un siècle un chemin énorme dans la voie de la réalisation de cette formule ; mais nous sommes encore loin de l'état théorique rêvé.

LA JUSTICE. Même cette formule ne satisfait pas notre sens inné de la justice ; il y aura toujours des heureux et des malheureux, des sains et des infirmes et cela n'est pas juste. Qu'est-ce que cela prouve ? Uniquement que notre sens inné de la justice provient, dans notre hérédité, d'une croyance erronée à l'égalité des êtres, et que, par conséquent, comme beaucoup d'autres sentiments qui, dans notre conscience morale, résultent aussi d'erreurs longtemps accréditées, notre sens inné de la justice est trompeur. Peut-être les Moutons ont-ils conservé, dans leur conscience morale, le vague souvenir du temps où vivaient les ancêtres communs aux deux espèces Mouton et Loup, et ont-ils l'idée innée qu'il n'est pas juste que leurs cousins les Loups soient toujours les plus forts! Cela, cependant, est peu probable, car en vertu de la loi de désuétude de Lamarck, de nombreuses générations de servitude doivent donner une mentalité adéquate à l'état servile.

Parmi les populations humaines de nos régions, il n'y a pas eu d'exemple de servitude maintenue pendant un assez grand nombre de générations pour créer une race héréditairement domestiquée ; même après des siècles de servage, et, grâce à l'amphimixie, Jacques Bonhomme chantait encore :

> Nous sommes hommes comme ils sont,
> Et tout aussi grand cœur avons,
> Et tout autant souffrir pouvons.

Il ne faut pourtant pas se dissimuler que, si l'on envisage l'humanité tout entière, on y trouve des races, suffisamment différenciées par une ségrégation prolongée, pour avoir acquis un certain nombre de caractères quantitatifs *héréditaires*, et qui, par suite, sont dans un état d'inégalité marquée avec les hommes dits civilisés. Si l'on transportait, à Paris, des familles de Fuégiens, il y aurait à craindre que le métier de balayeur des rues (et même, pourraient-ils l'apprendre?) restât longtemps le plus haut degré de l'échelle sociale auquel ils pussent parvenir.

Encore ne pouvons-nous rien affirmer à ce sujet! Malgré l'infériorité indiscutable de cette race misérable, peut être qu'un jeune Fuégien, éduqué à Paris dès la plus tendre enfance, nous étonnerait par la rapidité de ses progrès. L'homme est si intelligent, même quand il l'est relativement peu !

Il est bien probable que la plupart de ces races inférieures disparaîtront devant l'envahissement progressif des peuples mieux doués. Les Peaux-rouges, infiniment supérieurs aux Fuégiens, ont été presque détruits en Amérique, et cela n'est pas juste, pas plus qu'il n'est juste que les Loups mangent les Moutons. Notre sentiment de la justice provient de tout autre chose que de la constatation de la concurrence vitale et de la loi du plus fort. Nous avons fait détruire les Rats d'égoût par d'autres Rats, sans en avoir le moindre remords; on me dira, il est vrai, que les destructeurs étaient de même genre et non de la même espèce que les détruits. Mais les hommes sont-ils tous de la même espèce? Y a-t-il un genre humain ou une espèce humaine? La question semble résolue en faveur de l'espèce humaine si l'on accepte, comme nous l'avons fait plus haut, le critérium de la fécondité des produits de croisement[1].

Dans presque toutes les espèces animales, même dans celles qui n'ont pas atteint l'organisation sociale que nous admirons chez les Abeilles et les Fourmis, il y a des catégories d'individus; du moins y a-t-il toujours des *mâles* et des *femelles* qui, sauf dans des cas très spéciaux comme celui des Pigeons, diffèrent extérieurement les uns des autres.

Quelques espèces sont douées d'un dimorphisme sexuel extrêmement considérable; il y a des Crustacés parasites dont la femelle est mille fois plus grande que le mâle; le mâle de la Bonellie a passé longtemps inaperçu, parce qu'il vit dans le pavillon de la trompe de sa femelle. Il est évident que, pour des êtres comme ceux-là, on ne saurait parler de l'égalité des deux sexes, au sens où l'on entend généralement le mot égalité; mais si nous donnons

---

1. Voir § 95.

à ce mot l'acception précédemment définie, et dans laquelle il indique seulement que les deux êtres comparés jouissent de la même quantité de liberté, le mâle microscopique de la Bonellie est l'égal de sa gigantesque femelle, puisque l'un et l'autre agissent sans entrave suivant leurs aptitudes personnelles.

Chez les mammifères, le dimorphisme est moindre que dans les cas précédents, mais il subsiste au moins dans certaines parties du corps; c'est toujours la femelle qui est chargée de nourrir pendant les premiers temps, dans son utérus ou matrice, le jeune animal qu'elle a conçu, et cela n'est pas juste: …!

Nous avons vu (§ 40) quelle est la nature des différences sexuelles dans une même espèce; l'organe génital joue le rôle d'un parasite, quoiqu'ayant son origine dans l'œuf même d'où provient l'individu; et, de même que la larve du *Cynips*, parasite dans la feuille de Chêne, en modifie la morphologie et y produit une galle sphérique, de même l'organe génital, parasite dans un individu, modifie profondément la morphologie de cet individu. L'organe mâle a une influence morphogène *différente* de celle de l'organe femelle, de sorte que l'on considère aujourd'hui les deux sexes d'une même espèce comme résultant des modifications apportées, dans un modèle commun, par deux parasites de natures différentes. PATRICK GEDDES a donné le nom de *diathèse sexuelle* à l'influence de l'organe génital sur l'économie. La diathèse mâle est différente de la diathèse femelle.

Étant donné que les différences apportées dans les organismes par le sexe condamnent les individus à des rôles différents dans la vie, on pourrait craindre qu'il n'en résultât, pour un sexe au moins, un amoindrissement considérable de la liberté individuelle; si en effet deux cerveaux ont même hérédité, on peut penser qu'ils auront mêmes aptitudes et s'arrangeront péniblement de conditions différentes.

Heureusement, la diathèse sexuelle, si elle influe sur la forme des corps, influe aussi sur les cerveaux et donne à chaque sexe les aptitudes correspondant à son genre de vie; l'instinct maternel, par exemple, à la femme. Des physiologistes, dépourvus de galanterie, ont même affirmé que l'éclosion de l'organe femelle arrêtait, à la puberté, le développement du cerveau féminin : mais c'est là une assertion qui demande à être vérifiée.

Quoi qu'il en soit, le cerveau de la femme est assez considérable pour contenir, plus ou moins développées, toutes les aptitudes de l'homme; il y a d'ailleurs *des degrés* dans la féminité, comme dans la masculinité, tous les organes génitaux n'ayant pas la même importance, ni, par suite, la même répercussion sur l'organisme. Il est probable que, pour le cerveau au moins, certaines femmes, peu féminines, ne diffèrent guère de certains hommes, peu masculins [1].

C'est surtout à cause de l'existence de ces types de transition qu'il est illogique d'attribuer aux deux sexes des rôles nettement distincts dans le fonctionnement social. Beaucoup de femmes réclament des droits autres que ceux que leur accorde la loi, parce qu'elles sentent en elles des aptitudes qu'il leur est interdit d'exercer, ce qui, nous l'avons vu, est la plus grande atteinte à la liberté individuelle. Elles se plaignent que les hommes, qui ont fait les lois, se soient réservé une trop belle part, abusant de ce que, comme l'a si bien exprimé ANATOLE FRANCE, « la justice est l'administration de la force »; or il est indé-

LES DEGRÉS DANS LA VIRULENCE DU SEXE.

---

1. Nous avons étudié précédemment ces degrés de la *virulence du sexe*; voir § 78.

niable que la moyenne des hommes est plus forte que la moyenne des femmes.

Je n'ai pas à discuter ici le problème féministe ; je voulais seulement montrer combien il faut tenir compte des instincts, des aptitudes, pour évaluer les atteintes portées par la vie sociale à la liberté de chacun ; combien, par conséquent, il faut se défier de l'emploi inconsidéré du mot *liberté* et du mot *égalité* qui en est presque l'équivalent.

Quant à la *fraternité*, définie par LITTRÉ : « l'amour *LA FRATERNITÉ.* universel qui unit tous les membres de la famille humaine », il est bien difficile de concevoir, sans elle, l'existence d'une société ; aussi la trouverions-nous particulièrement développée chez les animaux les plus sociaux, et même, en y regardant bien, nous verrions que ce troisième mot « fraternité », accolé aux deux autres « égalité » et « liberté », ne leur ajoute pas beaucoup.

On peut considérer aujourd'hui le sentiment de fraternité comme le résultat héréditaire le plus net de la vie *sociale* d'un grand nombre de générations passées ; il ne serait donc pas logique de considérer ce sentiment, *actuellement* inné, comme ayant été la cause première de la formation des associations animales ; c'est là d'ailleurs une question fort difficile à résoudre, et que je me contente de poser dans ce rapide aperçu des fondements biologiques de la sociologie.

TABLE DES MATIÈRES

CHAPITRE IV

LA SEXUALITÉ.

CHAPITRE V

LA GÉNÉRATION A n CHROMOSOMES ET LE PARASITISME SEXUEL.

LIVRE II

L'HÉRÉDITÉ DANS LA GÉNÉRATION AGAME ET LA GÉNÉRATION SEXUELLE.

CHAPITRE VI

HISTORIQUE DES PRINCIPALES THÉORIES DE L'HÉRÉDITÉ.

CHAPITRE VII

LE PATRIMOINE HÉRÉDITAIRE ET LES CARACTÈRES ACQUIS.

L'AMPHIMIXIE.

CHAPITRE IX

LA DÉTERMINATION DU SEXE SOMATIQUE.

LIVRE III

ONTOGÉNIE ET GÉNÉALOGIE.

CHAPITRE X

LA VIE ET LA MORT.

CHAPITRE XI

LA FORMATION DES ESPÈCES.

CHAPITRE XIV

LA LIBERTÉ ET L'ÉGALITÉ CHEZ LES ANIMAUX.

9 782014 077247